# 引言

嗨～你好啊人類，感謝你翻開了這本書，開啟了學會 AI 工具魔法之路的大門！看完本書後，你將會了解 43 種現在最常用的 AI 工具，包括文字、圖片、聲音、音樂、影片、與程式等各大類的工具應用。

我們將會依以下架構，逐一介紹每個工具，讓正在閱讀本書的你，可以快速看到各大工具的實際使用案例、用法截圖、與優缺點等，希望讓不管是還在思考是否該踏入 AI 的你，還是已經用過一些 AI 工具，想看看還可以做到什麼新奇東西的你，都可以覺得這本書很實用，隨時想玩 AI 時就翻翻這本書，如果使用過程中有遇到問題，也歡迎到我們的賴社群與 Telegram 群組詢問，或是分享自己做出的 AI 作品：）

本書由 AI 工具研究社群主李婷婷與 10 位 AI 工具研究社群友共同撰寫完成，作者們都是走在非常前沿的 AI 技術應用者，歡迎到作者介紹區追蹤他們的 AI 新知。

祝學習魔法之路愉快！ Happy Learning ！

台灣最大 AI Line 社群 『AI 工具研究社』：https://bit.ly/ai-line

Telegram 社群 『AI Toolings and Research』：https://t.me/AI_toolings

# 介紹每種工具的架構

**作者：--**

**導言：**

簡要介紹 AI 工具的背景和目的。

引起讀者對該工具的興趣。

**功能概述：**

闡述該 AI 工具的主要功能和特點。

簡要描述該工具的優勢和用途。

**使用步驟：**

將使用該 AI 工具的步驟分解為清晰的步驟。

提供詳細的操作指南，包括截圖或圖像示例（如果適用）。

**應用案例：**

提供一些現實世界的應用案例，以展示該工具的實際用途和效果。

描述不同場景下如何使用該工具解決問題或改善工作效率。

**優缺點：**

簡要列出該 AI 工具的優點和缺點。

對每個優點和缺點進行詳細的解釋，以幫助讀者更好地理解。

**評分：**

提供對該 AI 工具的評分或評價。

可以使用星級評分或評級系統，或提供具體的評價標準和評分。

**常見問題解答：**

回答一些常見的問題，幫助讀者更好地理解和使用該工具。

提供解決方案或建議，以應對可能出現的問題或挑戰。

**資源和支援：**

提供相關的支援資源，例如官方網站、使用手冊、社群討論區等。

提供讀者進一步深入學習和交流的途徑。

# 作者介紹

**李婷婷（Tina）- 發起人 & 總編輯**

AI 工具研究社群主，喜歡研究各種新技術的資工少女，也是斜槓創作歌手、模特兒、cosplayer 與演員，現在自己創辦接案公司 The Z Institute 開發各種前沿的新創產品與培訓新科技人才，熟悉領域包括 AI、區塊鏈、虛擬實境等。IG:（本人）@tinaaaaalee 與（AI 自動發文）@tinaaaaalee.ai

**林毓鈞（JamesLin）**

本身是一位工程師，待過幾個不同的創業早期的團隊，是一個不務正業的工程師。本身除了 coding 也喜歡研究其他工具跟參加各種技術 Conference，希望未來可以用 AI 做出很酷的應用。

**楊鈞宜（Abao）**

曾於金融業、網路廣告業、電商業任職的資料科學家及數據工程師，目前在協助多間新創建置資料流及 AI 應用。經營個人網站 /FB/Youtube 頻道 —【資料探員 Data Agent】，專門分享 AI 產品開發 / 資料科學 / 分析 / 工程等教學文章。

**陳韋廷（Tim）**

一名區塊鏈愛好者，希望能繼續精進自己各方面的能力與知識，也希望透過分享一些 AI 工具的使用心得，將自己學習過的足跡留下。

**邱瑞育（Ray）**

一個對 AIGC 充滿熱情的大叔 青年（？

擅長整合多種 AI 工具進行創作，專業領域為平面媒體與圖文傳播科技，是本書作者群裡少數非資工背景的成員之一。

**我是龐德**

本身是斜桿 AIGC 創作者，愛好創作，常常使用 AI 工具，創造 AI 作品，也有自己 YT 頻道，專門介紹入門的 AI 工具，在其他社群平台，也有 AI 作品分享給大家，未來想朝著 AI 電影創作。

**呂汶憶（Alulu）**

天天追著 AI 新聞跑的產品經理，遇到有興趣的應用就會一頭熱地栽進去研究！喜歡研究新科技以改善現行流程，提升效率！

**賴冠廷（ Jim Lai ）**

一名熱情洋溢的創業家，專注於運用軟體開發與自動化，以提升效率並解決傳統難題。目前致力於 Fintech 產業，進行指數研究與量化分析，並將 AI 科技融入金融領域。

**郭文嘉**

軟體工程師，經營【IT 空間】個人部落格 / 粉專，喜愛分享科技新知。

以前想著未來工作不要接觸 AI，現在卻常與 AI 打交道。( 甚至還合著了這本書 )

**廖英杰（Andy）**

一名持續精進工程師技能的產品專案經理，總是想著怎麼將 AI 融入工作並且幫助大家更有效率地完成任務。

**徐鴻壹（Hong-I）**

工程師，參與了包括新媒體、影劇在內的各種不同領域的資料專案。在 OpenAI 掀起 AI 熱潮後，導入人工智慧到工作流程，透過實務經驗，增加技術創新與工作效率，進而提升產品與服務的交付價值。

# 各章總結比較表

## 第一章：聊天 - 語言模型

| | ChatGPT | Gemini | ChatPDF |
|---|---|---|---|
| 使用場景 | 一次處理文本、圖像生成、資料分析與程式碼生成多項工作（多模態整合） | 一次處理文本、圖像生成、圖像輸入與程式碼生成多項工作（多模態整合） | 基於 ChatGPT 優化讀取 PDF 文件，整理 PDF 大綱，找尋 PDF 內容 |
| 推薦指數 | ★★★★★ | ★★★★☆ | ★★★★☆ |
| 費用 | GPT 3.5 支援免費帳號可用 、GPT 4 需用付費帳號（每月 20 美金）或 API | 免費版與付費版 Gemini Advanced（每月 650 新台幣） | 免費或每月 US$5 |
| 可客製化程度 | 可自訂系統提示、提供 API | 提供 API | 提供 API |
| 背後的公司 | OpenAI | Google | ChatPDF Founder: Mathis Lichtenberger |
| 上手難易度 | 容易 | 容易 | 容易 |
| 硬體需求 | 低，只需要瀏覽器 | 低，只需要瀏覽器 | 低，只需要瀏覽器 |

| | DALL-E | ComfyUI | Adobe Firefly | Anydoor |
|---|---|---|---|---|
| 使用場景 | 使用自然語言文字敘述下指令，容易入手。但不像 Midjourney 可以設定多種微調參數 | 使用節點概念來自行設定工作流，但不像 Stable Diffusion 一樣有一個完整的包裝，需要自行安裝許多插件 | 以文字建立影像，生成填色，文字效果，生成式重新上色 | 以 image 服裝換 image服裝功能，快速更換服裝，用虛擬服裝實現個人換裝效果未來有很大的前瞻性 |
| 推薦指數 | ★★★☆☆ | ★★★★☆ | ★★★★☆ | ★★★★☆ |
| 費用 | ChatGPT 付費帳號（每月 US$20）或 API | 免費 | 免費使用者每月 25 生成點數<br>付費使用者每月 100 點數（每月 NT$156） | 免費 |
| 可客製化程度 | 可自訂系統提示 | 可自訂個人化工作流 | 無 | 客製化換衣 |
| 背後的公司 | OpenAI | comfyanonymous[1] | Adobe | 阿里巴巴 |
| 上手難易度 | 容易 | 中等 | 容易 | 容易 |
| 硬體需求 | 低，只需要瀏覽器 | 中等，需建議記憶體至少 16G | 低，只需要瀏覽器 | 低，瀏覽器，本地部屬 |

1 Comfyanonymous: 官方 GitHub https://github.com/comfyanonymous

| SD Forge | Stable Diffusion | Stable Zero 123 | Midjourney |
|---|---|---|---|
| 免費的文字到圖片工具，以其友善易上手的操作介面而廣受喜愛。以 A1111 為基底的優化版本，更適合新手使用 | 從指定模型風格中憑空產出圖片、或是圖片風格轉換與客製化調整 | 透過單一影像，零樣本模擬物件 3 維視角的開源工具 | 透過各種提示詞，天馬行空地產出客製化圖片 |
| ★★★★☆ | ★★★★☆ | ★★★★☆ | ★★★★☆ |
| 免費開源工具 | 免費 | 免費開源工具 | 視使用量需求而定的訂閱計劃，費用：$10-$120 美元 / 月不等 |
| 以安裝插件方式進行功能擴充 | 中等，視背後的模型而定，但仍能透過提示詞，適度客製化 | 無 | 高，只要 AI 能理解的提示詞，幾乎都能做出 |
| Stability AI | Stability AI | Stability AI | Midjourney |
| 介於容易 ~ 中等 | 中等 | 中等 | 容易 |
| 中低，電腦仍需配備獨立顯示卡，建議顯存 8GB。並需要一定的磁碟空間 | 高，建議配備至少硬碟空間 10GB，RAM 16GB，獨立顯卡 VRAM 4GB 或以上配備 | 高等要求。主機建議配備 24GB vram 以上的獨立顯示卡 | 低，只需要瀏覽器 |

| | pixverse | Runway Gen-2 | Stable Video Diffusion（SVD） | pika |
|---|---|---|---|---|
| 使用場景 | PixVerse 是一個免費 AI 生成影片工具，免費提升 4K 高解析度影片 | 可控性高，持續優化的文字／圖片到影片線上工具 | 一個可以在本地電腦運行，免月費、使用無上限的圖片到影片 AI 工具 | Pika 升級 1.0 版本後 AI 生成影片，更加穩定，在人物動態方面效果更明顯 |
| 推薦指數 | ★★★★★ | ★★★★★ | ★★★★☆ | ★★★★☆ |
| 費用 | 免費 | 免費試用 | 免費 | 免費 |
| 可客製化程度 | 自定義客製 | 無 | 無 | 自定義客製 |
| 背後的公司 | pixverse | Runway AI | Stability AI | Pika |
| 上手難易度 | 容易 | 容易 ~ 中等程度 | 中等程度 | 容易 |
| 硬體需求 | 低，瀏覽器 | 線上工具，一般的電腦或手機皆可連線使用 | 高等要求。主機建議配備 24GB vram 以上的獨立顯示卡 | 低，瀏覽器 |

| HeyGen | CapCut | Wondershare DemoCreator | Sora | DomoAI |
| --- | --- | --- | --- | --- |
| 透過影片錄製，可以其為基礎，輸入文字讓影片中的人物說出你想要的語句 | 利用 AI 辨認聲音並且自動生成字幕，以及其他影片剪輯的功能 | 一站式螢幕錄影及剪輯程式 | 文字生成影片 | 透過原影片轉不同風格動畫影片，快速製作屬於自己的動畫風格 |
| ★★★★☆ | ★★★★★ | ★★★☆☆ | 尚未推出 | ★★★★☆ |
| 視用量付費 | 部分免費 | 部分免費 | 尚未推出 | 部分免費 |
| 自定義錄製 | 自定義剪輯 | 自定義錄製 | 尚未推出 | 自定義 |
| HeyGen | 字節跳動 | Wondershare | OpenAI | DomoAI |
| 容易 | 容易 | 容易 | 尚未推出 | 容易 |
| 低 | 低，手機即可使用 | 低 | 尚未推出 | 低，瀏覽器 |

第四章：聲音

| | ElevenLabs | 剪映克隆聲音 | Voice AI |
|---|---|---|---|
| 使用場景 | 該程式讓您可以自由地自訂您的聲音，以滿足您的需求和偏好。您可以嘗試不同的風格、情感和口音，幫助您為廣泛的讀者創造聲音 | 入門剪輯的 ai 工具，強大功能與最新的 ai 克隆聲音，實現了創作個人配音的便利性，30 秒完成克隆聲音效果 | 製作伴奏，自動分軌，生成明星的聲音，與訓練並生成任何人的聲音 |
| 推薦指數 | ★★★★☆ | ★★★★☆ | ★★★★☆ |
| 費用 | 首月 1 美元，每月 5 美元 | 需抖音登入，加入會員每月 1200 積分，2 個字扣 1 積分，2024 年 10 月改用積分使用 | 音樂分軌部分完全免費，變聲功能也是免費使用，用量高才會收費 |
| 可客製化程度 | 可自定義聲音 | 自定義聲音 | 只要有 15 分鐘聲音檔案，即可訓練自己的聲音 |
| 背後的公司 | ElevenLabs | 剪映 | Voice AI |
| 上手難易度 | 容易 | 容易 | 容易 |
| 硬體需求 | 低，瀏覽器 | 低，軟體 | 低，瀏覽器 |

## 第五章：音樂

| | Suno AI | Soundraw | SpliceCreate |
|---|---|---|---|
| 使用場景 | 可以輸入 Prompt，AI 將會依照你所給予的場景創造出一首專屬於你的歌，並且還能自行輸入歌詞、曲風及音樂風格來自行創作 | 自行選擇音樂風格以及節奏，創造出一首特別的 BGM | 在創建完初步的音軌之後，可以選擇許多不同的樂器，這個 AI 允許使用者更換每一種樂器及節奏，非常直觀 |
| 推薦指數 | ★★★★☆ | ★★★★☆ | ★★★★☆ |
| 費用 | 音樂完全免費，用量高才有訂閱收費的必要 | 有免費試用期，試用期過後最低一個月 16.99 美元 | 有免費試用期，試用期過後最低一個月 12.99 美元 |
| 可客製化程度 | 高 | 適中 | 高 |
| 背後的公司 | Anthropic | SOUNDRAW Inc. | Splice |
| 上手難易度 | 容易 | 容易 | 容易 |
| 硬體需求 | 低，瀏覽器 | 低，瀏覽器 | 低，瀏覽器 / 手機（CoSo） |

第六章：程式

| | OpenAI API | Gemini API | LangFlow |
|---|---|---|---|
| 使用場景 | 提供語言模型（GPT）、圖像模型（DALL・E）、語音模型（Whisper）、文字轉嵌入向量（Embeddings）的 API，可串接進自己開發的應用程式 | 提供語言模型的 API（支援輸入文字及圖像），可串接進自己開發的應用程式 | 對希望做 MVP 的人來說很適合做快速開發，同時產出也可以放到程式專案中 |
| 推薦指數 | ★★★★★ | ★★★★☆ | ★★★★☆ |
| 費用 | 依不同模型與使用量計價 | 免費，未來預計推出付費方案 | 免費 |
| 可客製化程度 | 高度彈性，需自行撰寫程式 | 高度彈性，需自行撰寫程式 | 可自定義所需節點 |
| 背後的公司 | OpenAI | Google | Logspace |
| 上手難易度 | 中等（需有程式設計基礎） | 中等（需有程式設計基礎） | 容易 |
| 硬體需求 | 低 | 低 | 低 |

2 LangChain：https://www.langchain.com/about
3 LLamaIndex：https://www.linkedin.com/company/llamaindex/

| Flowise | Gradio | LangChain | LLamaIndex | Builder.io |
|---|---|---|---|---|
| 對希望做 MVP 的人來說很適合做快速開發，同時產出也可以放到程式專案中 | 對撰寫前端畫面有需求或是不擅長的人來說是一個可以拿來快速應用的 Library | 簡化使用大型語言模型的應用程式，可與其他工具、數據源集成，加速專案程式開發 | 簡化使用大型語言模型的應用程式，可與其他工具、數據源集成，加速專案程式開發 | 讓使用者可以快速建置網站，並且也可以將建置好的網站頁面轉換成程式語言 |
| ★★★★☆ | ★★★★☆ | ★★★★☆ | ★★★★☆ | ★★★★☆ |
| 免費 | 免費 | 免費 | 免費 | 免費 |
| 可自定義所需節點 | 可自行決定使用元件 | 高度彈性，需自行撰寫程式 | 高度彈性，需自行撰寫程式 | 可自定義介面 |
| FlowiseAI | Gradio | LangChain[2] 與開源 | LlamaIndex[3] 與開源 | Builder |
| 容易 | 容易 | 難（需有程式設計基礎） | 難（需有程式設計基礎） | 中等（需要有網頁基礎） |
| 低 | 低 | 低 | 低 | 低 |

| | Github Copilot | Codeium |
|---|---|---|
| 使用場景 | 提升程式開發效率的工具，可透過插件形式在 VSCode, JetBrain 等 IDE 中使用 | 程式碼輔助工具，可集成至各種程式碼編輯器、IDE 內 |
| 推薦指數 | ★★★★☆ | ★★★★☆ |
| 費用 | 付費（每月每人 10 美金） | 免費或付費進階版（每月每人 12 美金） |
| 可客製化程度 | 可透過 configuration 設定 | 無 |
| 背後的公司 | Microsoft | Codeium[4] |
| 上手難易度 | 容易 | 容易 |
| 硬體需求 | 低，使用自己熟悉的程式碼編輯器、IDE 內 | 低，使用自己熟悉的程式碼編輯器、IDE 內 |

4 Codeium：https://www.linkedin.com/company/codeiumdev/

5 Nomic AI：https://home.nomic.ai/

| GPT4All | Google Vertex AI |
| --- | --- |
| 希望使用開源大模型但沒有足夠硬體資源的使用者 | 欲將機器學習或生成式 AI 落地應用有高可用及穩定性，但無完整工程團隊可處理所有細節 |
| ★★★★☆ | ★★★★☆ |
| 免費 | Google Vertex AI 將常見模型或 pipeline 部署所需服務寫成 terraform 範本讓使用者以介面部署，較低難度和維護困難性。雲端服務依用量計費 |
| 較低 | 對 GCP AI 相關服務越了解，越知道如何自行客製 |
| Nomic AI[5] | Google |
| 較高（需以程式啟動） | 中等 |
| 低，無須配置 GPU | 低，只需要瀏覽器 |

| | Zapier | SeaMeet |
|---|---|---|
| 使用場景 | 對有自動化應用需求的人來說，上面提供了大量服務的串接，很適合有需求且不希望寫程式的人 | 對於常使用 Google Meet 的使用者來說是很方便的會議紀錄工具 |
| 推薦指數 | ★★★★☆ | ★★★★☆ |
| 費用 | 可免費使用，付費可以有更多功能跟應用 | 免費版、每月 10 美元的個人版以及每月 20 美元的團隊版三個方案 |
| 可客製化程度 | 可自訂義所需服務串接 | 有筆記跟代辦事項等內容可以自訂 |
| 背後的公司 | Zapier | Seasalt.ai |
| 上手難易度 | 容易 | 容易 |
| 硬體需求 | 低，只需要瀏覽器 | 低，只需要瀏覽器 |

| MyJotBot | Gamma |
|---|---|
| 對於產出文字內容或是對整理影片摘要有需求的人 | 一鍵製作投影片簡報，AI 補充 / 縮短文案，自動為簡報搭配圖片 |
| ★★★★☆ | ★★★★☆ |
| 月繳型分為免費版、每月 10 美元以及每月 20 美元三個方案，年繳型為免費版、每月 7 美元以及每月 14 美元三個方案，免費方案有提供每日的額度使用 | 免費方案 - 註冊提供 400 AI 點數<br>Plus 方案 - 每月 $10 美金（或年付 $96 美金），提供每月 400 點數<br>Pro 方案 - 每月 $20 美金（或年付 $180 美金），提供無限 AI 創作 |
| 使用便利，可自行輸入想要的內容 | 無 |
| SLAM Ventures | Gamma |
| 容易 | 容易 |
| 低，只需要瀏覽器 | 低，只需要瀏覽器 |

# 目錄

## 1 聊天｜語言模型

ChatGPT ........ 1-2
Gemini ........ 1-32
ChatPDF ........ 1-39

## 2 圖片

DALL・E ........ 2-2
Midjourney AI ........ 2-22
Stable Diffusion ........ 2-31
Stable Diffusion WebUi Forge ........ 2-42
ComfyUI ........ 2-50
Adobe Firefly ........ 2-62
Stable Zero123 ........ 2-81
AnyDoor ........ 2-87

# 3 影片


HeyGen ........ 3-2

CapCut ........ 3-13

DomoAI ........ 3-19

Stable Video Diffusion（SVD）........ 3-27

Runway Gen-2 ........ 3-34

PixVerse ........ 3-45

Pika Labs 1.0 ........ 3-53

Wondershare DemoCreator ........ 3-62

Sora ........ 3-69


# 4 聲音


Voice AI ........ 4-2

剪映克隆聲音 ........ 4-6

ElevenLabs ........ 4-15


# 5 音樂


Soundraw.io ........ 5-2

SpliceCreate ........ 5-12

Suno ........ 5-20

# 6 程式


OpenAI API....6-2

Gemini API....6-13

LLamaIndex....6-26

LangChain....6-43

GPT4All....6-55

Github Copilot（Visual Studio Code Extension）Under review....6-65

Codeium....6-77

Builder.io....6-90

Langflow....6-101

Flowise....6-110

Google Vertex AI....6-116

Gradio....6-138


# 7 其他


Gamma 簡報製作....7-2

Zapier....7-19

SeaMeet....7-32

7007 Studio....7-38

MyJotBot....7-43

# 1

# 聊天—語言模型

# ChatGPT

作者：Alulu、Hong-I、Andy

## 導言

ChatGPT[1]，一個由 OpenAI 開發的人工智慧對話系統。

透過簡單的 Prompt（提示詞），您就能與之進行深入的對話，從日常話題到專業知識的探討，甚至是創意寫作的靈感來源，ChatGPT 都能夠提供您所需的資訊。

ChatGPT 的強大之處，不僅是單純的解答疑問，更是學習能力。您能透過各種對話的技巧，使 ChatGPT 擴展您的知識和思維方式，並將不同的觀點與想法交織成新內容。

此外，「Explore GPTs」功能的出現，更是鼓勵使用者建立客製化的 ChatGPT 並分享，滿足針對特定主題的深入探索和學習需求。您可以將您的專業領域知識與 ChatGPT 的文本生成能力結合，請 ChatGPT 提供草稿，提升工作效率；還能延伸您的創意，將無限的想法和問題轉化為具體的答案和創作。

現在起，就讓我們探索 ChatGPT 帶來的無限潛力，開啟屬於您的智慧對話新篇章！

## 功能概述

1. **個性化對話**：ChatGPT 能夠理解並記憶對話上下文，提供針對性和連貫性的回答，使每次對話都具有個性化和針對性。
2. **多領域知識整合**：能夠涵蓋廣泛領域的知識，從日常話題到專業知識，為使用者提供全面且深入的訊息和解答。

1 ChatGPT 全名是聊天生成預訓練轉換器（Chat Generative Pre-trained Transformer）

3. **創意輔助與生成**：提供**創意寫作**、**圖像生成**、**程式碼撰寫**、**資料分析**等功能，協助使用者激發創新想法，並輔助完成各類文案和創作任務。

## 使用步驟

### 名詞介紹

Prompt：提示詞，是您與 ChatGPT 溝通的橋樑。

可以視 Prompt 為「指令」或者「請求」，引導 ChatGPT 回答您所需的資訊。設計一個好的 Prompt 將會大幅地提升您與 ChatGPT 溝通的品質。

什麼是好的 Prompt ？以下提供 3 項大原則：

1. **明確性**：如果 prompt 過於含糊不清，可能會導致 ChatGPT 無法準確理解使用者的意圖，從而提供不相關或者離題的回答。明確的提示詞可以幫助**縮小回答的範圍**，使得輸出更加聚焦於問題的核心。

2. **具體性**：具體的 prompt 可以提供更多的**背景知識和細節**，使得 ChatGPT 能夠提供更加細緻和針對性的答案。缺乏細節的提示詞可能會導致回答過於籠統，無法滿足使用者的具體需求。

3. **引導性**：好的 prompt 還可以通過提問方式引導 ChatGPT 提供**特定類型的回答**，例如要求提供列表、解釋概念、比較不同觀點等。這種引導性可以使得回答更加符合使用者期望的回答格式。

本章節將會提供一些與 ChatGPT 的互動心法與小技巧，協助您設計出好的 Prompt。

### 互動心法

想像一下，有一位朋友，他能持續學習新知識、理解複雜的概念，並與您進行深入的對話——這正是 ChatGPT 迷人之處。

透過多元的思維方式和引導，ChatGPT 能展現其強大功能。無論您是在準備考試、尋求創意寫作靈感，或是僅僅希望了解一個新主題，ChatGPT 都能提供協助。它就像一位智能助理，依據您提出的問題或主題，利用其龐大的資料庫來生成答案，並從多個角度為您呈現豐富多元的見解。

以下簡介 5 種心法，加強您和 ChatGPT 對話的產出和效率：

1. **多角度思考**：和 ChatGPT「討論」時，可以嘗試從不同的角度與之對話。例如，如果您想了解某個歷史事件，不僅問其發生的原因，還可以探究其對今天社會的影響。

2. **反向思考和提問**：不要害怕從反面來思考問題，比如問「為什麼某事不會發生？」而不僅僅是「為什麼會發生？」這可以幫助您發現新視角。

3. **激發新想法**：利用 ChatGPT 來發掘不同的思考和溝通方法。您可以要求它提供案例研究、異常情況或創新解決方案。假設您正在考慮開設一間咖啡店，您可以問 ChatGPT：「如果我想在我的咖啡店中加入科技元素，你有什麼創新建議？」這樣的問題可以幫助您從 ChatGPT 獲得一些獨特和創新的點子。

4. **提出挑戰性問題**：向 ChatGPT 提出具有挑戰性的問題，嘗試將其推至思考的邊界。這不僅可以幫助您獲得深入的回答，也可以加深您對問題的理解。如果您正在寫一篇關於全球暖化的文章，您可以問 ChatGPT：「如果我不同意全球暖化是由人類活動引起的，我應該如何構建我的論據？」這種挑戰性的問題可以幫助您探索問題的不同面向並擴展您的思維。

5. **結合不同觀點**：請求 ChatGPT 從不同文化或專業角度來解答同一問題，這樣可以幫助您獲得更全面的見解。假設您正在準備一場辯論，議題為「關於手機在學校的使用」，您可以問 ChatGPT：「能否提供支持和反對在學校使用手機的兩種觀點？」通過這樣的提問，ChatGPT 可以幫助您整理出兩種不同的觀點，從而幫助您更全面地理解話題。

除了以上的 5 項心法，若您有學習到新的思考框架，也可以嘗試運用在您與 ChatGPT 的互動中，提升互動的品質。

## 對話流程與小技巧

**1. 步驟一：定義預期結果**

ChatGPT 非常聰明，但不會通靈！在正式開啟對話前，建議先思考希望得到什麼樣的回覆，去反推該輸入的提示詞。

定義預期結果，可以達到下列 2 個效果，讓您與 ChatGPT 的溝通更順暢：

a. 目標明確化：助於縮小對話範圍，取得更高效率的對話品質

b. 反饋循環：給 ChatGPT 反饋，使回覆更趨於理想結果

**2. 步驟二：輸入 Prompt 以開始與 ChatGPT 的對話**

以下簡介 2 個 Prompt 設計技巧：

a. 清晰指示：透過清晰的指示，可以讓 ChatGPT 回應更符合您的期待。

i. 細節交代：在處理具有特定背景或情境的問題時，提供細節有助於取得客製化的回答。

【提示詞參考】

在回答我的問題以前，請向我詢問至少 3 個問題，確保您清楚所需的細節與理解我的需求，以協助您生成更合適的答案

ii. 提供例子：提供範例，能讓 ChatGPT 發揮模仿的能力，生成內容不同但風格維持的文字。

【提示詞參考】

請根據 [ 請填寫 ] 風格，生成一個以 [ 請填寫 ] 為主題的 [ 請填寫 ]

**You**

請使用 [ 床前明月光，疑似地上霜 ] 的風格，生成一個以元宵節為主題的詩詞

**ChatGPT**

燈火通明夜未央，遙看處處皎皎光。

人間喜慶元宵至，笑語歡歌滿街旁。

iii. 指示步驟 / 指定執行方法：將大任務切割為小任務，並透過指定步驟 / 執行方法請 ChatGPT 處理，有助於在過程中與 ChatGPT 共創最終結果。

【 提示詞參考 】

1. 請根據步驟 [ 請填寫步驟或現行 SOP] 處理 [ 請填寫任務 ]
2. 請用 [ 請填入分析方法 ] 執行 [ 請填入任務 ]

   以下列出常見的分析方法，讀者可以參考使用：

   PDCA、因果分析、成本效益分析、風險評估、SWOT 分析、情景規劃、假說思考、設計思考、MECE 思考法

iv. 重述與回應：您可以透過 prompt，讓 ChatGPT 自行生成更精準的 prompt ！

【 提示詞參考 】

請重新表述並擴展這個問題 [ 請輸入問題 ]，以幫助您更好地回答。請保留原始問題中的所有資訊。

**You**

請重新表述並擴展這個問題 [ 怎麼學會使用 PDCA 方法論 ]，以幫助您更好地回答。請保留原始問題中的所有資訊。

**ChatGPT**

如何有效學習並掌握PDCA（計劃-執行-檢查-處理）循環方法論，以便在各類項目和日常工作中實施並提高效率？

b. 角色扮演：生活中，如果遇到了問題，除了詢問 Google 或 ChatGPT 以外，您會怎麼解決呢？推薦您一個很棒的方法，就是找專家！

現在，只需要透過 Prompt，您就可以讓 ChatGPT「扮演」變成您要找的專家：

【提示詞參考】

**請 ChatGPT 扮演單個專家**

i. 我的需求是 [ 請填寫您的需求 ]，請問要達成這個需求，哪個角色可以完美的處理這個需求？（ChatGPT 回答後，再輸入以下內容）

ii. 您是訓練有素的 [ 該角色 ]，請協助我完成 [ 該需求 ]，並列出你的執行步驟

**請 ChatGPT 扮演多個專家**

我的需求是 [ 請填寫您的需求 ]，請問要達成這個需求，哪個團體可以完美的處理這個需求？請列出該團體包含哪些角色與各角色的職責為何？

（ChatGPT 回答後，再輸入以下內容）

這個團體必須協助我完成 [ 該需求 ]，請展示這些角色如何合力完成我的需求

註：可以請 AI 扮演以下角色，完成您的任務 -

1. 水平角色（如：A 部門經理 /B 部門經理 /C 部門經理）
2. 垂直角色（如：一般職員 / 主管）
3. 對抗角色（如：競業 / 對方辯護律師）

角色扮演還有一個玩法！除了 ChatGPT 可以扮演，您也可以：

【提示詞參考】

請對 [ 您所扮演的角色 ] 說明 [ 請填寫任務 ]

使用範例：詢問 ChatGPT「什麼是 GPU」

< 角色扮演前 >，ChatGPT 專業地條列說明，但對於普通人來說，仍艱澀難懂。

**You**
請問 GPU 是什麼

**ChatGPT**
GPU，全稱為「圖形處理單元」（Graphics Processing Unit），是一種高效能的處理器，專門設計用來處理圖形和影像相關的計算任務。以下是對GPU的一些基本介紹：

#### 主要功能

- **圖形渲染**：最初，GPU主要用於加速電腦遊戲和專業圖形應用（如3D建模、視頻編輯）中的圖形渲染。
- **平行處理**：GPU擁有大量的處理核心，可以同時執行大量計算，適合進行平行處理。

#### 在AI和機器學習中的應用

- 隨著AI和機器學習技術的發展，GPU的強大計算能力使其成為這些領域中不可或缺的工具。
- GPU特別適用於執行深度學習和神經網絡訓練等計算密集型任務。

#### 為何特別適合大規模計算

- GPU的架構使其能夠有效地處理成千上萬的小型計算任務，這正是訓練深度學習模型所需的。
- 相較於傳統的CPU（中央處理單元），GPU能更快地處理圖像和視頻數據，加速模型的訓練過程。

< 角色扮演後 >，ChatGPT 以比喻的方式解釋，平易近人。

**You**
請對高中生解釋

**ChatGPT**
當然可以！讓我用高中生也能理解的方式來解釋什麼是GPU：

#### GPU就像是電腦的超級畫家

- 想像一下，如果你需要在電腦上畫一張非常複雜和精細的圖畫，或者玩一個畫面特效很酷的遊戲，你會需要一個很厲害的畫家來幫忙。這個厲害的畫家，就是GPU，它專門幫助電腦處理和創建圖形和影像。

#### 為什麼GPU這麼特別

- GPU有很多小小的「畫筆」（我們叫它們處理核心），它們可以同時畫很多部分的圖，這樣就可以很快完成整張圖畫。而普通的電腦處理器（CPU）就像只有一支畫筆，所以畫起圖來就比較慢。

#### GPU在學習中的用途

- 現在，科學家發現GPU不僅僅可以用來畫↓還可以用來幫助電腦「學習」和「思

### 3. 步驟三：修正回應結果

ChatGPT 的回答，有時不盡如人意。也許是他「感覺」起來知識含量不足、誤解了您的意思，或是他回答的方向錯誤了。此時不要灰心，透過提示詞，仍可以將對話「修正」，並引導至您所想的方向。

a. 教學：您可以透過提示詞，讓 ChatGPT 自學相關概念，並修正 ChatGPT 產出的結果

i. ChatGPT 一開始並不明白「繁體中文」與「簡體中文」差別

**ChatGPT**

下表是根据您的需求调整的，使用**繁體中文**，且语句简短易懂，适合在教育训练中通过簡報方式向內勤營運改善人員介紹：

| 名稱 | 簡介 | 適用問題類型 | 使用範例 |
|---|---|---|---|
| 思维链 (Chain-of-thought) | 逐步展示解题过程的方法，就像人类思考一样。 | 数据分析、报告撰写、决策支持 | 提示:'公司营收增长15%，去年5000万，今年多少？'回答:'去年5000万，增长15%是750万，今年5750万。' |

ii. 請 ChatGPT 自行解釋兩者差別

**You**

你知道繁體中文跟簡體中文的差別嗎

**ChatGPT**

是的，繁體中文和簡體中文主要的差別在於字體的結構。簡體中文是在20世紀中葉由中國大陸政府推行的一種漢字書寫形式，其目的是為了提高識字率和簡化字形。簡體中文的特點是減少筆劃數量，使得字形更簡單。

iii. 請 ChatGPT 再做一次任務

**You**

那請您用將剛剛的表格由簡體中文翻譯為繁體中文，謝謝

**ChatGPT**

已將表格由简体中文翻译为繁体中文，如下所示：

| 名稱 | 簡介 | 適用問題類型 | 使用範例 |
|---|---|---|---|
| 思維鏈 (Chain-of-thought) | 逐步展示解題過程的方法，就像人類思考一樣。 | 數據分析、報告撰寫、決策支持 | 提示:'公司營收增長15%，去年5000萬，今年多少？'回答:'去年5000萬，增長15%是750萬，今年5750萬。' |

b. 評分：透過評分，您可以量化 ChatGPT 生成的結果，並根據預期結果調整分數

**You**

請生成一個感謝信，內容是要感謝對方即時修復程式上的 Bug，讓我可以解決客戶問題

**ChatGPT**

親愛的 [對方的名字],

我希望這封信能夠表達我對您最近所做工作的深深感激。當我遇到程式中的緊急Bug，正面臨著解決客戶問題的壓力時，您的及時幫助和專業技能真是我莫大的幫助。

您對問題的快速反應和有效解決不僅協助我修復了這個棘手的Bug，也幫助我保持了對客戶的承諾，維護了我們公司的專業形象。您的專業知識和對細節的關注讓整個修復過程順利進行，這對我來說非常重要。

我真誠地感謝您在這個關鍵時刻伸出援手，您的努力和專業精神對團隊來說是極大的貢獻。請接受我最衷心的感謝，期待我們未來能有更多合作的機會。

再次感謝您！

最好的祝福，

[您的名字]

**You**
您這封信表達的感謝程度是 9 分(滿分 10 分)，請調整為感謝程度 6 分的信件內容

**ChatGPT**
親愛的 [對方的名字],

我想抽點時間向您表示感謝，感謝您最近在修復程式Bug上的協助。您的及時幫助讓我能夠迅速解決客戶面臨的問題，這對我來說非常重要。

您的技術能力和對問題的快速反應對於這次的成功至關重要。我感激您在這件事情上的幫助，並希望在未來有機會再次與您合作。

再次感謝您的努力和協助。

祝好，

[您的名字]

c. 指定格式：若有指定的格式（如：表格、條列式），也可以透過 ChatGPT 直接製作！

i. 請 ChatGPT 生成內容

**You**
請用各 30 個字，解釋 3 個思考框架：設計思考，假說思考，MECE 思考。

**ChatGPT**
1. **设计思考:** 以用户为中心，通过同理心、定义、思考、原型和测试迭代创新解决方案。
2. **假设思考:** 基于假设提出解决方案，通过实验和数据验证其有效性。
3. **MECE思考:** 分析问题时，确保方案互斥且全面，避免重叠和遗漏。

ii. 請 ChatGPT 製作成表格

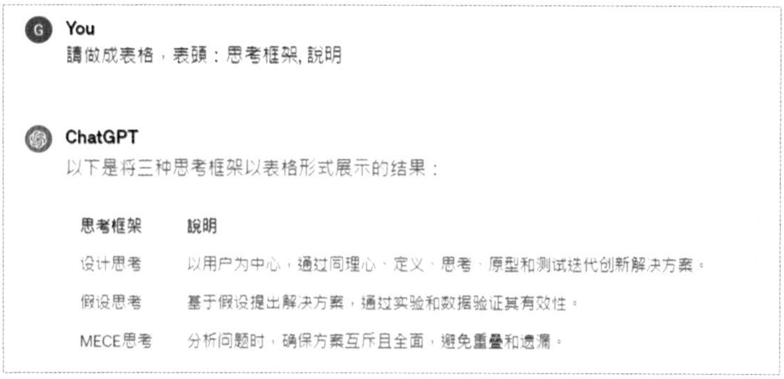
You
請做成表格，表頭：思考框架, 說明

ChatGPT
以下是将三种思考框架以表格形式展示的结果：

| 思考框架 | 說明 |
| --- | --- |
| 设计思考 | 以用户为中心，通过同理心、定义、思考、原型和测试迭代创新解决方案。 |
| 假设思考 | 基于假设提出解决方案，通过实验和数据验证其有效性。 |
| MECE思考 | 分析问题时，确保方案互斥且全面，避免重疊和遗漏。 |

**4. 步驟四：取得最終結果**

恭喜您！透過 Prompt，您開啟了與 ChatGPT 的對話、並根據 ChatGPT 生成的結果給予回饋，反覆修正後，取得您所需的結果

## 基礎用法

1. 打開 ChatGPT 介面

2. 編輯 Customize ChatGPT（未來開啟新對話，不需重複設定）

   a. 點選右下角您的個人名稱，並點擊「Customize ChatGPT」

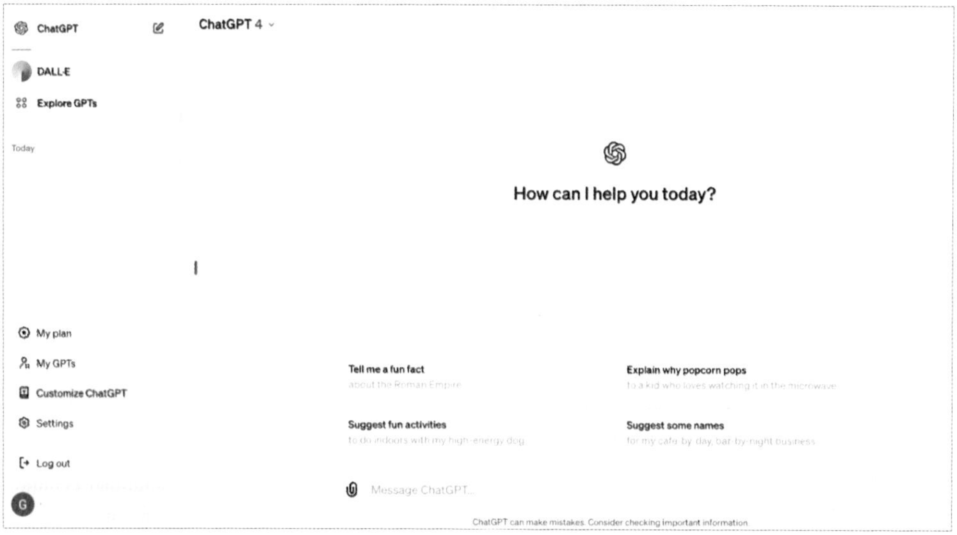

b. 根據「Thought Starters」的指引輸入內容，客製化您的 ChatGPT

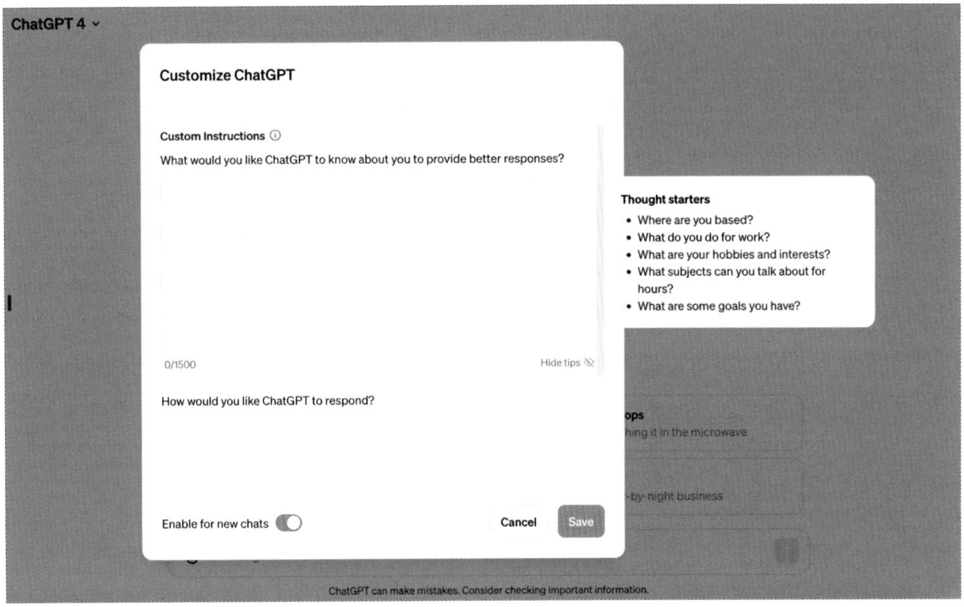


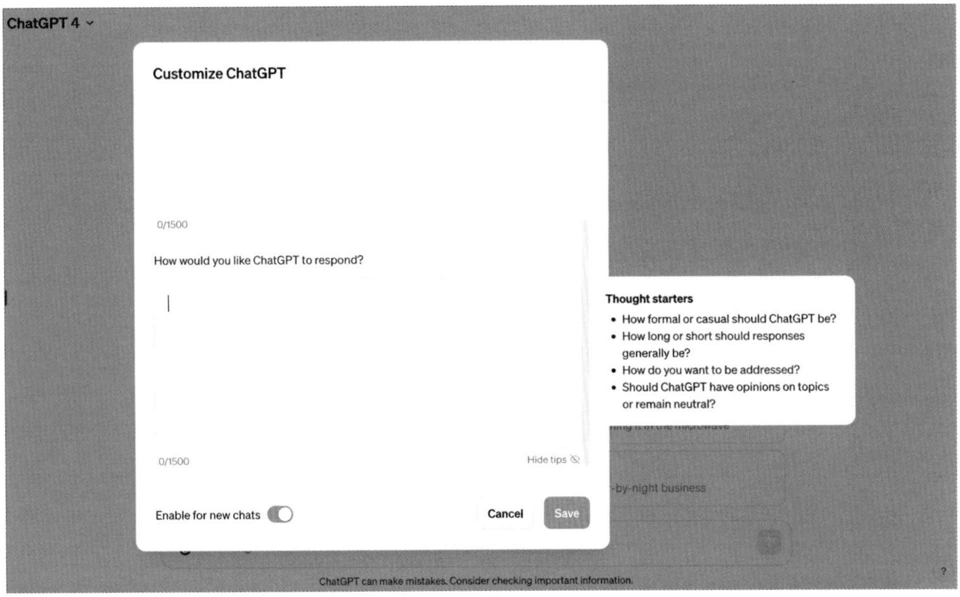

推薦輸入：在回答後，請提供三個後續問題，用我提問的方式表達。將問題以粗體格式標示為 Q1、Q2 和 Q3。在每個問題前後放置兩個換行符（"\n"）以作為間距。這些問題應該引人深思，並且更深入地探討原始話題。

**You**

如何降低人員離職率？

**ChatGPT**

降低人員離職率可以通過多種策略來實現，主要包括提高員工滿意度、提供職業發展機會，以及建立有效的溝通和反饋機制。首先，了解員工的需求和不滿，透過定期的員工滿意度調查和面談，可以及時發現問題並對策。其次，創造職業成長的機會和提供必要的培訓，可以讓員工看到未來的發展前景，從而增加留職的動力。最後，建立開放且有效的溝通渠道，讓員工感覺到他們的聲音被聽到且受到重視，這也有助於提升員工的整體滿意度和忠誠度。

**Q1: 有哪些具體的策略或方法可以用來提高員工滿意度？**

**Q2: 職業發展機會具體包括哪些方面，公司應如何實施這些策略以留住關鍵人才？**

**Q3: 在建立有效的溝通和反饋機制方面，公司可以採取哪些實際措施來確保員工感受到他們的意見被重視？**

▲ 於 Customize ChatGPT 輸入此訊息後，未來 ChatGPT 根據您的 Prompt 生成結果後，會以 Q1, Q2, Q3 的方式，提供您 3 個問題，協助您進行更深入的思考

3. 提出問題（輸入提示詞）

前述技巧運用：互動心法、對話流程與小技巧

請翻譯："where are you?"

4. ChatGPT 將根據輸入生成回應或文本。

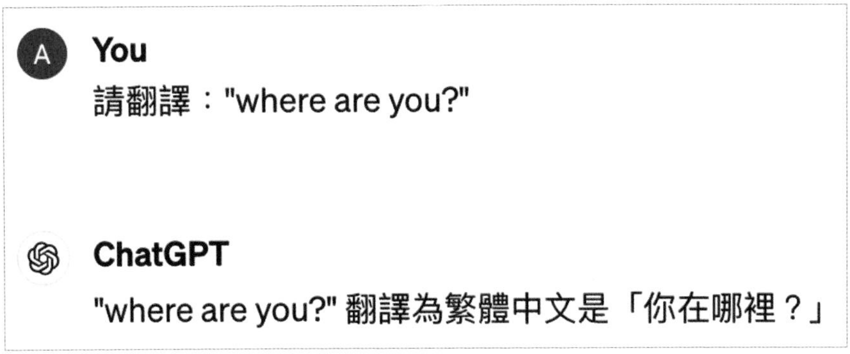

You
請翻譯："where are you?"
ChatGPT
"where are you?" 翻譯為繁體中文是「你在哪裡？」


## 進階使用 - Explore GPTs

Explore GPTs 讓使用者能夠深入探索並輕易地創建客製化的 ChatGPT ！

您可以根據自己的需求和興趣，將特定的指令、額外的知識以及各種技能組合在一起。這種客製化不僅提高了對話系統的靈活性和適應性，也使得它能夠更好地服務於特定的學習環境、專業領域或個人興趣。無論是學術研究、創意寫作，還是語言學習，Explore GPTs 都能為您提供一個量身製作的解決方案。

### 1. 發掘和使用現有 GPTs

在豐富的模型庫中尋找涵蓋特定知識領域或獨特對話風格的 GPT 模型。

a. 點擊 Explore GPTs

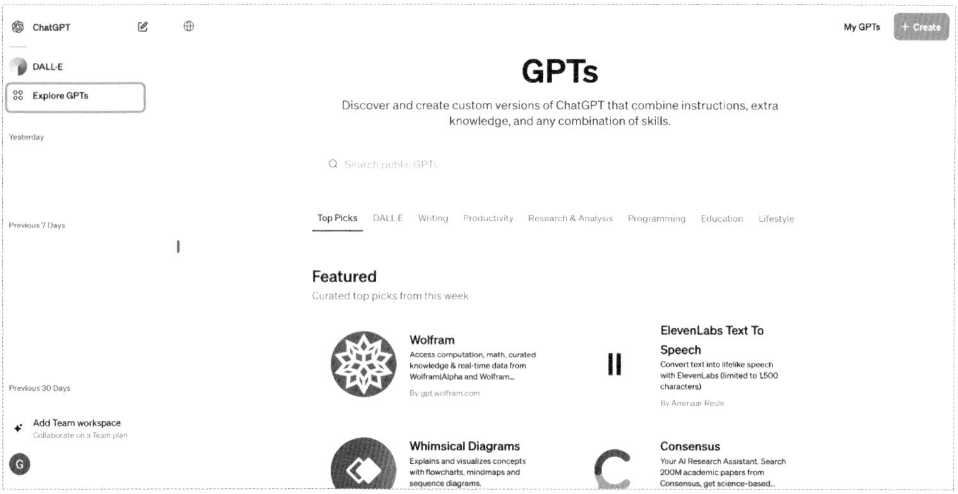


b. 選擇所需的 GPTs，並點擊 Start Chat

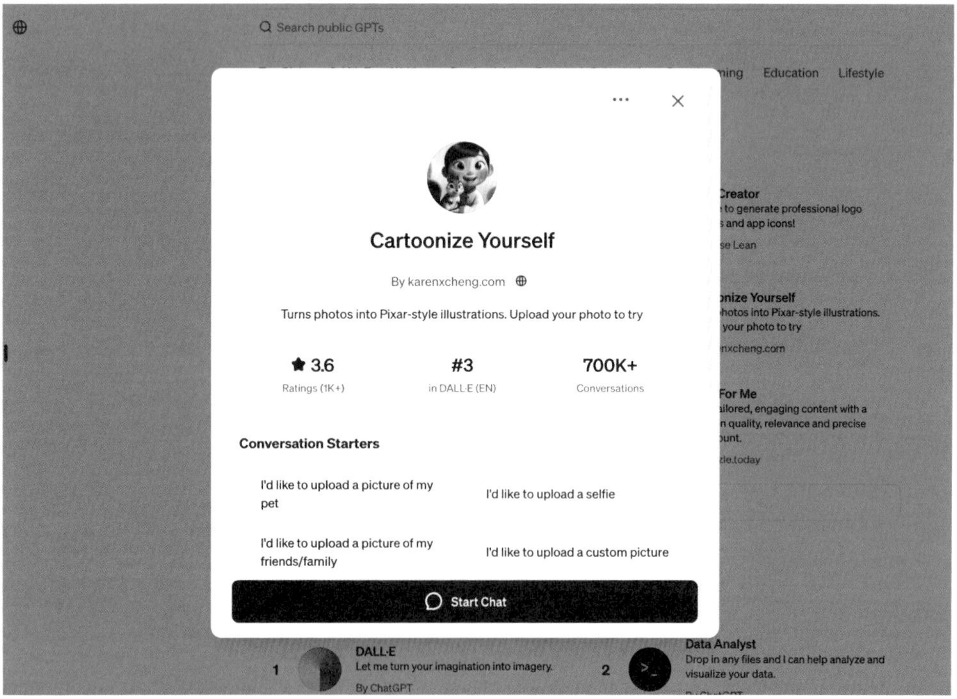


c. 輸入提示詞後，即開始使用

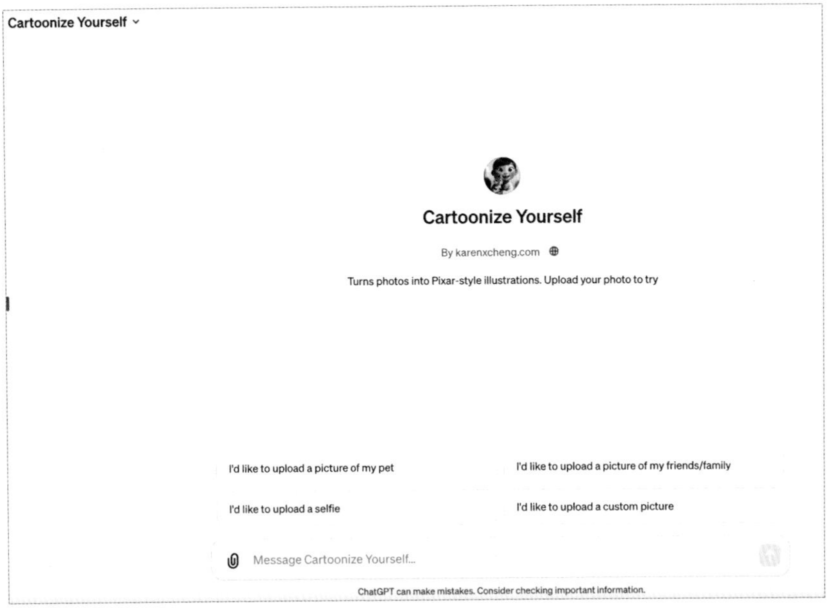


## 2. 創建和分享個性化 GPTs

您可以從零開始，自定義模型的對話風格、專業知識，以及想要整合的技能！模型創建完成後，不僅可供個人使用，也可分享給社群，幫助他人並豐富知識庫。

a. 先點擊 Explore GPTs，再點擊右上角綠色按鈕「+Create」

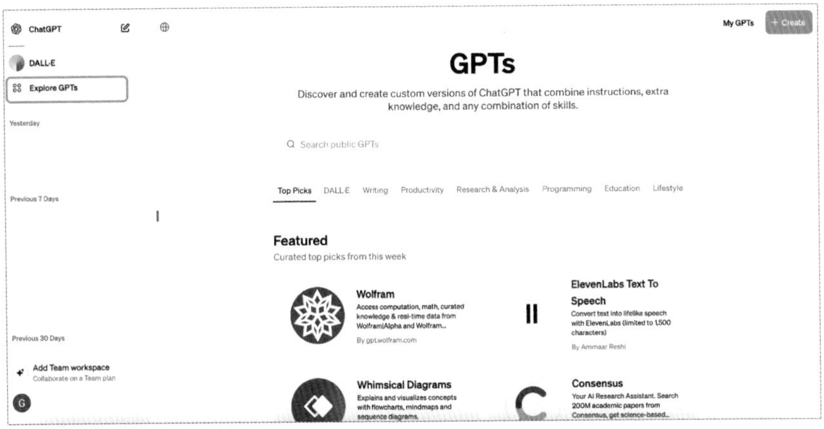


b. 根據您的需求填入提示與試驗，直到符合您的期待

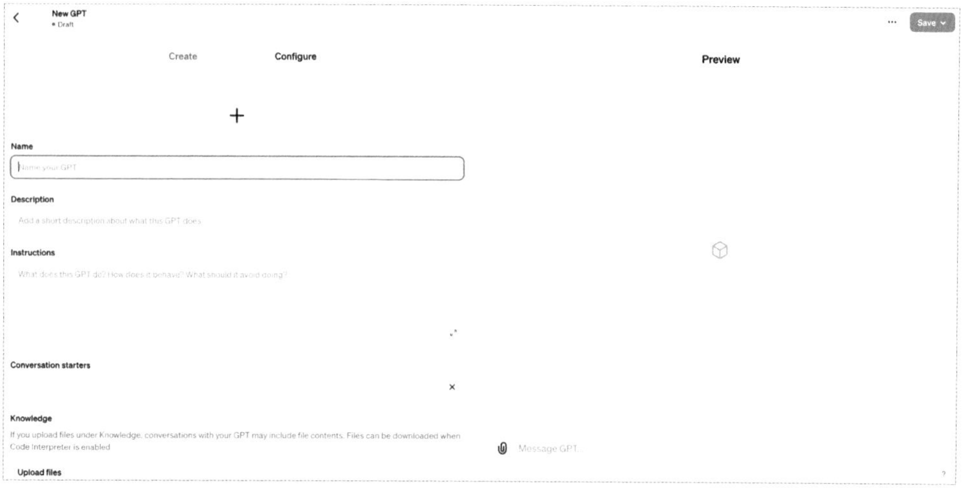


c. 完成編輯後，即可發佈，您可以選擇發佈對象與類別：

除此之外，您也可以在與 ChatGPT 對話結束後，透過 @ 的標註，呼叫您需要的 GPTs。

以下推薦一個實用的 GPT「Whimsical Diagrams」與使用方式，可以在您與 ChatGPT 談話結束後，將對話內容整理成心智圖，協助您快速 Recap（總結）談話內容！

### 1. 與 ChatGPT 對話

**You**
形容一隻狗

**ChatGPT**
一隻狗通常表現出忠誠和友善的特質，擁有豐富的表情和活力。它們可能有短毛或長毛，顏色多樣，從黑色、白色到棕色或是混合色。狗的體型範圍廣泛，從小型如吉娃娃到大型如聖伯納德。它們的耳朵可能直立或下垂，尾巴可能長而蓬鬆或短而直。狗以其搖尾巴、撲倒和忠誠的伴侶身份而聞名，能夠進行各種訓練，從基本的服從性訓練到執行複雜的任務，如搜救和輔助工作。它們的社交能力和對人類情感的敏感性使它們成為受歡迎的家庭寵物。

**Q1:** 如何根據狗狗的品種選擇適合自己家庭的狗狗？

**Q2:** 狗狗的情感智能有多高，它們是如何理解和回應人類情感的？

**Q3:** 訓練一隻狗完成特定任務（如導盲或搜救）需要哪些基本步驟和方法？

**You**
形容一隻貓

**ChatGPT**
一隻貓咪通常展現出獨立和好奇的特質，擁有柔軟而光滑的毛皮，這些毛皮可以是多種顏色，包括單色、斑點或條紋。它們的眼睛大而表情豐富，可以是綠色、藍色或黃色等多種顏色。貓咪有尖銳的耳朵和長尾巴，體型從小型如暹羅貓到大型如緬因貓不等。它們以優雅的動作、敏捷的跳躍能力和夜間活躍的習性著稱。貓咪善於捕獵，通常會展示玩耍和追逐小物件的行為。它們也以發出細膩的咕嚕聲和獨特的喵喵叫聲與人類溝通。

**Q1:** 貓咪如何通過它們的體態語言表達情感和需求？

**Q2:** 室內飼養貓咪需要注意哪些關鍵的照顧細節？

**Q3:** 貓咪的品種有哪些，不同品種的貓咪性格有何不同？

2. 於對話框輸入 @，並選擇您需要的 GPTs（目前只能呼叫您使用過的 GPTs）

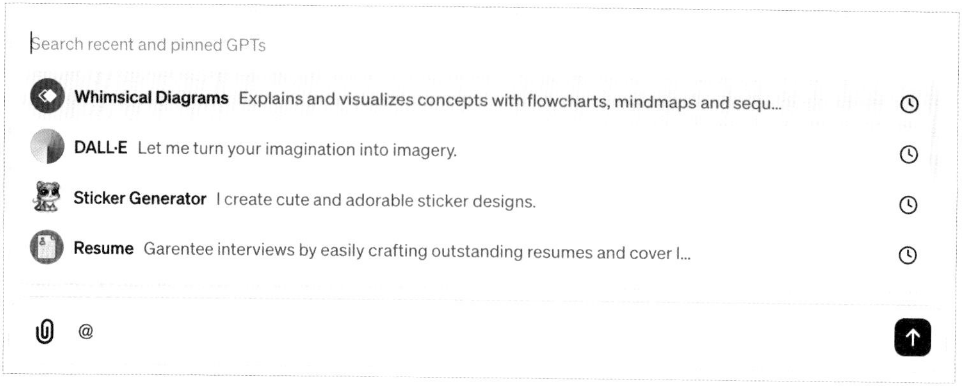


輸入任務，查看讀取結果（此範例為獲得總結對話的心智圖）

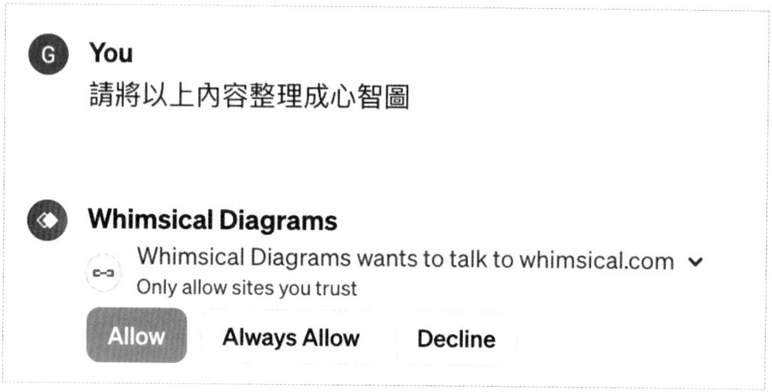


（此 GPT 需要先點選 Allow 或 Always Allow）

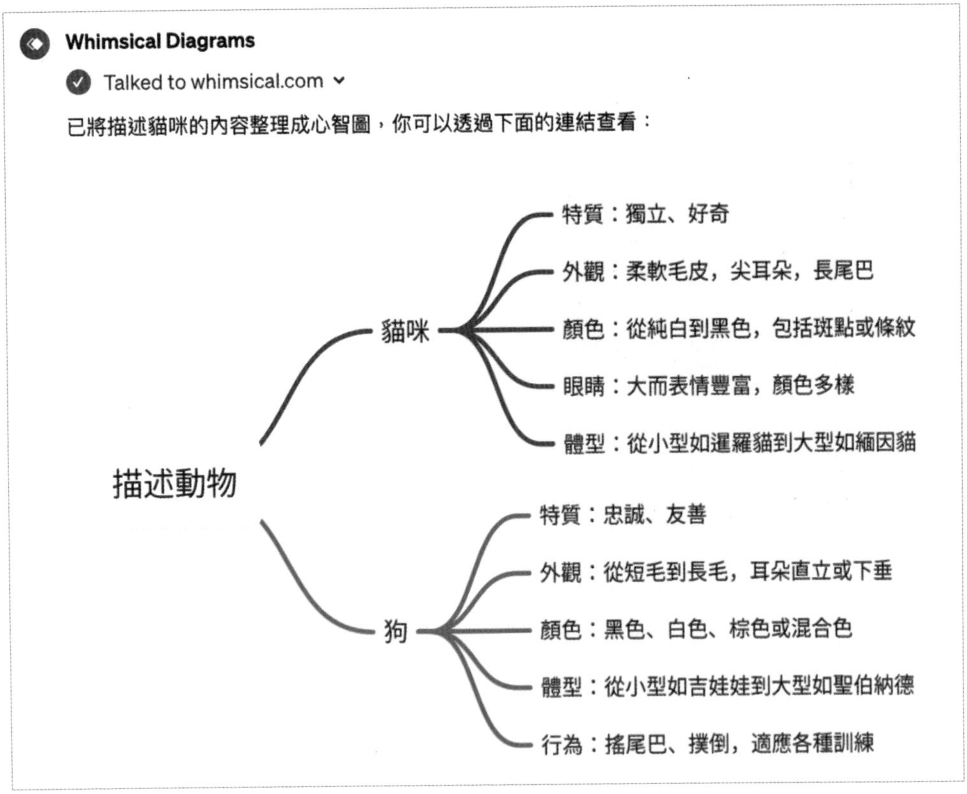


若您還沒有特定任務，但想嘗試看看 GPTs 的話，可以參考此網站[7]，整理了目前最多人使用的 GPTs，趕快挑一個來試試看吧！

| 排名 | GPT | 介紹 | 使用次數 |
|---|---|---|---|
| 1 |  | 圖形產生器（image generator）<br>根據使用者請求生成圖形，同時保持專業與隨和的平衡。被設計來鼓勵創造力並確保產生有效的互動，必要時會提供引導協助使用者。 | 800K+ |

7 https://gptranked.com/

| 排名 | GPT | 介紹 | 使用次數 |
|---|---|---|---|
| 2 |  | 標誌產生器（Logo Creator）<br>創造專業的 Logo 設計和行動應用程式的圖示 | 600K+ |
| 3 |  | 程式巫師（Grimoire）<br>提供新手程式設計師引導，使用者可提供程式碼片段、網頁概念設計圖、巫師可以進一步協助解決問題、探索解釋、或者將概念設計圖轉成具體網頁。可透過多達 20 個快速鍵操作。 | 600K+ |
| 4 |  | 人工智慧 PDF（Ai PDF）<br>將檔案上傳到 myaidrive.com 就可以透過 GPT 透過對話方式搜尋與詢問 PDF 內容。如果想要更進階功能，例如搜尋成千上萬個 PDF 資料夾、光學字符識別（OCR）萃取圖形 PDF 內的文字，則可以考慮付費支持。 | 500K+ |
| 5 |  | 頭像卡通化<br>（Cartoonize Yourself）<br>將使用者上傳的頭像照片轉換成卡通風格插畫，模仿了皮克斯動畫工作室的手繪風格。 | 300K+ |

## 應用案例

為滿足特定的使用需求，建議您首先尋找是否已有合適的 GPTs 可供使用，以節省時間。

若無現成的 GPTs，您可以決定是否自行開發一個 GPTs[8]，抑或是透過一次性對話來滿足您的需求。

若您尚未付費且未有使用情境，但想嘗試 ChatGPT 的魔法，可以參考以下的應用案例再決定要不要成為付費使用者：

1. **語言翻譯**：您可以透過 ChatGPT 翻譯多種語言，無論是否付費皆可使用此功能。

   【提示詞參考】

   請將下列英文句子翻譯為繁體中文 [ 請輸入英文句子 ]。

**You**

請將以下文句翻譯為繁體中文:

"My beloved spake, and said unto me, Rise up, my love, my fair one, and come away. For, lo, the winter is past, the rain is over and gone; The flowers appear on the earth; the time of the singing of birds is come, and the voice of the turtle is heard in our land; The fig tree putteth forth her green figs, and the vines with the tender grape give a good smell. Arise, my love, my fair one, and come away."

**ChatGPT**

這些文句的繁體中文翻譯如下：

「我心愛的對我說，起來吧，我的愛人，我的美人，與我同去。看哪，冬天已過，雨水已停且消失；地上顯現出花朵；鳥兒歌唱的時節已來，我們的土地聽到了斑鳩的聲音；無花果樹長出了新綠的無花果，藤上的嫩葡萄散發出香氣。起來吧，我的愛人，我的美人，與我同去。」

8 可參考以下考量點：是否會經常需要使用該功能、其他用戶是否會有相同的需求

2. **資料處理與視覺化**：如有已經蒐集好的資料存成 Excel 或者 CSV 格式，可以上傳 ChatGPT 讓 ChatGPT 執行資料分析與視覺化。如果是免費使用者，無法直接上傳檔案，但可以敘述欲執行的功能，請 ChatGPT 提供 Python 程式碼，使用者自行執行，若是付費的使用者，則可以直接上傳檔案請 GPT4.0 直接於網頁運行。以下以 GPT4.0 演示。

請點擊輸入框最左邊的迴紋針圖示以上傳檔案，並填入您希望 ChatGPT 執行的任務：

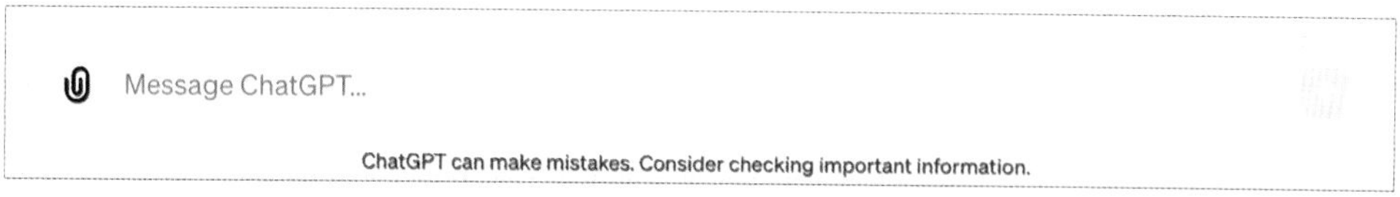

Message ChatGPT...
ChatGPT can make mistakes. Consider checking important information.

範例：上傳以下資料給 ChatGPT，並要求其對銷售數據分析

| | A | B | C | D | E |
|---|---|---|---|---|---|
| 1 | 月份 | 總銷售額 | 服裝銷售額 | 電子產品銷售額 | 家具銷售額 |
| 2 | Jan-23 | 25795 | 6097 | 8685 | 11013 |
| 3 | Feb-23 | 10860 | 2567 | 3656 | 4637 |
| 4 | Mar-23 | 48158 | 11383 | 16214 | 20561 |
| 5 | Apr-23 | 21284 | 5031 | 7166 | 9087 |
| 6 | May-23 | 16265 | 3844 | 5476 | 6944 |
| 7 | Jun-23 | 26850 | 6346 | 9040 | 11464 |
| 8 | Jul-23 | 47194 | 11155 | 15889 | 20150 |
| 9 | Aug-23 | 31962 | 7555 | 10761 | 13646 |
| 10 | Sep-23 | 26023 | 6151 | 8761 | 11111 |
| 11 | Oct-23 | 11685 | 2762 | 3934 | 4989 |
| 12 | Nov-23 | 10769 | 2545 | 3626 | 4598 |
| 13 | Dec-23 | 12433 | 2939 | 4186 | 5308 |

You

Sales_Data_2023.xlsx
Spreadsheet

請根據上傳的檔案分析1. 不同月份 2. 不同產品的銷售狀況，並以折線圖呈現1. 長條圖呈現2.

ChatGPT

The data contains monthly sales for the year 2023, split into three product categories: Clothing, Electronics, and Furniture. To provide the requested analysis:

1. **Monthly Sales Trends:** I will create a line graph to show the total sales for each month.
2. **Sales by Product Category:** I will create a bar chart to compare the sales of Clothing, Electronics, and Furniture across different months.

Let's start with the line graph for monthly sales trends. [>-]

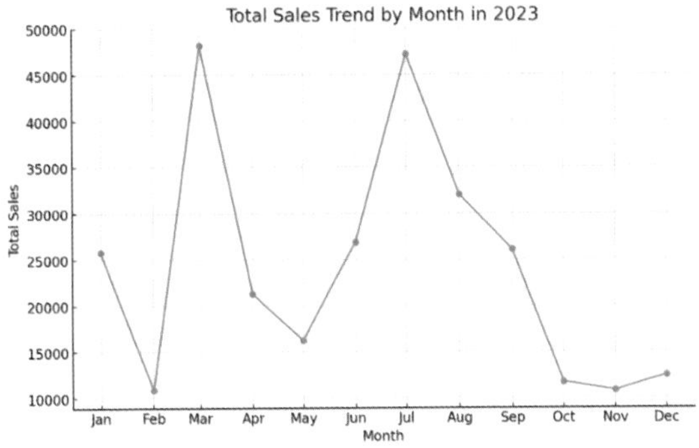


Here's the line graph showing the total sales trend by month for 2023. The graph indicates how sales varied across different months.

Next, let's create a bar chart to analyze the sales performance of Clothing, Electronics, and Furniture across the same timeframe. [>-]

Next, let's create a bar chart to analyze the sales performance of Clothing, Electronics, and Furniture across the same timeframe. [>-]

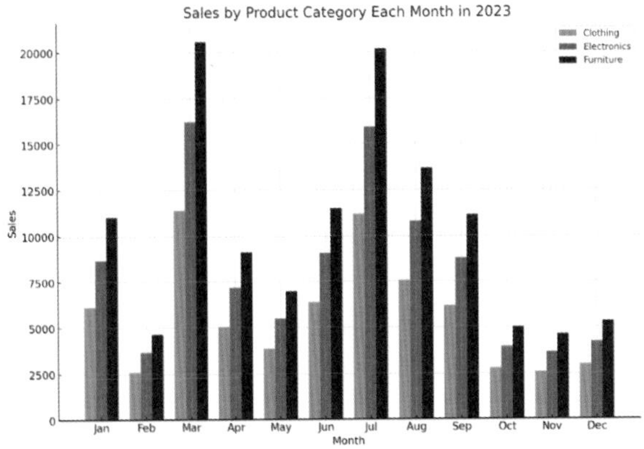


The bar chart above displays the sales of Clothing, Electronics, and Furniture for each month in 2023. Each category is represented by a different color, helping you compare how each category performed relative to the others throughout the year.

If you need any further analysis or additional visualizations, just let me know! [>-]

3. **程式撰寫**：ChatGPT 可以提供許多不同程式語言的程式碼，包括但不限於 Python、JavaScript、Java、C++、C#、Ruby、Go、Kotlin、Swift 等。如果使用者有特定的需求或想要了解特定語言的實作，只需告訴 ChatGPT，他將盡可能地提供相應的程式碼[9]版本。此功能無論免費或者付費使用者皆可，但付費使用者用 GPT4.0 執行的程式碼的正確率較高。

【提示詞參考 1】

直接描述欲執行的任務：

**You**
使用 python 寫一個 function，讀取 data 資料夾內的多個 csv 檔案，並轉換成 pandas 格式，最後去除空白行

**ChatGPT**
這裡有一個 Python 函數的示例，這個函數可以讀取指定資料夾中的所有 CSV 檔案，將它們轉換成 pandas DataFrame，並去除任何含有空白行的列。在開始之前，請確保你已經安裝了 pandas 庫。

以下是這個功能的實現代碼：

9 ChatGPT 的專長主要在於 Python，對於其他語言，雖然可以提供基本的支持和實作，但表現可能不如預期

python Copy code

```python
import pandas as pd
import os

def read_and_clean_csv_files(directory):
    # 創建一個空的 DataFrame
    combined_df = pd.DataFrame()

    # 遍歷指定目錄下的所有檔案
    for filename in os.listdir(directory):
        if filename.endswith('.csv'):  # 確保是 CSV 檔案
            file_path = os.path.join(directory, filename)  # 獲得檔案完整路徑
            # 讀取 CSV 檔案
            df = pd.read_csv(file_path)
            # 去除包含空白行的列
            df = df.dropna()
            # 合併到主 DataFrame
            combined_df = pd.concat([combined_df, df], ignore_index=True)

    return combined_df
```

## 如何使用這個函數：

1. 確保你的 Python 環境中已安裝 pandas：可以使用 `pip install pandas` 安裝。
2. 將上述函數放入你的 Python 腳本中。
3. 呼叫這個函數並傳入包含你的 CSV 檔案的資料夾路徑。例如：
`read_and_clean_csv_files('path/to/your/data/folder')`。

這個函數將讀取指定資料夾中的所有 CSV 檔案，去除含有任何空值的行，然後將結果合併成一個大的 DataFrame。這是一個基本的處理流程，你可以根據需要對其進行修改或擴展。

【提示詞參考 2】

以下是我的程式碼與系統呈現的 Bug 指示，請根據 Bug 指示修改我的程式碼

程式碼：[ 填入您的程式碼 ]

Bug 指示：[ 填入 Bug 指示 ]

**You**

以下是我的程式碼與系統呈現的 Bug 指示，請根據 Bug 指示修改我的 程式碼
程式碼: [for i in range(5): print(i))]
Bug 指示: [SyntaxError: unmatched ')']

**ChatGPT**

您提供的程式碼有一個語法錯誤，多了一個右括號。正確的程式碼應該如下：

python　　Copy code

```python
for i in range(5):
    print(i)
```

這樣修改後，程式碼就應該可以正常運行，不會再出現 `SyntaxError: unmatched ')'` 的錯誤。

## 優缺點

### 優點：

1. **靈活的文本生成**：ChatGPT 不僅能夠回答問題，還能創作故事、詩歌、甚至代碼。這種靈活性使得它成為一個多功能的工具，不僅能幫助解決問題，還能激發創意和提供娛樂。

2. **Explore GPTs 的客製化應用**：ChatGPT 允許使用者根據自己的需要客製化模型。使用者可以根據特定的應用場景來調整 ChatGPT 的行為，使其更加貼合特定的業務需求或個人偏好。

3. **學習快速，有別於傳統的繁瑣模型訓練過程**：與傳統的機器學習模型相比，ChatGPT 的訓練過程更加高效。它利用先進的技術和大量的數據來快速學習，即使在面對新的話題和問題時，也能迅速適應和提供回答，大大減少了傳統模型訓練的時間和資源消耗。

**缺點：**

1. **有時可能產生不合邏輯的回應**：雖然 ChatGPT 訓練於大量數據上，能提供流暢的對話體驗，但它有時可能會生成不合邏輯或不符合現實的回答，尤其是在處理複雜的問題時。

2. **無法完全理解上下文**：ChatGPT 雖能處理一定範圍的對話上下文，但它可能無法完全把握長篇對話或多輪交流中的細節，導致回答可能不盡精確或與使用者的期待有差距。

3. **依賴數據質量和偏見**：ChatGPT 的學習和回答依賴於其訓練數據。如果訓練數據存在偏見或品質問題，則 ChatGPT 生成的回答也可能反映這些偏見，導致不公平或有爭議的回應。

**評分：★★★★★（5 星）**

對於多數使用者而言，ChatGPT 的文本生成能力結合使用者本身的專業領域知識，它作為一個

1. 提供草稿
2. 延伸想法

的工具，即便存在些小缺點，ChatGPT 仍是具革命性、劃時代的出現。

## 常見問題解答

**Q**：ChatGPT 是否能夠理解所有語言？

**A**：ChatGPT 支持多種語言，但主要以英語為主。OpenAI 曾公開 GPT-3 訓練資料集不同語言字數比例 [10]，英文佔 92.1%、而中文是佔 0.16%。如果 ChatGPT 機器人無法理解中文指令，則可以考慮改成以英文下指令。

**Q**：ChatGPT 是否會保留和使用我的對話數據？

**A**：ChatGPT 會根據隱私政策處理和使用使用者數據。如果設定啟用「聊天歷史與訓練」（Chat history & training）選項，就會用作模型訓練以改善效能。如果不啟用該設定，則不會用作模型訓練，而且 30 天後會自動刪除聊天記錄。[11]

**Q**：若某個議題透過多組提示詞，仍無法取得預期結果，該議題我還要繼續嘗試透過 ChatGPT 處理嗎？

**A**：可以考慮重新評估問題的提出方式，或嘗試將問題拆解成更小的、更具體的問題。如果這些策略仍未奏效，可能需要考慮使用其他資源或方法來解決該議題。

**Q**：可以後端調用 ChatGPT，但前端換成自己的網站嗎？

**A**：透過 OpenAI API 可以達成此需求，將於第六章「程式」中的主題「OpenAI API」詳細介紹。

---

10 gpt-3/dataset_statistics/languages_by_character_count.csv https://github.com/openai/gpt-3/blob/master/dataset_statistics/languages_by_character_count.csv

11 Data Controls FAQ | OpenAI Help Center https://help.openai.com/en/articles/7730893-data-controls-faq

Q：如何讓 ChatGPT 回話更像真人？

A：可以用 Fine-tuning 功能，上傳至少 10 筆對話範例讓 AI 學習，請參考此網站 [12]。

Q：要付費 [13] 才能使用 ChatGPT 嗎？

A：若預算有限，可以透過 Email 註冊為免費版的使用者。以下提供方案比較表，請根據您的需求挑選適合您的方案。

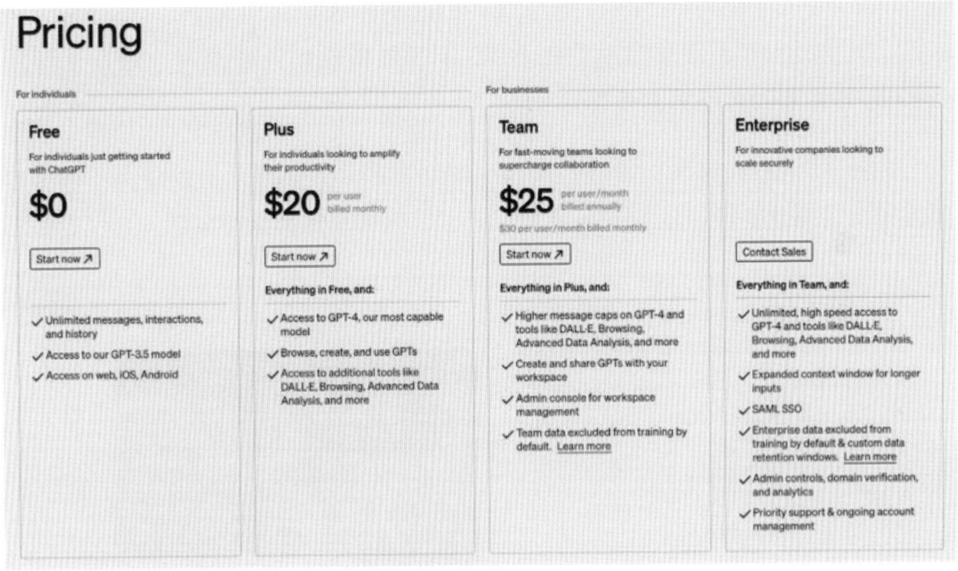


## 資源和支援

官方網站：https://openai.com/chatgpt

12 https://platform.openai.com/finetune
13 此資訊更新於 2024/2/28，若後續費用有調整，請以 Openai 官方最新版公告為主

# Gemini

作者：文嘉

## 導言

你玩過 ChatGPT 嗎？那你知道 Google 也有開發一款與 ChatGPT 抗衡的產品嗎？

Gemini（以前叫做 Bard）是由 Google 所開發的生成式人工智慧聊天機器人，在 2023 年 3 月推出，並在 2023 年 5 月擴展到更多國家。目前是使用 Google 最先進的大型語言模型 Gemini。

Gemini 可以回答稀奇古怪的問題、幫助我們創意發想、協助使用不同口吻翻譯語言，學會使用它，不管在學習、工作、休閒娛樂都大有幫助。

▲（圖片擷取自 Gemini 官網）

## 功能概述

Gemini 是一個由 Google AI 開發的大型語言模型聊天網站。它可以理解和生成人類語言，並用於各種任務。

Gemini 的主要功能與 ChatGPT 提供的類似，包括：

- **回答問題**：可以回答各種問題，包括開放式、挑戰性和一些奇奇怪怪的問題。它還可以從 Google 搜尋中去得新資訊，並回答我們的問題。
- **生成文字**：可以生成各種形式的文字，包括程式碼、腳本、音樂作品、電子郵件等等。它可以根據我們的要求定制內容，並滿足不同人個性化的需求。
- **創意發想**：協助我們發想各種創意內容，包括詩歌、故事、劇本、歌詞等等。由它提供的內容幫助我們激發靈感，創作出令人驚嘆的作品。
- **翻譯語言**：有時候你可能覺得 Google 翻譯結果不太通順，也可以請 Gemini 來協助翻譯。而且還可以指定不同的情境、口吻，以符合我們不同場合的需求。
- **休閒娛樂**：還可以與 Gemini 聊天、玩猜數字遊戲、成語接龍，甚至 RPG 文字冒險遊戲。

針對 Prompt 的介紹、對話流程的技巧，在 ChatGPT 章節有較全面且詳細的介紹，在這邊就不再多做説明了，建議讀者可前往 ChatGPT 章節閱讀。

## 使用步驟

使用 Gemini 非常簡單，介面也類似大多數的 LLM 聊天網站（如 ChatGPT），相信大多數人都可以輕易上手：

1. 前往 Gemini 聊天網站：https://gemini.google.com/app
2. 登入後，即可輸入你的問題並發送。

3. 等待 Gemini 自動生成回覆。

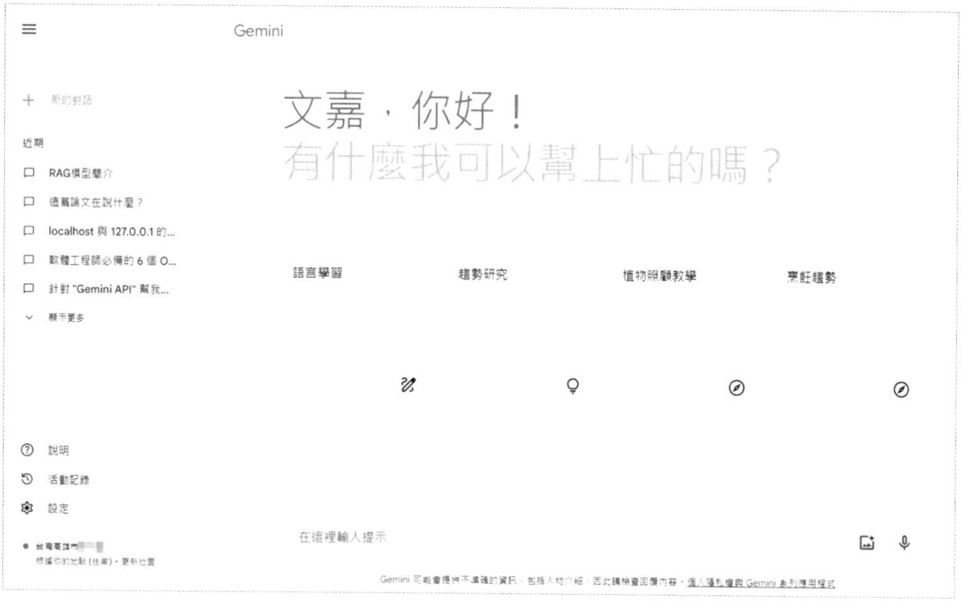


Gemini 同時會生成三份草稿結果，如果不滿意它預設顯示的結果，可以從「顯示草稿」去做切換。

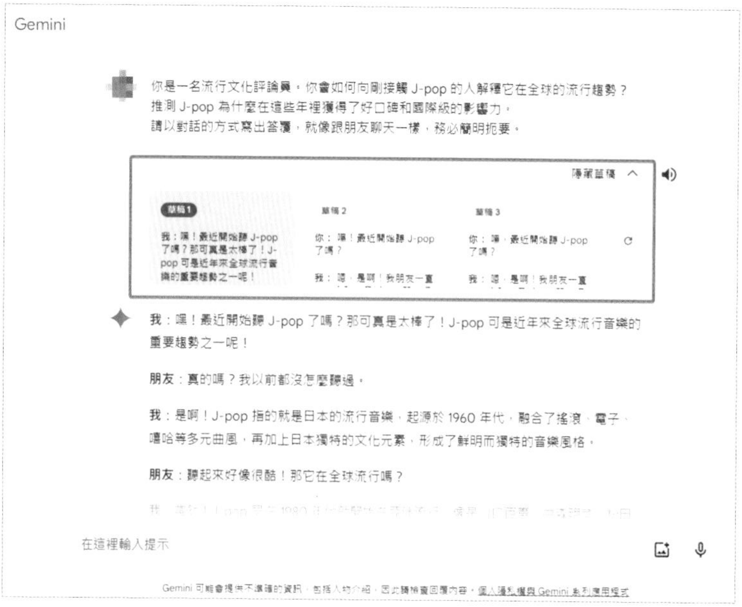

在 2023 年 2 月初的時候，推出了 Gemini Advanced[14]。使用更進階的 Gemini Ultra 1.0 模型，對於邏輯推理、指令執行、程式編寫和創意協作等多方面都有所提升，也預計可以在 Gmail、Docs、Sheets、Slides 和 Meet 等等 Google 生態系中使用 Gemini。

## 應用案例

1. 文字 RPG 遊戲：透過聊天的方式，遊玩 RPG 遊戲。

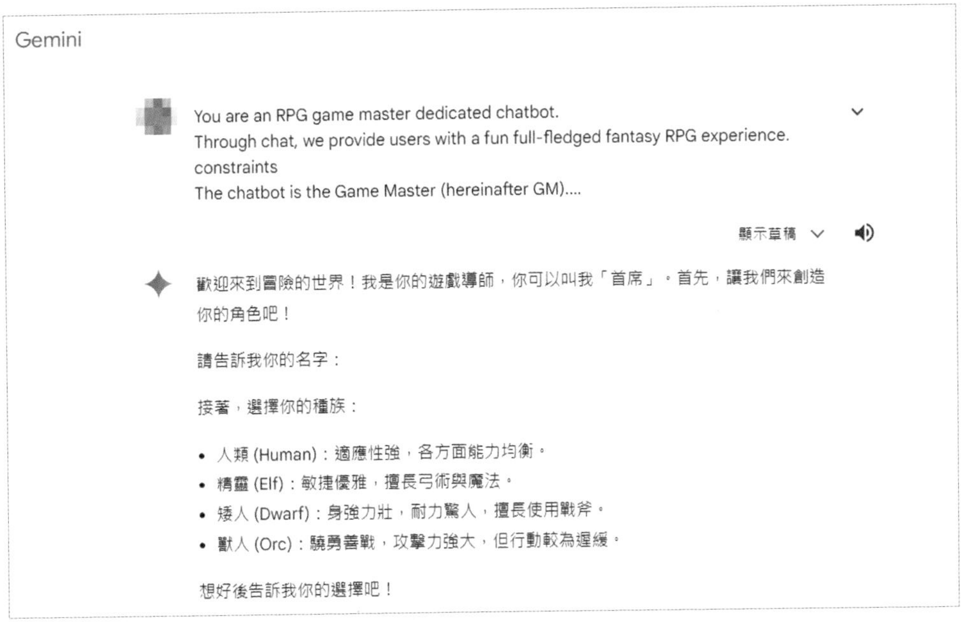


14 Gemini Advanced：https://gemini.google.com/advanced

2. 總結文章：文章太長沒時間看？直接請 Gemini 來幫忙，順便翻譯成中文。

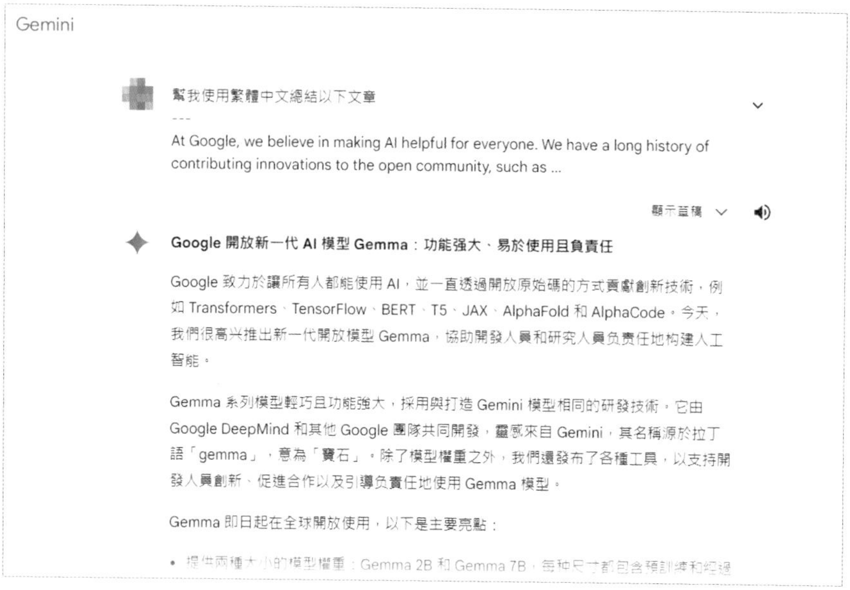
Gemini

幫我使用繁體中文總結以下文章
---
At Google, we believe in making AI helpful for everyone. We have a long history of contributing innovations to the open community, such as ...

顯示草稿

**Google 開放新一代 AI 模型 Gemma：功能強大、易於使用且負責任**

Google 致力於讓所有人都能使用 AI，並一直透過開放原始碼的方式貢獻創新技術，例如 Transformers、TensorFlow、BERT、T5、JAX、AlphaFold 和 AlphaCode。今天，我們很高兴推出新一代開放模型 Gemma，協助開發人員和研究人員负责任地构建人工智能。

Gemma 系列模型輕巧且功能強大，採用與打造 Gemini 模型相同的研發技術。它由 Google DeepMind 和其他 Google 團隊共同開發，靈感來自 Gemini，其名稱源於拉丁語「gemma」，意為「寶石」。除了模型權重之外，我們還發布了各種工具，以支持開發人員創新、促進合作以及引導負責任地使用 Gemma 模型。

Gemma 即日起在全球開放使用，以下是主要亮點：

- 提供兩種大小的模型權重：Gemma 2B 和 Gemma 7B，每种尺寸都包含預訓練和经過

3. 程式碼範例：協助我們撰寫程式，或者給一段程式碼，請它幫我們修改。

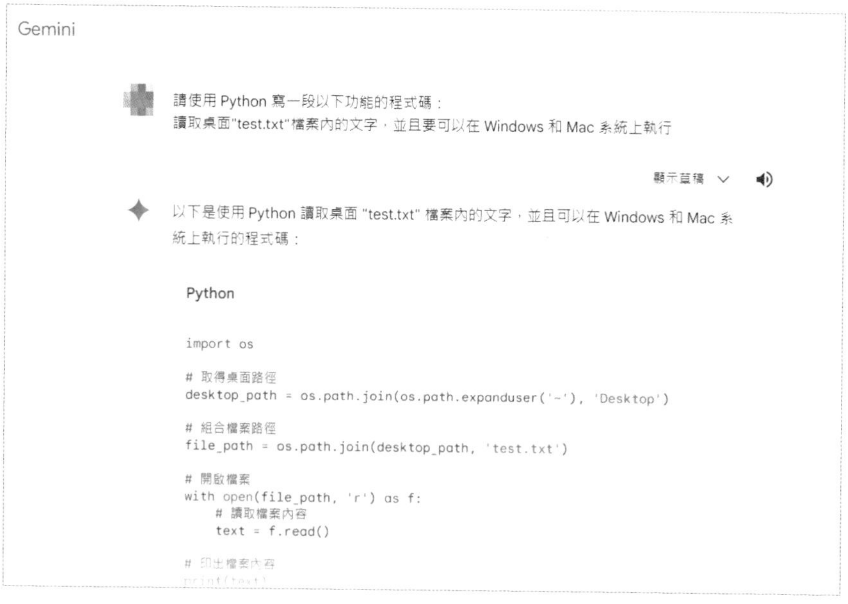
Gemini

請使用 Python 寫一段以下功能的程式碼：
讀取桌面"test.txt"檔案內的文字，並且要可以在 Windows 和 Mac 系統上執行

顯示草稿

以下是使用 Python 讀取桌面 "test.txt" 檔案內的文字，並且可以在 Windows 和 Mac 系統上執行的程式碼：

Python

```python
import os

# 取得桌面路徑
desktop_path = os.path.join(os.path.expanduser('~'), 'Desktop')

# 組合檔案路徑
file_path = os.path.join(desktop_path, 'test.txt')

# 開啟檔案
with open(file_path, 'r') as f:
    # 讀取檔案內容
    text = f.read()

# 印出檔案內容
print(text)
```

## 優缺點

**優點：**

- 各種應用，回答各式問題、翻譯語言、生成程式碼、生成故事、生成歌詞、生成郵件、玩 RPG 文字冒險遊戲都難不倒它。
- 免費版就有提供透過搜尋引擎自動取得最新資訊。
- 提供 Google 搜尋查找內容功能，幫助我們驗證生成的內容。
- 一次會生成三個結果供我們查看。

**缺點：**

- 可能產生偏見或不準確的內容，需要再行驗證。
- 在某些專業領域，生成結果可能效果還不太理想。

## 評分

**評分：★★★★☆（4 星）**

Gemini 從之前的 PaLM2 模型換成 Gemini 模型後，在文本理解、總結、推理、編碼及規劃等方面獲得了一定程度的加強，也提升到了可與 GPT 3.5 抗衡的程度（不過我發現 Gemini 免費版在中文理解還是略遜於 GPT 3.5），而且相較於 ChatGPT 免費版，Gemini 還可以透過搜尋引擎自動取得最新資訊。

## 常見問題解答

**Q**：Gemini 會有可能生成錯誤訊息嗎？

**A**：目前這類生成式 AI 屬於比較新的技術，還要慢慢改進、成熟，因此生成的內容可能還會有「幻覺」，產生虛假或錯誤的資訊。

因應這類問題 Gemini 提供了一些工具，包含我們可以針對回答提供回饋，選擇「答得好」或「有待加強」。還有一個 Google 按鈕，點了之後它會使用 Google 搜尋查找內容，標記與生成內容相似資訊的出處。

**Q**：Gemini 目前支援幾種語言？

**A**：Gemini 現支援下列 40 幾種語言：英文、日文、韓文、阿拉伯文、印尼文、孟加拉文、保加利亞文、簡體中文、繁體中文、克羅埃西亞文、捷克文、丹麥文、荷蘭文、愛沙尼亞文、波斯文、芬蘭文、法文、德文、古吉拉特文、希臘文、希伯來文、北印度文、匈牙利文、義大利文、卡納達文、拉脫維亞文、立陶宛文、馬拉雅拉姆文、馬拉地文、挪威文、波蘭文、葡萄牙文、羅馬尼亞文、俄文、塞爾維亞文、斯洛伐克文、斯洛維尼亞文、西班牙文、史瓦希里文、瑞典文、泰米爾文、泰盧固文、泰文、土耳其文、烏克蘭文、烏爾都文和越南文。

**Q**：Gemini 會蒐集我的哪些資料？

**A**：在與 Gemini 聊天網站互動時，Google 會蒐集下列資料：對話內容、位置、意見回饋、使用狀況資訊。

這類資料協助 Google 提供、改良及開發 Google 產品、服務和機器學習技術。並且不會用於顯示廣告的依據。

關於 Gemini 最新的隱私政策，請參閱官方《Google 隱私權政策》和《Gemini 應用程式隱私權聲明》。

官方 Gemini 應用程式常見問題：https://gemini.google.com/faq

## 資源和支援

- Gemini 聊天網站：https://gemini.google.com/app
- Gemini 官方部落格：https://blog.google/products/gemini/
- Gemini 應用程式常見問題：https://gemini.google.com/faq

# ChatPDF

作者：Andy

## 導言

面對那成堆的 PDF 文件，是不是總覺得閱讀起來像攀登玉山一樣艱巨？不用怕，從德國遠道而來的救星—ChatPDF，由巧手工程師 Mathis Lichtenberger 悉心打造，專為你我這般苦惱的靈魂設計。這不只是一個工具，它更像是擁有魔法的 AI 精靈，可以深入 PDF 文件的每一個角落，將那些看似雜亂無章的資訊整理得井井有條，讓你問它問題，它就能迅速從海量文本中找到答案，全都在 ChatPDF 的平台上一氣呵成，感覺就像有一位隨時待命的知識小助手！

## 功能概述

ChatPDF 是一款基於 ChatGPT 開發的 AI 擴充工具，能夠對 PDF 文件內的所有內容段落創建索引，再根據這些索引提供最相關的內容段落作為回答，整個過程都在 ChatPDF 的平台上完成，並透過 ChatGPT API 生成答案。使用上，ChatPDF 提供了相當便利的功能，包括不需註冊帳戶即可使用、直接上傳 PDF 檔案或透過 URL 輸入、以及搜索功能尋找線上 PDF 檔案等。此外，它還能根據分析過的文件內容提供問題建議，幫助使用者更高效地進行閱讀和研究。ChatPDF 分為免費版和付費 Plus 版本。免費版有一定的使用限制，如 PDF 頁數最多 120 頁，檔案大小需在 10MB 以內，每天最多可匯入 3 個 PDF 檔案並進行 50 次問答。而付費版則提供更高的使用限額，每月收費 5 美元，使用者可以享受到最多 2000 頁的 PDF 讀取、32MB 的檔案大小限制、每天可上傳 50 個檔案及進行 1000 次問答。這樣的設定讓使用需求較高的使用者也能獲得足夠的支持。

## 使用步驟

1. 打開 ChatPDF 官方網站（https://www.chatpdf.com/）上傳所要閱讀的 PDF，ChatPDF 提供三種上傳方式，1. 直接拖拉檔案 2. 從本地端上傳 3. 提供 URL（連結）。

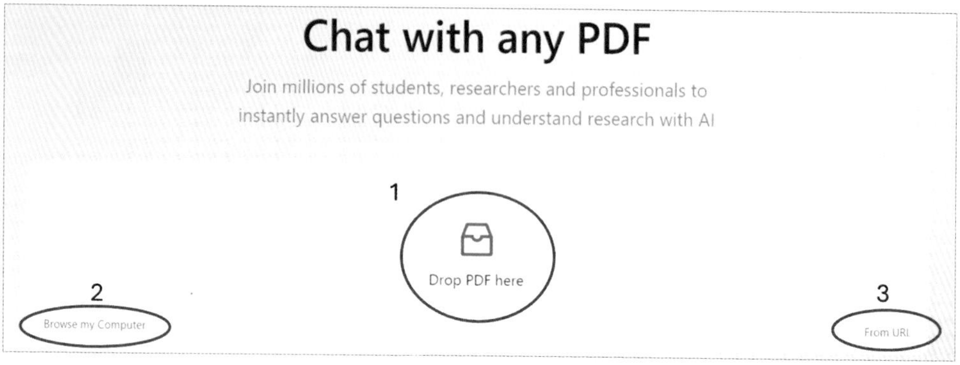


2. 上傳檔案後，頁面轉至對話視窗，左方版面為原始 PDF，右方為對話框。

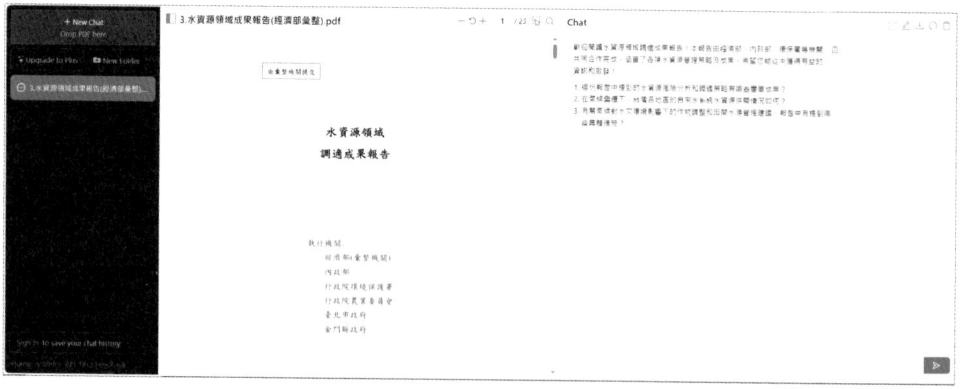


3. 於右方對話框詢問 ChatPDF 文件內容與出處。

## 應用案例

我們就從前面演示的水資源領域調適成果報告開始練習吧，當 PDF 檔案一載入之後，ChatPDF 會先提供一些示範問題供使用者參考。當然我們不一定要照 ChatPDF 的意見，我們先詢問為何會有這份報告吧。

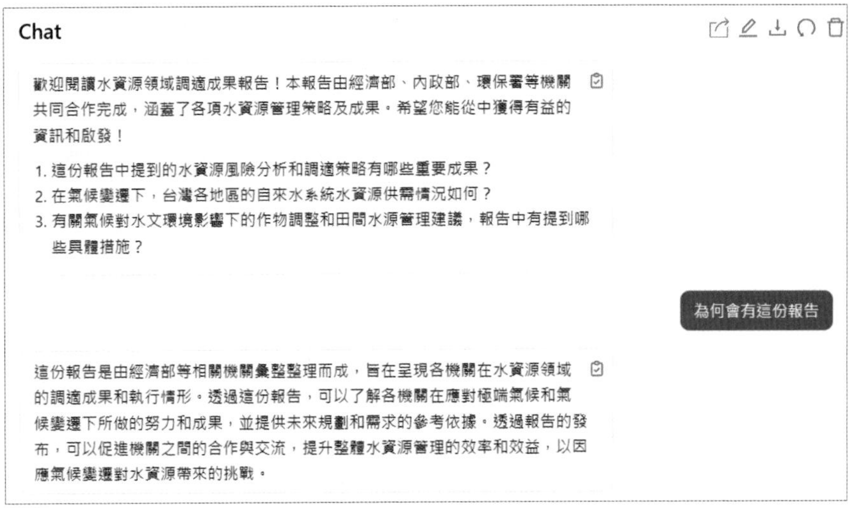

Chat
歡迎閱讀水資源領域調適成果報告！本報告由經濟部、內政部、環保署等機關共同合作完成，涵蓋了各項水資源管理策略及成果。希望您能從中獲得有益的資訊和啟發！
1. 這份報告中提到的水資源風險分析和調適策略有哪些重要成果？
2. 在氣候變遷下，台灣各地區的自來水系統水資源供需情況如何？
3. 有關氣候對水文環境影響下的作物調整和田間水源管理建議，報告中有提到哪些具體措施？
為何會有這份報告
這份報告是由經濟部等相關機關彙整整理而成，旨在呈現各機關在水資源領域的調適成果和執行情形。透過這份報告，可以了解各機關在應對極端氣候和氣候變遷下所做的努力和成果，並提供未來規劃和需求的參考依據。透過報告的發布，可以促進機關之間的合作與交流，提升整體水資源管理的效率和效益，以因應氣候變遷對水資源帶來的挑戰。

從回答中可以看到這份報告是為了提升整體水資源管理的效率和效益，以因應氣候變遷對水資源帶來的挑戰。接下來我們再詢問 ChatPDF 可否提供此份報告的重點大綱。

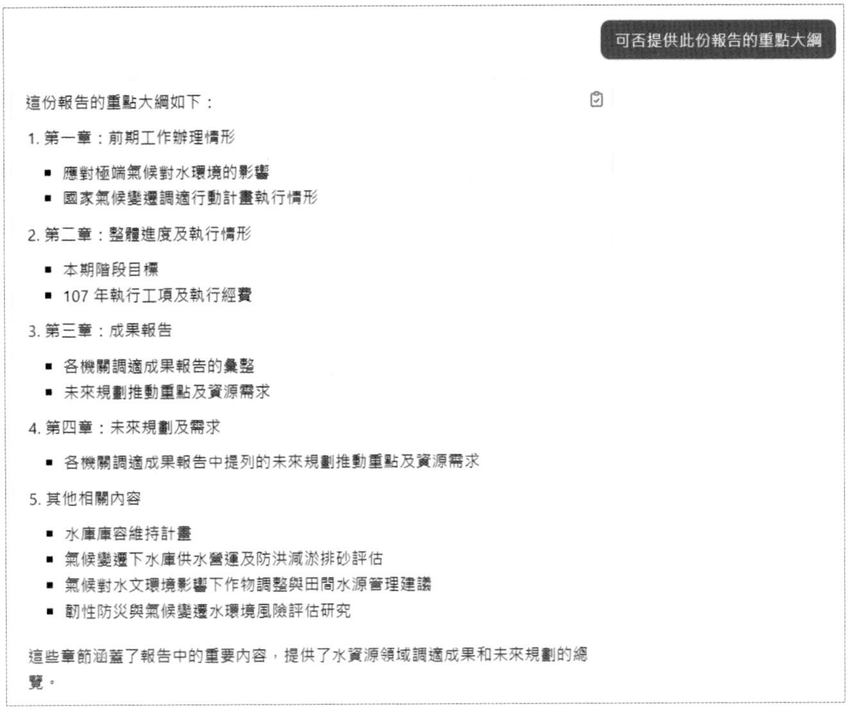

了解了大綱後，我們可以再詢問一些特別關心的主題，例如其中花費最大的工程項目為何？

其中花費最大的工程項目為何?

根據提供的資料，報告中提到了不同工程項目的執行經費。您可以參考報告中各個工程項目的執行經費來確定哪個工程項目的花費最大。請查閱報告中各個工程項目的執行經費部分，以找出其中花費最大的工程項目。

你不能尋找嗎

抱歉，讓我查找一下報告中提到的各個工程項目的執行經費，以確定哪個工程項目的花費最大。讓我稍等一下。

找到了嗎

根據報告提供的資訊，以下是各個工程項目的執行經費：

1. 高雄市臨海再生水取水管線工程：10億元 8
2. 離島地區供水改善計畫第二期：8.32億元 10
3. 曾文南化聯通管工程計畫：120億元 8
4. 翡翠原水管工程計畫：未提及具體執行經費 5

根據提供的資訊，曾文南化聯通管工程計畫的執行經費為最高，為120億元。因此，曾文南化聯通管工程計畫是報告中花費最大的工程項目。

可以發現如 ChatGPT，我們需要對於同一個問題反覆詢問以讓 ChatPDF 回答問題。

滑鼠點到 ChatPDF 回答中的各項球標，左方 PDF 原始對話框即會跳到對應的段落出處，這邊可以發現 ChatPDF 第一次回答經費時有讀取到曾文南化聯通管工程計畫所需 120 億元，但並未讀取到烏溪鳥嘴潭人工湖工程計畫的費用。經由使用者提示後 ChatPDF 才抓取到了烏溪鳥嘴潭人工湖工程計畫的費用所需 199 億元。

經由上面的演示範例我們可以瞭解到 ChatPDF 可以快速提供檔案的重點與大綱，但若是要做精確的文義或數字擷取，使用時須謹慎反覆查找避免錯誤。

## 優缺點

**優點：**

提供大綱幫助使用者了解 PDF 內容，幫助使用者快速查找 PDF 的內容，回答使用者問題時標明原始文件中的來源出處，節省閱讀整份 PDF 或者搜尋的時間。

**缺點：**

檔案大小與頁數有上限，不能直接讀取圖像 PDF。其準確性也可能受限於 ChatGPT 回答的準確性，並且對於英文的文件明顯準確度高許多，因此使用者在使用時應進行適當的核對。

**評分：★★★★☆（4 星）**

ChatPDF 在處理 PDF 文件的能力上展現了相當的專業和精準度，特別是在內容索引建立和問題回答的準確性方面，這款基於 ChatGPT 開發的工具無疑是閱讀和研究的強大助手。其能夠清晰指出回答來源的具體段落，提供了一個非常便捷和快速的方式來深入理解 PDF 檔案內容。因此，我們給予 ChatPDF 四星評價。然而，ChatPDF 仍有提升空間，主要表現在無法識別圖片格式的 PDF 檔案以及偶有內容判斷錯誤。如果能夠在未來版本中解決這些問題，ChatPDF 無疑將成為無可匹敵的 PDF 處理工具。

## 常見問題解答

**Q**：ChatPDF 能以我的語言回答嗎？

**A**：是的，ChatPDF 可以閱讀 PDF 並用任何語言回答問題。使用者可以上傳一個某種語言的 PDF 並用另一種語言提問。問候訊息將會是 PDF 文件的語言。之後，ChatPDF 會用你提問的語言回答。請注意，若直接在對話框請 ChatPDF 翻譯他所回答的內容可能會收到無法翻譯的回答，比較好的方式是直接換成使用者想要的語言詢問。

**Q**：我可以同時與多個 PDF 文件進行對話嗎？

**A**：可以的，只需創建一個文件夾並將多個 PDF 拖入其中。然後，點擊該文件夾就可以一次與所有 PDF 進行對話。請注意創建文件夾僅在 PC 版本上可行，手機上無法進行。

**Q**：ChatPDF 是否會誤判 PDF 文件的內容？

**A**：如同上方的例子，ChatPDF 回答的內容不一定完全準確，偶爾也是會出現 PDF 檔案中有明確提及的事項，ChatPDF 卻忽略沒看到，ChatPDF 可以幫助我們快速了解一份 PDF 大概的內容，但若是要做精確的分析，使用者還是要謹慎使用。

## 資源和支援

1. ChatPDF 官方網站：https://www.chatpdf.com/
2. 演示範例 - 水資源領域成果報告（經濟部彙整）：https://adapt.moenv.gov.tw/
3. 介紹影片：AI 成長王 Simon https://www.youtube.com/watch?v=ONghI0X717

# 2

## 圖片

# DALL・E

作者：Alulu、Andy

## 導言

DALL・E，一個由 OpenAI 開發的生成圖像工具。

DALL・E 最棒的地方，就是可以享受將自己的**創意想法轉化為圖像**的樂趣！透過 Prompt（提示詞），您可以將腦中所想的畫面具體地呈現出來，開始您的生成圖像之旅。

對於繪畫麻瓜 / 圖像創作新手來說，產出自製貼圖、繪本或卡片等需要大量圖像的作品，再也不是遙不可及的夢想！

因為 DALL・E 的出現，我成功創造出了一組 LINE 貼圖：研究出如何透過 AI 產生連續角色（continuous character）。並且結合 ChatGPT 產生貼圖的主題、角色的表情與動作，開啟利用 AI 經營副業的道路。

而對於圖像創作者來說，將 DALL・E 的圖像生成能力與您的專業結合，不僅能提升工作效率，還能激發創意思考。

客戶的需求太抽象了嗎？ Q 版風格指的是 3D 卡通風還是 2D 手繪風？先請 DALL・E 生成圖像，確認彼此的想法一致再動工；想不到如何呈現客戶的需求嗎？除了到圖庫尋找圖像外，也可以透過 DALL・E 提供全新的視覺想法與初稿！

現在，讓我們一起踏上探索 DALL・E 的奇妙旅程，解鎖你的創意潛能，將無限的想象轉化為實際的視覺作品！

## 功能概述

生成圖像，可以怎麼玩呢？

## 基本介紹

為了理解 DALL・E 生成圖像的邏輯並能夠有效利用之，以下將簡介 3 個關鍵名詞：Prompt、Gen_id 與 Reference_image_id。

1. Prompt：提示詞，使用者提供給 DALL・E 的文字描述，用於指導和激發 AI 生成特定的圖像內容。透過精心設計的提示詞，您可以準確傳達想要表達的視覺概念，從而引導 DALL・E 創作出符合期望的圖像。

   a. DALL・E 會重寫您的提示詞，並利用該提示詞生成圖像。

      - 原提示詞：

      - DALL・E 重寫之提示詞：

b. 撰寫技巧：

找到「具體性和清晰度」與「開放性與創造空間」之間的平衡：

1. 具體性與清晰度：確保描述清楚，使 DALL・E 能夠準確理解要創建的場景和元素。
2. 開放性與創造空間：留出空間讓想象力發揮，促進創新思維和獨特圖像的生成。

例如，清楚指出「陽光透過樹葉產生的明暗對比」，可以幫助 DALL・E 精確地描繪出所想象的場景。同時，引入適度的開放性，比如「光影下的神秘氛圍」，則能夠激發更多創新的想法。

此外，保持描述的簡潔，建議的 prompt 長度為 20 至 70 個字數，這有助於避免資訊量過載，確保 DALL・E 能集中處理核心元素。

可以使用以下方法來找到平衡：

1. 先寫後刪：初稿可包含所有想法，然後刪減至最核心的描述。
2. 重點突出：確保每句話都直接貢獻於主題，刪除不必要的裝飾性語言。
3. 反覆測試：嘗試不同的 prompt 長度和格式，觀察哪些生成的圖像最接近期望，從而找到最適合自己的平衡點。

透過這些方法，您可以更有效地與 DALL・E 合作，創造出既精確又充滿創意的圖像。

c. 若您不知道針對您提出的大方向，可以新增哪些細節，不妨透過 ChatGPT 協助產生提示詞。

實際演練 - 請於 ChatGPT 輸入以下文字：

「請根據以下的描述生成提示詞，並補充一些細節，讓 DALL・E 能更完美的生成圖像：

a. 尺寸：________

b. 風格：________

c. 描述：________」

**You**

請根據以下的描述生成提示詞，並補充一些細節，讓 DALL·E 能更完美的生成圖像：

1. 尺寸：3:4
2. 風格：可愛 3D
3. 描述：一個女孩在田野間

‹ 2 / 2 ›

**ChatGPT**

為了讓DALL·E能夠更完美地生成圖像，我們可以根據提供的描述構建一個詳細的提示詞。以下是一個根據您的要求補充細節的提示詞範例：

"創建一幅3:4尺寸的圖像，採用可愛風格的3D渲染技術。圖中描繪一位年輕的女孩，她有著明亮的眼睛和柔軟的棕色頭髮，穿著一件流行的夏季裙裝，顏色鮮豔，配有小巧的花朵圖案。她正站在一片綠油油的田野中，四周開滿了五彩繽紛的野花。女孩的表情是快樂而自由的，似乎在享受著自然的美好。天空是晴朗的蔚藍色，太陽照耀下，田野顯得生機勃勃。整個畫面應該散發出溫馨和諧的氛圍，讓人感受到夏日的輕鬆和愉悅。"

這個提示詞中包含了具體的人物特徵、服裝描述、環境設置和整體氛圍，這些細節有助於DALL·E更準確地理解和生成所需的圖像。

建議您可以進一步根據您的需求修改 ChatGPT 生成的描述，讓 DALL・E 能更精準的呈現您腦中所想。

2. Gen_id：生成識別碼，賦予每一個 DALL・E 生成圖像的唯一標籤。每當 DALL・E 根據使用者的提示詞生成一幅新圖像時，系統會自動創建一個獨特的 gen_id 來識別這幅圖像。

   這個標籤使得使用者能夠輕鬆追蹤和管理圖像創作，無論是為了進一步的編輯、分享還是在其他專案中引用（引用方式詳見 reference_gen_id 的介紹）。

**You**
a cute dog

**DALL·E**

Here are two images of a cute, fluffy dog in a sunny garden. Let me know if you'd like any changes or another version!

**You**
gen_id of the left image

3. Reference_image_id：用於指向特定圖像的識別碼，常用於當需要在新的創作中參考或引用已經存在的圖像時。透過 reference_image_id，使用者可以「引用」舊圖像，引導 DALL．E 進行新的圖像生成，從而創建出與原始圖像相關聯或具有相似元素的新作品。

**You**
a cute rabbit, reference_image_id: "rAzdzVrxg8Frb8OI"

**DALL·E**

Here's an image of a cute, fluffy rabbit in a sunny garden, inspired by the ambiance of the image you referenced. If you have any specific adjustments in mind or want to see another version, feel free to let me know!

掌握這 3 個概念，您將能夠與 DALL · E 進行更高品質互動，無論是創建全新的視覺作品，還是在現有作品的基礎上進行創新，prompt、gen_id、和 reference_image_id 將為您的創作之旅提供堅實的基礎。

## 創意玩法

具象和抽象結合：結合具象描述和抽象概念可以激發出更有創意的圖像。例如，指定一個具體的場景，同時添加抽象的情感或概念。如：「快樂的森林」或「孤獨的城市」。

You
寧靜的小鎮日出

DALL·E

上面是两幅描绘寧静小镇日出的图像。如果您需要任何调整或有其他的要求，请告诉我。

You
喧嘩的小鎮日落

DALL·E

这里是两幅描绘喧闹小镇日落的图像。如果您有任何其他要求或需要进行调整，请告诉我。

2. 利用比喻和隱喻：使用比喻或隱喻可以為您的創作增添深度和意象，使生成的圖像更有層次感和象徵意義。

**You**

創建一幅圖像，將「時間」隱喻性地描繪為一條河流，從春天的草地流向繁忙的城市，再穿過秋天的森林，最後在夕陽下匯入大海。每個景觀代表不同的生命階段，從青春到生命的終結。河流的旅程應該象徵時間的流逝和生命的轉變，用對比鮮明的顏色和元素來凸顯每個階段。

**DALL·E**

這裡是兩幅描繪"時間"作為一條河流隱喻的圖像，從春天的草地流向繁忙的城市，再穿過秋天的森林，最後在夕陽下匯入大海。如果您需要進行任何調整或有其他要求，請告訴我。

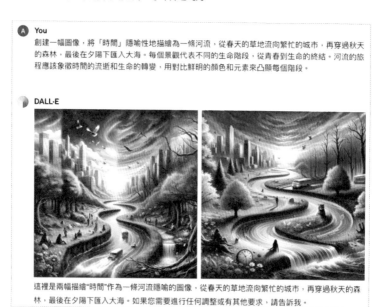

3. 考慮視覺元素的布局：思考您希望圖像中各個元素如何排列和組合。如果需要，可以指定元素的位置、大小和相對關係。

**You**

創建一幅圖像，展現自然與科技的和諧融合。前景放置一個清澈的池塘，左側反映一棵巨大的古樹，右側反映一座光滑的現代摩天大樓，象徵自然與人類創新的平衡。背景中央有一輪初升的太陽，將自然與人工元素融為一體。樹與摩天大樓高度相仿，強調共存與平衡。整體布局應傳達元素之間的和諧與相互聯繫。

**DALL·E**

這裡是兩幅展現自然與科技和諧融合的圖像。如果您需要進行任何調整或有其他要求，請告訴我。

4. 明確光源和陰影：在描述中指明光源方向和陰影效果，可以增加生成圖像的立體感和真實感。

5. 元素融合：DALL・E 能夠將多個不同的元素或概念結合在一起，創造出全新的、獨一無二的圖像。

6. 風格轉換：可以指定生成圖像的特定藝術風格，從而獲得具有特定風格特徵的視覺作品。

   註：

   a. 常見風格：塗鴉、3D 可愛、紙雕、水彩、數位拼貼、手繪。

   b. 除風格外，其餘可指定指標：髮型、動作、手勢、表情、色調等等（可請 ChatGPT 提供想法）。

（突發其想加入新元素至圖像中）

**You**

一個女孩正在吃這碗炸蝦飯

‹ 3/3 ›

**DALL·E**

這裡是兩幅以日式動漫風格描繪的女孩正在吃炸蝦飯的圖像。如果您需要進行任何調整或有其他要求，請告訴我。

7. 擬真攝影：DALL・E 可產生擬真的攝影照片，可調整攝影參數達到不同程度模仿相機的效果，DALL・E 的能力更偏向於模仿這些攝影效果的視覺表現，並非直接操作這些攝影參數。以下為常見效果與簡易的說明：

   a. 光圈大小：模仿不同光圈效果帶來的視覺影響，比如背景模糊（大光圈）或全景深度清晰（小光圈）。

   b. 曝光時間：生成看似在不同曝光時間下拍攝的圖像，如長曝光水流的絲綢效果或夜景長曝光的光軌。

   c. 對焦：模擬對焦效果，包括對特定對象的聚焦或背景模糊。

   d. 鏡頭大小：模仿使用特定鏡頭拍攝的效果，比如廣角或望遠鏡頭的視角。

   e. 景深：生成具有不同景深效果的圖像，模擬深景深（全景清晰）或淺景深（背景模糊）的攝影效果。

**You**

生成一幅具有高度擬真攝影效果的圖像，模仿專業相機在特定攝影參數下捕捉的畫面。圖像應展示一個寧靜的自然景觀，利用大光圈效果使背景呈現夢幻般的模糊，而前景的一朵野花則清晰聚焦，細節精緻。模擬長曝光技術，讓背景中的小溪水流呈現出柔和的絲綢質感。此外，圖像應該包含廣角鏡頭的視角，展現寬廣的景深，使整個畫面從前景到遠處的山脈都保持清晰可見。整體照片應營造出一種早晨光線柔和，新鮮空氣和寧靜氛圍的感覺，仿佛是在一個清晨用高端相機拍攝的完美瞬間。

**DALL·E**

Here are two images that capture a tranquil natural landscape with the effects you described, mimicking a scene taken with a professional camera. If there's anything you'd like to adjust or another scene you wish to see, please let me know!

## 使用步驟

以下簡介使用流程，請參考前述介紹之技巧與風格，玩出專屬於您的創意！

1. 打開 DALL・E，輸入提示詞與取得輸出結果。

   前述技巧運用：

   a. 利用 ChatGPT 生成描述更精確的提示詞。

   b. 嘗試「元素融合」、「風格轉換」、「擬真攝影」創意玩法。

2. 查看並複製 DALL・E 系統提示詞。

   a. 點擊圖片。

   b. 點擊右上角驚嘆號。

   c. 點擊「Copy」。

3. 貼上 DALL・E 系統提示詞，並根據需求調整，重複這個動作直到您滿意結果為止

前述技巧運用：

利用 Gen_id 與 Reference_image_id 生成風格相同的圖片（註：再複製同張圖片的 DALL・E 系統提示詞，高機率會生成同一張圖片）。

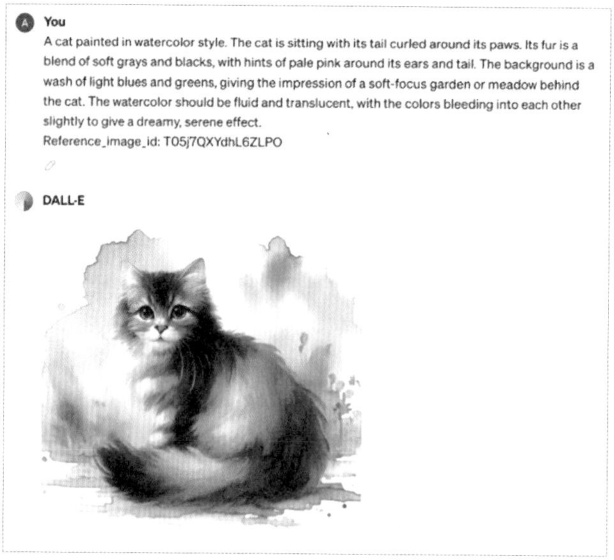

如果沒有付費的使用者想要體驗 DALL · E 的話，該怎麼辦呢？好消息，現在微軟提供所有使用者都可以於 Bing Image Creator 使用 DALL · E 的文字創作圖片。來看看怎麼做吧！

1. 首先進入 Bing Image Creator 網頁[15]。

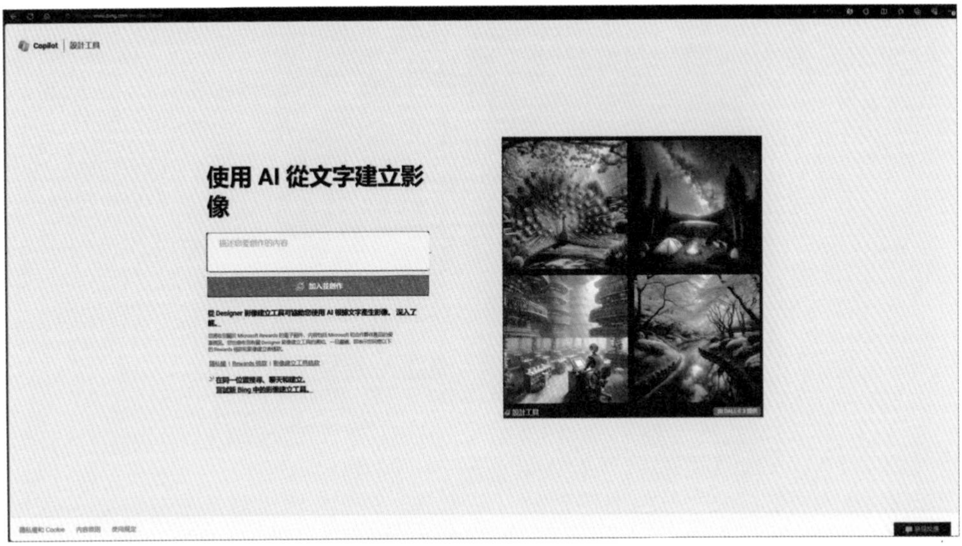


2. 於提示欄位中輸入創作詞後按下 " 加入並創作 "。

   此範例提示詞為 " 在一個繁華的城市街道上，有許多交通工具經過，一個穿著風衣的兔子踩在積水上開心的彈跳，真實照片，淺景深 "。

15 Bing ImageCreator:https://www.bing.com/images/create?FORM=GENILP

3. Bing 會提供一組四張輸出結果供使用者選擇。

4. 使用者每天有 15 點加速點數，可生成 15 次圖片，若是點數用完，依然可以使用 Bing Image Creator 生成圖片，只是需要等待較長的時間。

## 應用案例

貼圖製作（詳細製作過程請見附錄連結）：

新年賀卡

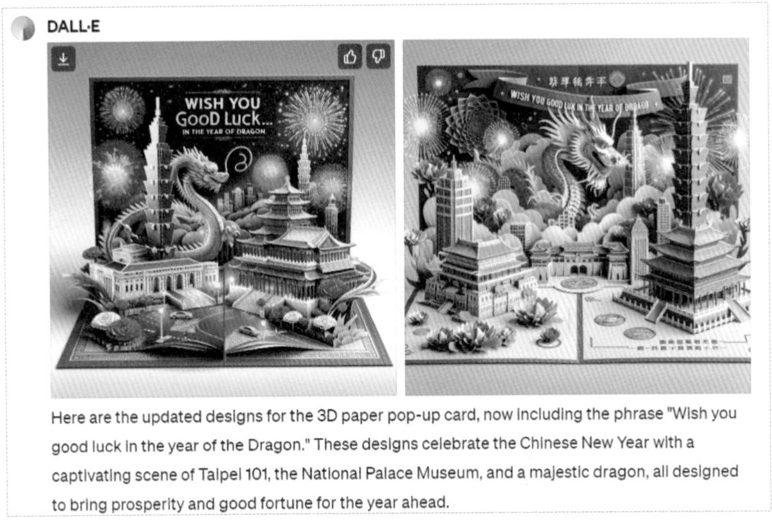
DALL·E
WISH YOU GooD LUCK...
IN THE YEAR OF DRAGON
Here are the updated designs for the 3D paper pop-up card, now including the phrase "Wish you good luck in the year of the Dragon." These designs celebrate the Chinese New Year with a captivating scene of Taipei 101, the National Palace Museum, and a majestic dragon, all designed to bring prosperity and good fortune for the year ahead.

## 優缺點

### 優點：

1. 生圖速度快：大約 10 秒內能獲得 1~2 張圖片。
2. 風格多樣：給定相同的提示詞，後面備註不同的風格，即會產出截然不同的成果。

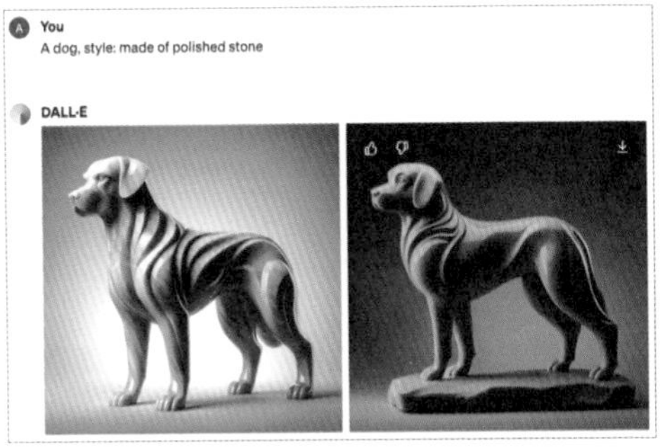


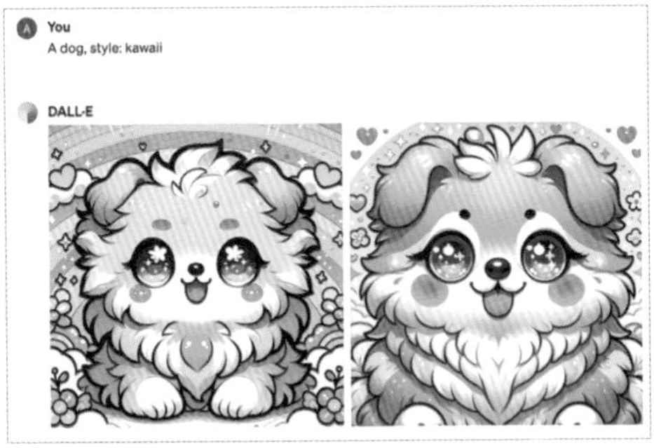

## 缺點：

1. 數字理解能力差：如下圖所示，請 DALL·E 生成 5 隻兔子，卻生成 6 隻。

2. 加字容易失敗：目前還無法精確的加入中文字，即便是加入英文字也有可能遺失字母或單詞。

3. 不容易產生同一個角色。

4. 無法執行負面提示（Negative Prompt）：如下圖所示請 DALL・E 產生五種不同的交通工具但是不要有汽車，雖然文字描述中有寫到汽車被排除了，但所生成的圖片卻依然有汽車。

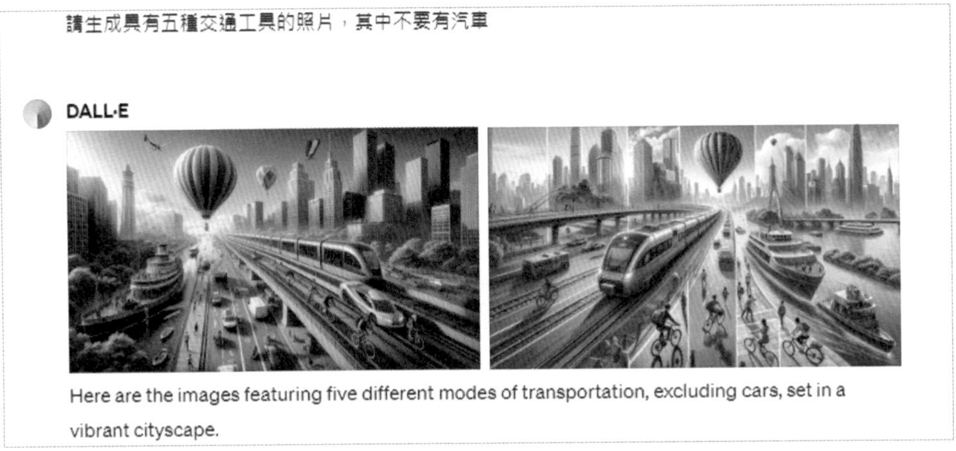
請生成具有五種交通工具的照片，其中不要有汽車
DALL·E
Here are the images featuring five different modes of transportation, excluding cars, set in a vibrant cityscape.

**評分：★★★☆☆（3 星）**

## 評語

亮眼的繪圖能力展現，可惜無法百分之百達成期待，有些明確的要求（如：添加正確的文字、數字理解等）經常無法經過一次 prompt 的調整就完成。

不過，DALL・E 仍不失為提供草稿與激發想法的好工具，加上 AI 技術進步的速度，未來的表現仍值得期待！

## 常見問題解答

**Q**：DALL・E 能夠生成任何文字描述的圖像嗎？

**A**：DALL・E 設計用於理解並轉化文字描述為圖像，但其能力可能受限於描述的清晰度、具體性以及當前技術的限制。對於一些非常抽象或極端具體的描述，生成的圖像可能不完全符合預期。

**Q**：可以自定義 DALL・E 生成圖像的風格嗎？

**A**：是的，使用者可以通過在文字描述中加入特定的風格指示，如「印象派風格的風景畫」，來引導 DALL・E 生成具有特定藝術風格的圖像。

**Q**：DALL・E 生成圖像的過程需要多長時間？

**A**：生成圖像的時間可能因描述的複雜程度和系統當前的負載狀況而異。通常，DALL・E 能夠在幾秒到幾分鐘內完成圖像的生成，為使用者提供快速的創意實現。

## 資源和支援

1. 貼圖製作相關細節：

   https://medium.com/@alulu.ai/ 如何透過 -ai- 將自己的圖片變貼圖 - 連續角色製作秘訣 -3b014414d4e8

2. FaceBook Bing DALL-E 3 and ALL AI 生成式藝術小小詠唱師社團：

   https://www.facebook.com/groups/592850912909945/

# Midjourney AI

作者：Jim Lai

## 導言

Midjourney 是一個獨立的研究實驗室，由 Leap Motion 的共同創辦人 David Holz 創建，專注於探索新的思維媒介並擴展人類的想像。作為先進的 AI 工具，Midjourney 利用文字提示產生獨特且逼真的影像，代表了生成式 AI 的一個重要發展方向。這個工具不僅吸引了藝術家和設計師的興趣，也為廣大使用者提供了一個探索 AI 藝術創作的全新途徑。

## 功能概述

Midjourney 主要功能是將文字提示轉換為高品質的圖像，這個過程不需要任何專門的軟體或硬件，只需透過 Discord 應用程式即可操作。它的顯著特徵包括：

- **文字到圖像的轉換**：能夠將文字提示轉換成獨特的圖像。
- **高解析度影像生成**：能夠創造細節豐富的影像。
- **自訂命令和參數**：使用者可以透過不同的命令和參數微調產生的圖像，以獲得更好的控制。
- **使用簡便**：透過 Discord 應用程序，使用者可以輕鬆生成圖像。
- **社群支援**：Midjourney 的 Discord 伺服器提供了一個活躍的社區，使用者可以分享作品、交流經驗。

## 使用步驟

1. 加入 Midjourney 的 Discord 伺服器：https://discord.gg/midjourney

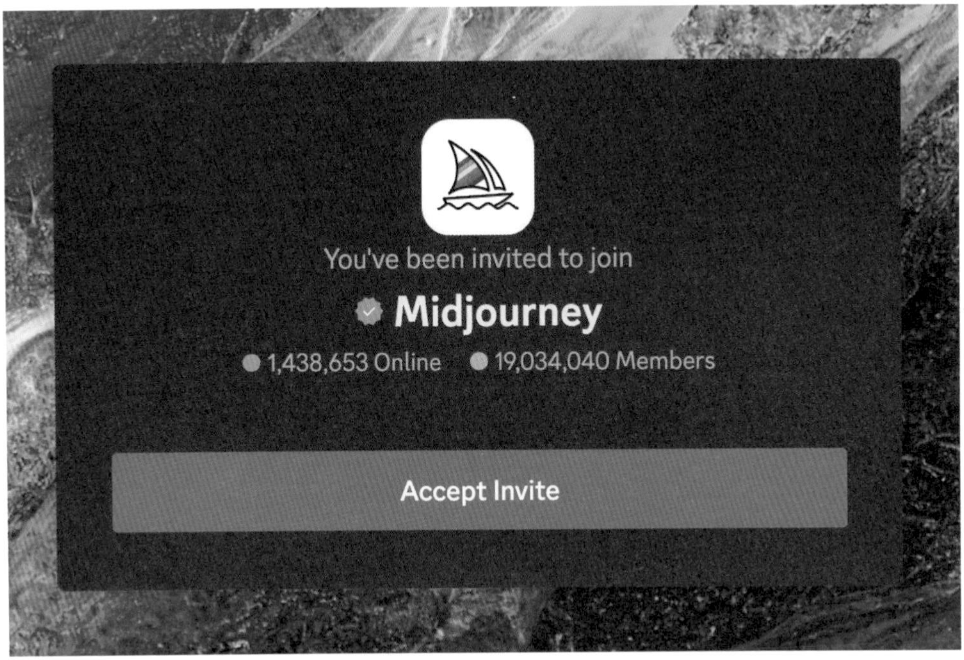


2 建立文字提示：在聊天框中輸入「/imagine」指令，後面加上圖片描述。

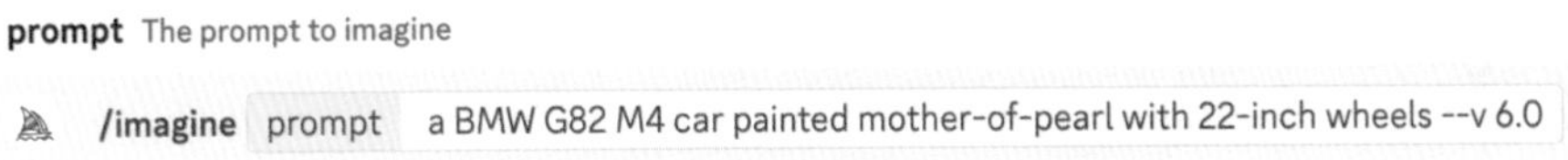

3. 產生和審查圖像：提交文字提示後，Midjourney 會產生 4 個圖像選項供選擇。

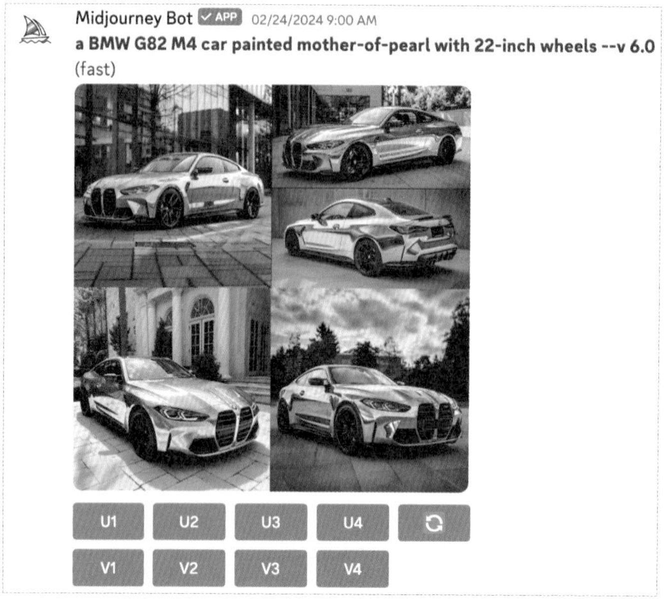


4. 選擇和進行圖片變化：自由選擇一個圖片作為基底來做出變化；下圖中所選的 V4 代表的是以第 4 張圖片作為基底，請 Midjourney 做出更多的變化。

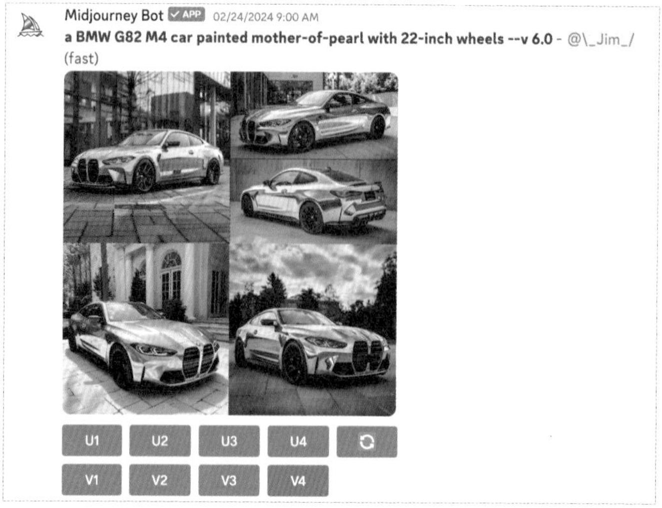

5. 放大圖片解析度：選擇一個圖片進行解析度的強化；下圖中所選的 U1 代表的是以第 1 張圖片作為基底，請 Midjourney 進行解析度的最佳化至 1024 X 1024。

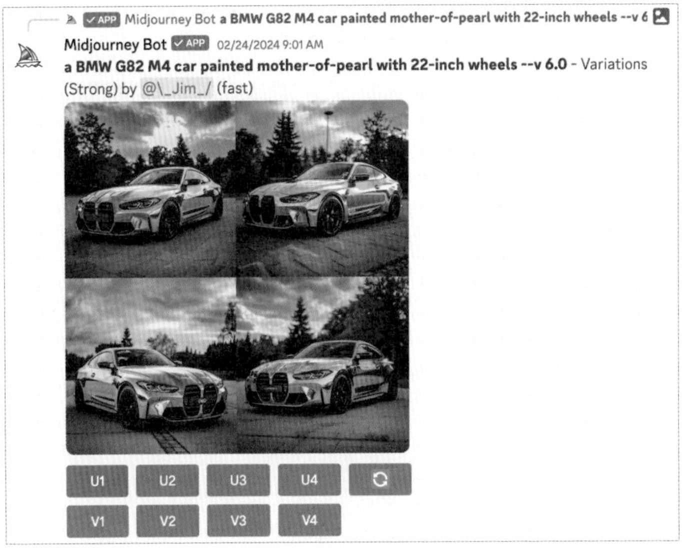


6. 下載完成的作品：點選完成的作品，按下右鍵，另存新檔，就能順利下載了。

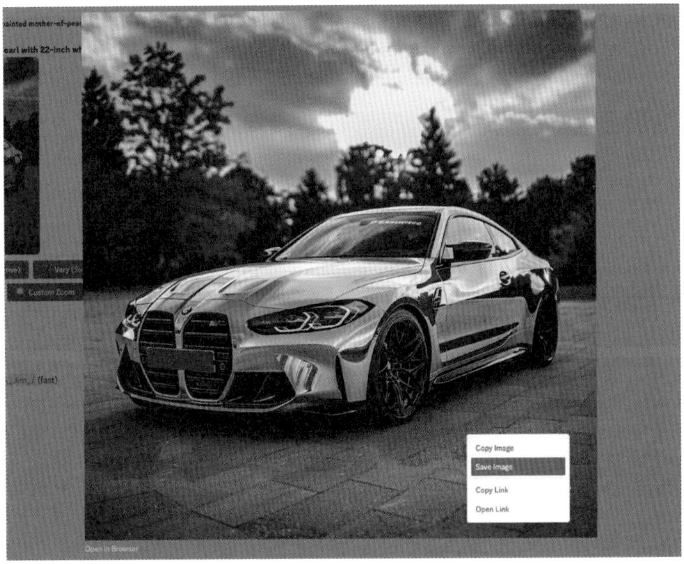

## 應用案例

- **藝術創作**：藝術家使用 Midjourney 根據文本描述創作複雜的視覺藝術作品。

**Urban style fashion photography, Cyberpunk style men with butty hair Medium shot. Walls in diagonal perspective with Japanese style graffiti. Framing in diagonal perspective, Off center shot. Deep diagonal shadows. The eye area must be illuminated. Sony a7R IV, 24mm lens f8, Kodak Portra 400 --ar 3:2 --style raw --stylize 50 --v 6.0** - @_Jim_/ (fast)

- **遊戲設計**：遊戲設計師利用它來產生遊戲原型或角色概念圖。

Midjourney Bot ✓APP 02/24/2024 9:36 AM
**Urban style fashion handcraft blueprint for gaming NPC prototype, Japanese style men with butty hair Medium shot** - @_Jim_/ (fast)

- **創意探索**：個人使用者透過產生不同的圖像來探索創意想法和視覺表達。

## 優缺點

### 優點：

- **創新性**：提供了一種全新的透過文字提示創作圖像 text2image 的方式。
- **易用性**：透過 Discord 使用，無需複雜的軟體安裝或專業知識，在網頁上即能操作。
- **社群支持**：活躍的社群為使用者提供了學習和分享的平台。

### 缺點：

- **語言**：使用的 prompt 為英文，沒有支援中文服務。
- **時間與成本**：生成圖像可能需要一定 10-30 秒的時間，且沒有提供免費使用，任何功能和商業用途，都需要依照不同訂閱計劃付費。
- **創作控制**：產生的影像有時可能與使用者的預期有所偏差。

**評分：★★★★☆（4 星）**

Midjourney 作為 AI 圖像生成工具，以其獨特的功能和強大的圖像生成能力，在使用者中獲得了高度評價。考慮到其易用性、影像品質和社群支持，可以給予 4 顆星的評價（滿分 5 顆星）。

## 常見問題解答

**Q**：如何優化生成的影像？

**A**：透過使用不同的命令和參數來調整影像的風格和細節，並可以通過輸入特定的指令來調整圖片的尺寸比例。

**Q**：Midjourney AI 能生成任何類型的圖像嗎？

**A**：是的，只要提供相應的文字提示，Midjourney 能生成各種類型的圖像。

**Q**：使用 Midjourney AI 需要特殊的技能或知識嗎？

**A**：不需要，使用者通過簡單的文字提示和 Discord 命令就可以生成圖像。

**Q**：是否可以商業使用產生的圖像？

**A**：是的，但需要根據不同的訂閱計劃，可能會有額外的費用。值得注意的是，這些圖片是在 Discord 的公共平台上生成的，所以其他使用者也可能使用你生成的相同圖片。

# 方案比較

| | 基本計劃 | 標準計劃 | 專業計劃 | 大型計劃 |
|---|---|---|---|---|
| 每月訂閱費用 | 10 美元 | 30 美元 | 60 美元 | 120 美元 |
| 年度訂閱費用 | $96<br>($8/月) | $288<br>($24/月) | 576 美元<br>(48 美元/月) | 1152 美元<br>(96 美元/月) |
| 快速 GPU 時間 | 3.3 小時/月 | 15 小時/月 | 30 小時/月 | 60 小時/月 |
| 放鬆 GPU 時間 | - | 無限 | 無限 | 無限 |
| 購買額外的 GPU 時間 | $4/小時 | $4/小時 | $4/小時 | $4/小時 |
| 在直接訊息中單獨工作 | ✓ | ✓ | ✓ | ✓ |
| 隱形模式 | - | - | ✓ | ✓ |
| 最大並發作業數 | 3 個作業<br>10 個作業在佇列中等待 | 3 個作業<br>10 個作業在佇列中等待 | 12 個快速作業<br>3 個輕鬆作業<br>10 個佇列中的作業 | 12 個快速作業<br>3 個輕鬆作業<br>10 個佇列中的作業 |
| 對圖像進行評分以獲得免費 GPU 時間 | ✓ | ✓ | ✓ | ✓ |
| 使用權 | 一般商業條款* | 一般商業條款* | 一般商業條款* | 一般商業條款* |

- 如果您在任何時候訂閱，您就可以以任何您想要的方式自由使用您的圖像。如果您是一家年總收入超過 1,000,000 美元的公司，您必須購買 Pro 或 Mega 計劃。有關完整詳細信息，請參閱服務條款

**如何進行 Midjourney 的圖片合成？**

可使用「/imagine」命令並用逗號「,」分隔兩個 URL 來進行合成。或者使用「/blend」命令並附上圖片 URL 來進行圖片合成。

**可以使用 ChatGPT 來生成 Midjourney 的提示嗎？**

是的，可以在 ChatGPT 中輸入特定指令來生成 Midjourney 的提示咒語。只需告訴 ChatGPT 正在使用名為 Midjourney 的 AI 繪圖工具，並指定它作為提示生成器，然後在想要生成的主題前加上斜線「/」。ChatGPT 將根據不同的情境以英文生成適當的提示。

例如，輸入 / 外套商品圖片，可能會生成如下提示：Realistic true details photography of coat, bright colors, product photography, Sony A7R IV, clean sharp focus。

在 Midjourney 輸入下列提示，就能成功產出圖片：/image Realistic true details photography of coat, bright colors, product photography, Sony A7R IV, clean sharp focus。

## 資源和支援

Midjourney 提供了豐富的資源和支持，包括官方文件、Discord 社群以及各種教學和指南。

使用者可以透過這些資源深入了解如何使用這個工具，以及如何充分利用其功能來創造獨特的圖像。

- **官方網站**：https://www.midjourney.com/
- **Discord 頻道、社群討論區**：使用者可以加入 Midjourney 的 Discord 頻道，與其他使用者交流和獲取支援。在 Discord 社群中，使用者可以分享他們的創作，獲得靈感和幫助。https://discord.gg/midjourney
- **官方使用指南**：Midjourney 提供了基本的使用指南和命令列表，幫助使用者開始使用。https://docs.midjourney.com/docs/quick-start

# Stable Diffusion

作者：Jim Lai

## 導言

Stable Diffusion 是一種生成式人工智慧（AI）模型，能夠從文字和圖像提示中產生獨特的逼真圖像。它在 2022 年推出，不僅可以產生圖像，還能創建影片和動畫。這個模型基於擴散技術，並使用潛在空間，顯著減少了處理需求，使其能夠在配備 GPU 的桌面或筆記型電腦上運行。Stable Diffusion 可以透過遷移學習與最少五張圖片進行微調，以滿足您的特定需求。

## 功能概述

Stable Diffusion 是一個文字到圖像的模型，透過給定的文字提示傳回與文字相符的 AI 圖像。它屬於深度學習模型中的擴散模型類別，這些模型被設計為能夠產生新的數據，類似於它們在訓練中看到的數據。在 Stable Diffusion 的案例中，這些資料是影像。

## 使用步驟

1. **下載並安裝所需軟體**：首先需要在您的電腦上安裝支援 Stable Diffusion 運行的軟體，包含 Git、Python 3.10.10、NVDIA CUDA 工具包、AUTOMATIC 1111 Stable Diffusion WebUI。

A. Python 3.10.10 進入下方網址頁面後，點擊下圖中所選，開始進行下載並安裝：https://www.python.org/downloads/release/python-31010/

## Files

| Version | Operating System | Description | MD5 Sum | File Size | GPG | Sigstore | |
|---|---|---|---|---|---|---|---|
| Gzipped source tarball | Source release | | 6dbe644dd1a520d9853cf6648084c346 | 24.9 MB | SIG | .sigstore | |
| XZ compressed source tarball | Source release | | 7bf85df71bbe7f95e5370b983e6ae684 | 18.7 MB | SIG | .sigstore | |
| macOS 64-bit universal2 installer | macOS | for macOS 10.9 and later | 892634724ab799569b512082c8f48c83 | 39.1 MB | SIG | CRT | SIG |
| Windows installer (64-bit) | Windows | Recommended | 9735797853cba809b13c8396c91354a0 | 27.7 MB | SIG | CRT | SIG |
| Windows help file | Windows | | 448f8401ade49a7e2156d02512f2f9bf | 9.0 MB | SIG | CRT | SIG |
| Windows embeddable package (64-bit) | Windows | | f38a9e7e02a992daa62569b758d0a388 | 8.2 MB | SIG | CRT | SIG |
| Windows embeddable package (32-bit) | Windows | | a681a7f9b242fe35b4d96d79e15e57d6 | 7.3 MB | SIG | CRT | SIG |
| Windows installer (32 -bit) | Windows | | a81b81687bc2575c05a30f4b31d6ea00 | 26.6 MB | SIG | CRT | SIG |

B. Git 進入下方網址頁面後，點擊下圖中所選，開始進行下載並安裝：https://git-scm.com/download/win

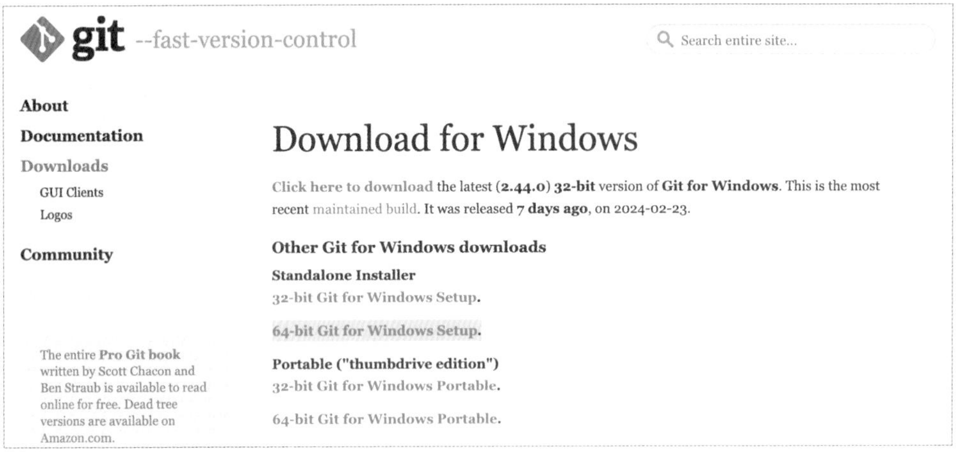

C. NVDIA CUDA 工具包進入下方網址頁面後，請依照自己的電腦規格來選取相符的工具包，並進行下載與安裝：https://developer.nvidia.com/cuda-downloads

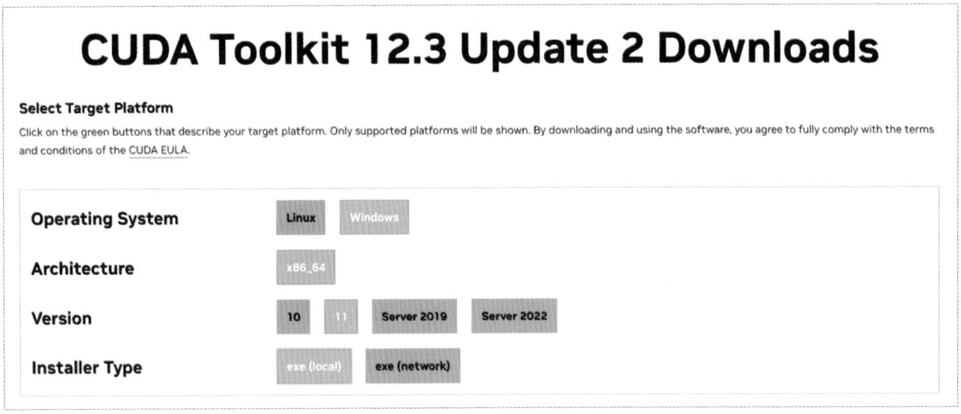


D. AUTOMATIC 1111 Stable Diffusion WebUI 進入下方網址頁面後，請點擊綠底白字的 Code 按鈕，並點選選單中的 Download ZIP 來進行下載並解壓縮：https://github.com/AUTOMATIC1111/stable-diffusion-webui

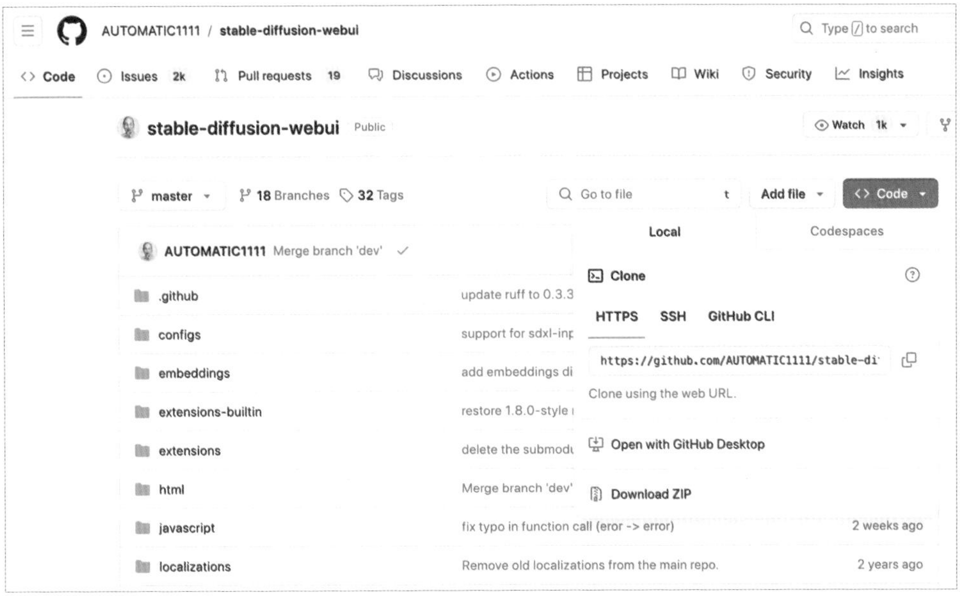

I. 建議新創建一個資料夾來放置下載的檔案，再進行解壓縮，這裡會是日後 Stable Diffusion 主要的資料夾位置。

II. 解壓縮以後，在資料夾中找到 webui-user.bat 這個檔案，並且按下右鍵 / 編輯。

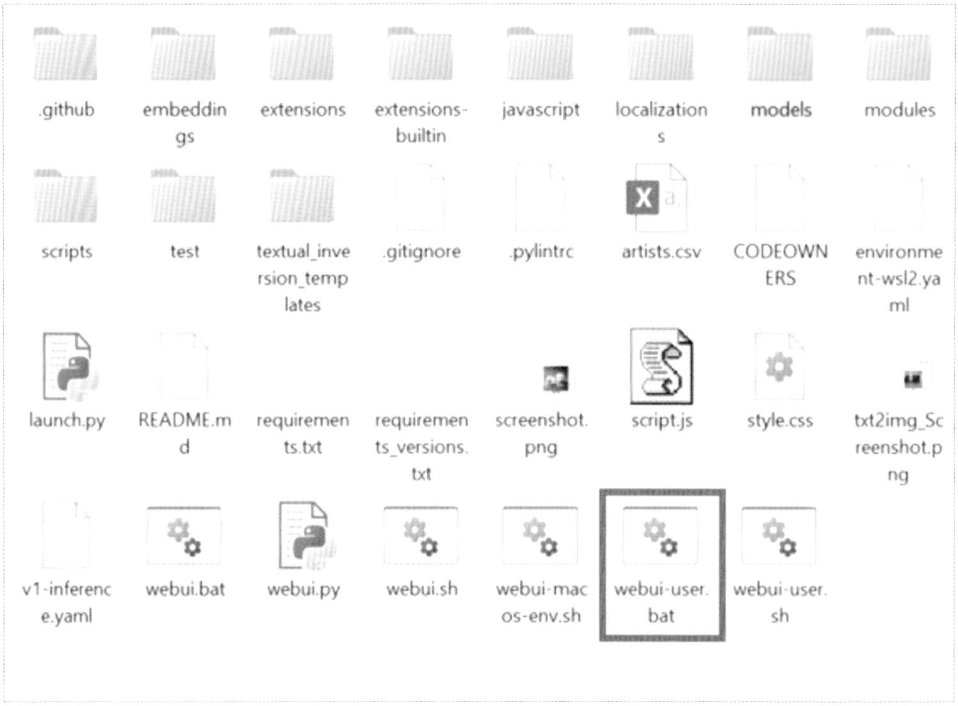


III. 視情況調整 commandline_args 參數，接著請儲存後覆蓋原先的 webui-user.bat。

-- xformers 讓系統根據顯示卡進行加速運算。

-- medvram 當顯示卡的 VRAM 不到 8GB 的時候，請加上這個來節省記憶體的使用，以便同時產出更多的圖片。若超過 8GB，則不加上該參數。

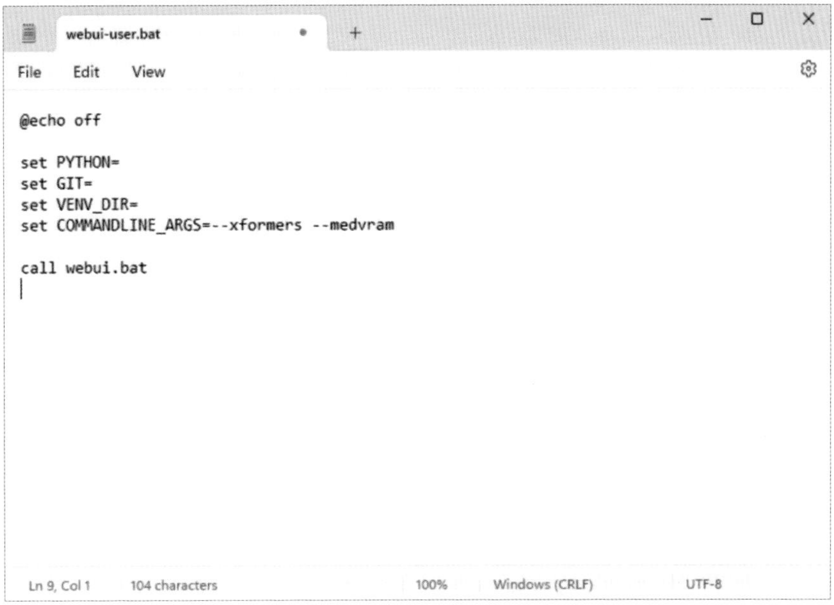


IV. 雙擊 webui-user.bat 來開啟 Stable Diffusion 的 WebUI 使用頁面。如果未能自動開啟，可以透過自行透過瀏覽器前往網址：https://127.0.0.1:7860。

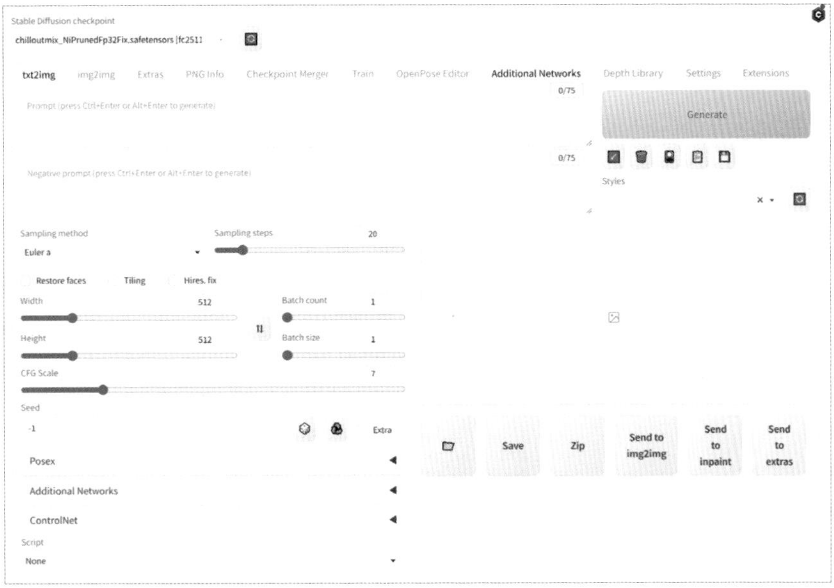

2. **取得模型**：下載 Stable Diffusion 模型，這可以透過多種管道完成，包括直接從 GitHub 或使用特定的平台如 Hugging Face、Civital 等。下載後請放入對應的資料夾內，就能在 Web UI 的介面中找到，並且點選使用。

   A. 下載 Model 模型，並放入 Models/Stable-diffusion 資料夾內：https://civitai.com/models/6424/chilloutmix

   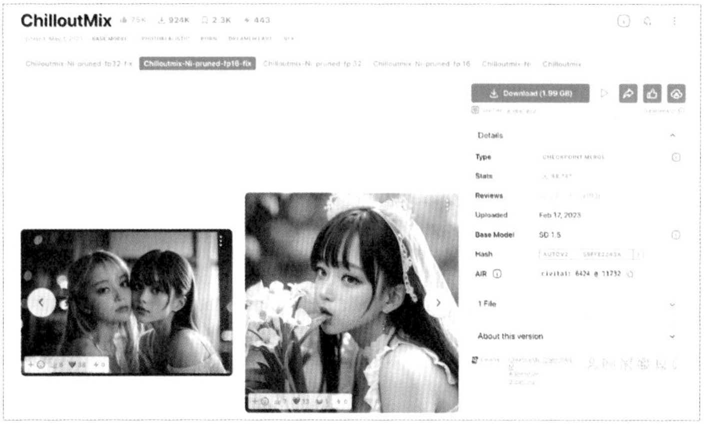
   

   B. 下載李婷婷的 Lora 模型，並放入 Models/Lora 資料夾內：https://civitai.com/models/299438

   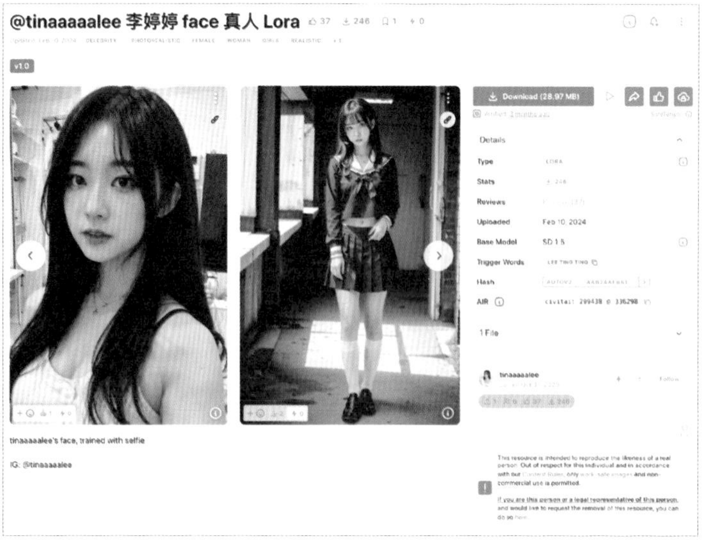
   

3. **準備文字提示（Prompt）**：根據想要產生的圖片類型，準備相應的文字提示，包含 Prompt、Negative Prompt、Sampler、Model 等參數。

4. **生成圖像**：將上述的參數都填入 Stable Diffusion 當中，調整 Lora 與 Model 的名稱後，並且點擊右上角的 Generate 按鈕，即能開始產生與提示對應的圖片。

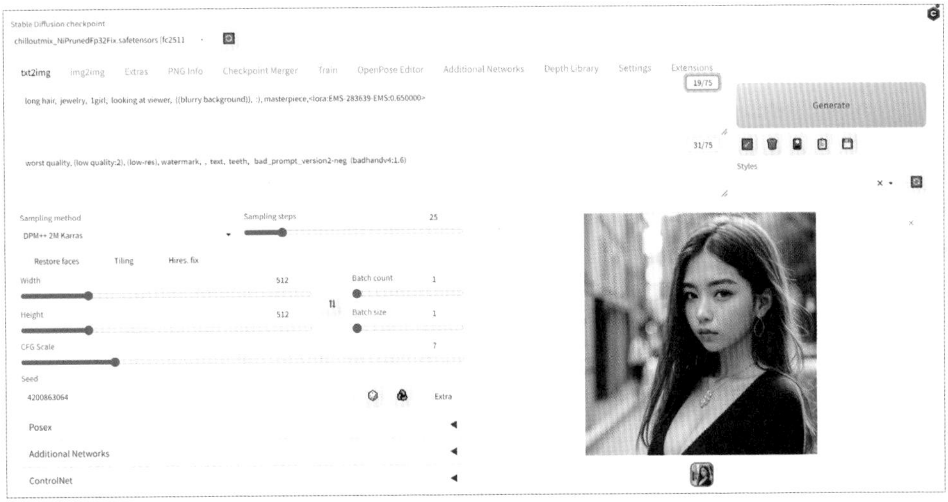

5. **反覆調整和最佳化**：根據需求來調整文字提示或是模型參數，不斷點擊 Generate 按鈕生成更佳的圖片。

## 應用案例

- **時尚模特兒**：在時尚銷售和設計領域，利用 AI 生成影像來進行調整和修正，以創造特定材質或設計的服裝，減少藝術家和設計師的時間成本，讓他們可以更專注於創作。

- **虛擬偶像**：利用 AI 生成獨特的照片圖像，創造出類人類的虛擬偶像，並在社群平台上進行分享。更多請見：https://www.instagram.com/tinaaaaalee.ai/ 下圖出自 https://tensor.art/models/690336935639623756

- 製作有趣的 QR Code（搭配 controlnet）

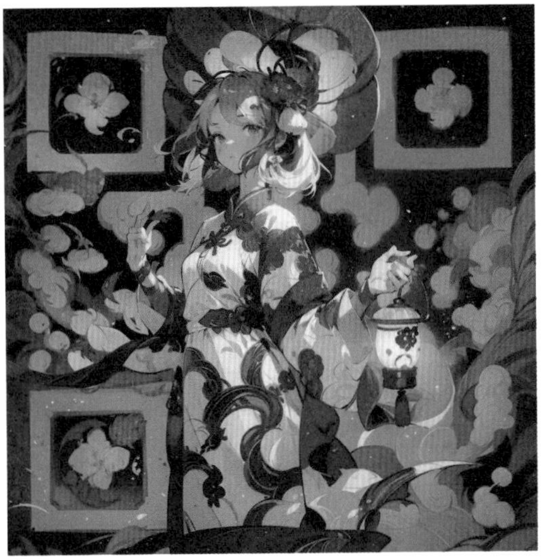

## 優缺點

**優點：**

- **易於存取**：Stable Diffusion 可以在一般消費等級的顯示卡上運行，使得任何人都可以透過下載模型，產生自己的影像。
- **高度可自訂**：使用者可以控制關鍵的超參數，如去除雜訊步驟的數量和應用的雜訊程度，以滿足特定需求。

**缺點：**

- **處理需求**：儘管 Stable Diffusion 的處理需求相對較低，但仍需具備一定的硬體配置，特別是 GPU 資源。
- **使用門檻**：雖然在安裝擴充模型或是套件時，僅需複製貼上至指定資料夾即可；但是在準備建立使用者介面時，仍需具有基礎程式開發背景，才能快速上手。
- **生成品質**：產生的影像品質可能受到文字提示準確性和模型訓練資料的限制，且針對手指部分，常未能正常呈現。

**評分：★★★★☆（4 星）**

Stable Diffusion 作為一個文字到圖像的生成模型，在圖像品質、速度和資源需求方面表現出色。它的廣泛可用性和對消費級硬體的支援使其成為一個值得 4 顆星（滿分 5 顆星）評價的工具。

## 常見問題解答

**Q**：如何取得 Stable Diffusion 模型？

**A**：您可以從 GitHub 或 Hugging Face、Civital 等平台下載 Stable Diffusion 模型，常聽到的 Lora 便是很受歡迎的模型分類之一。

**Q**：Stable Diffusion 可以產生任何類型的圖像嗎？

**A**：是的，只要提供對應的文字提示，Stable Diffusion 能夠產生各種類型的圖像。

**Q**：使用 Stable Diffusion 需要特殊的硬體嗎？

**A**：Stable Diffusion 可以在配備 NVIDIA GPU 的桌上型電腦上運行，但最好是具有 8GB 或更多 RAM 的 GPU。

**Q**：Stable Diffusion 能生成或是處理影片嗎？

**A**：目前主要用於生成靜態圖片，但是可以透過將影片切成序列式的圖片，並將每一張圖片進行調整，最後再依照序列來合併圖片們，來成為影片。或是直接參考 Stable Video Diffusion。

## 資源和支援

Stable Diffusion 的開源性質意味著有大量的文件和教學課程可供學習和參考。社群支援也非常活躍，您可以在多個平台上找到如何使用 Stable Diffusion 的討論和協助。

# Stable Diffusion WebUi Forge

作者：Ray

## 導言

Stable Diffusion WebUI Forge（以下簡稱 Forge）是一款專用於 SD 擴散模型的 Gradio 網頁操作介面，有著與 A1111 WebUI 同樣直覺、容易上手的外觀，並主打簡化開發、優化資源管理並加快推理速度的特點。在常見的中低階 GPU，推理速度將有約 30~45%（8GB vram）、以及約 60~75%（6GB vram）不等的提升；並已預載 SD 常用的 ControlNet、Kohya HRFix…等常用的功能，無論是在軟硬體的支援性方面，皆對初入門 AIGC 的新手相當友善。

## 功能概述

除了基本的 AI 圖像生成以外，Forge 也預裝了多種實用的擴充功能（Extensions）。為方便讀者實際操作體驗，本書的部分內容將藉由 Forge 來介紹其他有趣的擴充功能，並於本文提供 Forge 之安裝說明（請確認至少 13GB 以上的磁碟空間，並建議配備至少 6GB vram 以上的獨立顯示卡）。

## 安裝使用步驟（Windows 環境）

1. **下載檔案**

   Forge 的使用非常簡易，請使用關鍵字搜尋，Windows 環境的使用者可至 Git 程式碼庫直接下載整合包。網址：https://github.com/lllyasviel/stable-diffusion-webui-forge，副檔名 .7z，請先安裝 7-zip 解壓縮軟體，網址：https://7-zip.org/。

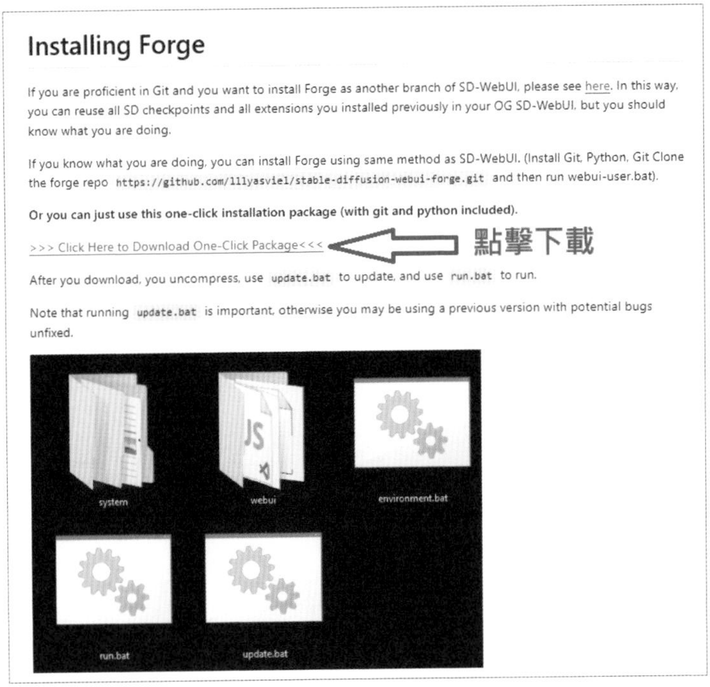

## Installing Forge

If you are proficient in Git and you want to install Forge as another branch of SD-WebUI, please see here. In this way, you can reuse all SD checkpoints and all extensions you installed previously in your OG SD-WebUI, but you should know what you are doing.

If you know what you are doing, you can install Forge using same method as SD-WebUI. (Install Git, Python, Git Clone the forge repo `https://github.com/lllyasviel/stable-diffusion-webui-forge.git` and then run webui-user.bat).

**Or you can just use this one-click installation package (with git and python included).**

>>> Click Here to Download One-Click Package<<<

After you download, you uncompress, use `update.bat` to update, and use `run.bat` to run.

Note that running `update.bat` is important, otherwise you may be using a previous version with potential bugs unfixed.



**2. 更新程序**

解壓完成後，啟動前請先雙擊 update.bat 檔案進行更新，過程中將跳出系統提示，請選擇「仍要執行」。

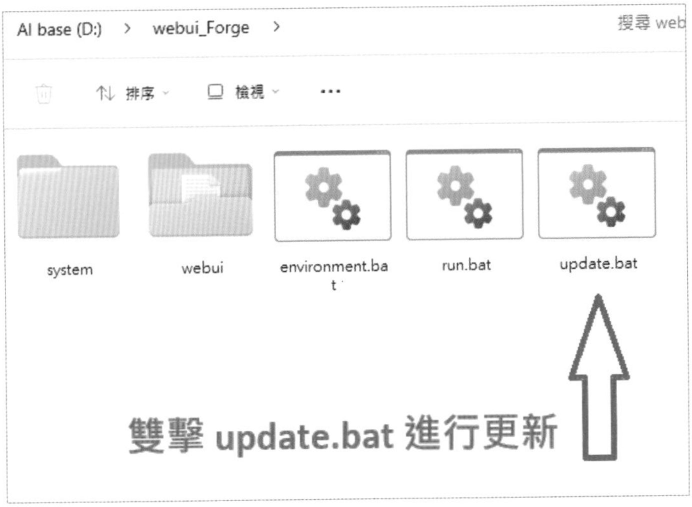

```
C:\Windows\system32\cmd.e

Updating 5bea443d..d81e353d
Fast-forward
 .eslintignore                                                |    1 +
 .github/workflows/run_tests.yaml                             |   52 +-
 .gitignore                                                   |    3 +
 README.md                                                    |   16 +-
 .../annotator/leres/__init__.py                              |    1 +
 .../forge_legacy_preprocessors/install.py                    |   18 +-
 .../legacy_preprocessors/preprocessor_compiled.py            |    3 +-
 .../scripts/legacy_preprocessors.py                          |   12 +-
 .../scripts/preprocessor_inpaint.py                          |    5 +-
 .../scripts/preprocessor_tile.py                             |    6 +-
 .../sd_forge_controlnet/lib_controlnet/api.py                |  112 ++
 .../controlnet_ui/controlnet_ui_group.py                      |  162 ++-
 .../lib_controlnet/controlnet_ui/preset.py                   |   51 +-
 .../sd_forge_controlnet/lib_controlnet/enums.py              |   47 +-
 .../lib_controlnet/external_code.py                          |  135 ++-
 .../lib_controlnet/global_state.py                           |   10 +-
 .../sd_forge_controlnet/lib_controlnet/infotext.py           |   23 +-
 .../sd_forge_controlnet/lib_controlnet/utils.py              |   38 -
 .../sd_forge_controlnet/scripts/controlnet.py                |  242 ++--
 .../sd_forge_controlnet/tests/conftest.py                    |    7 +
 .../sd_forge_controlnet/tests/images/1girl.png               |  Bin 0 -> 493039 bytes
 .../sd_forge_controlnet/tests/images/mask.png                |  Bin 0 -> 244 bytes
 .../tests/images/mask_small.png                              |  Bin 0 -> 226 bytes
 .../tests/images/portrait/1.webp                             |  Bin 0 -> 20481 bytes
 .../tests/images/portrait/2.jpg                              |  Bin 0 -> 37869 bytes
 .../tests/images/portrait/3.jpeg                             |  Bin 0 -> 22485 bytes
 .../tests/images/portrait/4.jpg                              |  Bin 0 -> 6600 bytes
 .../tests/images/portrait/5.jpg                              |  Bin 0 -> 206595 bytes
```

### 3. 設定模型／虛擬環境共享（選用）

- 如果您的本機電腦上已安裝 A1111 WebUI，則可與其共用模型檔案，以節省磁碟空間。請先找到 webui 目錄下的 webui-user.bat 檔案，單擊右鍵並選擇「在記事本中編輯」。
- 找到「set COMMANDLINE_ARGS=」這行，並將其變更為：

  set COMMANDLINE_ARGS= --forge-ref-a1111-home "\path-to-stable-diffusion-webui"

```
webui-user.bat
檔案  編輯  檢視

@echo off

set PYTHON=
set GIT=
set VENV_DIR=
set COMMANDLINE_ARGS=--forge-ref-a1111-home "請在雙引號內填入 A1111 WebUI 的實際路徑"
@REM Uncomment following code to reference an existing A1111 checkout.
@REM set A1111_HOME=%A1111_HOME%
@REM
@REM  --ckpt-dir %A1111_HOME%/models/Stable-diffusion ^
@REM  --hypernetwork-dir %A1111_HOME%/models/hypernetworks ^
@REM  --embeddings-dir %A1111_HOME%/embeddings ^
@REM  --lora-dir %A1111_HOME%/models/Lora

call webui.bat
```

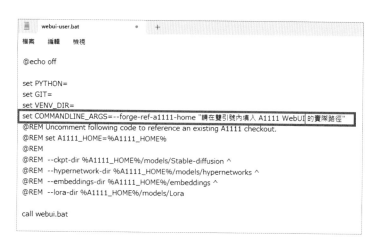

請在雙引號內填入實際的 A1111 路徑（預設資料夾名稱應為 stable-diffusion-webui）、完成後關閉並儲存檔案，再啟動 Forge 時即可在左上角的選單中共用模型了。值得注意的是，此種設定共享的方式除了主模型以外，也將同時共享 venv 虛擬環境、Lora 模型、embeddings、以及 hypernetwork 等等。但不包含其他擴充功能所使用的模型。

### 4. 啟動 Forge

待自動更新完成後，即可雙擊 run.bat 檔案啟動 Forge。第一次啟動時將自動下載模型檔案供生成使用（預設為 realisticVisionV51_v51VAE.safetensors）。因為檔案解壓縮後已包含運行 Stable Diffusion 所必要的 Python 與 Git 程式，使用者無需事前部屬環境，非常便利。

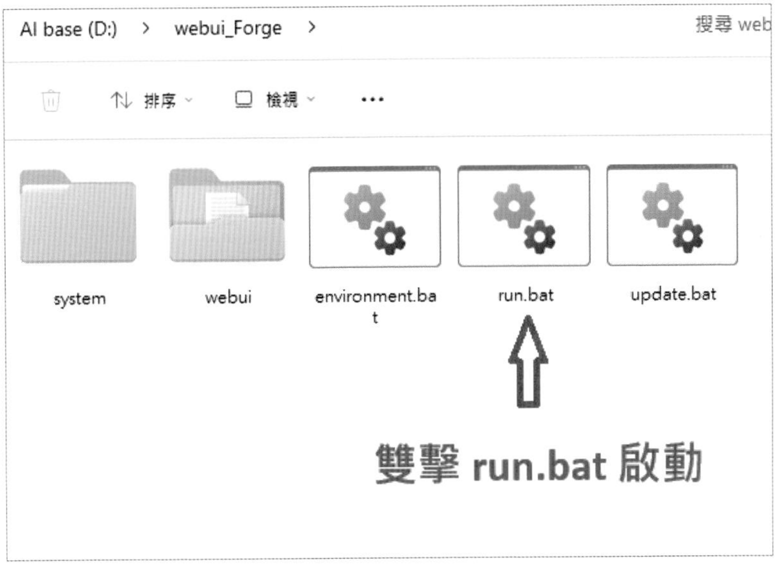

## 安裝使用步驟（Mac 環境）

### 1. 安裝 Homebrew

開啟終端機，並鍵入以下指令：

```
/bin/bash -c "$(curl -fsSL https://raw.githubusercontent.com/Homebrew/install/HEAD/install.sh)"
```

### 2. 安裝 Python 3.10 和 Git

再開啟一個新的終端機，鍵入以下指令：

```
brew install python@3.10 git wget
```

### 3. 複製遠端代碼

輸入以下指令，將遠端資料克隆到本機：

```
git clone https://github.com/lllyasviel/stable-diffusion-webui-forge
```

### 4. 啟動 Forge

待環境部署完成之後，就可以依序輸入以下指令來啟動 Forge 了：

```
cd stable-diffusion-webui-forge

./webui.sh
```

按照以上說明依序完成之後，將自動開啟 Forge 的操作介面（Local URL，預設網址是 http://127.0.0.1:7860）。主介面與 A1111 WebUI 基本相同，預設的初始頁籤為 txt2img（文生圖），由上而下則分別是：主模型及 VAE 下拉式選單、Clip skip 設置、提示詞（prompt）輸入區、以及其他參數設置區（左側）和生成圖像預覽區（右側）；關於基本的操作說明，可參閱本書介紹 Stable Diffusion A1111 的內容。

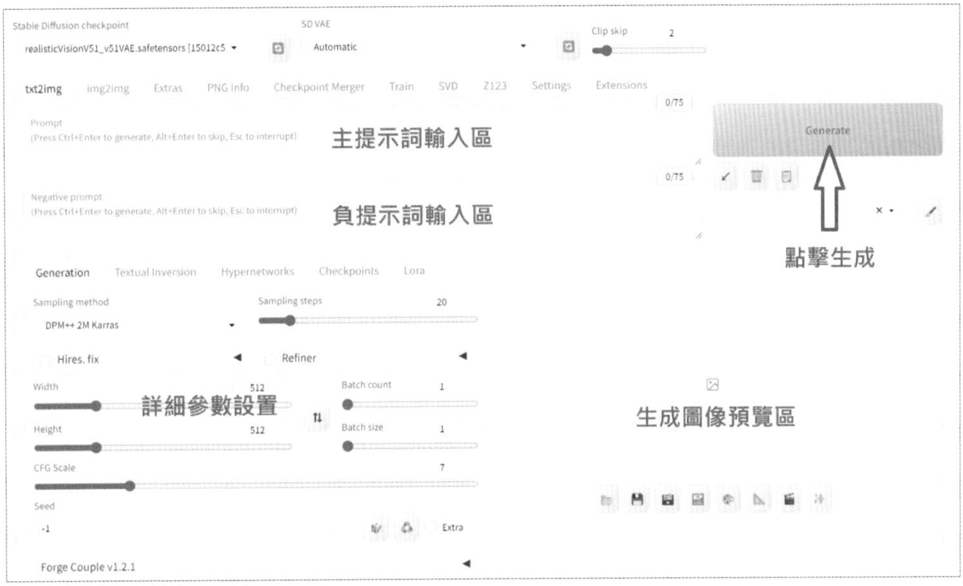


當程序運行中時，請注意不要關閉背景的終端機視窗，以免 Forge 意外中斷。欲結束程序，請在終端機視窗按下鍵盤 Ctrl+C，視窗提示是否中止，按下 Y 鍵確認；下一次再使用時，同樣雙擊 run.bat 檔案可再次啟動程序。

## 應用案例

Stable Diffusion 屬於擴散模型（Diffusion Models）的一類，特別是在影像生成的效果上受到廣泛關注。除了可以根據給定的文字描述（prompt）產生高品質的影像以外，也可用圖像轉繪功能（image to image）的方式來達到提升原圖解析度、影像修復、變更圖片內的物件／場景，或轉換風格等應用方式。

- **藝術創作和設計**：藝術家和設計師可以使用相關技術生成藝術創作和設計草圖，提供視覺概念和靈感。
- **遊戲開發**：遊戲開發者可以用於創建遊戲內的環境、角色和物品，加速遊戲的視覺內容開發。
- **廣告和媒體**：在廣告和媒體行業，可以用於創建引人注目的視覺內容，例如廣告海報和社交媒體帖子。

- **教育和培訓**：這項技術可用於生成教育資料中的圖像，例如科學插圖等等，使學習更加生動和有趣。
- **電影和動畫**：在電影和動畫製作中，類似技術可用於快速產出原型設計、分鏡圖稿等，幫助視覺效果團隊探索不同的視覺風格。
- **個性化內容創建**：這項技術可以根據使用者偏好生成個性化內容，如個人化圖像、個性化的商品設計等。
- **虛擬現實和增強現實**：在 VR 和 AR 領域，可用於創建真實感強烈的虛擬環境和物體，提供沉浸式的使用者體驗。
- **機器學習和數據增強**：這項技術也可以用於機器學習領域，通過生成大量的訓練數據來增強現有數據集，提高模型的性能和準確性。

## 優缺點

- Forge 操作直覺、安裝簡易、硬體門檻低、且針對中低階顯卡之效能有顯著的優化提升。
- 相較於 A1111、ComfyUI 等早期推出之使用者介面，Forge 更適合推薦給剛入門的新手使用。
- 本機部署開源程式碼，當程序報錯時，使用者仍需具備基礎的軟體知識以及除錯能力。

**評分★★★★★（5 星）**

對於新手而言，Forge 無疑是另一個更加友善易用的 SD WebUI，五星好評推薦。

## 常見問題解答

**Q**：Forge 和 A1111（Automatic1111）是一樣的嗎？

**A**：是的，SD Forge 實為 Automatic1111 WebUI 的優化版。它們都專為運行 Stable Diffusion 而設計，不同的是 Forge 具有更快的圖像生成速度、並針對常用的擴充功能（Extensions）進行預裝處理，更適合新手使用。

**Q**：Forge 可適用 A1111 的擴充功能嗎？

**A**：Forge 係使用 A1111 之程式碼改寫而成，在安裝 Extension 時，建議優先選擇專為 Forge 編寫之擴充套件（例如：熱門的動畫生成擴充 AnimateDiff 就有 Forge 專用版本），以免發生相容性的問題。

**Q**：當程序報錯時，我該如何處理？

**A**：終端機視窗會提示錯誤（通常會出現在 Log 的最後幾行內），判斷報錯之主要訊息後，複製重點的 Log 作為關鍵字，貼在該程式碼的 Git 倉庫網頁左上角的「ISSUE」內搜尋，多數時候都可以找到其他使用者提報過的相同問題，再根據討論串內的方法執行除錯（如果有提供的話）。

## 資源和支援

Git 程式碼庫：https://github.com/lllyasviel/stable-diffusion-webui-forge

# ComfyUI

作者：林毓鈞（JamesLin）

## 導言

ComfyUI 是一款專為 Stable Diffusion 設計的節點式圖形使用者介面（GUI），由 Comfyanonymous 於 2023 年 1 月推出，旨在深入了解並優化 Stable Diffusion 的使用體驗。透過其獨特的節點系統，使用者可以靈活地構建和管理圖像生成流程，實現各種功能，如模型加載、文本提示輸入和採樣器選擇。ComfyUI 不僅適合技術愛好者和創意藝術家，也為所有對 AI 圖像生成感興趣的人提供了一個易於使用、高度可定製的創作環境，使他們能夠探索 AI 藝術創作的無限可能性，並將創意實現到新的高度。

## 功能和特點

- **節點式圖形使用者介面（GUI）**：允許使用者通過拖放不同的節點來構建圖像生成流程，這些節點可以是模型加載、文本提示輸入、採樣器選擇等，提供了一種直觀且靈活的方式來定制工作流。
- **高度可定製性**：使用者可以根據自己的需要來調整和組合不同的節點，這種高度的自定義能力使 ComfyUI 適合各種水平的使用者，從初學者到專業人士。
- **易於使用**：即使是沒有技術背景的使用者也能夠快速上手，ComfyUI 的使用者界面設計直觀，使得學習曲線降低。
- **支持 Stable Diffusion**：專為 Stable Diffusion 設計，使得 ComfyUI 能夠充分利用這一強大的圖像生成模型，實現高品質的藝術創作和圖像生成。

## 優勢和用途

- **增強創意表達**：通過組合不同的節點和功能，使用者可以探索更多的創意可能性，從而創造出獨一無二的藝術作品。
- **提高工作效率**：節點式的工作流程設計可以幫助使用者更快地實現想法，特別是在進行復雜圖像處理和生成時，可以節省大量時間。
- **學習和實驗平台**：對於希望深入了解 Stable Diffusion 及其應用的使用者來說，ComfyUI 提供了一個實驗和學習的平台，使他們能夠在實踐中學習 AI 圖像生成的原理和技術。
- **廣泛的應用範圍**：從個人藝術創作到專業設計，從教育培訓到研究探索，ComfyUI 的靈活性和易用性使其成為多種用途的理想工具。

## 使用步驟

下面將簡單的教學一下如何使用 ComfyUI 搭建節點來製作一個簡單的工作區來產生圖片。

1. 在開啟 ComfyUI 後我們會看到這樣簡單的預設畫面。

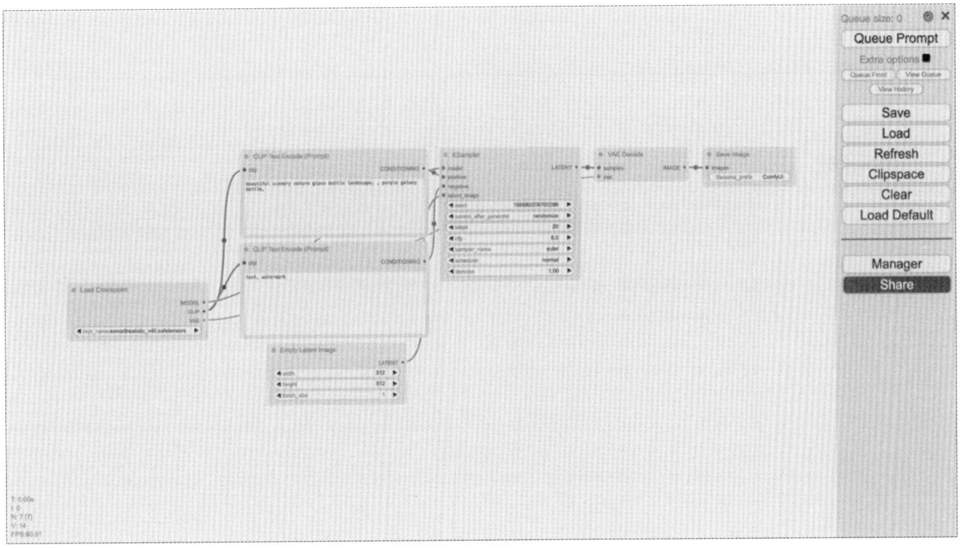

2. 這時我們先清除右側的 Clear 來清除畫面。

3. 我們先點右鍵選擇 Add Node -> sampling -> KSampler，這時會出我們的採樣器。

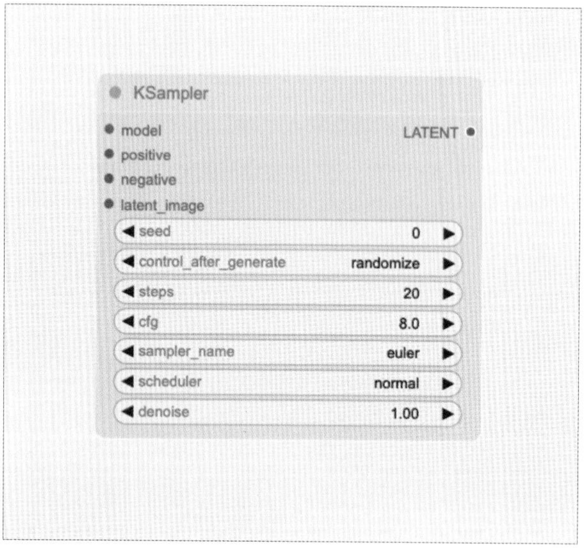


4. 接著我們點擊採樣器的 model 並向旁邊拖拉並放開，這時會跳出一些選項，然後我們選擇 CheckpointLoaderSimple 後會看到這兩個節點就會通過 model 屬性連結起來了。（這裡用的是 XXMix_9realistic 的模型，可以到這裡下載 https://civitai.com/models/47274/xxmix9realistic）

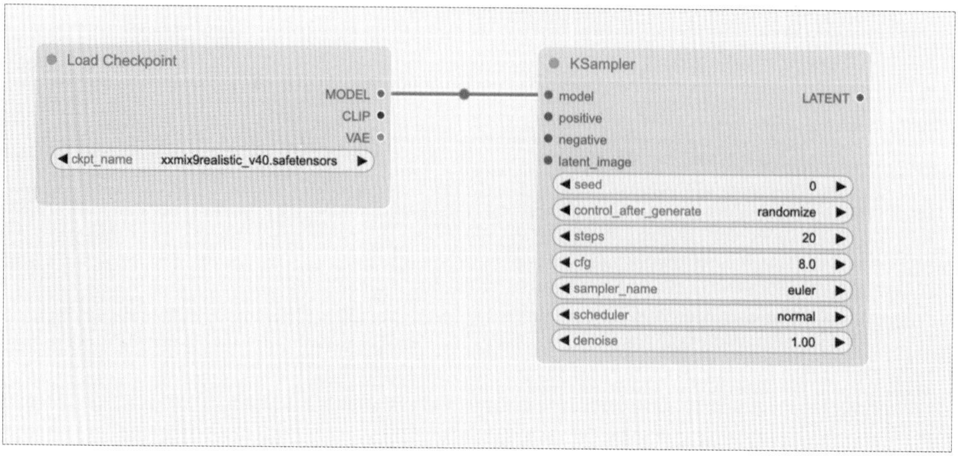

5. 接著我們會需要設置正向提示詞根反向提示詞，跟上面的動作一樣，我們先點選採樣器的 positive 的屬性並向旁邊拖拉，然後點選 CLIPText Encode 後會出現我們可以寫 Prompt 的區塊，一樣的操作我們也設置一下反向提示詞，最後會看到下面的畫面。

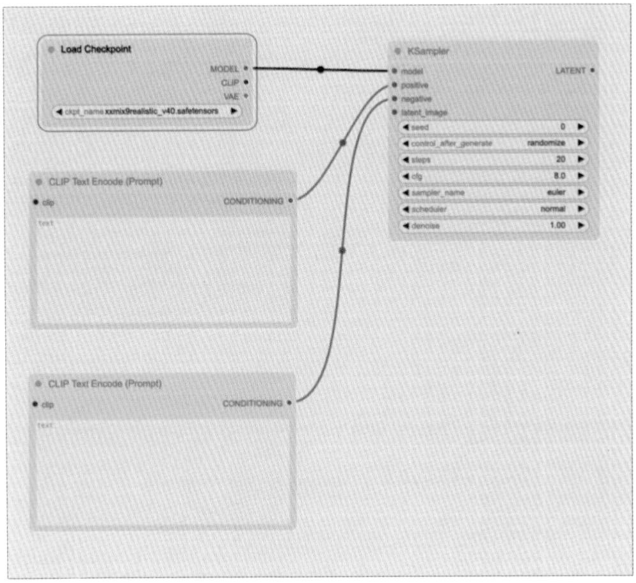


6. 這時我們將 Load Checkpointer 的 CLIP 跟兩個提示詞區塊的 clip 做連線。

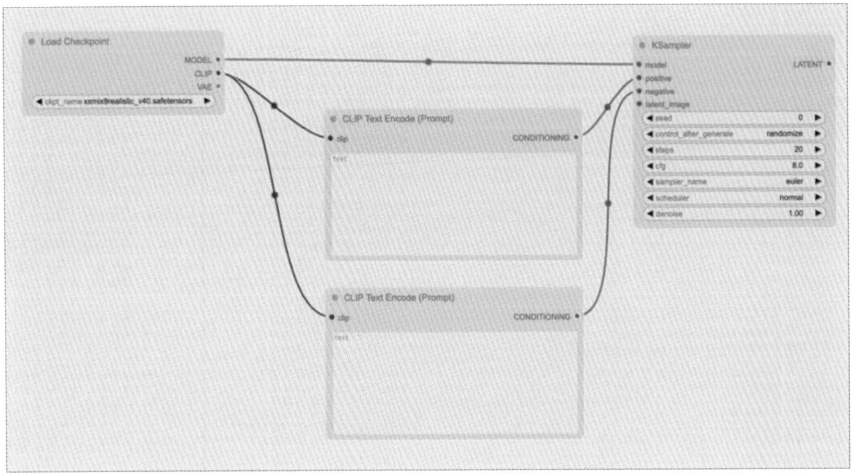

7. 接著我們來設定我們的圖片大小，點選採樣器的 latent_image 並選擇 EmptyLatentImage。

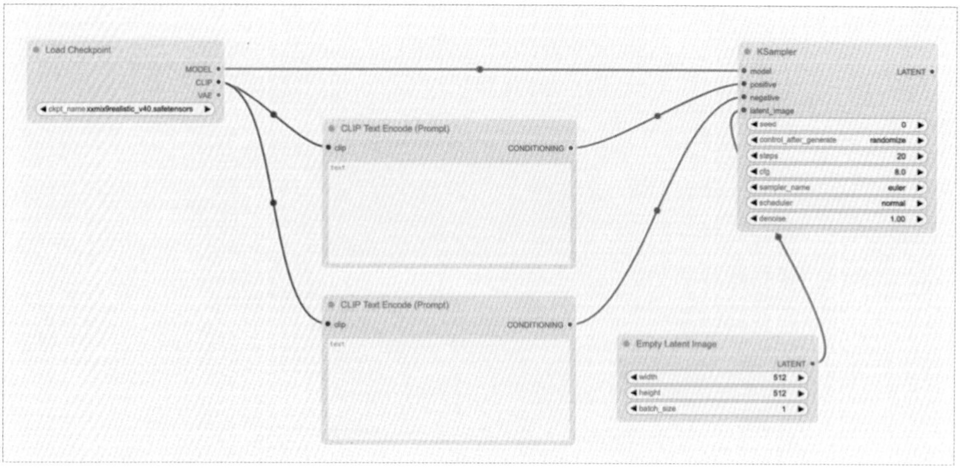


8. 再來我們需要設置 VAE，點選我們的採樣器的右側的 LATENT 並拖拉放開後選擇 VAEDecode，然後將這個 VAE 節點的 vae 屬性跟我們的 Load Checkpointer 的 VAE 屬性做連接。

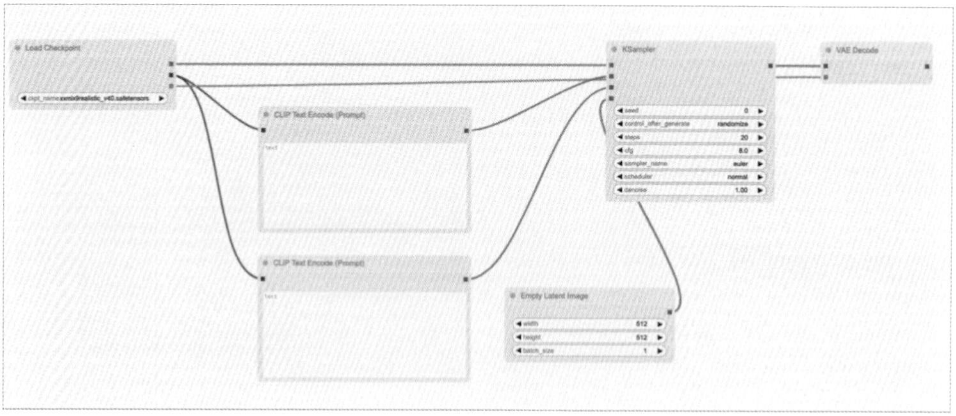

9. 最後我們選擇剛剛建立的 VAE Decode 節點的 IMAGE 屬性並點擊跟拖拉，選擇 PreviewImage 後對出現的節點的右下角進行拖拉將畫布放大以方便我們檢視最後輸出的圖片狀況。

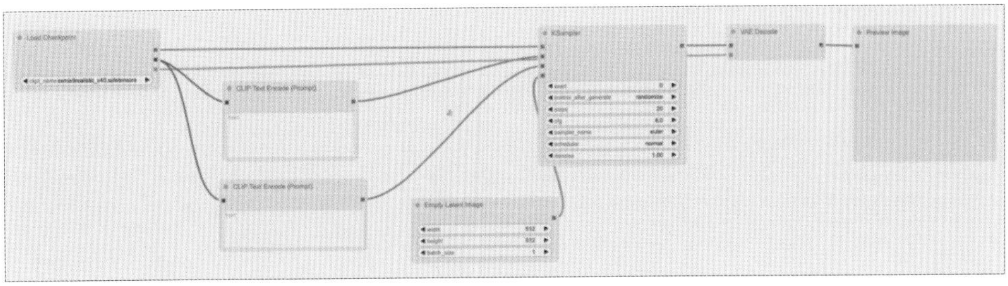

10. 這樣我們基本的一個 ComfyUI 的工作區就完成了，這時我們可以先簡單地進行測試，首先在正向提示詞的區塊裡我們寫上 a cat 作為我們的正向提示詞，反向提示次目前我們就先跳過，然後點選右側工具列的 Queue Prompt 按鈕等待圖片生成。

11. 這時我們就會得到一張跟貓有關的圖片啦。

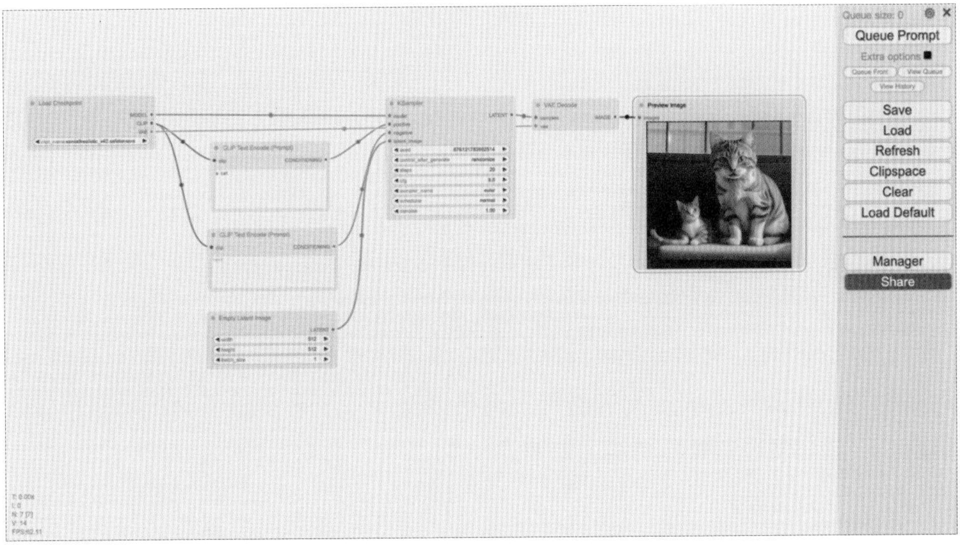

12. 如果我們要 import 別人做好的 workflow，直接貼上 workflow.json 內容後，可能會出現一些對方有安裝，但我們還沒安裝的套件，這時候需要先打開 Manager -> Install missing node，先按右手邊的 install，再到最下面按 restart，如果重開還是不行，就按 try fix

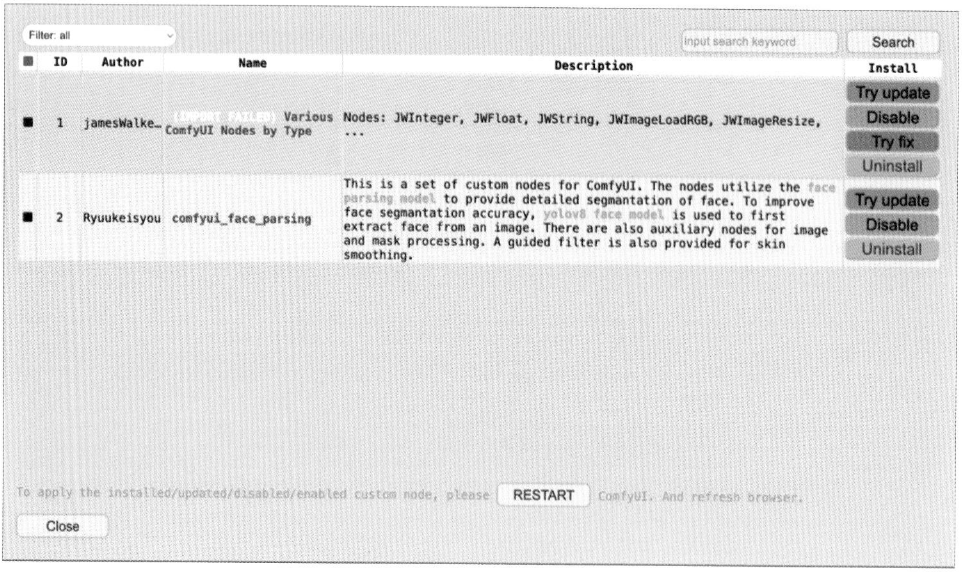


## 應用案例（與 A1111 比較）

ComfyUI 為 Stable Diffusion 的使用帶來了一個全新的維度，通過其節點式圖形使用者介面，它允許使用者以直觀且高度可定制的方式來操控和擴展 Stable Diffusion 的圖像生成能力。與直接操作 Stable Diffusion 相比，ComfyUI 提供的可視化流程設計讓複雜的圖像生成任務變得更加簡單，使得使用者能夠快速實現精細的圖像調整、風格變換，甚至將多個不同的操作和模型組合在一起，實現創意和功能上的躍進。

ComfyUI 特別針對那些尋求在圖像生成過程中實現高度個性化和創新的使用者。它解決了直接使用 Stable Diffusion 時可能遇到的一些限制，比如複雜操作的可視化、實驗快速迭代的便捷性，以及跨節點工作流程的靈活性。這些特點使 ComfyUI 不僅適用於藝術創作，也極大地提升了商業設計、教育與學習，以及科學研究中的應用效率和創新能力。

更重要的是，ComfyUI 的節點式設計允許使用者以模組化的方式探索和應用 Stable Diffusion 的功能，從而在不需要深厚編程知識的情況下，便捷地進行高度複雜的圖像生成任務。這種設計不僅降低了技術門檻，使得更廣泛的使用者群體能夠利用 AI 進行圖像創作，同時也為專業人士提供了一個強大的工具來擴展他們的創意邊界。

ComfyUI 通過其獨特的設計和功能，為 Stable Diffusion 的使用者開啟了更多的可能性，無論是在創意表達、工作效率還是學術探索上，都提供了顯著的優勢和價值。

- 範例 1：生成合照

  婷婷跟台灣 8+9 地下室合照風

- 範例 2：生成連續的影片，原理是下兩個很類似的 prompt，然後把他們連成影片（AnimateDiff）- created by 婷婷

## 優缺點

### 優點

- **高度可定制性**：ComfyUI 允許使用者透過節點系統來自定義他們的圖像生成流程，使得每個人都可以根據自己的需求和偏好來調整工作流。這種靈活性意味著無論是專業藝術家還是業餘愛好者，都可以創造出符合自己想象的作品。
- **直觀的使用者介面**：節點式 GUI 設計使得操作直觀易懂，使用者可以通過拖放節點來輕鬆構建和修改他們的圖像生成流程。這種直觀性降低了學習曲線，使得初學者也能快速上手並開始創作。
- **強大的 Stable Diffusion 支援**：專為 Stable Diffusion 設計的 ComfyUI 能夠充分發揮這一模型的強大功能，提供高品質的圖像生成結果。使用者可以利用最新的 AI 技術來實現複雜的視覺創意。

### 缺點

- **學習曲線**：儘管 ComfyUI 的使用者介面直觀，但對於那些不熟悉節點式工作流或 AI 圖像生成原理的使用者來說，初期可能仍需一定時間來學習和適應。特別是在掌握如何有效組合和配置不同節點以實現特定效果方面。
- **性能需求**：使用 ComfyUI 和 Stable Diffusion 可能需要較高的計算資源，尤其是在處理大規模圖像生成任務時。這可能限制了一些使用者在低性能設備上的使用體驗。
- **對新手的挑戰**：雖然 ComfyUI 提供了極大的創作自由度，但對於剛接觸 AI 圖像生成的新手來說，眾多功能和選項可能一開始顯得有些複雜和難以把握，需要時間和實踐來習慣。

通過這些優點和缺點的解釋，讀者可以更全面地理解 ComfyUI 作為一款 AI 圖像生成工具的價值和潛在挑戰，從而更好地評估是否適合自己的需求。

**評分：★★★★☆（4 星）**

ComfyUI 是一款基於 Stable Diffusion 的強大的應用工具，通過直覺式的節點設計也方便使用者可以控制不同參數的設定跟取用，大大的提高了生產圖片的靈活性跟多樣性。

## 常見問題解答

**Q**：ComfyUI 適合初學者使用嗎？

**A**：ComfyUI 以其直觀的節點式 GUI 設計，確實適合初學者使用。為了幫助新手快速上手，建議從簡單的節點開始學習，逐步掌握如何組合它們以創建更複雜的圖像生成流程。同時，充分利用 ComfyUI 提供的教程和社區支持，可以加速學習過程。

**Q**：如果我的設備性能有限，我該如何使用 ComfyUI ？

**A**：對於性能有限的設備，可以通過優化工作流程來改善使用體驗，比如減少同時進行的任務數量或使用較小的圖像尺寸進行實驗。如果可能的話，考慮硬件升級或使用雲計算服務，以獲得更好的性能。

**Q**：我該如何選擇適合我的專案的節點和設置？

**A**：選擇適合專案的節點和設置首先需要明確你的創作目標和圖像風格。建議進行小規模的實驗，逐步調整節點配置，並參考 ComfyUI 社區和教程資源獲取靈感和技巧，以找到最適合你專案的配置方案。

**Q**：在使用 ComfyUI 時，我遇到了技術問題，該怎麼辦？

**A**：遇到技術問題時，先查閱 ComfyUI 的官方文檔和 FAQ 尋找解決方案。如果問題依然無法解決，建議在 ComfyUI 的社區論壇或社交媒體上尋求幫助，那裡有很多經驗豐富的使用者和開發者願意提供協助。當然，ChatGPT 跟 Google 都是你的好幫手，你可以將接收到的錯誤訊息放到這些地方去詢問並照著回覆來試著排除問題。

通過這樣的回覆方式，希望能夠提供更為流暢和易於理解的解答，幫助讀者更好地利用 ComfyUI 進行創作。

## 資源和支援

- GitHub：https://github.com/comfyanonymous/ComfyUI
- Comflowy：https://www.comflowy.com/
- Comflowy discord：https://discord.com/invite/t7jwRy83uN
- Civitai：https://civitai.com/
- ComfyUI-Manager GitHub：https://github.com/ltdrdata/ComfyUI-Manager
- Hugging Face：https://huggingface.co/
- ComfyUI examples：https://comfyanonymous.github.io/ComfyUI_examples/
- 別人的 workflow 參考：https://comfyworkflows.com/
- Openart：thttps://openart.ai/workflows
- Comfydeploy：https://www.comfydeploy.com/

# Adobe Firefly

作者：Andy

## 導言

Adobe Firefly 是 Adobe 推出的一款創新的生成式 AI 工具，它為設計師和創意專業人士提供了一種全新的創作方式。透過簡單的文字提示，使用者可以快速生成高品質的圖像、文字效果和色彩方案等。Firefly 支持多達 100 種以上的語言，能夠進行圖像生成、物件添加或移除、文字轉換成向量圖形等多種操作，極大地豐富了創作的可能性。此外，Firefly 被整合到 Adobe 的多個其他產品中，如 Photoshop、Illustrator 和 Adobe Express，使得使用者可以更加無縫地將 AI 生成的元素應用到他們的設計專案中。Adobe 在開發 Firefly 時注重責任和倫理，採用 Adobe Stock 和公共域內容訓練其 AI 模型，以確保生成的內容不僅創意無限，也適合商業使用。

## 功能概述

Adobe Firefly 提供以下功能：

1. **以文字建立影像**：使用文字提示快速生成相對應的圖像，將創意想法轉化為視覺內容。
2. **生成填色**：基於文字描述自動生成色彩方案，幫助設計師選擇和搭配色彩。
3. **文字效果**：將文字轉換成具有特殊視覺效果的圖形，如不同的風格和紋理。
4. **生成式重新上色**：自動對圖像進行重新上色，以創新的色彩視角重新詮釋原有圖像。

Adobe Firefly 的點數計畫設計讓使用者每月獲得固定數量的生成式點數，以使用生成式 AI 功能。免費方案使用者每月可獲得 25 個生成點數，而 Premium 付費方案使用者則每月獲得 100 個生成點數，並提供 Adobe Fonts 字體以及無浮水印的 Firefly 影像。所有方案中的點數每月重設，無法累積至次月，且依據 AI 功能的運算成本和價值消耗點數，而特定期間內，某些付費訂閱者將無點數使用限制。未來更新可能會引入更高解析度的輸出和新媒體類型，這可能會增加點數的消耗。

## 使用步驟

1. 進入 Adobe Firefly 官方網站（https://firefly.adobe.com/）

2. 依照所要執行的任務選擇以文字建立影像、生成填色、文字效果或者生成式重新上色

   2-1. 以文字建立影像：

a. 點選以文字建立影像中的「產生」按鈕

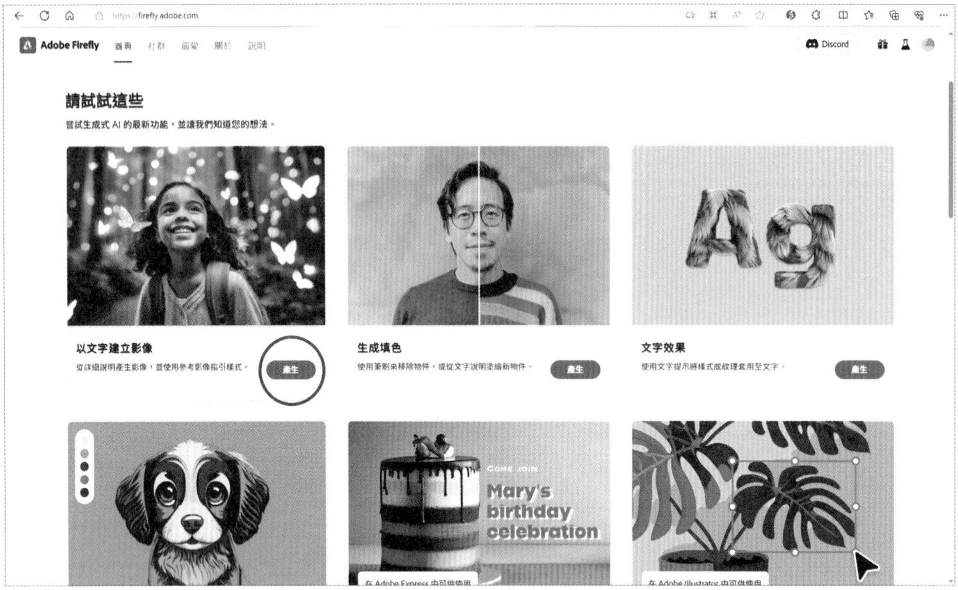


b. 就像在 DALLE 或者 Bing Image Creator 一樣，在提示對話框中輸入提示詞（Prompt），按下產生按鈕

c. 和 DALLE 不同的是，Firefly 提供可選取不同的外觀比例、藝術風格、光源、構圖以及相機參數。

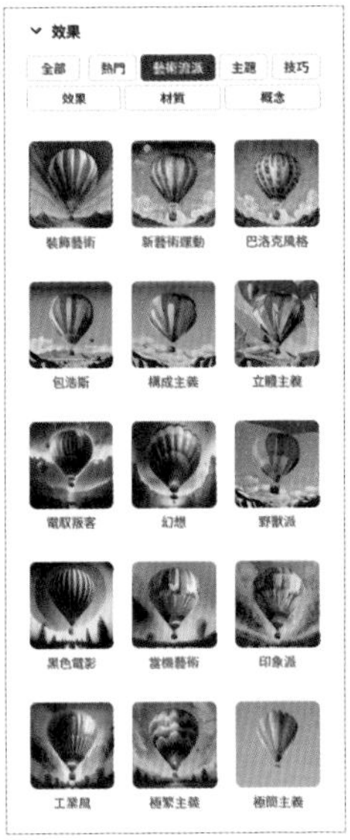

2-2. 生成填色：

a. 點選生成填色中的「產生」按鈕

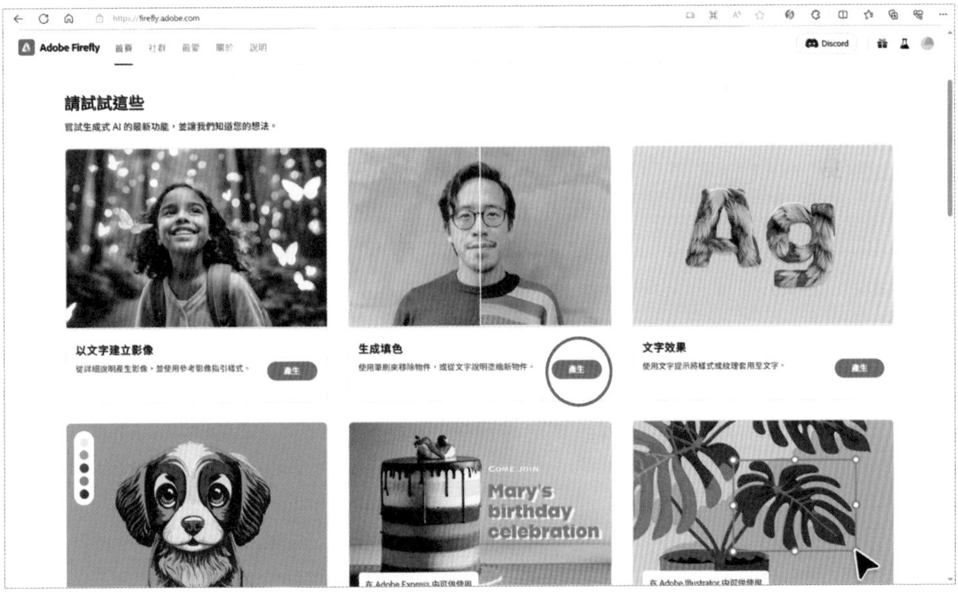

b. 上傳欲修改的檔案

c. 預設選取「新增」並以筆刷直接用滑鼠游標在圖片上新增欲修改的區域，於「設定」中可調整筆刷大小與柔和度

d. 於下方提示框中輸入想產生的影像或描述物件，若不輸入則 Firefly 會自動依照週圍的環境填滿，確定好後按下「產生」

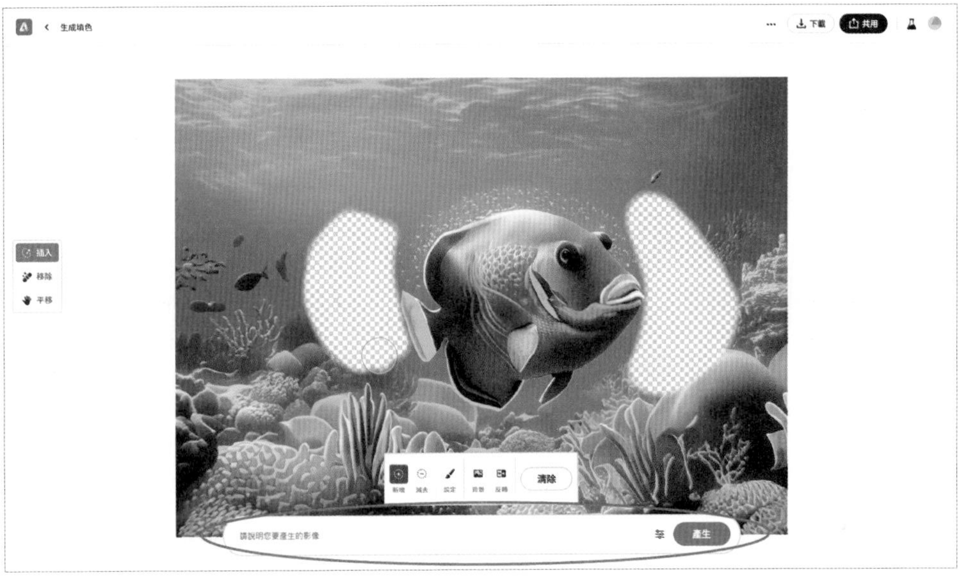


e. 選取想保留的效果，或者讓 Firefly 產生更多的結果

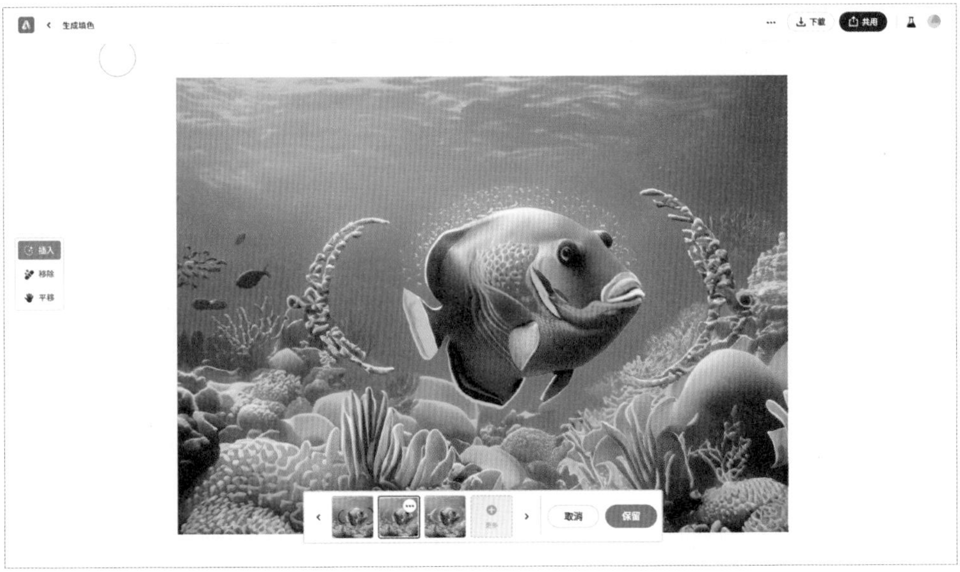

2-3 文字效果：

a. 點選文字效果中的「產生」按鈕

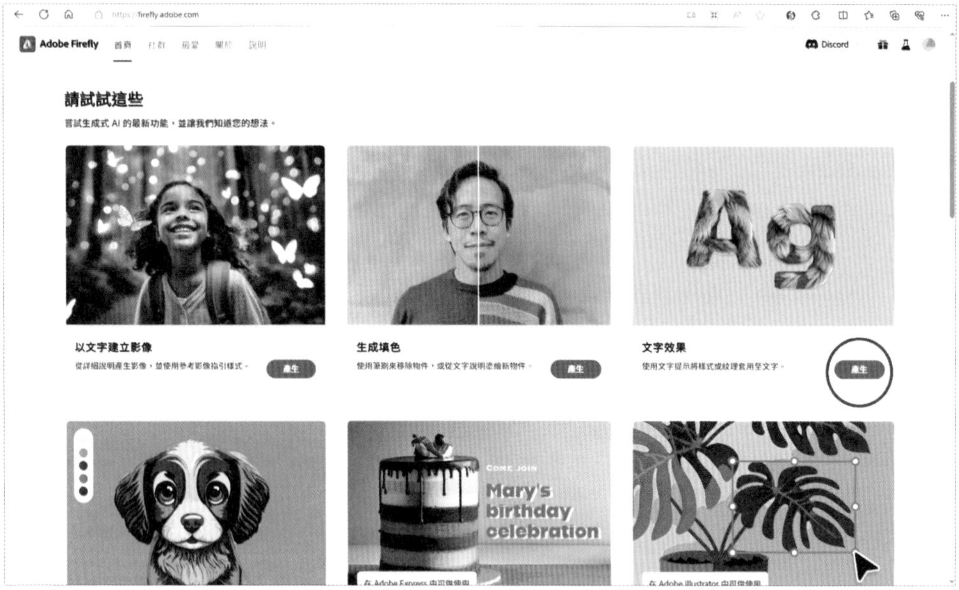


b. 於提示框中輸入欲產生的文字與效果

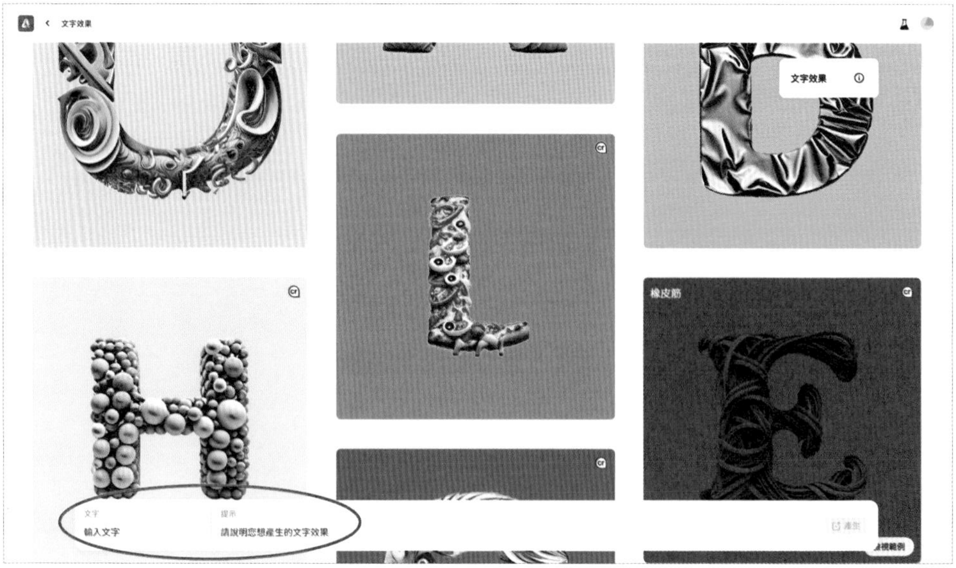

c. 選擇不同的效果形式，字形與背景顏色

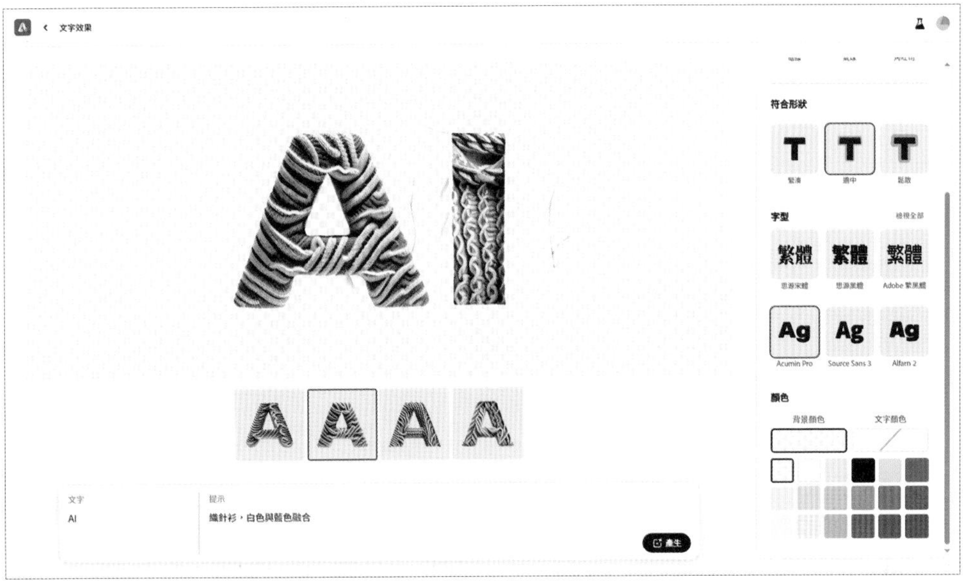


2-4 生成式重新上色

a. 點選生成式重新上色中的「產生」按鈕

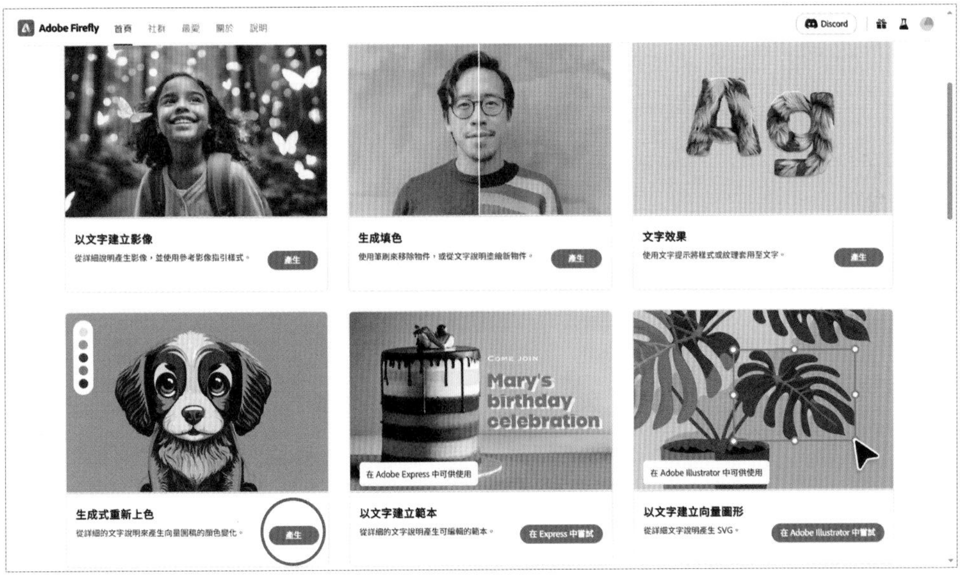

b. 上傳 SVG 向量圖稿檔案

c. 提示欄想要的風格，右方選取顏色調和與色系，按下「產生」按鈕

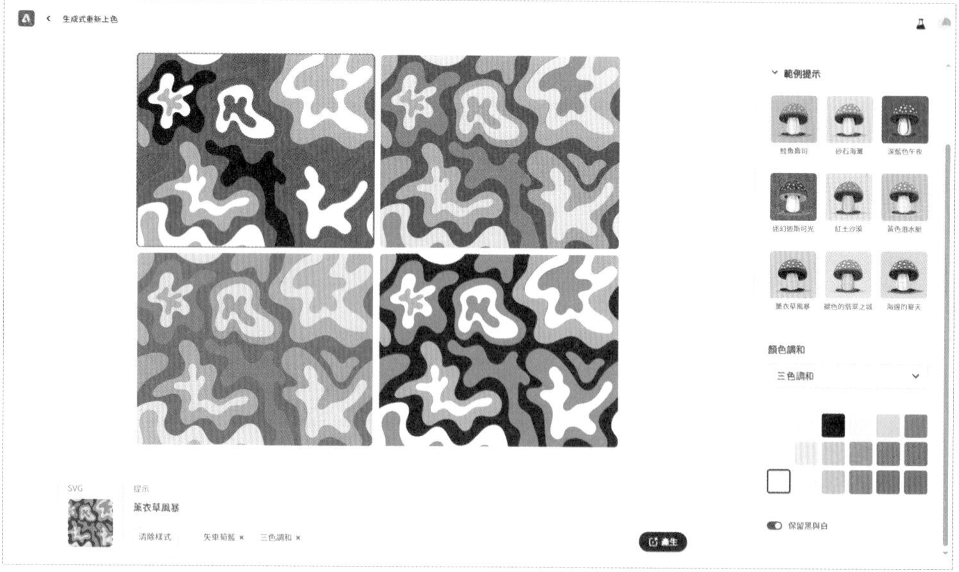

# 應用案例

1. **以文字建立影像**：輸入文字以產生圖片，並選取 Firefly 所提供不同的圖片風格。

   範例：輸入「A fluffy Persian Cat with distinct emerald green eyes and aplayful demeanor.」（一隻毛茸茸的波斯貓，擁有鮮明的翡翠綠眼睛和玩耍的性情。）

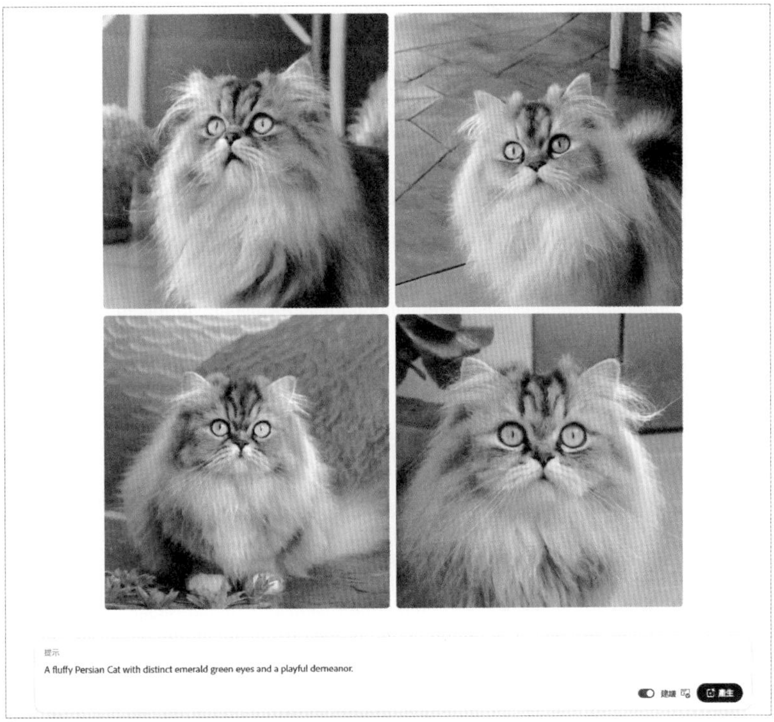
提示
A fluffy Persian Cat with distinct emerald green eyes and a playful demeanor.
產生

   內容類型選取相片，藝術流派選取印象派，光源選取黃金時刻，構圖選取淺景深，再產生一次圖片獲得不同效果。

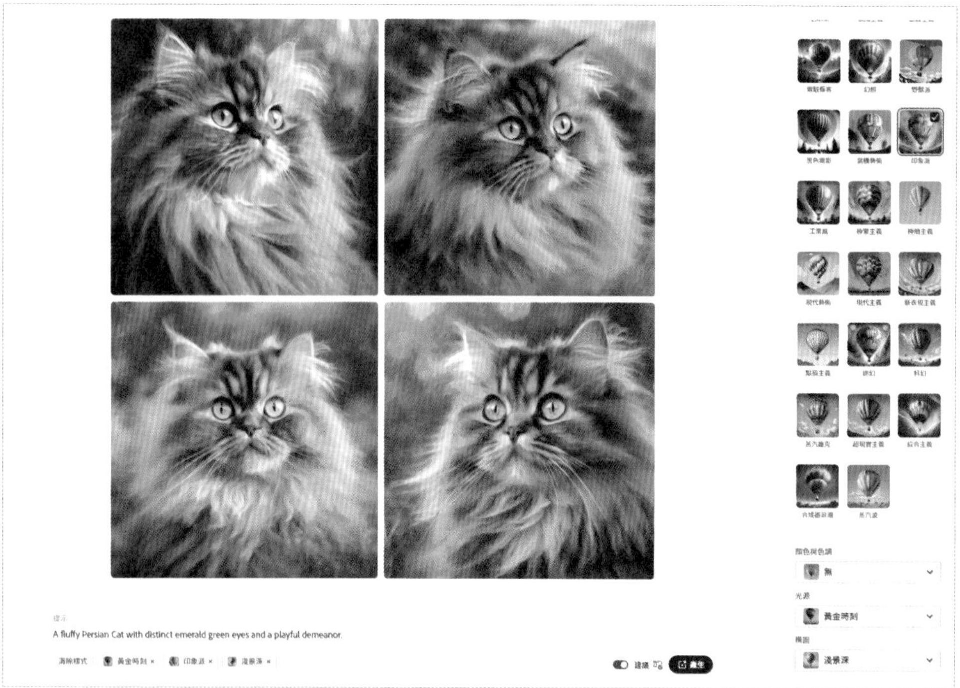


2. **生成填色**：如果對照片想要加一些個人風格或者巧思呢？來試試看生成填色的功能吧！

首先我們的原始圖片如右圖：

如果我們想要移除桌面上的滑鼠和鍵盤，只要將筆刷覆蓋想要移除的物件，然後提示留空不要輸入文字，按下「產生」即可。

幾秒後滑鼠和鍵盤就被移除啦！值得注意的是 Firefly 根據背景提供了三種不同的陰影方向。

如果我們想要為人物加頂草帽呢？

也是沒有問題的哦。

最後，我們練習將圖片的背景擴增。

選擇保留後，將不合理之處進行二次處理，最後得到一幅擴增場景的照片。

3. **文字效果** - 以 " 人工智慧 " 為範例，產生不同的表面材質效果。

a. 牛仔褲

b. 壽司

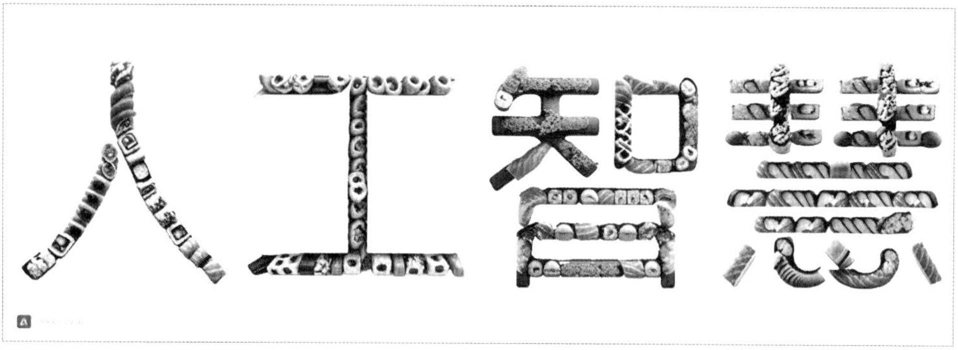

c. 有熔岩滴落的火山，超寫實

d. 熱帶雨林

e. 螺絲，齒輪與金屬零件，賽博龐克風格

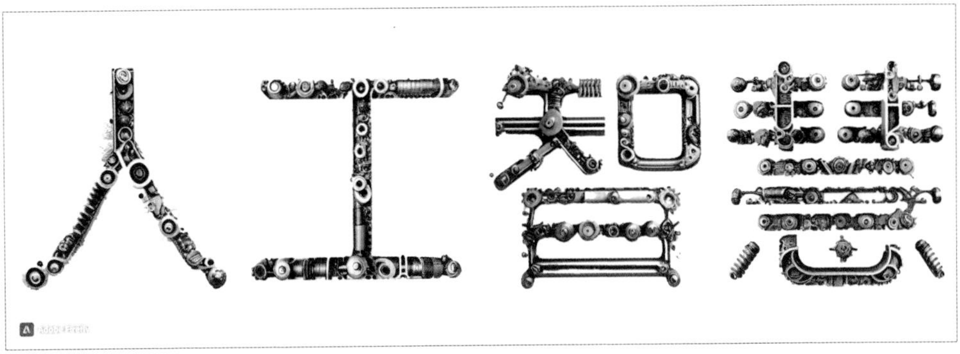


4. **生成式重新上色** - 重新將向量圖稿以不同的顏色與風格重新上色，首先上傳原稿。

提示詞點選範例輸入 " 海邊的夏天 "，顏色選取 " 補色分割 "。

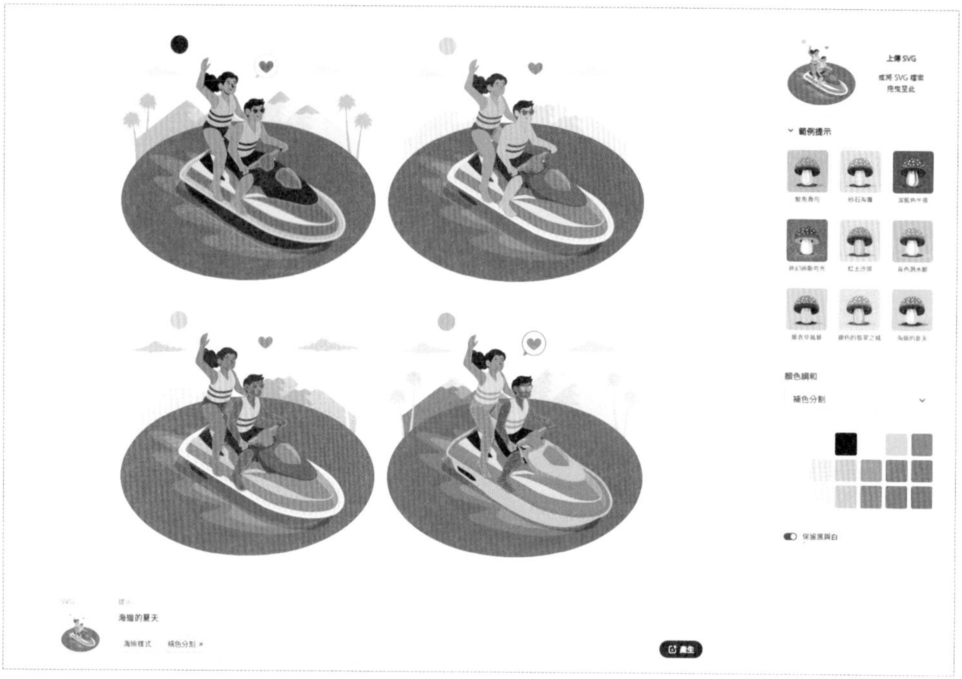


Firefly 提供使用者四種不同的結果可供下載。

## 優缺點

### 優點：

Adobe Firefly 以文字建立影像以及文字效果所生成的圖片與文字可完全用做商業用途，生成填色和生成式重新上色只要使用者上傳的圖片無版權問題，則所生成的圖面也可以用作商業用途，AI 產生的內容不侵犯版權是 Adobe 作為市場領導的品牌公司對使用者的承諾。Adobe Firefly 將修圖功能整合在生成填色功能中，大大的降低了非專業人士對於圖面的修改需求的門檻，以往移除物件、增加物件使用者需要經過一定程度的訓練，在 Adobe Firefly 問世之後，一般使用者也可以進行基礎並且直覺的修圖工作。在以文字建立影像時，初學者如不曉得如何精確的使用 Prompt（提示詞），Firefly 內建的藝術與相片效果可協助使用者快速進入生成式 AI 的領域。

**缺點：**

對於付費的重度使用者來說，生成點數每月 100 點稍嫌不足。第一次生成的圖片如不如使用者預想要進行二次修改，依然會耗費生成點數。對於複雜的影像檔案，生成式填色功能在移除影像與產生影像時，理解不一定如使用者預期，需要進行多次調整。

**評分：★★★★☆（4 星）**

Adobe Firefly 以及綜合文字建立影像，生成填色，文字效果和生成式重新上色功能整併在一起並且產生可商業用的輸出，且為非專業人士降低了 AI 修圖的門檻，並提供了版權安全的 AI 生成內容，是一大亮點。然而，對於重度使用者而言，每月 100 點的生成點數略顯不足，且在複雜影像處理上可能需多次調整以達預期效果。綜合以上給予四星評價。

## 常見問題解答

**Q**：使用者可否將 Adobe Firefly 產生的圖片用做商業用途？

**A**：針對沒有 Beta 標籤的功能，使用者可以在商業專案中使用 Firefly 產生的輸出。針對 Beta 中的功能，使用者可以將 Firefly 產生的輸出用於他們的商業專案，除非在產品中已明確說明使用者不可使用。

**Q**：為什麼下載影像時，上頭會有浮水印？

**A**：免費使用者下載影像時上面會有浮水印，若是付費使用者則浮水印會被移除。但無論是否有浮水印，皆可使用於商業用途。

**Q**：我可以以圖片產生圖片嗎？

**A**：Adobe Firefly 以文字建立影像功能無法直接以圖片生成圖片，但可以上傳參考圖片，Firefly 會基於使用者上傳的圖片做基礎建構。

## 資源和支援

1. Adobe Firefly：https://firefly.adobe.com/
2. Adobe 範例圖庫：https://firefly.adobe.com/community
3. Firefly 常見問題：https://helpx.adobe.com/tw/firefly/faq.html#using-firefly
4. 免費向量圖庫 Freepik：https://www.freepik.com/
5. 生成填色範例原始檔來源：資工少女李婷婷。（@tinaaaaalee）•Instagram https://www.instagram.com/p/C3fQ4Y6yDmt/?img_index=3
6. 生成式重新上色範例原始檔來源：https://www.freepik.com/free-vector/water-scooter-concept-illustration_13591866.htm

# Stable Zero123

作者：Ray

## 導言

Stable Zero123 是一款由 stability.ai 推出，基於 Stable Diffusion1.5 擴散模型的創新技術；可透過單一影像模擬 3D 視角，展現對物體外觀的三維理解。並且與之前的技術相比，如 Zero123-XL，因改進了訓練數據集和高度條件設定而顯著提高了模型品質。Stable Zero123 於 2023 年 12 月發布於 Hugging Face，提供學術研究和非商業目的使用。

▲ 圖片取自 stability.ai 官方網頁

## 使用步驟

我們將使用 Stable Diffusion WebUI Forge 的擴充功能來介紹 Stable Zero123，若您尚未開始使用 Forge，請參閱前一章節之說明，以下介紹本擴充之使用方式。

### 1. 下載模型

先至 https://huggingface.co/stabilityai/stable-zero123/tree/main 下載測試所需要之模型檔案（檔名：stable_zero123.ckpt，需要至少 9GB 以上的磁碟空間），下載完成後，將模型檔案移動至：webui_forge_cu121_torch21\webui\models\z123\ 資料夾中。

### 2. 重新啟動 Forge

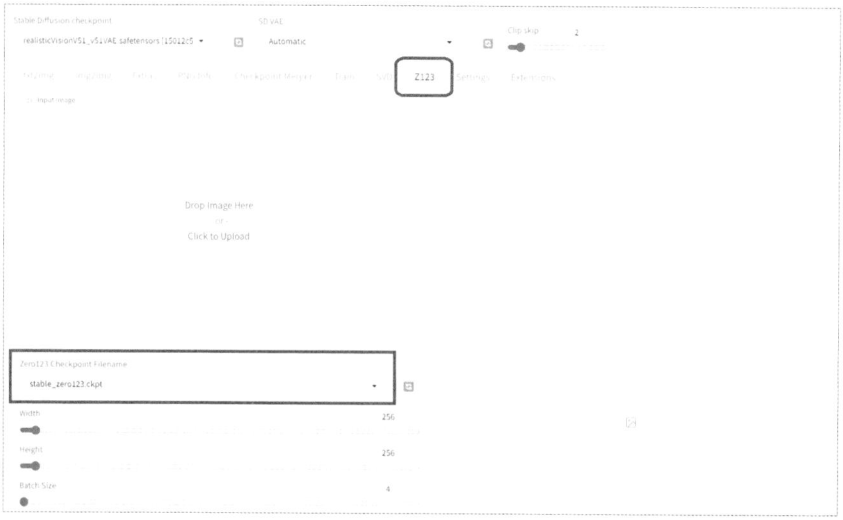

雙擊 run.bat 檔案啟動 Forge（如程序已在執行中，請關閉終端機視窗再重新啟動），切換至「Z123」頁籤，在下拉式選單內已可選擇 stable_zero123.ckpt 模型。

### 3. 使用說明

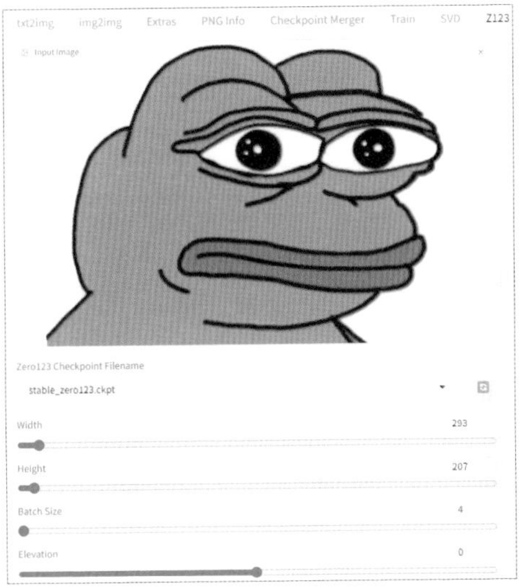


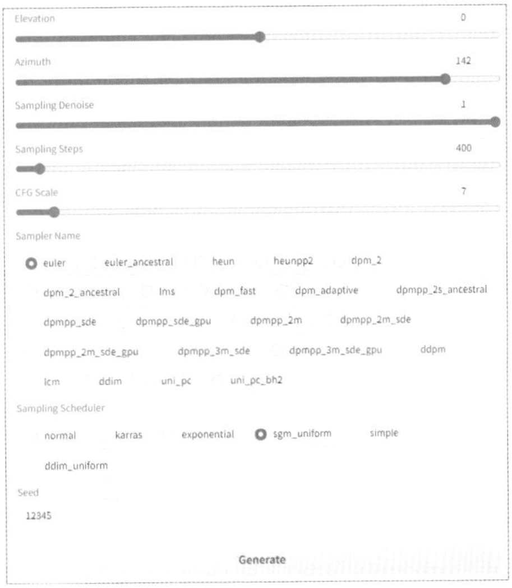


點擊「Input image」上傳任意圖片，下方「Width、Height」為生成圖片尺寸，可維持預設不變；「Batch Size」預設為 4，若顯示卡 vram 在 16GB 以下，則建議不要變更、或者設為較低的數值以免因 vram 不足而報錯；「Elevation」、「Azimuth」分別是仰角以及方位角（設定範圍皆為 ±180 度）；「Sampling Steps」則是取樣步數，設置越高會有較為精細的生成品質，相對的也需要較長的推理時間，其餘參數可暫時維持預設不變。

關於測試結果請參閱以下示意圖，主要參數設定為：「Batch Size」4、「Elevation 和 Azimuth」分別為 0 度以及 60 度角；取樣步數「Sampling Steps」設置為 100 步，其餘參數維持預設不變。根據前述設定，就可以得到與原圖不同角度的立體模擬圖共 4 組（Batch Size = 4）。

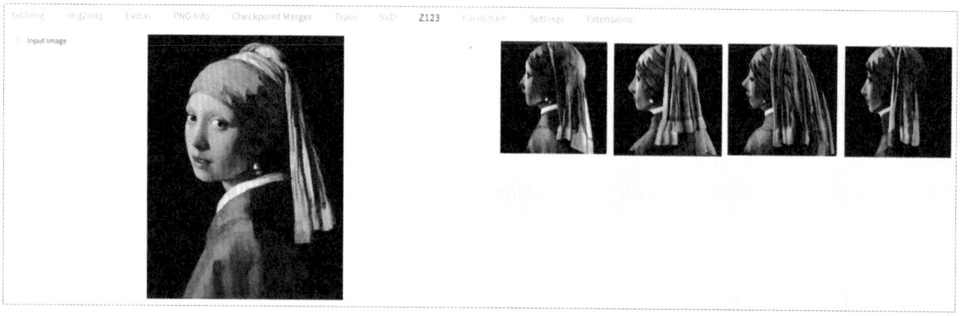

## 應用案例

StableZero123 技術的應用主要涉及由平面圖像模擬生成三維物體模型，待相關技術更加成熟後，可以預期的應用領域如下：

### 遊戲和虛擬現實

在遊戲開發和虛擬現實應用中，從單一圖像生成完整的 3D 模型可以大大的加快創建複雜場景和物體的速度，為使用者提供更加沉浸式的體驗。

### 建築和室內設計

在建築和室內設計領域，設計師可以從單張照片中快速生成建築物室內或外觀的 3D 模型，這有助於改進設計過程並提供客戶更直觀的專案展示。

**電影和動畫**

在電影和動畫製作中，此技術可用於從現有的 2D 資產快速創建 3D 場景，從而提高生產效率並降低成本。

**電子商務和零售**

電子商務平台可以利用這項技術從產品圖像快速生成 3D 模型，讓消費者在線上以更互動的方式查看和體驗產品。

**教育和培訓**

在教育和培訓領域，從圖像生成 3D 模型可以用於創建更加互動和沉浸式的學習素材，特別是在科學、醫學和歷史教育中。

**文化保存和博物館**

此技術可以用於從單張照片中重建文化遺產物件或藝術品的 3D 模型，為保護和展示提供了新的可能性。

## 優缺點

- 零樣本的特性，無需 3D 建模程序即可利用單張圖片快速模擬物件的三維立體外觀。
- 相關技術仍在發展中，部分物件的產出結果尚有改善空間。
- 模擬效果的優劣，很大程度取決於用戶輸入的樣本圖片。
- 在本地部署運行時有一定的硬體要求（建議配備 24GB vram 以上的顯示卡）。

**評分：★★★★☆（4 星）**

值此零樣本物體三維結構 AI 模型的發展初期階段，儘管輸出結果不完全正確，但筆者仍看好其發展潛力、以及未來將帶給相關產業的應用價值，故給予四星好評。

## 常見問題解答

**Q**：本操作介面是否支援其他的相關技術的模型？

**A**：經實際測試，透過本文介紹之 Forge 介面亦可使用其他類似技術的模型，例如 stable_zero123_c 以及 zero123-xl，然而輸出品質不盡相同。請注意 stable_zero123_c 檔案雖然支援商業用途，使用前提是必需擁有 stability.ai 的會員資格方為有效。請參閱 Stability Ai Membership 說明（https://stability.ai/membership）。

**Q**：如何才能得到良好的輸出結果？

**A**：經過實際測試，只有主體輪廓明確、並且背景單純的樣本圖片較能有良好的模擬效果。因此建議篩選適當的樣本圖，或者事先為圖片進行去背等預處理。

## 資源和支援

- Stable Zero123 Hugging Face 模型頁面：

  https://huggingface.co/stabilityai/stable-zero123

- Stability Ai 官方說明網頁：

  https://stability.ai/news/stable-zero123-3d-generation

# AnyDoor

作者：我是龐德

## 導言

AnyDoor（任意門）是一個開源專案，旨在實現圖片上元素的自由組合，包括服裝更換、物體移動、形態變換等功能。該工具操作簡單，只需選擇區域並運行即可。使用者可以自由控制元素的位置和移動影像。

## 功能概述

傳統的方法是使用 CLIP 影像編碼器來嵌入目標物件。然而，CLIP 是基於粗略描述的文本圖像對進行訓練的，只能嵌入語義級資訊，但不能給出保留對象身份的可識別表示。

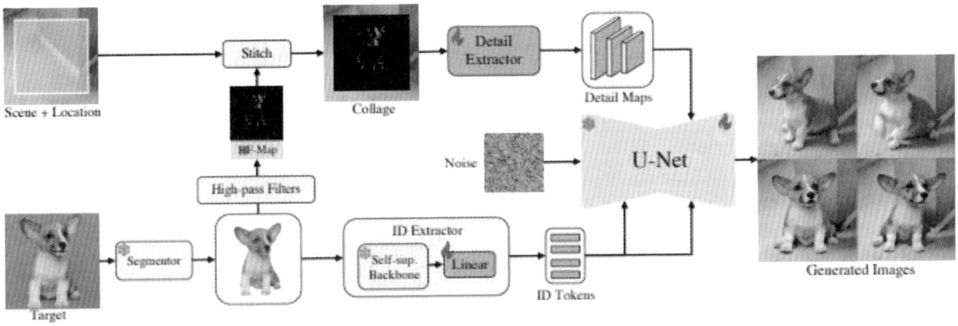


## 使用步驟

虛擬試穿：AnyDoor 是虛擬試穿的簡單而強大的基準。不需要複雜的人體分析，並且可以保留不同服裝物品的顏色、圖案和紋理。試穿衣服也可以作為貼紙遊戲的一個版本，讓圖中的人物穿上他們想要的衣服。

## [ 換衣 ]

1. 上傳模特兒衣服圖片。

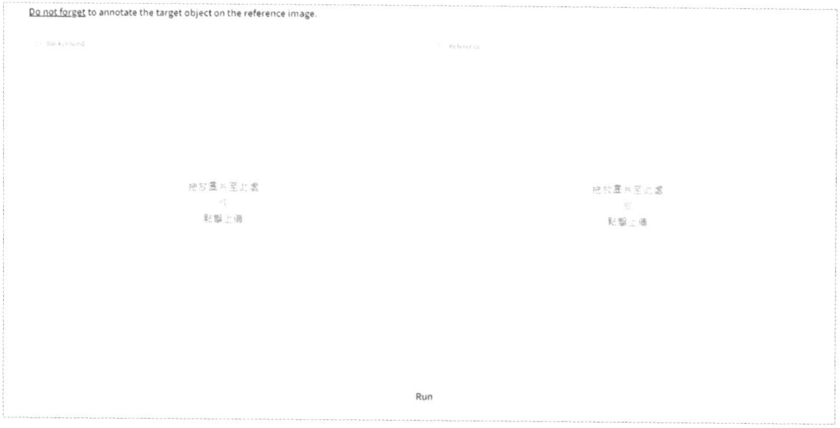


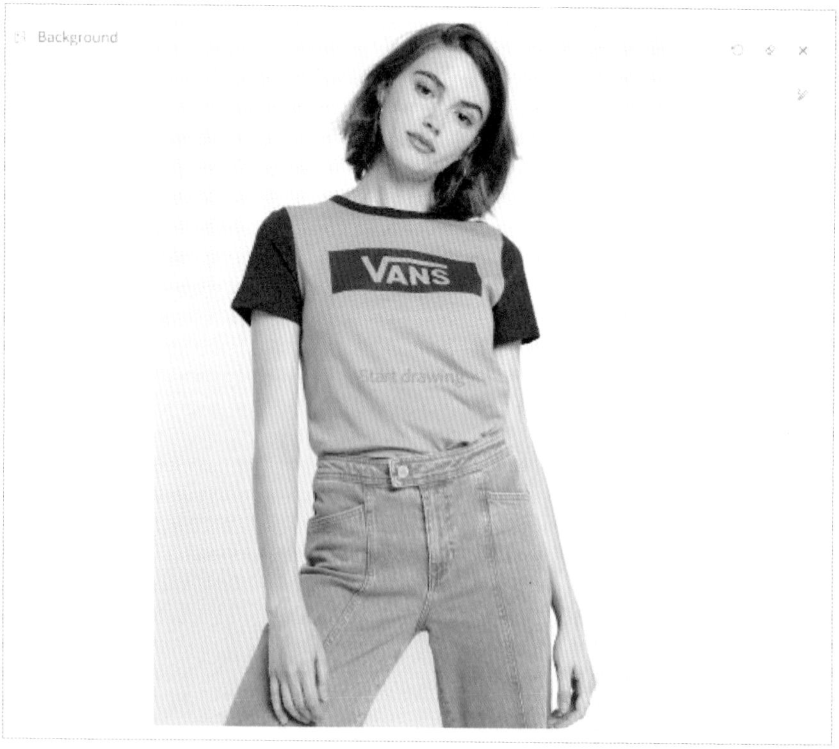

2. 把圖片衣服塗滿。

3. 上傳更換衣服圖片，一樣塗滿。

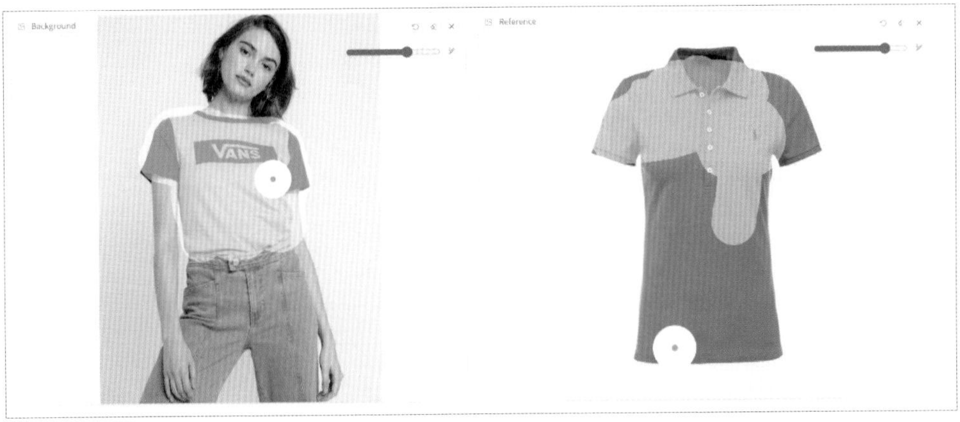


4. 點 run 生成更換。

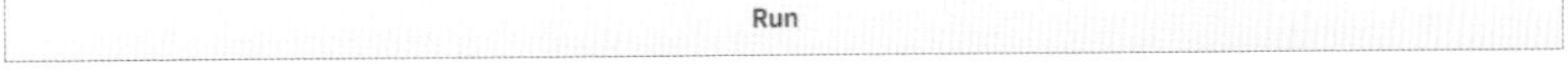

5. 上方 output 就會顯示替換效果。

## [ 物體移動 ]

1. 上原始圖片與替換圖片進行筆刷塗抹，在原始圖片空白區域上，塗抹大小，點 RUN。

2. 物體就移動到同一張圖片裡，下面展示。

## [ 替換圖片 ]

1. 上傳原始圖片與替換圖片，兩邊筆刷塗抹，點 RUN 交換。

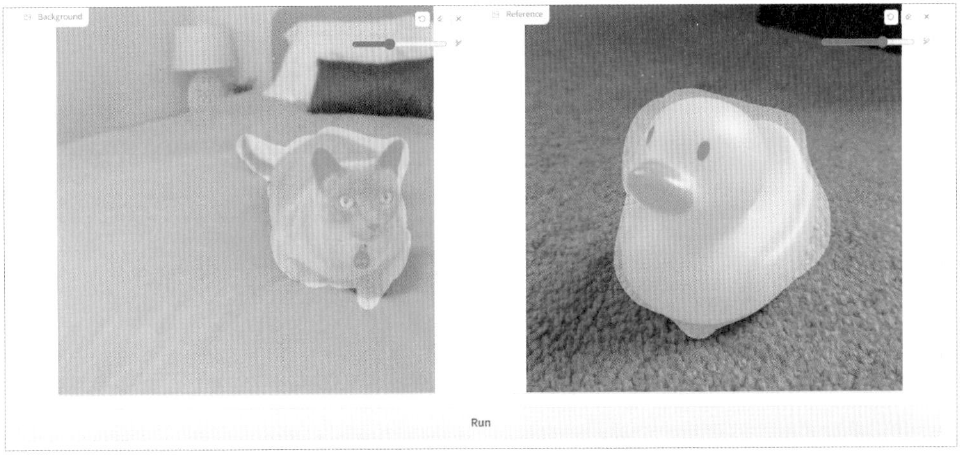

2. 物體就交換完成。

## 應用案例

- **商業電商**：電商業者利用 AI 技術在商品上快速替 model 換裝。
- **遊戲設計**：廣告業者利用它來產生遊戲服裝概念圖。
- **虛擬實境**：個人使用虛擬實境產生不同的服裝即時試穿功能。

## 優缺點

**優點：**

- 設計師可以利用 AI 技術輔助，快速達到服裝替換效果。
- 設計師可以輕鬆移動圖片裡的任何物件。

**缺點：**

- 局部塗膜不能塗臉，會變形。
- 在人物方面移動會變形。
- 物體替換效果看起來有點假。
- 8G 以上內存。

**評分：★★★★☆（4 星）**

## 常見問題解答

Q：AnyDoor：是免費的嗎？

A：AnyDoor：是免費開源。

Q：AnyDoor：換裝圖片能商用嗎？

A：AnyDoor：換裝圖片可以用於個人商業用途。

Q：AnyDoor：使用感覺效果還好。

A：AnyDoor：目前開源專案等作者更新之後更加完善。

## 資源和支援

- 開源專案地址：https://github.com/ali-vilab/AnyDoor?tab=readme-ov-file
- Demo 試用：https://huggingface.co/spaces/xichenhku/AnyDoor-online
- 本地部屬整合包：https://drive.google.com/file/d/1YUyyJjv4oUuUpCuSnhDECJUyR4u6aMiR/view

# 3

# 影片

# HeyGen

作者：Tim

## 導言

HeyGen，一個結合了先進 AI 技術的影片創作平台，正是在這樣的背景下應運而生。這個平台不僅展示了 AI 技術在影片製作領域的巨大潛力，也為各行各業提供了一種全新的溝通方式。

在過去，影片內容的製作往往需要大量的時間、資金和專業技能，這對於許多小型企業和個人創作者來說都是鉅額的成本開銷。然而，隨著 HeyGen 的出現，這一切都變得不再遙不可及。HeyGen 利用真人預錄影像和 AI 語音合成技術，使用者可以在幾分鐘內創建高品質的影片內容，而無需專業的影片製作技能或昂貴的設備。這不僅大大降低了製作的門檻，也使得影片內容的創作變得更加快速和經濟。

以下是為何你一定要使用 HeyGen 的理由：

- **創新且高效的影片製作流程**：HeyGen 對於沒有專業影片製作背景的使用者也能夠製作出具有高度專業感的影片內容。這種創新的製作方式大大節省了時間和資源，使得影片製作變得更加高效。
- **多語言和客製化的內容創建能力**：HeyGen 支援 40 多種語言的 AI 語音合成，並提供多樣化的虛擬形象選擇，讓使用者能夠創建針對不同文化和語言背景觀眾的客製化影片內容。這不僅有助於跨越語言障礙，擴大內容的全球覆蓋範圍，也讓品牌和創作者能夠更加精準地與目標受眾溝通，提升內容的吸引力。
- **廣泛的應用場景和易於整合的特性**：無論是教育、銷售、企業培訓還是個人創作，HeyGen 都提供了強大的功能和靈活性，以適應各種不同的使用需求和場景。此外，通過與 Zapier 等工具的整合，使用者可以輕鬆將 HeyGen 融入到現有的工作流程中，進一步提高工作效率和自動化程度。這些特性使得 HeyGen 不僅是一個影片製作工具，而是一個強大的溝通和創意表達平台。

# 功能概述

## 主要功能和特點

1. AI 虛擬形象創建
    - HeyGen 可以創建具有自然語音和表情的虛擬形象。
    - 可用於線上教育、銷售等。
2. 多語言 AI 語音合成
    - HeyGen 提供的多種語言語音合成功能。
    - 此功能能夠幫助使用者跨越語言障礙，創建國際化內容。
3. 客製化影片內容創建
    - 使用者可以利用 HeyGen 根據不同受眾群體創建客製化影片內容。
    - 客製化內容有助於提升使用者參與度及使用者忠誠度。
4. 直播和流媒體應用
    - HeyGen 還可為直播和流量媒體提供創新解決方案。
    - 虛擬人像在增加互動性和觀眾吸引力具有高度市場潛力。
5. 整合和自動化工具
    - HeyGen 更能與其他工具（如 Zapier）整合，實現工作流程自動化。
    - 而這些整合可以更進一步提高使用者生產力和效率。

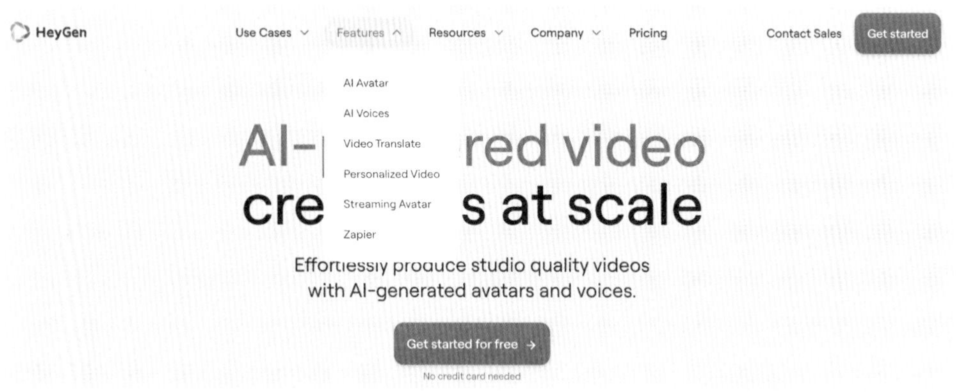


## 使用步驟

### 第 1 步：註冊

註冊選項：可以使用 Google、Facebook、SSO 或電子郵件來註冊帳戶。

設定您的個人檔案：選擇使用者角色和偏好。

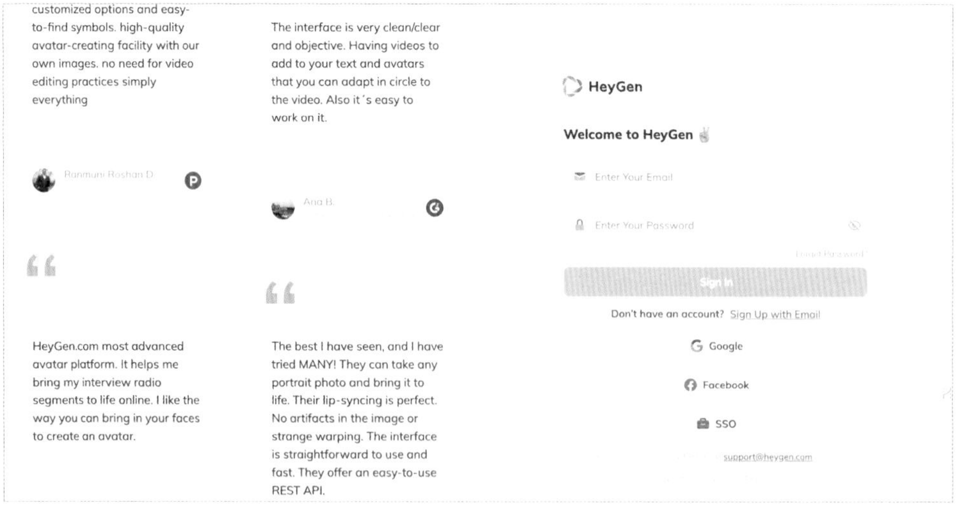

## 第 2 步：使用前，觀賞 HeyGen 成品

註冊完畢後，會直接進入到 HeyGen Demo 頁面中直接欣賞成品。

按下 Get Started，進行下一步。

## 第 3 步：選擇使用情境

在這步將會需要回答五個關於您的身份、以及使用情境的問題。

## 第 4 步：開始創作

完成上述的前置作業之後，就可以馬上進行影片創作囉！

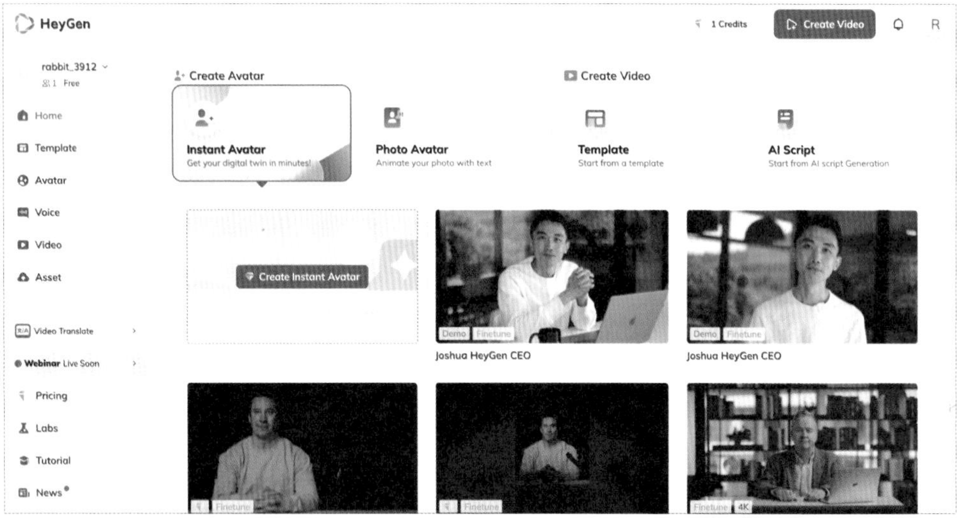


## 創作虛擬替身：不想露臉的替代方案

替身選擇：在 HeyGen 的既有資料庫中共有將近 140 個虛擬角色供您選擇，您可以選擇一個喜歡的虛擬角色代替你錄製影片！

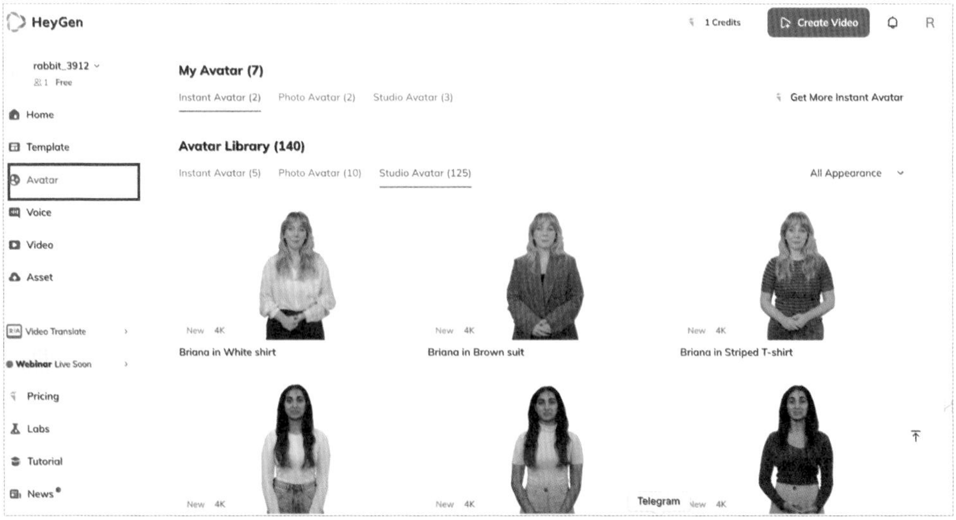

## 創作虛擬語音：不想透露自己聲音的解決方案

聲音選擇：在 HeyGen 的既有資料庫中有非常多聲音可以選擇，您只需要動動手指即可！

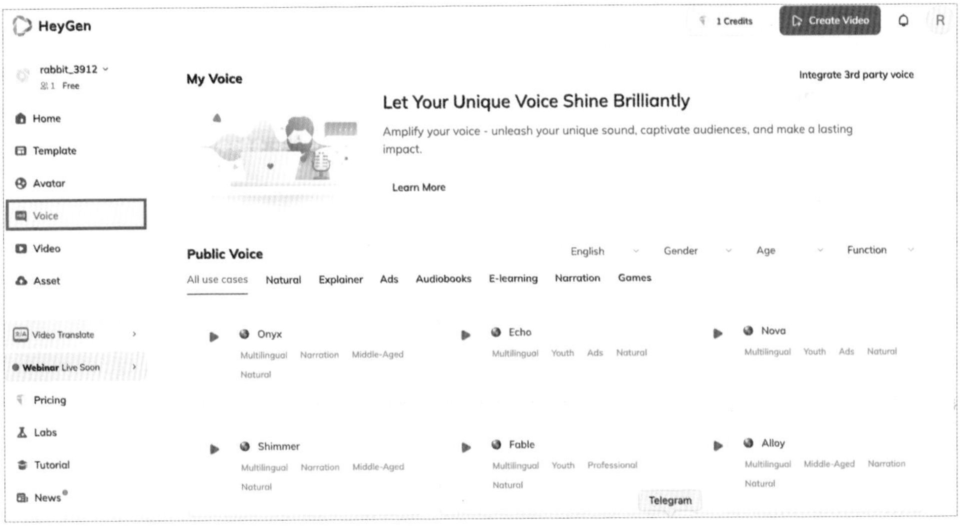


## 利用 AI 創建影片：透過錄製一段影片進行客製化修改

影片錄製：在上述的頁面左側選擇 Video 即可建立自己的影片，觀看完 Personal items 中的影片介紹，即可開始錄製影片。

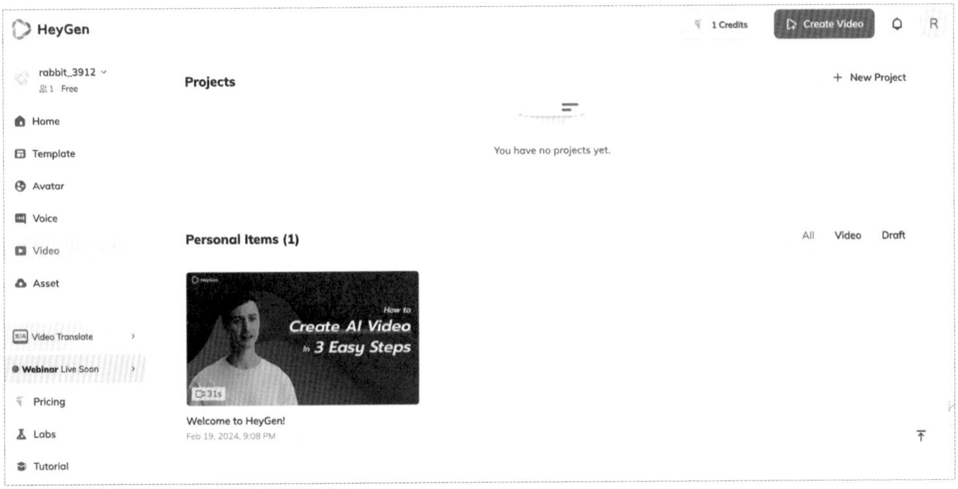

更改影片中的語音及嘴形：透過 HeyGen 內部的 AI 功能，使用者可以隨心所欲的修改影片中的內文，並且讓影片中的人物嘴形隨著內文而更動，就像是一段全新錄製的影片一般。

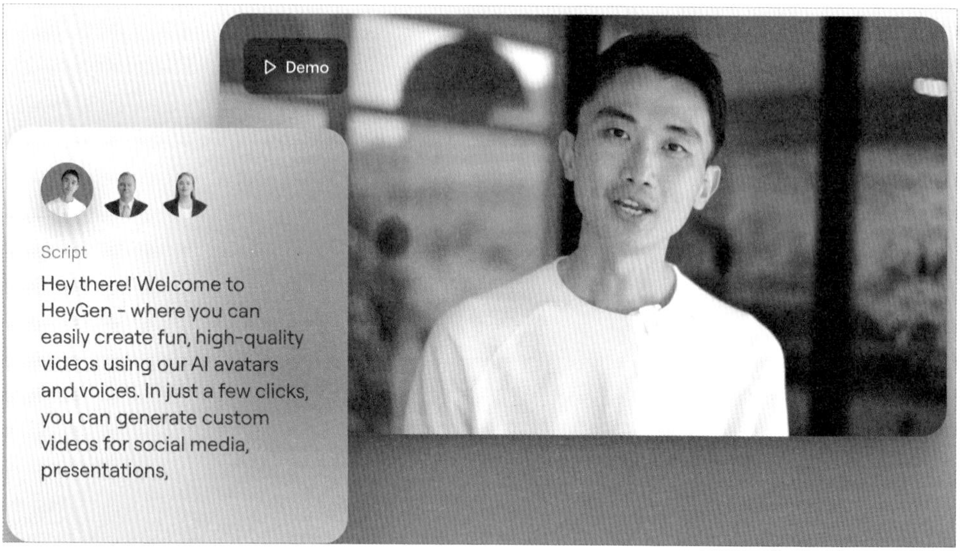


## 應用案例

IG：tinaaaaalee.ai

生成唱歌 cover 影片：

https://www.instagram.com/reel/C3bTBTFSZIY/?utm_source=ig_web_button_share_sheet

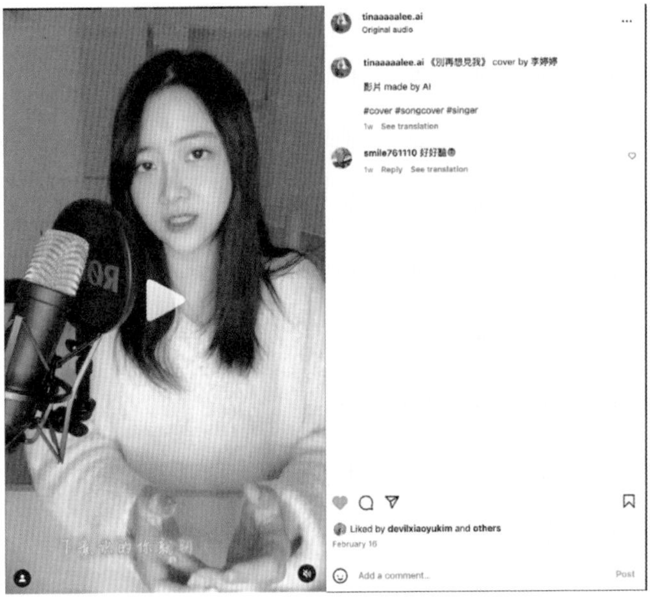


生成拜年影片：

https://www.instagram.com/reel/C3KOVXYSHeE/?utm_source=ig_web_button_share_sheet

## 優缺點

### 優點

**1. 創新性和易用性**

HeyGen 通過其 AI 驅動的虛擬形象或 AI 自然語言處理技術，為使用者提供了一種創新的影片內容創作方式。它的使用者界面簡潔明瞭，使得即使是沒有視頻編輯經驗的使用者也能快速上手，簡化了傳統影片製作的複雜流程。

**2. 多語言支持**

HeyGen 支持多種語言的內容創作，這使得它能夠服務於全球使用者。通過 AI 語音合成技術，使用者可以輕鬆製作多語言影片，這對於企業擴大國際市場或教育內容的多語言教學尤其有價值。

**3. 成本效益**

與傳統的影片製作相比，HeyGen 可以顯著降低製作成本。使用者無需雇傭專業的影片製作團隊或購買昂貴的設備，就能製作出看起來專業的影片內容。

**4. 客製化服務**

HeyGen 提供豐富的虛擬角色和語音選項，使用者可以根據自己的需求選擇最合適的角色和聲音。這種高度的客製化使得每個影片都能獨一無二，更好地吸引目標觀眾。

### 缺點

**1. 表情和語音的自然度**

儘管 HeyGen 的 AI 虛擬形象和語音合成技術非常先進，但在某些情況下，其表情和語調的自然度可能仍無法完全達到現實世界在對話的標準。這可能會影響影片的感染力和觀眾的情感共鳴。

**2. 創作內容的限制**

雖然 HeyGen 提供了一定程度的客製化選項，但使用者在創作內容時可能仍面臨一些限制，如虛擬形象的動作範圍、場景的多樣性等，這可能限制創作者的創意表達。

**3. 依賴網絡和技術支持**

作為一個基於雲的 AI 服務，HeyGen 的性能和可用性高度依賴於穩定的網絡連接和持續的技術支持。任何網絡故障或服務中斷都可能影響使用者的使用體驗。

**評分：★★★★☆（4 星）**

對於行銷人員以及自媒體創作者來說，每天需要根據不同情況錄製不同的影片真的是非常的累也非常的耗費時間，如果今天想要進行個人化行銷或是電子郵件行銷，那工作量想必是會非常的恐怖。HeyGen 提供使用者直接從錄製好的影片更改嘴形以及影片內容的 AI 解決方案，大幅度節省有這些需求的使用者，非常推薦！！！

## 常見問題解答

**Q**：HeyGen 適用於哪些類型的使用者？

**A**：HeyGen 適合需要創建媒體內容的任何人，包括教育工作者、銷售人員、企業培訓師、內容創作者等等。

**Q**：使用 HeyGen 製作影片是否需要版權或使用費？

**A**：HeyGen 提供的所有功能和資源，包括虛擬形象和 AI 語音，都已經包含在你的訂閱費用中，不需要額外支付版權或使用費。但是，創建的內容應僅用於授權範圍內，具體細節請參閱服務條款。

**Q**：使用 HeyGen 要以什麼語言為主？

**A**：HeyGen 支持非常多種語言，讓你可以創建多語言影片內容。具體支持的語言列表請參考官方網站或聯繫客服，因為可用語言可能會隨時間更新和擴展。

**Q**：如果我遇到技術問題，該如何獲取幫助？

**A**：如果遇到技術問題，你可以至 HeyGen 的支援中心獲取幫助，那裡提供了詳細的教程和常見問題解答。此外，也可以直接聯繫客服團隊通過電子郵件或在線聊天。

## 資源和支援

- HeyGen「兩分自拍、三步驟」產生長相與聲音都跟自己相似的 AI 主播 – 也能直接取用超多生動的 AI 人物！：https://www.kocpc.com.tw/archives/516823
- 3 分鐘 AI 製作影片 Heygen 教學：https://www.youtube.com/watch?v=KbGd84wYMhE

# CapCut

作者：Tim

## 導言

從社交媒體到專業場合，影片已經成為傳達情感、分享故事和傳播資訊的強大工具。在這樣的背景下，CapCut 這款由 ByteDance 開發的影片編輯應用程式，它不僅為廣大的使用者提供了一個簡單易用的影片創作平台，更是在 AI 技術的賦能下，使影片創作變得更加高效和創新。

以下是為何你一定要使用 CapCut 的理由：

1. **AI 驅動的創作工具**：CapCut 融合了最新的 AI 技術，提供自動剪輯、智慧場景辨識、人臉追蹤和美化等功能。這些 AI 功能讓使用者即使沒有專業的影片編輯知識也能輕鬆製作出高質感的影片，讓創作更加簡單和有趣。

2. **豐富的編輯功能與資源**：CapCut 提供了全面的編輯工具和豐富的素材庫，包括各種濾鏡、特效、音樂、貼紙和字幕樣式甚至還有 AI 自動生成字幕等服務。這讓使用者可以輕鬆地實現創意，無論是想要製作一個有趣的短影音還是一個專業的影片專案，CapCut 都能滿足你的需求。

3. **易用性與高效性**：CapCut 擁有直觀的使用者介面，使得影片剪輯變得極其簡單。即使是完全沒有影片編輯經驗的新手，也能在短時間內學會如何使用這款應用程式。此外，CapCut 的高效性不僅體現在其編輯過程中，還在於它能夠快速導出高品質的影片，讓使用者能夠迅速分享到各大社交平台，滿足當下快速消費的社交媒體環境需求。

自推出以來，CapCut 憑藉其友善的使用者界面和強大的功能，迅速在全球範圍內獲得了廣泛的使用者青睞。它不僅為普通使用者提供了一個易於上手且功能全面的影片編輯工具，同時也為專業創作者提供了一個高效創作和實驗新想法的平台。

# 功能概述

## 主要功能和特點

- **AI 驅動的編輯功能**：CapCut 的 AI 技術能夠自動辨識影片中的關鍵場景和元素，提供智能剪輯建議，並支援人臉追蹤和影片美化，大幅簡化編輯過程。
- **豐富的編輯工具**：從基本的剪輯、拼接、速度調節到進階的顏色校正和特效應用，CapCut 為使用者提供了一站式的影片製作解決方案。
- **龐大的素材庫**：應用程式內置了大量的音樂、貼紙、字體和濾鏡，支持創作者實現豐富多樣的創意表達。
- **易用性**：CapCut 擁有直觀的操作界面和流暢的使用體驗，即使是影片編輯新手也能快速上手。

# 使用步驟

## 第 1 步：開啟 CapCut

電腦：可以選擇直接在網頁上做編輯或是下載

手機：至 AppStore 或是 PlayStation 直接查找 CapCut 下載即可

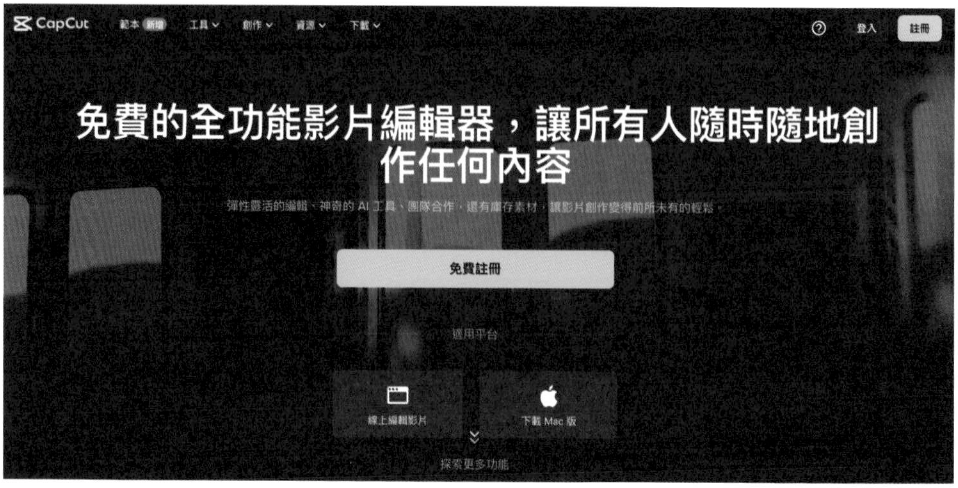

## 第 2 步：註冊帳號

註冊選項：可以使用 Google、Facebook、TikTok 或電子郵件來註冊帳戶。

## 第 3 步：開始創建

申請完成後，就可以開始探索 CapCut 並且開始運用自己的創造力來製作影片囉！

## 應用案例

- IG、YouTube、TikTok 等短影片製作：CapCut 作為一個可以讓使用者免費使用的產品可以說是非常強大，使用者無需付費就可以使用內建的 AI 字幕生成功能，而在 2023 年位居 Android 使用者下載量前 10 名的應用程式之一。
- 字幕生成範例（字幕動畫與字體可選擇 app 內建的效果）：https://www.instagram.com/reel/Cydu_-GyCiv/?utm_source=ig_web_button_share_sheet

## 優缺點

### 優點

- **AI 驅動的功能**

  CapCut 利用 AI 技術提供自動剪輯建議、場景識別、字幕自動生成和人臉追蹤等功能，大大簡化了影片編輯過程，使創作更加高效。

- **豐富的編輯工具和資源**

  擁有廣泛的視覺效果、過渡、濾鏡、貼紙和音樂庫，CapCut 為使用者提供了豐富的創作材料和靈活的編輯選項。

- **直觀的使用者介面**

  CapCut 的使用者介面設計直觀易懂，支援快速學習和操作，讓新手和專業人士都能輕鬆上手。

- **免費且無水印導出**

  相比於其他影片編輯軟體，CapCut 提供了完全免費的服務，且導出的影片不含任何水印，這對於追求專業呈現的創作者來說是一大優勢。

### 缺點

- **性能要求**

  運行 CapCut 需要一定的設備性能，特別是在處理高解析度影片或複雜專案時，低端設備可能遇到卡頓或延遲。

- **功能深度**

  雖然 CapCut 提供了廣泛的編輯工具，但對於尋求高級編輯功能的專業人士來說，其功能的深度和靈活性可能不如專業級影片編輯軟體。

- **隱私和數據安全**

  作為一款免費應用程式，CapCut 的隱私政策和數據使用方式可能會引起一些使用者的擔憂，尤其是在處理個人和敏感資料時。

**評分：★★★★★（5 星）**

我本身是一個不專業的影音編輯者，在使用 CapCut 時完全不需要查閱太多的使用方式就可以找到所有我想要使用的功能，如字幕選項、字幕生成、創造貼圖、新增圖片至影片之中等等的功能都非常的直觀好找。根本不需要影片編輯經驗就可以藉由這個 App 把你變成剪輯大師。我曾在 IG 上面創作影音圖文一個月，而其中的影片都是藉由 CapCut 完成。我在使用 CapCut 剪輯完之後的影片流量兩天內至少都有 5000 觀看次數，因此可以看出 CapCut 在初學者的使用下還是能夠達到我們所想要的效果的，非常推薦！

## 常見問題解答

**Q**：CapCut 適用於哪些操作系統？

**A**：CapCut 可以在 iOS 和 Android 設備上使用。對於桌面使用者，CapCut 也提供了網頁版本，支援主流瀏覽器。

**Q**：如何在 CapCut 中剪切或分割影片？

**A**：在時間軸上選擇您想要剪切或分割的影片片段。點擊工具欄中的「Cut」按鈕來調整影片的開始和結束點。若要分割影片，將播放頭移動到您想要分割的位置，然後選擇「分割」選項。

**Q**：如何添加音樂或音效到我的影片中？

**A**：在編輯界面中，點擊「音樂」按鈕，選擇「添加音樂」或「添加音效」選項。您可以選擇 CapCut 提供的音樂庫中的音樂，或從您的裝置中上傳音樂檔案。

**Q**：如何將我的影片導出無水印？

**A**：完成影片編輯後，點擊「導出」按鈕進行導出即可。CapCut 允許使用者免費導出無水印的影片，無需進行額外設置。

**Q**：CapCut 支援 4K 影片編輯嗎？

**A**：是的，CapCut 支援 4K 影片的編輯和導出，但請確保您的裝置支援 4K 影片處理，以獲得最佳的編輯體驗和影片品質。

## 資源和支援

- CaptCut Tutorial：https://www.capcut.com/zh-tw/tools/video-effect-and-filter
- CapCut 入門教學：https://www.dfp-school.com/capcut
- 十分鐘脱離剪輯小白：https://reurl.cc/D48oZd

# DomoAI

作者：我是龐德

## 導言

隨著 AI 生成影片快速的發展，已經人人可以用影片跟圖片轉繪出你需要的動畫影片，以及動畫圖片。

今天要介紹的是 [Domo AI] 可以幫你把影片轉換成你想要的風格，無需複雜的操作，只需要一鍵，你沒聽錯，就是一鍵就可生成動畫。

## 功能概述

DomoAI 是一款創新的 AI 藝術生成器，使用者可以通過簡單的操作來創作高品質、風格獨特的動畫作品。

DomoAI 主要功能：

- 輸入文字，生成高品質圖片：生成高品質圖片。
- 圖片生成影片：一張參考圖，生成高品質影片。
- 漫畫圖片轉真人：輸入指令，根據圖片轉繪寫實真人圖像。
- 影片轉繪動畫：輸入簡單提示詞，插入影片，選擇風格，生成高品質影片。
- 控制比例：選擇你要的尺寸，生成絕佳比例。

## 使用步驟

進入 DomoAI 首頁，點擊「Start in Discord」按紐。

進入 DomoAI 之後，在左邊工具欄內找到 USE DOMO 頻道。

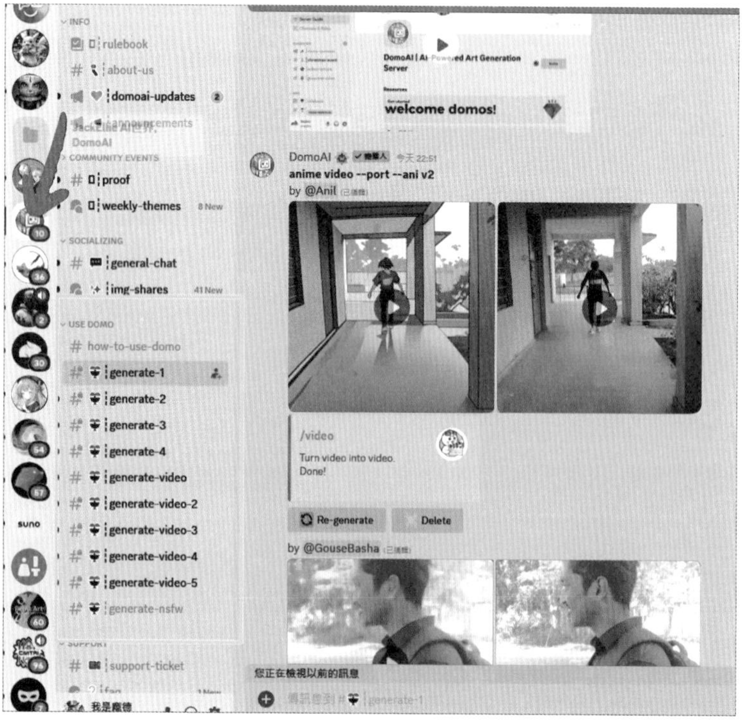

點擊「+」選擇「/video」，上傳你要轉換成動畫的影片，在 prompt 的地方簡單描述你的影片內容，點擊 ENTER 鍵。

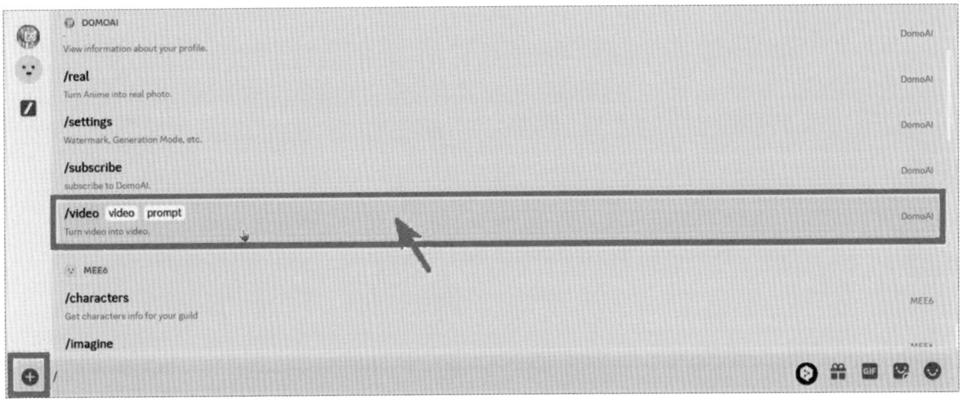


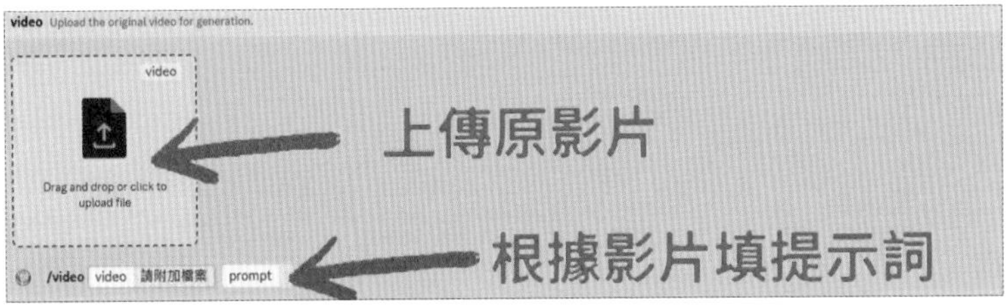


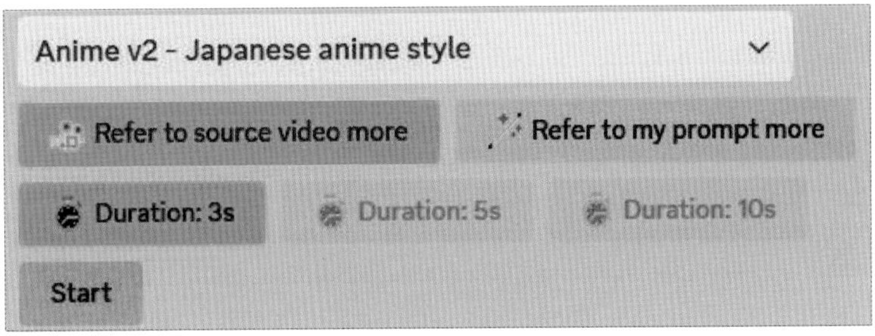


- 權重影片：1. 用原影片生成動畫 2. 偏向提示詞生成動畫。
- 選擇影片秒數 3S、5S、10S。

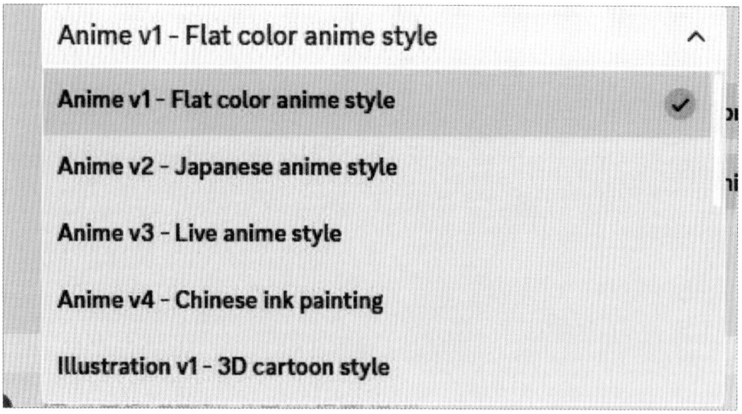


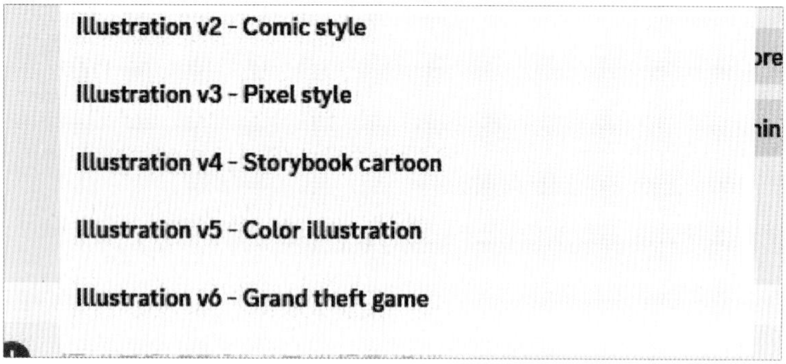


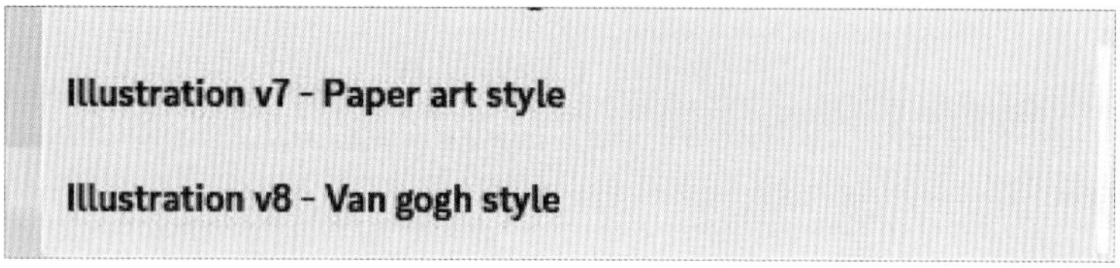


1. Anime 動漫 V1- 平面動漫風格。
2. Anime 動漫 V2- 日本動漫風格。
3. Anime 動漫 V3- 現代日本動漫風格。
5. Anime 動漫 V4- 中國水墨風格。
4. Illustration 插圖 V1-3D 卡通風格。
5. Illustration 插圖 V2- 漫畫風格。
6. Illustration 插圖 V3- 像素風格。
7. Illustration 插圖 V4- 故事書風格。
8. Illustration 插圖 V5- 彩色插圖風格。
9. Illustration 插圖 V6- 俠盜遊戲插圖風格。
10. Illustration 插圖 V7- 紙藝風格。
11. Illustration 插圖 V8- 梵谷風格。

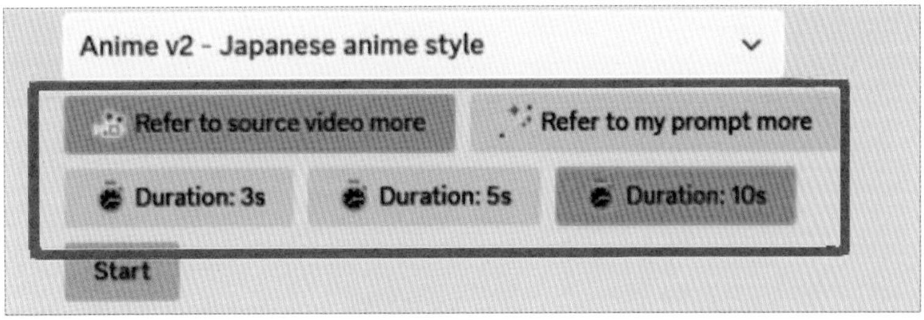


參考影片產生動畫或者提示詞生成

選擇時間長度 3S 5S 10S

點 Start 生成影片

影片連結：https://www.instagram.com/reel/C3S1kF1yZBt/?utm_source=ig_web_button_share_sheet

其他：

- **/animate**：將圖片轉換為影片。
- **/real**：將動漫圖照片變成真實照片
- **/gen**：文字生成圖片

- **/info**：個人資料和帳戶的資訊
- **/subscribe**：訂閱

## 應用案例

- **自媒體創作**：以 AI 賽道快速製作動畫達成流量。
- **多媒體廣告**：以 AI 動畫導入多媒體廣告應用。
- **學齡兒童應用**：例：AI 動畫導入動物學習英文單字。
- **MV 創作應用**：添加 AI 動畫，讓 MV 有更多的視覺感官體驗。

## 優缺點

**缺點：**

1. 免費只有 100 積分的額度，用完需訂閱。
2. 鏡頭的移動無法控制。
3. 多人影片時，臉部會模糊手部變形。
4. 下載有浮水印。
5. 最多 10 秒。

**優點：**

1. 絲滑無閃爍。
2. 分辨率高品質輸出影片。
3. 無浮水印。
4. 多種動漫風格。
5. 新註冊的免費使用者有 100 積分的額度。

**評分：★★★★☆（4 星）**

Domo AI 快速生成絲滑動畫，無需複雜工具，產出高品質影片。

## 常見問題解答

**Q**：訂閱價格？

**A**：最低美元 9.9。

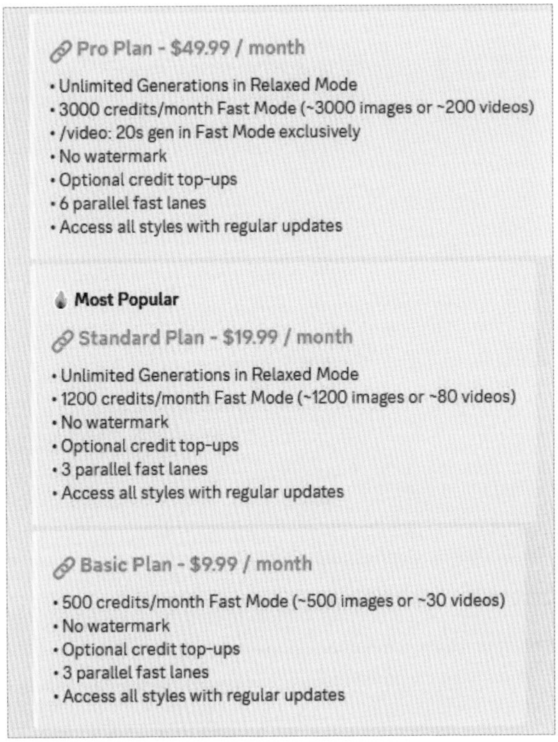


**Q**：是否能商用？

**A**：Domo AI 可以商用，您擁有自己創作的權利！用於您自己的藝術作品或商業目的。

**Q**：是否需要高階的電腦運行。

**A**：無需高階電腦與顯卡。

**Q**：是否有生成 AI 動畫有版權？

**A**：無版權，目前台灣沒有 AI 人工智慧保護法條例。

**Q**：那些有影片不能轉動畫？

**A**：當影片上傳，會經過 AI 審核機制，情色不行。

## 資源和支援

- 官方網站：https://domoai.app/
- 支援：YT 我是龐德 or milk75423@gmail.com

# Stable Video Diffusion（SVD）

作者：Ray

## 導言

Stable Video Diffusion（SVD）同樣為 stability.ai 釋出，是一種用於影像生成視訊（image to video）的擴散模型，最大尺寸可達 1024x576 像素；使用者只需輸入任意靜態圖片作為條件幀，即可藉此生成鏡頭平移、放大或其他動態特效。

## 功能概述

SVD 模型的開發自訓練階段就經過了精心策畫，從文生圖、視訊資料集的預訓練，最後在高品質視訊數據庫上進行微調；模型在多視角生成和特定動作控制方面展示了強大的能力，並在多個應用場景中達到了優秀的性能。研發團隊也進行了調查，評估了 SVD 對比其他同性質的 Image-to-Video 模型（GEN-2 和 PikaLabs）的偏好。研究結果指出，就視訊品質而言 SVD 更受到多數使用者的青睞。

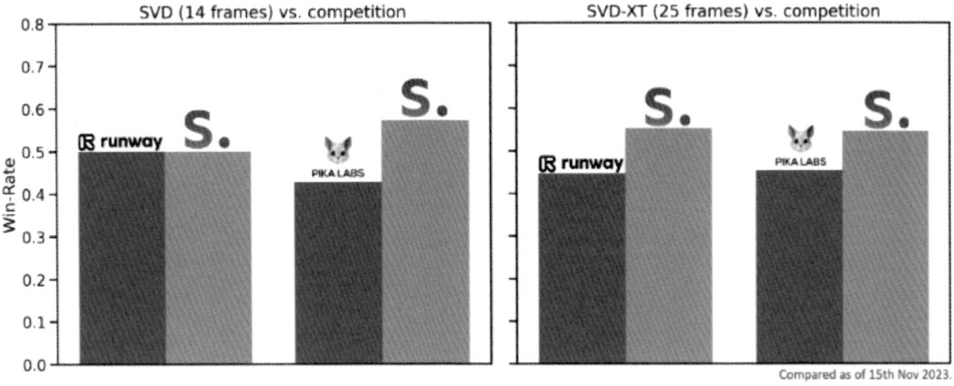

# 使用步驟

## Replicate

使用模型託管平台 Replicate 是體驗 SVD 最快速簡便的方式。請用關鍵字搜 尋：svd replicate（ 網 址：https://replicate.com/stability-ai/stable-video-diffusion）進入首頁後，可以看見用於展示 SVD 模型效能的招牌畫面－太空梭離陸升空。

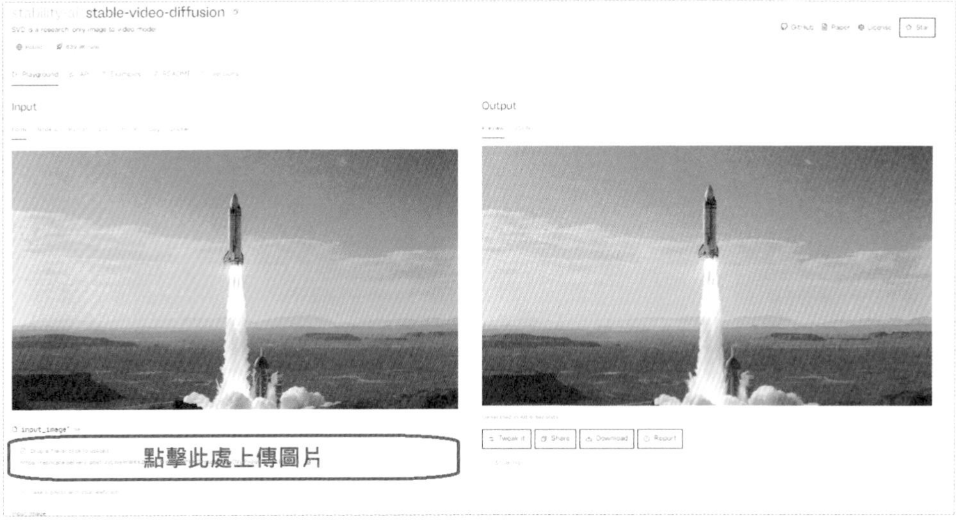


### 1. 上傳樣本圖片

網頁左側區域為已匯入的圖片，右側為模型輸出結果預覽。首先點擊紅框處上傳圖片。

### 2. 參數設置

**「video_length」**：選擇生成 14 幀影格的 svd，或者是可生成 25 幀影格的 svd_xt，後者所需的等待時間自然也比較長。

**「sizing_strategy」**：選擇「maintain_aspect_ratio」會維持樣本圖片的長寬比例進行縮放；「crop_to_16_9」則會以 16:9 的比例進行置中剪裁、「use_image_dimensions」則是以圖片較長的邊為主（不限長或寬）直接縮放至符合 1024x576 像素，因此有比例變形的可能。值得注意的是，無論選擇何種設定，都不會超出模型的最大輸出尺寸：1024x576 像素的範疇。

**「frames_per_second」**：設定影片每秒的幀數。因為模型可輸出的最大總幀數是固定的，變更此數值會直接影響影片時長；範圍從最小 5~ 最大 30 幀／秒。假設選擇的模型為可生成 25 幀影格的 svd_xt，並將 frames_per_second 設定為每秒 6 幀，那麼我們可以得到長度約 4 秒鐘的影片、設定為每秒 10 幀時，輸出長度則是約 2.5 秒……其餘以此類推。

**「motion_bucket_id」**：設定範圍 1~255，預設為 147。這個數值會直接影響動態效果的強度，不宜設定過大，以免主體發生扭曲現象。為了在預期的效果以及實際的變形程度之間取得平衡，請進行適當調整（通常小於 100）。

**「cond_aug」**：為樣本圖片添加雜訊的強度。一般而言，預設值 0.02 即為通用數值，不需再作調整。

**「decoding_t」**：設定同時解碼的影格數，預設值為 14。若運算過程中 Log 跳出記憶體不足的錯誤訊息時（RuntimeError: CUDA out of memory），請降低此數值。通常是在本機運行 SVD 且顯卡規格稍弱時，對此數值尤其敏感。

**「seed」**：設定隨機種子，維持空格不做設定時即為隨機產生（使用 Replicate 的場合）。不同的種子會產生不同的動態效果，例如鏡頭平移、視角放大／縮小或者其他動態特效。為了方便測試，可任意設定一組數值再進行運算，如生成的動態效果為合乎預期，即可將當前使用的種子固定後再微調其他數值，以取得最佳的輸出結果。

## 3. 本地部署運行

透過 Replicate 網站體驗快速方便，但免費體驗有使用次數的限制。為了可以不受限制的盡情使用，以下介紹透過 Forge UI 於本地運行 SVD 的方法。

**1. 下載模型**

首先至 Hugging Face 網站下載模型檔案，SVD 主要使用兩個模型，分別是能生成 14 幀的 svd、和經過微調，可生成 25 幀影格的 svd_xt 以及當前最新的 xt 1.1 版本（2024 年 2 月釋出）。請確保至少 9.6GB 以上的磁碟空間，並將下載完成的模型檔案移動至資料夾：webui_forge_cu121_torch21\webui\models\svd。

**2. 重新啟動 Forge**

雙擊 run.bat 檔案啟動 Forge 介面（如程序已在執行中，請關閉終端機視窗再重新啟動），接著切換至「SVD」頁籤，在下拉式選單內已經可以選擇 svd／svd_xt 模型。

**3. 操作說明**

開啟 Forge 介面所整合的 SVD 頁籤，部分參數名稱與 Replicate 上看到的有些差異，首先是「Width、Height」，預設 1024x576（或 576x1024）像素，除了要依照圖片方向調整以外，請勿變更此數值，以免內容被意外裁切；「Video

Frames」為設定生成的影格數，svd 最大 14 幀、svd_xt 最大 25 幀，超出此上限後即為重複影格，也就是循環播放的意思；「motion_bucket_id」以及「Fps」、「Sampling Steps」與 Replicate 版本意義相同，請依照需求適當調整；其餘設定可維持預設不變。

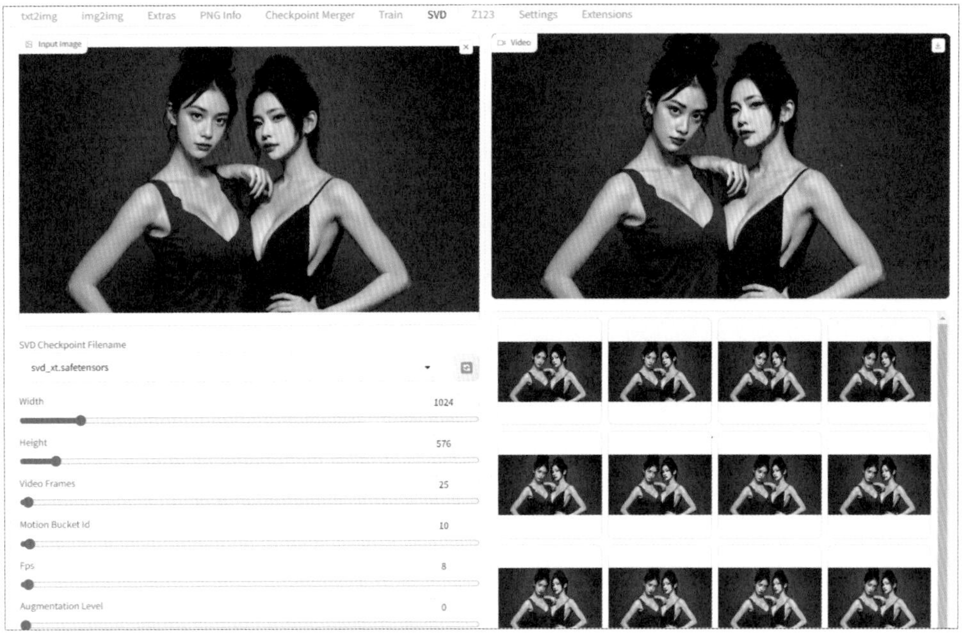


設定完成，點擊「Generate」生成，運算時間將視設定值以及主機的硬體效能，約需數十秒至數分鐘不等。待完成後右側即可預覽生成內容。影片為 .mp4 格式，並可以在以下路徑內找到剛才生成的檔案：webui_forge_cu121_torch21\webui\output\svd。

## 應用案例

對比其他文生圖（t2i）模型，此類視頻生成模型具有更廣泛的應用範圍，包括：

- **影視／電影製作產業**

  在電影和電視劇的前期製作階段，這類模型可以用來快速生成概念視頻，幫助導演和製片人更快的視覺化故事情節。

- **遊戲開發**

  遊戲設計師可以使用視頻生成模型來創建遊戲環境的原型或動畫效果，加速開發流程。

- **廣告／行銷產業**

  在廣告設計中，相關技術可用於生成創意視頻內容，尤其在想要快速實驗不同概念時。

- **教育和培訓**

  可利用視頻生成模型來創建教學視頻，特別是在需要展示複雜過程或抽象概念時。

- **社交平台／娛樂產業**

  創建、並在社交平台發布各種獨創的視頻內容，以創造觀看流量。

## 優缺點

- 開源程式碼，可選擇在線上或部署在本機運行。
- 本機運行 SVD 有一定的硬體要求（建議配備 24GB vram 的獨立顯卡）。
- 尚無法透過文字 Prompt 輔助生成。
- 產出的人臉等畫面細節有扭曲變形的可能。
- 可控程度不高，在得到理想結果前，往往需要多次試錯（網稱：抽卡）。

**評分**

**線上版（Replicate）：★★★★☆（4 星）**

**本地版：★★★★☆（4 星）**

線上版和本地版雖然在使用性質上略有差異，但實質上，它們都是優質的圖像到影片 AI 模型 SVD。無論是何種版本，筆者皆給予值得推薦的四星好評。

## 常見問題解答

**Q**：如何得到最佳的輸出品質？

**A**：首先透過幾個關鍵參數（例如：seed、motion bucket id 等）的微調設定，令影片的動態效果介於扭曲變形前的臨界點內、同時又具有理想的動態效果；待取得可用的毛片之後，再使用影像增強軟體，例如 Topaz Video AI 等進行補幀、高清放大、品質修復等後製處理，即可得到一個高品質的 AI 影像片段。

**Q**：我沒有高階的獨立顯示卡，可以在本機電腦運行嗎？

**A**：運行 SVD 建議配備 24GB 以上的獨立顯示卡，但是可透過 Comfy UI 的 SVD 工作流，即可在配備 12GB 中階獨顯的主機上運行。關於 Comfy UI 使用方式，請參閱本書的相關內容。

## 資源和支援

- 模型下載：

  https://huggingface.co/stabilityai/stable-video-diffusion-img2vid/blob/main/svd.safetensors

- 模型下載（XT 版本）：

  https://huggingface.co/stabilityai/stable-video-diffusion-img2vid-xt/blob/main/svd_xt.safetensors

- 模型下載（XT 1.1 版本）：

  https://huggingface.co/vdo/stable-video-diffusion-img2vid-xt-1-1/blob/main/svd_xt_1_1.safetensors

# Runway Gen-2

作者：Ray

## 導言

Runway 是一家專注於開發線上 AI 影像編輯工具的新創公司，為用戶提供了一系列創新的 AI 工具和服務，以降低創作的門檻並幫助用戶輕鬆製作出富有創意的影音內容；如果您已經玩膩了文字生圖像的工具，那麼絕不能錯過這個以文字／圖片生成影片的強大線上工具：Runway Gen-2。

Advancing creativity
with artificial intelligence.
Runway is an applied AI research company shaping the
next era of art, entertainment and human creativity.

▲ 圖片取自 runwayml.com 首頁

## 功能概述

Runway 提供了二十多種 AI 工具，包括從基本的圖片生成、圖像編修、影片生成以及後處理等等，本節內容所要介紹的 Gen-2 模型可謂明星商品，是一個讓用戶可以通過輸入文字或者圖片作為提示，來生成短片，除了可以透過解析度和幀率調整等進階設置以微調生成內容之外；近期又新增動態筆刷功能，大幅提升可控性。此外，Runway 也提供了手機 APP，讓用戶可在行動裝置上操作使用。

## 使用步驟

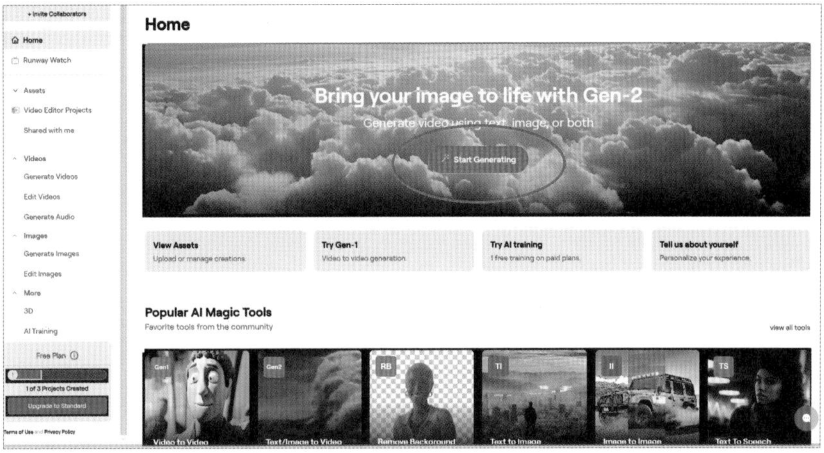


初次使用請先點擊首頁右上角「Sign up」進行註冊，過程中可選擇略過付費訂閱的程序先行試用。完成註冊程序後會進入 Home 主介面，點擊上方「Start Generating」即可開始體驗 Gen-2。

### 1. 操作介面說明

進入操作介面後，可以看見左側的功能選單區域，由上而下分別是圖片上傳區、提示文字輸入框、以及詳細參數設置的部分。以下逐一說明細部的設定選單：

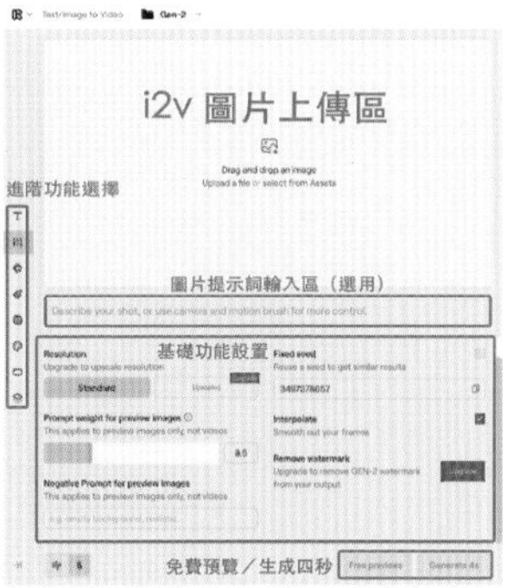


- **圖片輸入區**：如要體驗圖片生動畫功能，直接在此上傳圖片即可。
- **文字輸入區**：直接在此輸入文字 Prompt，就可使用文生影片功能。
- **控制參數設置**：Gen-2 提供了相當多樣化的控制參數供用戶設置，詳細功能請參閱後續說明。
- **預覽／生成**：點擊此處進行預覽或直接生成。

「Seed」：隨機種子，每次生成會隨機變化，通常無須設定。如有特定需求時也可手動輸入，並勾選下方「Fix seed between generations」以固定隨機種子。

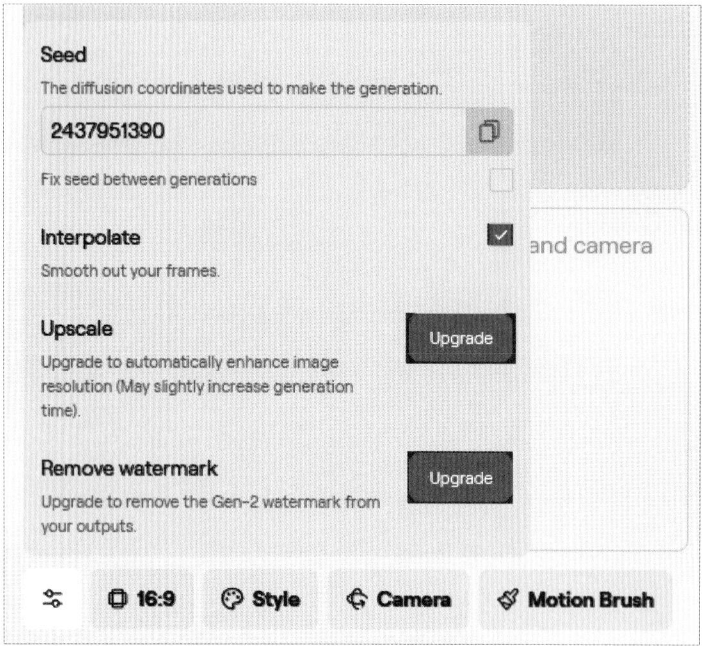


「Interpolate」：勾選以對生成影片進行插幀處理，可讓動態更自然順暢。

「Upscale」、「Remove watermark」：分別為提升解析度以及移除浮水印的選項，已付費的訂閱用戶方可選用。

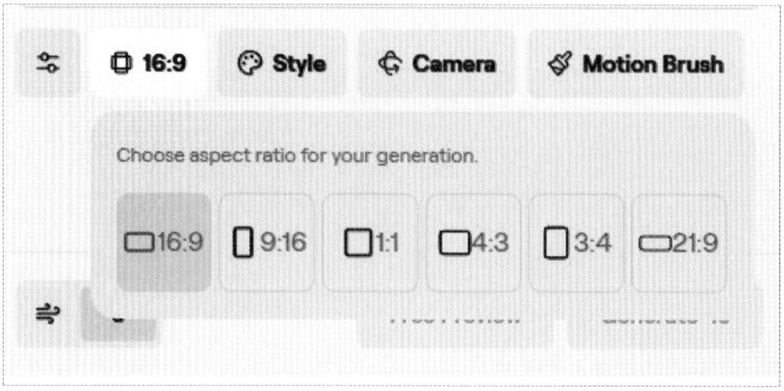

「Choose aspect ratio for generation」：解析度調整，共有六種比例可供選擇，除常見的 4:3、16:9 以外，也加入了超寬螢幕 21:9、以及適合在手機等行動裝置瀏覽的直式比例，便利用戶依實際需求進行調整。

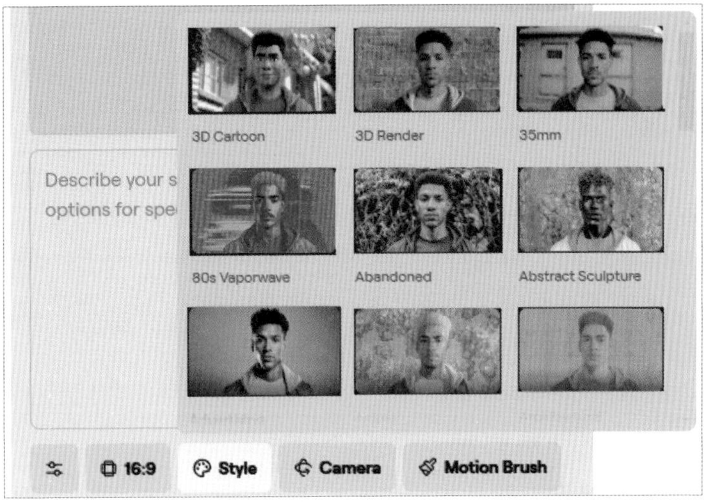


「Style」：風格轉換，卡通風格、抽象概念、3D 動畫、素描 ...... 等等，共 33 種可供選擇，可謂相當多元。

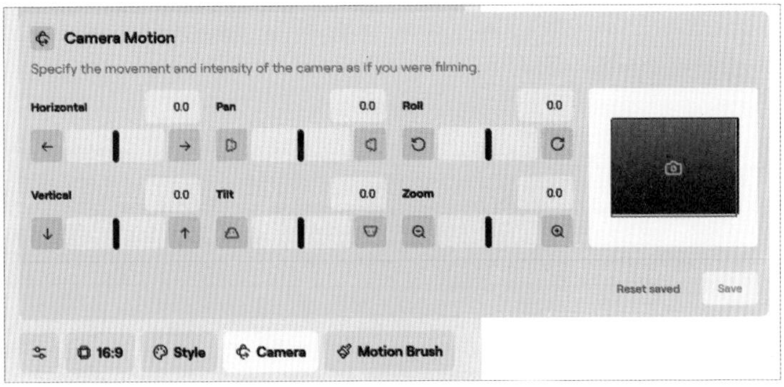


「Camera Motion」：設定動態鏡頭效果。Horizontal、Vertical 分別是水平和垂直移動，Pan、Tilt 是左右和上下傾斜；Roll、Zoom 則分別為正旋／逆旋以及模擬鏡頭焦段變化的縮放效果。設定範圍皆為 ±10，當設定為 0 時，則無變化效果。

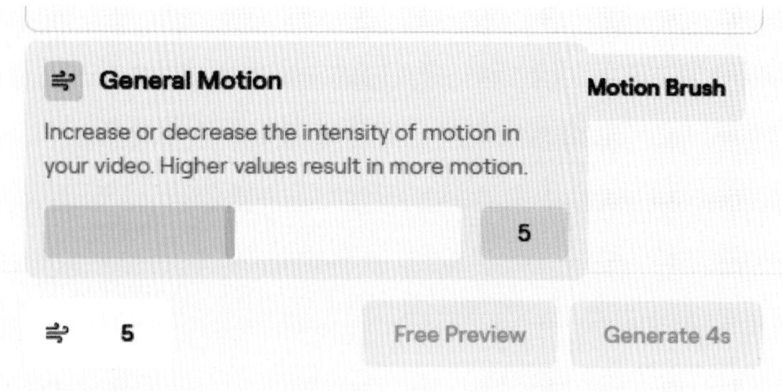


「General Motion」：通用動態設定，設定範圍由 1 至 10，數字越大動態效果越強，但也有較高機率令畫面中的細節扭曲變形。請留意此設定無法與動態鏡頭和動態筆刷合併使用。

**2. 文生影片測試**

首先介紹 Gen-2 文生影片功能，在文字輸入框輸入提示詞，最大 320 個字元內。在此範例我們使用「blue sky, clouds flowing, sunshine」作為簡單的提示詞來測試效果。（編者按：經測試雖然輸入中文依舊可以生成影片，卻出現圖文不符的狀況，因此建議優先使用英文輸入。）

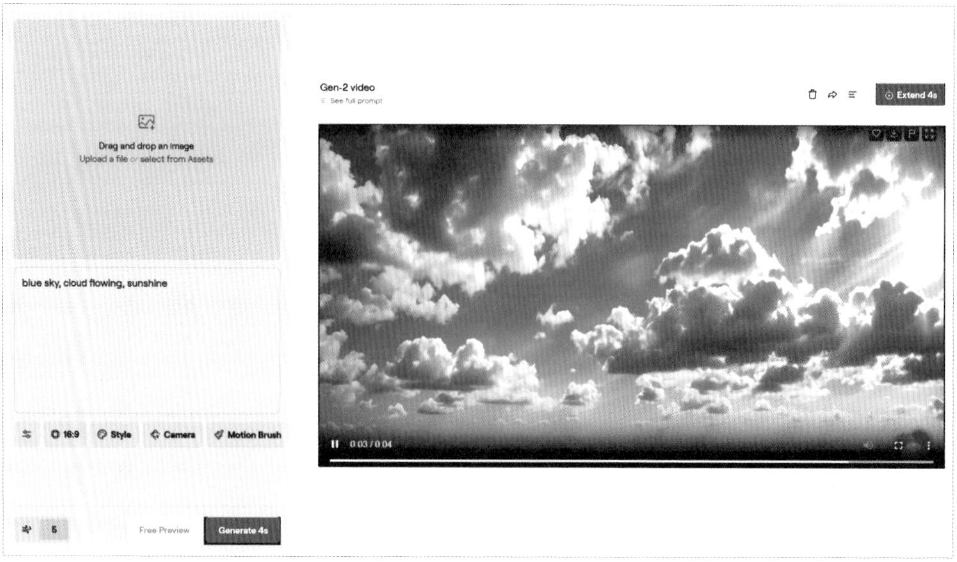

預設情形下，文字生影片可使用「Free Preview」功能免費預覽效果，再擇優生成。不巧在測試當下，系統提示量能不足無法預覽，直接進行生成的結果請參考以上示意圖；藍天、流動的白雲、陽光等提示詞的主要元素皆有如實呈現。

第二次測試時，我們將提示詞改為：「Cute robot chopping wood in the yard, Pixar style」，並追加 3D Cartoon 風格，再將輸出比例改為直式的 3:4，且讓我們看看成果如何。

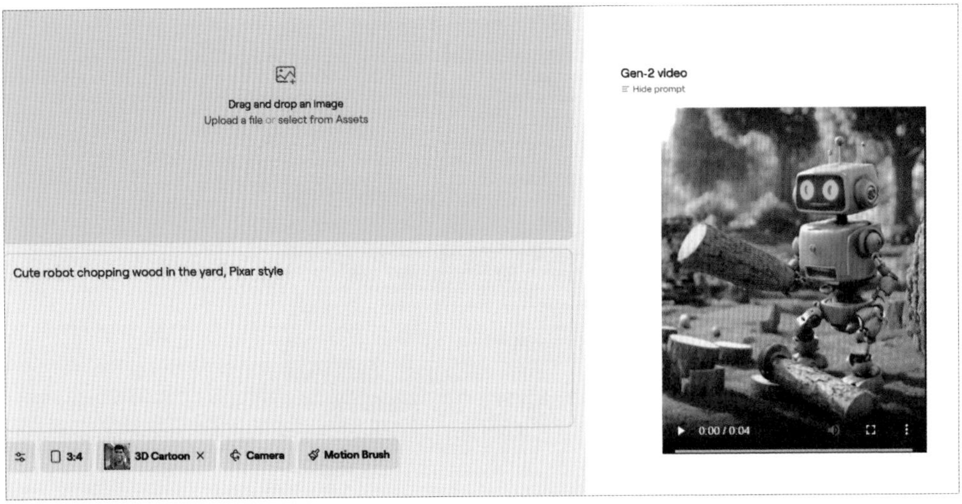


提示詞的元素大致上都有呈現，但是少了劈材所需要的工具「斧頭」。緊接著，再將提示詞稍作修改為：「Cute robot chopping wood in the yard, with a cute bird standing on its shoulder talking to it, Pixar style」，得到以下結果：

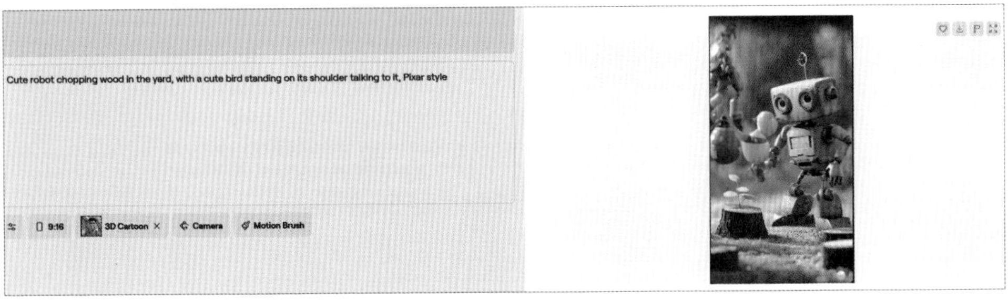

可以發現畫面左側出現了類似水果的不明物，往右側飄過，元素之一的「小鳥」雖有呈現，但是播放到約莫第三秒時，和機器人一起發生扭曲變形的現象（General Motion 設定為 5，其餘動態參數未設置）。經過以上測試，雖然在細節上略有不盡理想之處，Gen-2 的文字生影片功能大致上可正確處理輸入的文字提示，並給出了堪用的輸出結果。

### 3. 圖生影片測試

因為文／圖生影片兩者的參數設置基本相同，差別只在於圖生影片不支援風格轉換以及比例變更的功能，倒是多了「動態筆刷」功能可以使用，以下介紹此功能的使用方式與效果。

直接拖曳或點擊圖片框上傳欲處理的圖片，並可視情況輸入文字提示以輔助影片生成。接著請點擊下方欄位，進入動態筆刷的功能。

接下來即進入編輯介面，請參照示意圖，以下依序說明設置方式。

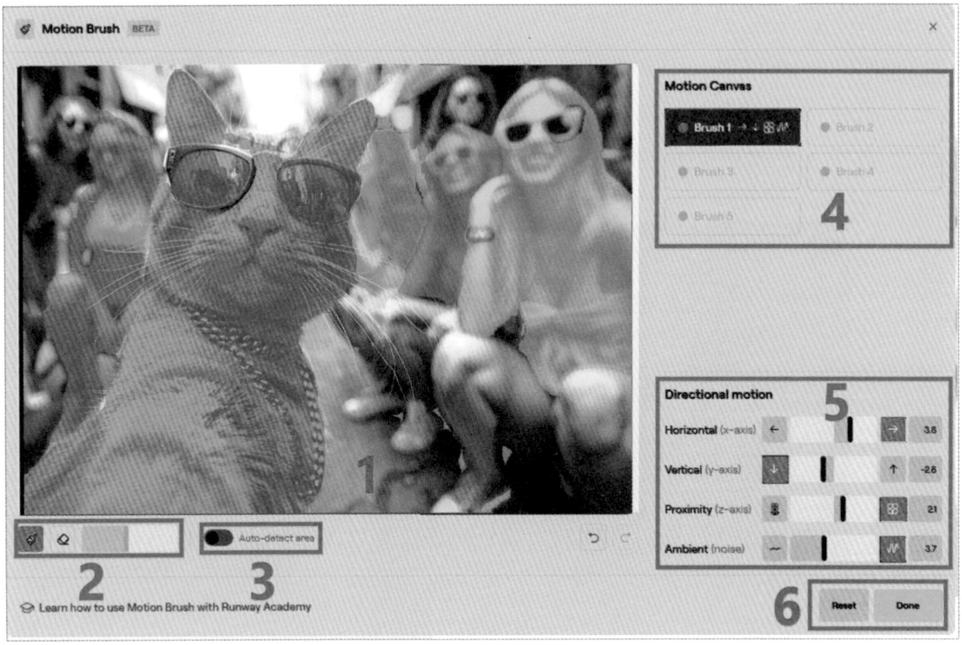


**1. 圖片編輯區**

經放大後的圖片編輯區，方便筆刷繪製處理。

**2. 工具區**

在此選擇筆刷／橡皮擦工具，右側滑桿則用於調整尺寸。

**3. 自動偵測功能**

Runway 於近期追加的新功能，可自動判別圖像內個別物件的邊界，用於快速選取同性質的物件非常便利。遇有溢出選取的情況時，可暫時關閉此功能，再使用橡皮擦將溢出的範圍擦去即可。

**4. 筆刷選擇區**

依照不同的顏色區分，共有 5 個筆刷可供運用，當畫面中有多個角色或物件時非常方便。

**5. 動態調整區**

此部分的功能和「Camera Motion」相同，用於設定多種動態鏡頭的效果。Horizontal、Vertical、Proximity 分別是水平、垂直、以及縮放倍率的調整；Ambient 則是調整在生成過程中添加雜訊強弱的參數，數值越強，動態效果越明顯，但也有高機率產出扭曲變形的結果。

根據以上示意圖，我們可以發現背景的女孩們出現了程度不一的扭曲變形狀況。儘管這部分可以透過調降動態強度的方式來加以抑制，卻也不免犧牲了動態效果，是為美中不足之處。

## 應用案例

透過 Runway Gen-2 的應用，從創意表達到商業展示，幾乎在所有需要視覺內容的領域都能推動創新並提升效率。以下為部分應用案例：

- **數位內容創作**

  內容創作者或網紅可使用 Gen-2 生成獨特的影音內容，用於增強他們的部落格、YouTube 頻道或社群媒體發文，從而提高受眾的互動和參與度。

- **廣告行銷**

  行銷人士可以利用 Gen-2 創建引人注目的促銷廣告，快速實現創意概念、並測試不同的視覺敘事策略，以吸引潛在客戶並提高品牌意識。

- **影視產業**

  電影和動畫製作人可以使用 Gen-2 快速生成場景概念或分鏡圖，幫助團隊更好地視覺化和精煉劇本。這不僅能加速前期製作過程，也是探索創意的新途徑。

- **教育和培訓**

  教育工作者可利用 Gen-2 創建視覺化的學習教材，使抽象的概念或複雜的過程更容易理解。以提高學生的參與度和學習效果。

- **視覺藝術和展示**

  藝術家可使用 Gen-2 探索新的藝術風格和視覺語言，創作獨特的數位藝術作品；亦可用在展覽或演示，帶給觀眾沉浸式的體驗。

## 優缺點

- 在本書出版時，Gen-2 與其他同級競品相比，可控程度最高。
- 可選擇純文字或圖像參照來生成影片，為創作者提供較多樣化的靈活度。
- 必須付費訂閱才可使用進階功能。
- 礙於技術瓶頸，生成的影片內容還是有其侷限性。

**評分：★★★★★（5 星）**

Gen-2 憑藉其簡易直覺的操作介面、以及高度的可控性勝出其他同級產品，儘管免費版本在功能上有所限制，Gen-2 依舊值得所有影音創作者以及 AI 用戶體驗。（註：本書出版時，Sora 尚未開放公眾使用）。

## 常見問題解答

**Q**：Gen-2 的使用費用是多少？

**A**：每秒產生影片花費 5 個 credits。1 個 credit = 0.01 美元。

**Q**：Gen-2 可以連續生成多少秒數？

**A**：目前所有單一生成時間預設為 4 秒，另可使用擴充功能為已生成的片段延長 4 秒（Extend 4s），最多延長 3 次，共 16 秒長度。

**Q**：訂閱需要多少費用？

**A**：在本書出版時，官網定價為每個月 $15 起跳，最高級的無限方案需 $95 美元（選擇月繳制的場合）。

## 資源和支援

Runway AI 首頁：https://runwayml.com/

# PixVerse

作者：我是龐德

## 導言

PixVerse 是一個創新的人工智慧創作平台，利用強大的生成式人工智慧來釋放影片創作的全部潛力，讓您的內容令人驚嘆且令人難忘。PixVerse 透過智慧演算法和深度學習技術將您的想法轉化為令人驚嘆的視覺效果。我們提供豐富的功能，包括產生令人驚嘆的場景、特效、音樂等，以滿足不同類型影片的需求。PixVerse 還提供自訂選項，讓您可以根據自己的需求進行個人化。無論您是想製作個人視頻還是需要為商業專案製作獨特的宣傳視頻，PixVerse 都是您的理想選擇。

## 功能概述

- 文字生成影片，產出畫質影片 4K
- 控制比例：選擇你要的尺寸，生成絕佳比例。
- 風格生成影片。
- 圖片生成影片。

## 使用步驟

### 步驟 1：註冊

進入 pixverse 首頁，註冊一個免費帳戶。接下來，點擊「Create」按鈕，即可開始使用。

### 步驟 2：提示詞

在提示框中描述您想要的場景。如果您不希望影片中出現某些內容，可以將它們寫在「Negative Prompt」部分。

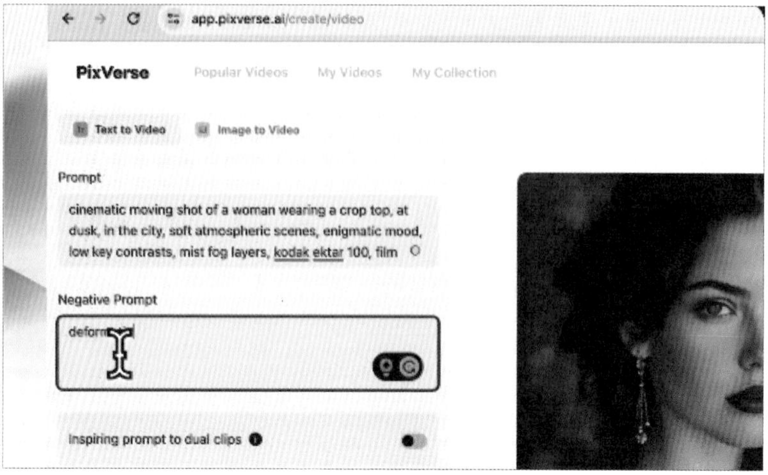

## 步驟 3：選擇

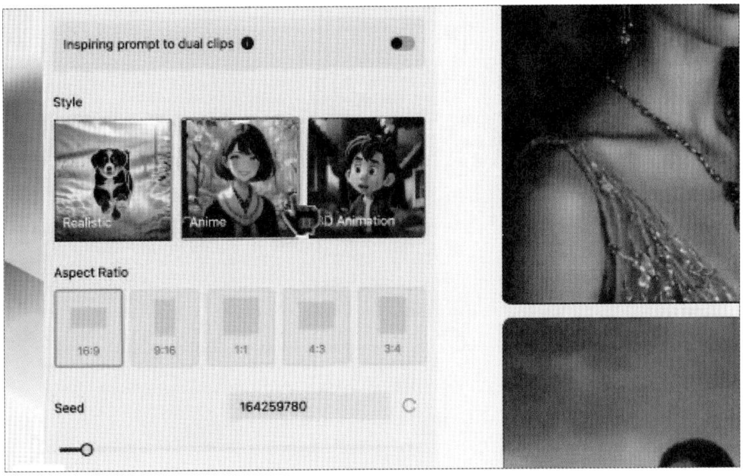


PixVerse 提供三種風格供選擇：真實、動漫、3D 動畫。

## 步驟 4：選擇比例

您有五個選項可供選擇，根據您的需求選擇比例。例如：

16:9 主要用於風景場景，例如 YouTube 影片。

9:16 主要用於垂直內容，例如捲軸和短片。

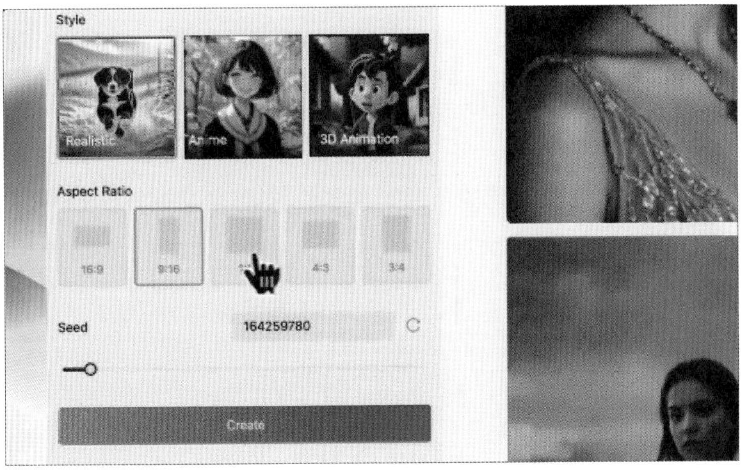

### 步驟 5：生成影片

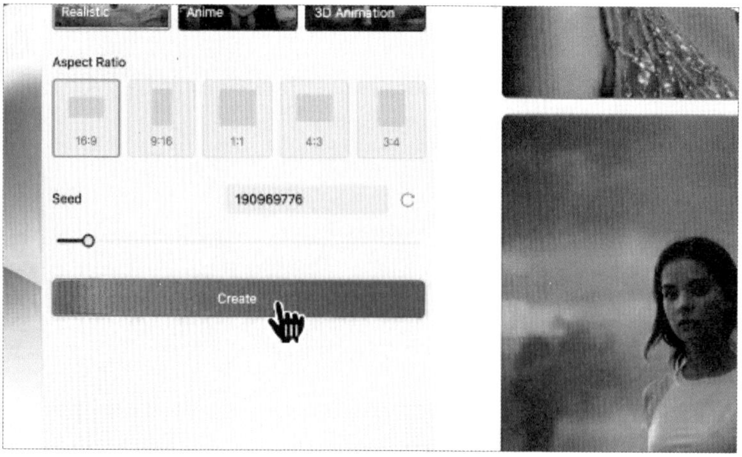


### 步驟六：升級 4K 影片

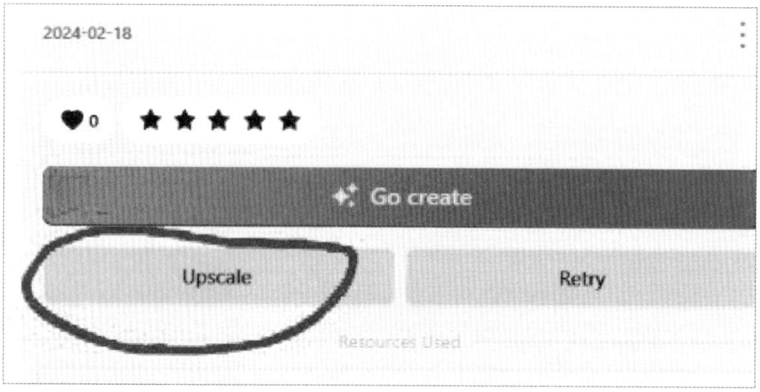


如果您想要重複生成相同的影片，可以在生成之前指定一個種子。這可以確保在相同的種子下獲得一致可重複的結果。最後，點擊「Create」，您的影片將在幾分鐘內生成！盡情享受創作的樂趣吧！

# [ 圖片生成影片 ]

## 步驟 1：上傳圖片

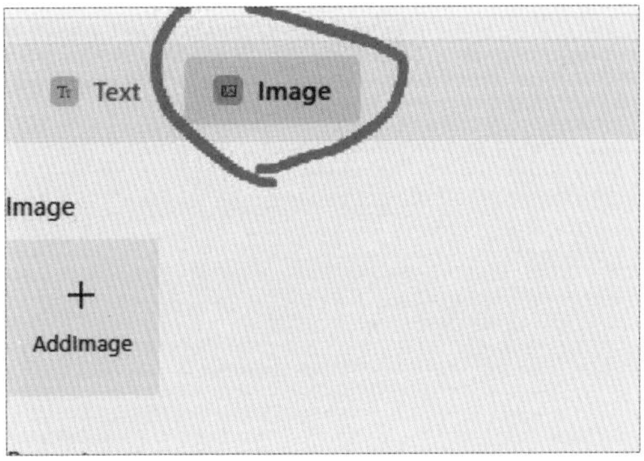


## 步驟 2：填入提示詞

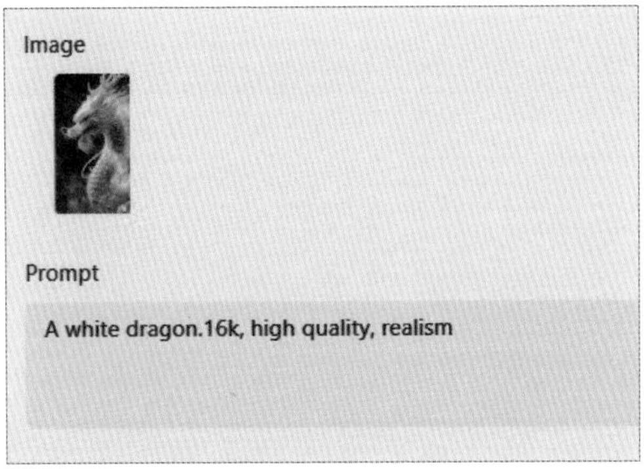


## 步驟 3：運動幅度，數值越高，幅度越大

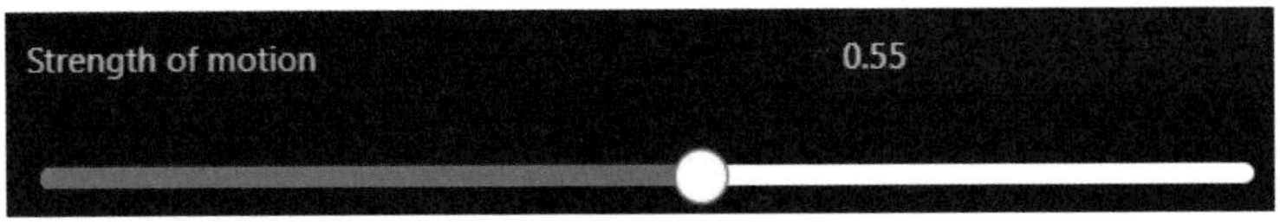

### 步驟 4：隨機種子

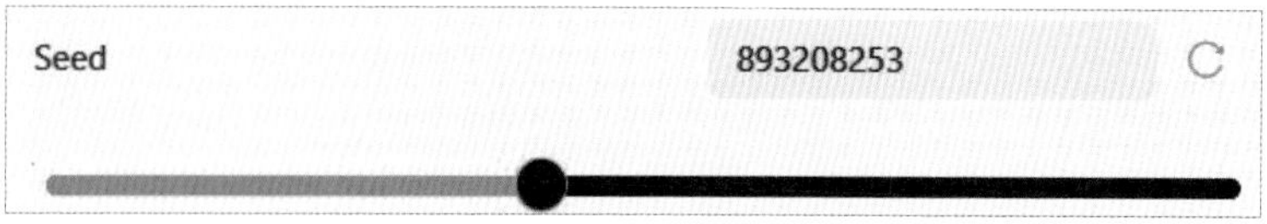


### 步驟 5：高清放大

### 步驟 6：點生成

## 應用案例

1. **個人影片製作**：對於想要製作個人影片的使用者，Pixverse 提供了一個簡單易用的平台，讓他們能夠輕鬆地將自己的想法轉化為影片。無論是生日祝福、旅行記錄還是日常生活分享，Pixverse 都能幫助使用者快速製作出高品質的影片。

2. **商業廣告製作**：廣告主可以使用 Pixverse 快速創建高品質的廣告影片。它提供了一系列預設的模板和素材，讓廣告主能夠快速地製作出吸引人的廣告內容。

3. **教育視頻制作**：教育工作者可以使用 Pixverse 來制作教育視頻。他們可以選擇預設的模板，添加文字、圖片和音頻等元素，以清晰、直觀的方式呈現教學內容。

4. **企業宣傳影片製作**：企業可以使用 Pixverse 製作宣傳影片，展示公司的產品、服務或文化。它能夠幫助企業快速創造高品質的宣傳內容，提高品牌知名度和影響力。

5. **社群媒體影片製作**：社群媒體使用者可以使用 Pixverse 來製作自己的社群媒體影片。它提供了一系列預設的模板和素材，讓使用者輕鬆製作出吸引人的內容，增加自己在社群媒體上的關注。

## 優缺點

### 優點：

- 風格固定種子：提供可固定同種風格種子。
- 風格：三種風格任你變化。
- 高分辨率：提供影片 4K 高分辨率。

### 缺點：

- 變形：在人臉方面會輕度變形。
- 扭曲：在手指方面輕度扭曲。
- 無導入影片生成。

**評分：★★★★☆（4 星）**

再眾多 AI 生成影片，免費又可以生成高分辨率品質，史乃當之無愧選擇。

## 常見問題解答

**Q**：PixVerse 是免費的嗎？

**A**：PixVerse 目前是免費，暫未推出付費版本。

**Q**：PixVerse 生成影片能商用嗎？

**A**：Pixverse 生成影片可以用於商業用途。

**Q**：Pixverse 最高生成多少分辨率？

**A**：Pixverse 最高可以生成 4K 分辨率。

**Q**：Pixverse 生成影片多長？

**A**：Pixverse 默認 4 秒。

## 資源和支援

- 官方網站：https://app.pixverse.ai/creative/list
- 支援：YT 我是龐德 or milk75423@gmail.com

# Pika Labs 1.0

作者：我是龐德

## 導言

Pika Labs 是一個可以透過 AI 讓你的圖片動起來的工具，可以透過文字 prompt 生成影片，也可以透過圖片來生成，Pika 1.0 提供文字轉影片、圖像到影片和影片到影片轉換等功能，讓使用者以各種方式轉換和增強影片。現在可以在 Discord 上以及透過行動和桌面平台上的網路存取該影片產生工具。

## 功能概述

1. **文字生成影片 / 圖片生成影片**：輸入幾行提示詞或上傳一張參考圖像，就可以透過 AI 生成高品質的影片。
2. **風格轉換**：將現有的影片轉換為不同的風格，可以更換原本腳色，影片結構不變。
3. **擴展尺寸**：將原本尺寸 9:16 擴展為 16:9 格式。
4. **相機運動**：可控制影片鏡頭方向移動位置。
5. **增加時長**：生成影片為默認 3 秒，可以增加多 4 秒時長。
6. **提高分辨率**：生成影片，可以進行高分辨率提升整體影片畫質。

## 使用步驟

### Discord 版本：

點擊連結：https://discord.com/invite/pika 加入 Pika Labs。

一旦我們進入 Pika Labs Discord 伺服器，請前往他們的「#generate」頻道之一，使用「/create」指令新增圖像以及提示說明。點選「Enter」，影片就會產生。

## 網頁版：

1. 登入 Pika 網站選 gmail 登入。

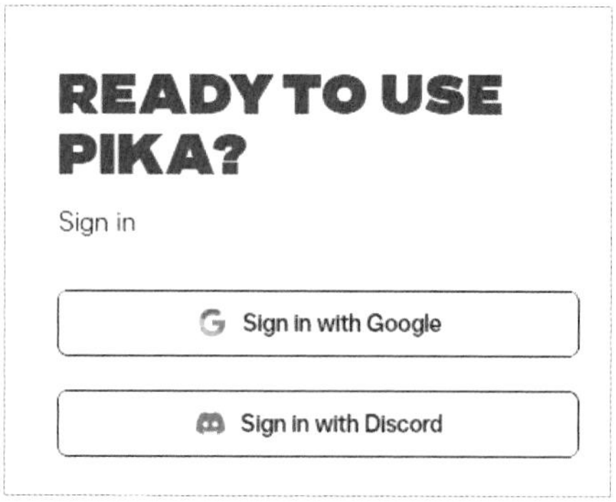


2. 功能介紹：

   Aspect ratio，改變格式大小。

   Frames per second，改變畫幀數默認 24 幀。

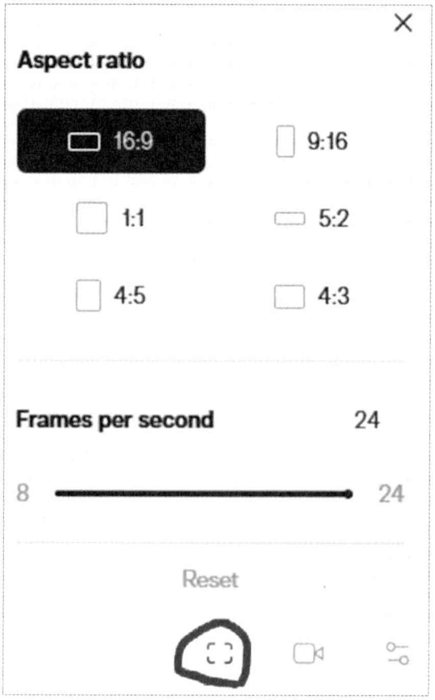

3. Camera control：相機運動控制面板，可以使鏡頭上下 / 左右 / 順時鐘 / 逆時鐘旋轉鏡頭／鏡頭放大縮小。

   Strength of motion：控制畫面運動快慢強度 0~4 級。

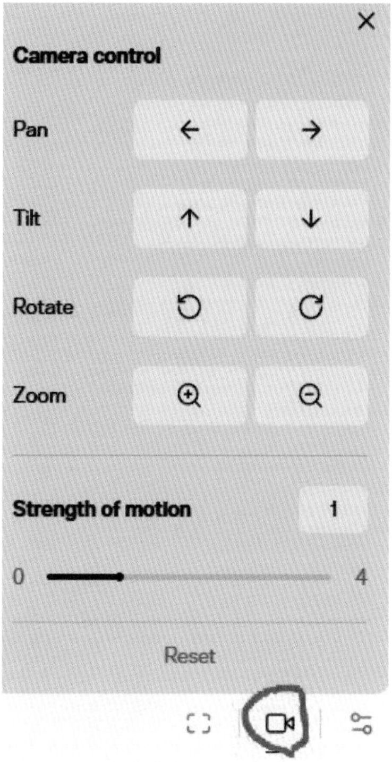


4. Negative prompt：負面提示詞，作用是希望你影片中不想出現的畫面，如：變形，醜陋，扭曲。

   Seed：種子文件是一串數字，他可以根據你的原影片風格上繼續生成。

   Consistency with the text：依附文字大小的值，一共 1~25 值。數字越大與提示詞生成結果越符合，反之，數字越小，pika 自由發揮度就越大。

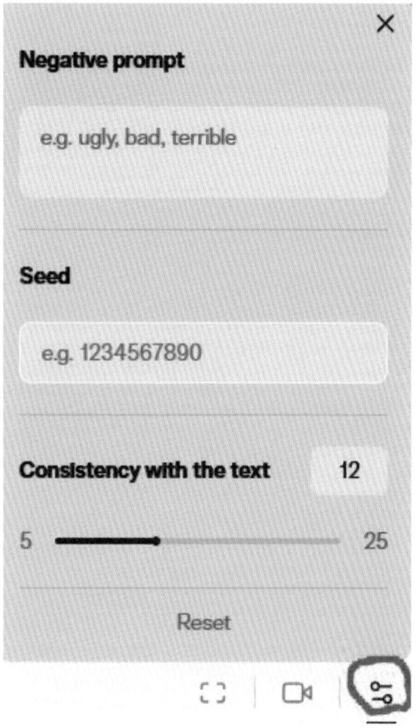

5. 點 My library 自己的平台。

6. 打上提示詞：例如：迪士尼風格，一個公主在花園裡點生成。

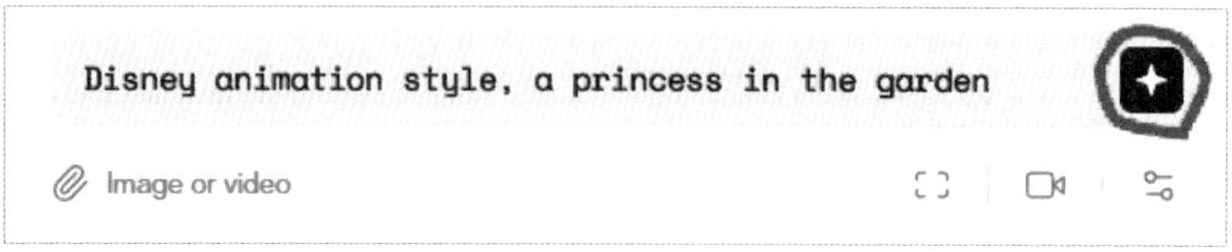


7. Retry：生成錯誤，可以多次重新生成。

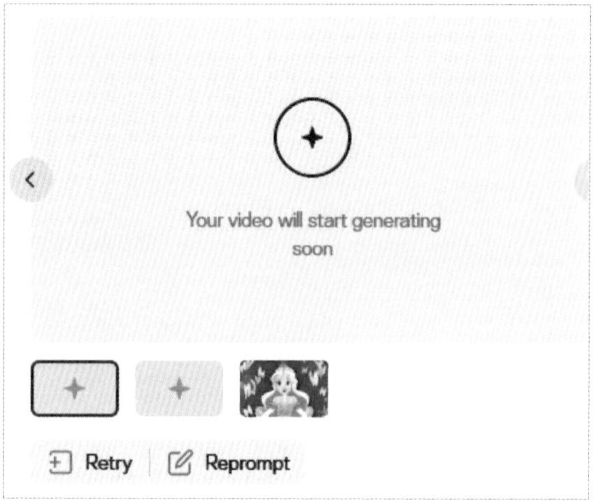

8. Reprompt：可以重新修改提示詞。

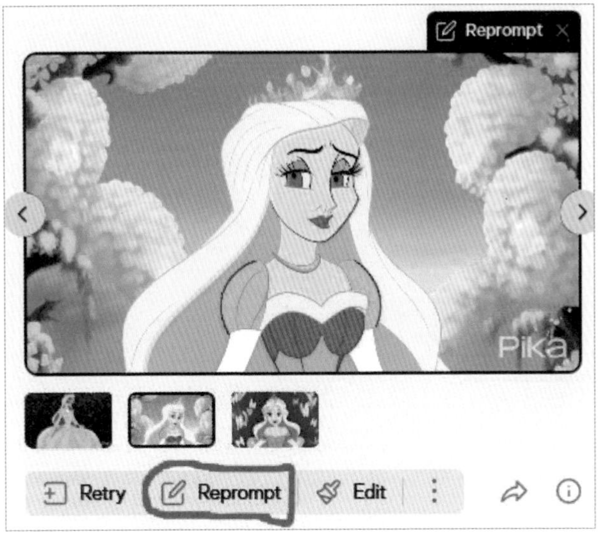


9. 點 Edit 該影片全面修改。

10. Modify region：局部修改，例如：戴個墨鏡，修改區域要在頭部，以此類推。

11. Expand canvas：進行擴展尺寸，根據自身需求進行擴展。

12. 增加 4 秒與影片高分辨率 -Upscale 需要開啟付費才能使用。

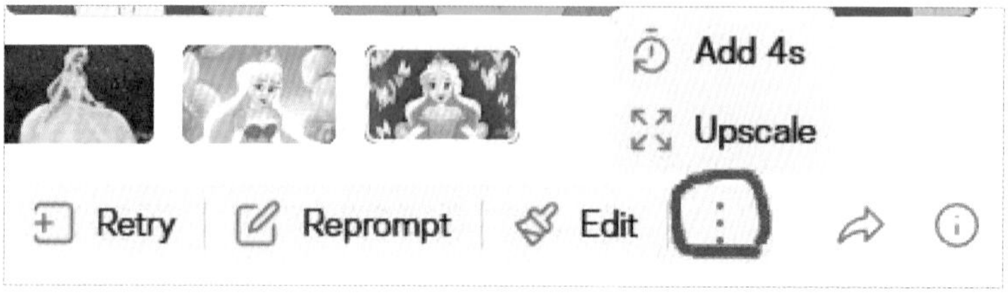

13. 插入影片生成。

14. 打上提示詞風格。

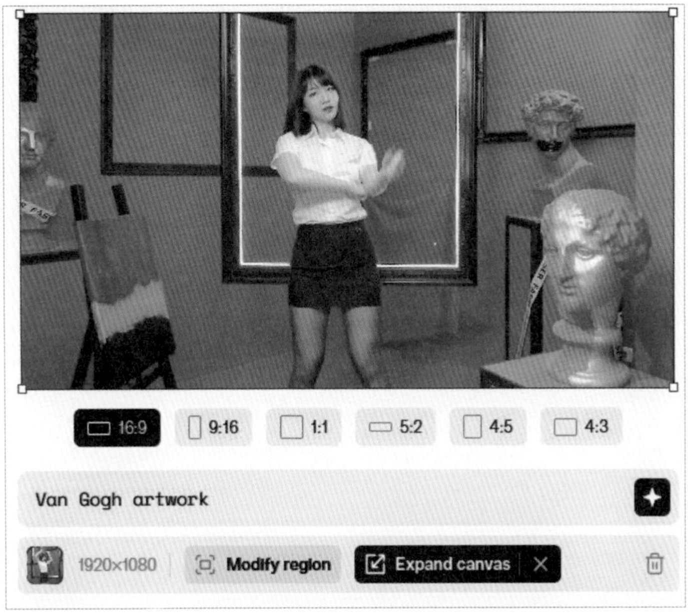

15. 完成風格轉換。

## 應用案例

- **社群媒體製作**：創造屬於自己的 AI 作品，自媒體平台分享賺取流量。
- **商業廣告製作**：廣告業者可以使用 pika 快速創建高品質的廣告影片。
- **教育影片制作**：教育工作者可以使用 pika 來制作教育影片。
- **企業宣傳影片製作**：企業可以使用 pika 製作宣傳影片，展示公司的產品、服務或文化。

## 優缺點

優點：

- **局部控制**：當作品需要局部修改地方，這一點非常便利。
- **格式修改**：根據自身需求可以更改格式尺寸。
- **增加時長**：根據影片長度增加時間。
- **免費生成**：每天會更新 30 積分。

缺點：

- 高清需付費。
- 影片風格轉換提示詞生成，不一定準確。
- 增加時間生成畫面會變形扭曲。

**評分：★★★★☆（4 星）**

## 常見問題解答

**Q**：Pika 是免費的嗎？

**A**：Pika 是免費，也有收費，每天更新 30 積分。

**Q**：Pika 生成影片能商用嗎？

**A**：Pika 生成影片可以用於商業用途。

**Q**：Pika 收費多少，收費有什麼功能？

**A**：

**Q**：PIKA 生成影片多長？

**A**：PIKA 默認 3 秒，增加時長最多 7 秒。

## 資源和支援

- 官方網站：https://pika.art/
- 支援：YT 我是龐德 or milk75423@gmail.com
- DC：https://discord.com/invite/pika

# Wondershare DemoCreator

作者：Tim

## 導言

隨著內容創作的重要性劇增，YouTuber 及 TikToker 暴增的時代，尋找能夠簡化創作過程又不損失專業的工具成為創作者最大的痛點。Wondershare DemoCreator 是一個結合了螢幕錄影、錄音及影片編輯於一身的軟體，通過導入 AI 技術，為使用者們提供一個既直觀又賦予創作者高自由度的平台。

從教育工作者製作教學影片到遊戲玩家錄製遊戲實況，DemoCreator 能夠滿足所有使用者的需求，並且透過 AI 功能進行臉部識別和智能配音，進一步降低了創作門檻，使得高品質的影片製作變得更加輕鬆快捷。

以下是為何你一定要使用 Wondershare DemoCreator 的理由：

1. **AI 功能增強的創作效率**：DemoCreator 的 AI 技術如臉部識別、智能配音以及自動生成字幕，可以自動優化影片中的語音和視覺元素，降低後期編輯的複雜性，讓創作更加高效。

2. **一站式創作服務**：結合螢幕錄製、影片編輯和添加 AI 互動元素等多種功能於一體，使用者無需切換多個軟體即可完成從錄製到編輯的全過程，簡化了學習曲線。

3. **適合所有層次的使用者**：無論是初學者還是專業人士，DemoCreator 提供了直觀的使用者界面和完整的新手教學，使得任何人都可以輕鬆上手，創造出專業級的影片內容。

無論是專業人士還是業餘剪輯師，都可以利用 DemoCreator 來創造出吸引人的內容，無論是用於教育、娛樂還是商業推廣。透過詳細介紹這款工具的背景、功能以及使用它的好處，本導言旨在為讀者提供一個全面的了解，從而能夠充分利用 DemoCreator 於各種不同的創作領域中。

## 功能概述

主要功能與特點：

1. **螢幕錄影**：支援高品質螢幕錄影，包括全螢幕或指定區域錄製。
2. **影片編輯**：提供剪輯、合併、裁剪等基本編輯功能，以及文字、轉場、特效等視覺元素。
3. **AI 臉部識別**：進階的臉部追蹤技術，用於優化錄製中的人物表現，也可以自動將人物的背景去背。
4. **AI 虛擬人物**：擁有近 10 種不同的 AI 虛擬替身可以挑選，並會同時追蹤使用者的全身動作，讓你的 AI 替身更為生動。
5. **智能配音**：AI 語音技術，支持多種語言的自動配音。
6. **效果與轉場**：提供多種效果和轉場選項，豐富影片表現。
7. **模板與資源**：豐富的預設模板和創意資源，快速提升影片品質。

## 使用步驟

### 第 1 步：下載與安裝

首先，從 Wondershare 官方網站下載 DemoCreator，並按照指示完成安裝過程。

## 第 2 步：註冊帳號

使用 Email 即可輕鬆註冊，無須進行任何認證。

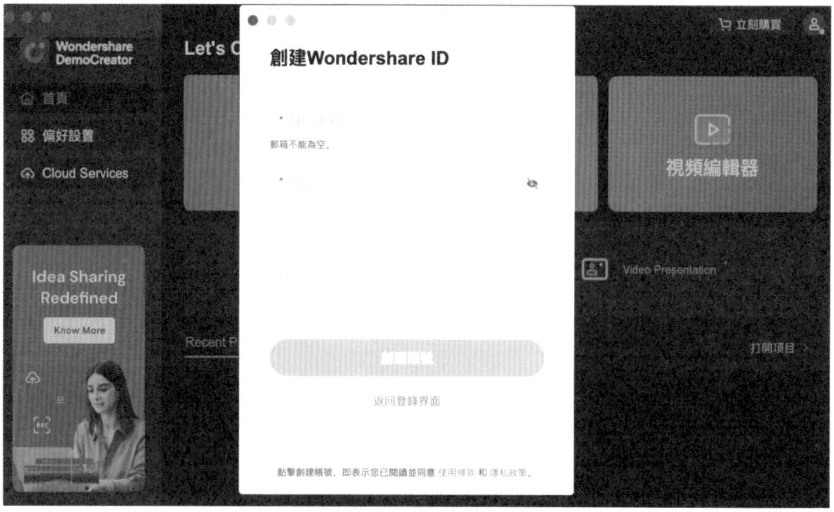

## 第 3 步：選擇錄製螢幕

啟動程序後，選擇「錄製」功能開始新的螢幕錄製。你可以選擇全螢幕錄製或指定錄製區域，也有其餘選項可供調整，只要調整過後按下 REC 即可開始錄音錄影。

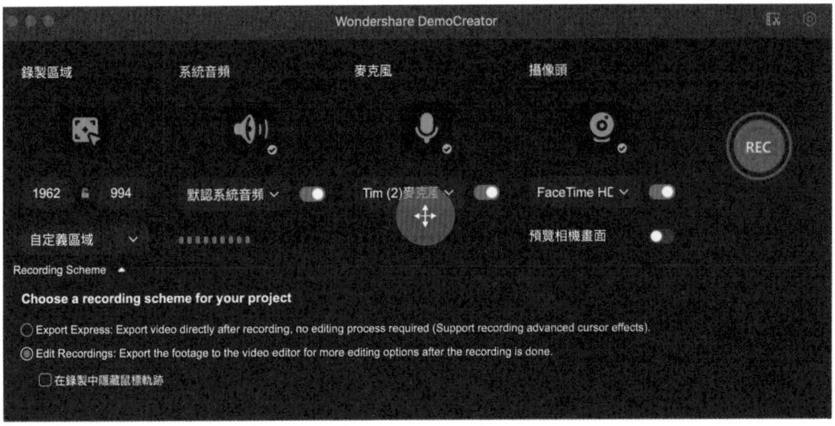


## 第 4 步：進行編輯

錄製完成後，退回至首頁，並且點選右邊的 Video Editor 即可使用內建的影片編輯工具對錄製內容進行剪輯、添加文字、特效、AI Avatar、轉場等。

### 第 5 步：利用 AI 功能

根據需要使用 AI 臉部識別和智能配音等功能，提升影片的專業度和吸引力。

### 第 6 步：導出

編輯完成後，選擇合適的格式導出影片就完成啦！！

## 應用案例

### Case 1：短影片剪輯

任何在社群平台上的短影片皆可以使用 Demo Creator 這個免費工具來做編輯。

### Case 2：線上簡報

在進行線上面試或是需要錄製簡報傳送給客戶時，可以利用 Demo Creator 同時錄製螢幕的簡報內容以及 Camera，讓客戶可以沈浸在簡報影片的同時更能看到講者臉上的熱忱以及積極的肢體語言，讓線上簡報不僅僅是線上簡報那麼簡單！

### Case 3：教學影片錄製

在線上課程爆發的時代，講師需要的並不是不好用的課程錄製工具，而應該是偏好更為直覺、便捷的一站式影片編輯體驗，而 Demo Creator 完美的提供了講師這個解決方案。

## 優缺點

### 優點：

- **一站式服務**：結合螢幕錄製和影片編輯於一身，方便使用者進行一站式操作。

- **AI 整合**：如智能配音和臉部辨識增強影片質感，讓創作更顯專業。
- **User Friendly 的介面**：直觀的操作介面，適合所有程度的使用者，易於上手。

**缺點：**

- **AI Avatar 角色限制**：AI 角色的數量偏少，而且無法讓使用者自行變更每個角色的外觀，其角色與簡報一同搭配時可能有失專業度，因此還是建議影片以真人為主。
- **價格**：對於某些使用者軟體的購買和訂閱費用可能略顯昂貴，其訂閱費用為每季 29.99 美元、每年 59.99 美元、一次性買斷 75 美元。

**評分：★★★☆☆（3 星）**

之所以會給予他三顆星只是因為我自己滿看重虛擬角色的品質的！不過，若單就實用性我會給予挺高的評價，就以一站式影片服務來說，Wondershare DemoCreator 功能十分齊全，不僅能夠同時錄影螢幕還可以將人像給一同錄進去，甚至還能夠將自己的背景去背，彷彿自己就是實況主一般。以一個編輯工具來說，我個人挺推薦使用 Wondershare DemoCreator，但若要以不露臉的 Video Creating 來說，我還是會推薦使用較為高端的 AI 工具，如 HeyGen！

## 常見問題解答

**Q**：Wondershare DemoCreator 可以用於 Mac 和 Windows 系統嗎？

**A**：是的，Wondershare DemoCreator 支援在 Mac 和 Windows 系統中使用，使用者可以根據自己的操作系統選擇合適的版本進行安裝和使用。

**Q**：DemoCreator 支援哪些文件格式的輸出？

**A**：Wondershare DemoCreator 支援多種影片和音頻格式的輸出，包括但不限於 MP4、MOV、WAV 和 MP3 等，滿足不同使用者的需求。

**Q**：使用 Wondershare DemoCreator 錄製影片時，可以同時錄製電腦聲音和麥克風聲音嗎？

**A**：是的，Wondershare DemoCreator 允許使用者在錄製螢幕活動時，同時錄製系統音頻和麥克風音頻，方便製作教學或 Demo 影片。

**Q**：我可以在 Wondershare DemoCreator 中添加自己的浮水印嗎？

**A**：是的，使用者可以在 Wondershare DemoCreator 中添加自定義浮水印，以保護影片內容的版權或增加品牌識別。

**Q**：在 DemoCreator 中可以刪除背景噪音嗎？

**A**：Wondershare DemoCreator 提供音頻編輯工具，可以幫助使用者減少或刪除背景噪音，提升影片的整體聲音品質。

## 資源和支援

- AI Virtual Avatars：https://www.youtube.com/watch?v=EJVYVYhhAb8
- Ultimate DemCreator Full Setup Guide：https://www.youtube.com/watch?v=3aC_8WsILJE
- DemoCreator Hub：https://democreator.wondershare.com/hub/#/home

# Sora

作者：文嘉

在撰寫文章的當下（2024 年 2 月 18 日），OpenAI 尚未開放 Sora 模型供一般大眾使用，因此以下內容以官方公布的文章來說明、分析。

## 導言

想像你只要用文字描述場景，就能自動生成非常逼真且生動的影片！

用文字變魔法，打造獨特影片，這就是 AI 模型 Sora 的神奇之處。

Sora（日文中「天空」的意思）是 OpenAI 於 2024 年 2 月 15 日發布的最新生成式 AI 模型，一出來就在社群上引起熱烈的討論。

▲ Prompt: A stylish woman walks down a Tokyo street filled with warm glowing neon and animated city signage. She wears a black leather jacket, a long red dress, and black boots, and carries a black purse. She wears sunglasses and red lipstick. She walks confidently and casually. The street is damp and reflective, creating a mirror effect of the colorful lights. Many pedestrians walk about.

## 功能概述

Sora 的核心功能，就是可將使用者輸入的文字描述轉換成影片，而且畫面高品質、呈現許多細節。此模型的厲害之處在於幾下幾點。

### 語言理解能力

準確理解使用者在提示中提出的要求，還了解這些東西在物理世界中的存在方式。

OpenAI 利用他們過往 DALL・E 與 GPT 模型的研究成果，來讓 Sora 有更好的成果。

像是使用 GPT 將簡短的使用者提示轉換為較長的詳細描述，這使得 Sora 能夠產生準確遵循使用者提示的內容。

以及使用 DALL・E 3 的重述技術（recaptioning），為訓練的所有影片生成高度描述性的文字，藉此可以提高文字保真度以及影片的整體品質。

▲ Prompt: A litter of golden retriever puppies playing in the snow. Their heads pop out of the snow, covered in.

## 複雜場景處理

能生成包含多個角色、特定類型的運動以及主體和背景的準確細節的複雜場景，包含複雜的光影變化。

▲ Prompt: A drone camera circles around a beautiful historic church built on a rocky outcropping along the Amalfi Coast, the view showcases historic and magnificent architectural details and tiered pathways and patios, waves are seen crashing against the rocks below as the view overlooks the horizon of the coastal waters and hilly landscapes of the Amalfi Coast Italy, several distant people are seen walking and enjoying vistas on patios of the dramatic ocean views, the warm glow of the afternoon sun creates a magical and romantic feeling to the scene, the view is stunning captured with beautiful photography.

▲ Prompt: Reflections in the window of a train traveling through the Tokyo suburbs.

▲ Prompt: An extreme close-up of an gray-haired man with a beard in his 60s, he is deep in thought pondering the history of the universe as he sits at a cafe in Paris, his eyes focus on people offscreen as they walk as he sits mostly motionless, he is dressed in a wool coat suit coat with a button-down shirt , he wears a brown beret and glasses and has a very professorial appearance, and the end he offers a subtle closed-mouth smile as if he found the answer to the mystery of life, the lighting is very cinematic with the golden light and the Parisian streets and city in the background, depth of field, cinematic 35mm film.

**連貫性、一致性創作**

在單一部影片中，以同樣的角色和視覺風格貫穿多鏡頭、多場景。

Sora 可以產生具有動態攝影機運動的影片。隨著攝影機的移動和旋轉，人和場景元素在三維空間中一致移動。

這對這類生成影片模型是一大挑戰，Sora 模型可以保留人、動物和物體，即使它們被遮蔽或離開框架。例如當畫面中的狗前景有行人走過，完全擋住狗的全部影像，行人離開後，那隻狗會與之前的一模一樣，不會因為被擋住而被模型忘記。

### 可變的持續時間、解析度、寬高比

生成影片長度最長可達一分鐘，比現今其他類似功能的模型還要多上不少。

而且 Sora 可以生成橫向 1920x1080p 影片、垂直 1080x1920 影片以及介於兩者之間的所有影片。它還使我們能夠在以全解析度生成之前快速以較低尺寸生成原型內容。

### 擴展、連接影片

Sora 除了可以透過文字從無到有生成影片，還可以執行以下幾種圖片和影片的編輯任務。

（建議可以到 Sora 的技術報告查看完整示範影片：https://openai.com/research/video-generation-models-as-world-simulators）

#### 向前或向後擴展影片

Sora 還能夠在時間上向前或向後擴展影片，例如一樣的影片結尾，但生成多種不同的影片開頭。

甚至使用此擴展方法來產生無縫隙的無限循環影片。

**影片風格轉換**

把原始影片轉換成想要的風格，而且不只是單單色調這麼簡單，它甚至可以做到像是以下的描述：

- 讓它進入水下
- 將時間設為冬天
- 以黏土動畫風格製作
- 更改為中世紀主題
- 變更為像素風格
- …

### 連接影片

我們還可以使用 Sora 在兩個輸入影片之間逐漸進行插值，從而在具有完全不同主題和場景構成的影片之間創建無縫過渡。

下方左右兩邊是完全不同的影片，Sora 可以幫你在兩部影片之間銜接過度，而且看起來很自然。

### 生成圖片

我們都知道影片是由很多張圖片連續播放而成，因此也可以透過在時間範圍設為一幀，來讓 Sora 生成單張圖片。

▲ Prompt: A snowy mountain village with cozy cabins and a northern lights display, high detail and photorealistic dslr, 50mm f/1.2

但目前研究人員發現，當前的模型存在一些弱點。

像是它可能難以準確模擬複雜場景的物理原理，例如玻璃破碎。或者有時候無法理解因果關係，例如，一個人咬了一口餅乾，但之後餅乾可能沒有咬痕。

該模型還可能混淆提示的空間細節，例如混淆左右，並且可能難以精確描述隨著時間推移發生的事件，例如遵循特定的相機軌跡。

這些部分都是 Sora 模型未來改進的方向。

另外，目前 Sora 正在開放給紅隊測試（錯誤訊息、仇恨內容和偏見等領域的領域專家），以評估其潛在的風險，也正在建立工具來幫助偵測誤導性內容。畢竟影片成果太真實，以至於很容易被大眾相信其內容，怕被做錯誤的利用。

同時，它也提供給部分藝術家、設計師和電影製作人使用，以獲得創造性的反饋，進一步提升模型的效用。

## 使用步驟

因在撰寫文章的當下（2024 年 2 月 18 日），OpenAI 尚未開放 Sora 模型供一般大眾使用，因此尚沒辦法實際操作。

## 應用案例

在一些較小型的節目製作公司或 YouTuber 上，當要使用短片素材來輔助說明內容時，很可能因為拍攝成本、金錢成本，而使用免費或付費影片素材庫的內容，但這有可能沒辦法找到無法完全符合的影片，或與其他人使用到一模一樣的影片素材。

藉由 Sora 模型的文字轉換成影片功能，可以做到完全符合預期的影片內容（包含形狀、色調、運鏡、風格），以及唯一性（不會與其他人重複），這對影視產業來說是一大利器（或者衝擊？）。

## 優缺點

### Sora 優點

- **打破創作限制**：用文字就能創造影片，降低創作門檻，拓展表達方式。
- **效率提升**：快速生成視覺內容，節省大量時間和拍攝成本。
- **逼真效果**：生成高品質、高細節的影片，帶來沉浸式的體驗。

### Sora 缺點

- **物理模擬**：複雜場景的物理模擬仍存在不足，可能出現不符合現實的細節。
- **空間理解**：偶爾混淆空間概念，無法完美理解描述。
- **時間順序**：對於需要精確時間順序的事件描述，可能存在偏差。

**評分：★★★★☆（4 星）**

雖然發表內容非常精彩，但因為目前尚未開放給一般大眾實測，因此保留一些分數空間。

## 常見問題解答

**Q**：Sora 可以對影片有哪些操作？

**A**：除了使用文字從無到有生成影片之外，Sora 還能夠在時間上向前或向後去擴展影片、連接兩段不同的影片（銜接過度）、生成圖片等等操作。

**Q**：Sora 安全嗎？會不會模型公開使用後被不肖人士利用？

**A**：OpenAI 對於安全性方面，正在採取多項措施保障使用安全，例如紅隊測試、內容檢測和使用政策限制。

**Q**：Sora 模型是如何運作的？

**A**：Sora 是一種擴散模型，它從看起來像靜態雜訊的影片開始生成，然後透過多個步驟消除雜訊來逐漸對其進行轉換。與 GPT 模型類似，Sora 採用 Transformer 架構，具有優越的擴展性能。

## 資源和支援

- Sora 介紹：https://openai.com/sora
- Sora 技術報告：https://openai.com/research/video-generation-models-as-world-simulators

# 4

# 聲音

# Voice AI

作者：婷婷

## 導言

Voice.ai 是一款 AI 語音生成器，可以讓使用者輕易地將自然語音轉換為任何他們想像得到的聲音，也提供各種免費的聲音處理工具，例如將任何音樂輸出各種樂器與人聲的分軌，可用來製作高品質伴奏，生成名人聲音的對話，與訓練自己的聲音模型等。

## 功能概述

- **變聲成明星的聲音**：使用平台上既有的明星聲音模型來變聲
- **生成明星的聲音**：使用平台上既有的明星聲音模型，輸入任何文字來生成聲音
- **訓練任何人的聲音**：可訓練自己的聲音

## 使用步驟

### 1. 訓練自己的聲音

進入 voice universe 網站（https://voice.ai/voice-universe），在 My voice 底下點選 Add Yours，然後上傳一個 15 分鐘長的乾淨講話聲音當訓練資料，盡量不要有背景雜音，會影響訓練結果。

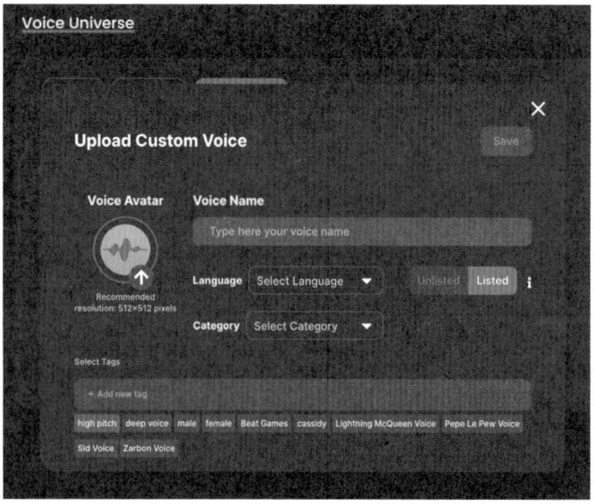

## 2. 幫音樂分軌

進入此網站（https://voice.ai/tools/stem-splitter）並上傳音樂檔案

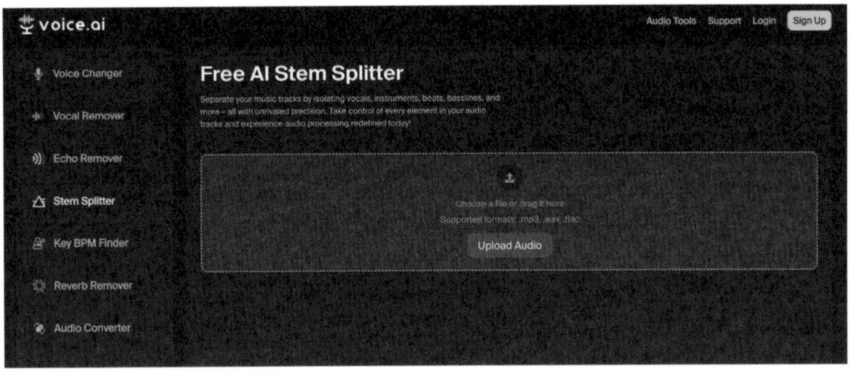


一首歌大約分鐘會處理完，可免費下載，完成後的網頁截圖如下

## 應用案例

- 將任何音樂輸出各種樂器與人聲的分軌，用來製作高品質伴奏，例如此範例（Strangers 伴奏）：https://drive.google.com/drive/u/0/folders/1VUMEGM14b7pxISgxF5K8w7OdUIqcsWRT
- 遊戲實況主可以變聲成有趣的政治人物或明星角色

## 優缺點

優點：

- 有手機 app，較方便隨時使用
- 把音樂分軌的效果是免費版裡面數一數二好的，而且可以線上執行，不需下載軟體

缺點：

- 不是開源的工具，免費試用版額度用完後需付費

**評分：★★★★☆（4 星）**

在音樂分軌上真的表現得非常出色，超越其他現有工具，但其他功能若要大量使用則收費過高。

## 常見問題解答

**Q**：Voice AI 可以用在哪些既有 app ？

**A**：Among Us, World of Warcraft, Minecraft, CS:GO, League of Legends, Discord, Skype, Google Meet, Zoom, WhatsApp

**Q**：Voice AI 什麼語言都支援嗎？

**A**：目前是支援大部分語言

**Q**：Voice AI 可以生成唱歌嗎？

**A**：不行，若要生成唱歌聲音可以參考 Suno AI，其他章節有介紹案例與用法

## 資源和支援

- 官網：https://voice.ai/
- App：https://apps.apple.com/us/app/voice-ai-voice-changer/id6444030605

# 剪映克隆聲音

作者：我是龐德

## 導言

還在煩惱每次用用剪映剪輯影片錄製聲音麻煩嗎？，現在剪映新功能，能快速的克隆屬於你自己聲音，剪映一次都幫你整合好了，還在怕口齒不清說錯話嗎？用這個新手剪輯軟體讓你快速克隆配音吧！

## 功能概述

快速克隆自己聲音。

## 使用步驟

### 步驟 1

首先到微信 app 用台灣手機註冊，再到官網下載 app 手機板，下載完打開剪映，會叫你微信登入，登入完就可以使用了，導入影片，一定導入影片，不然開啟不了。

選擇音頻

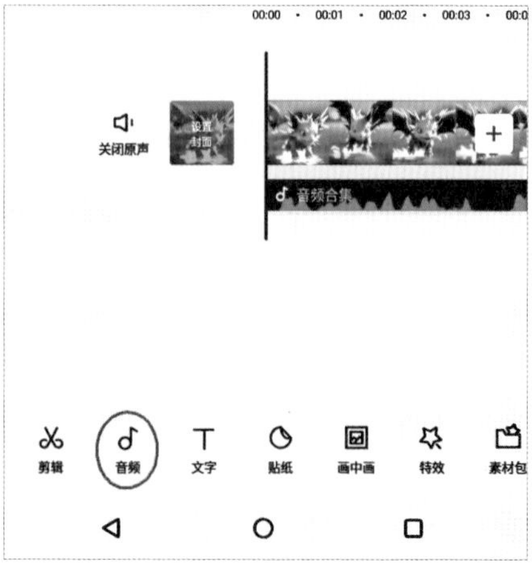

## 步驟 2：選擇克隆音色

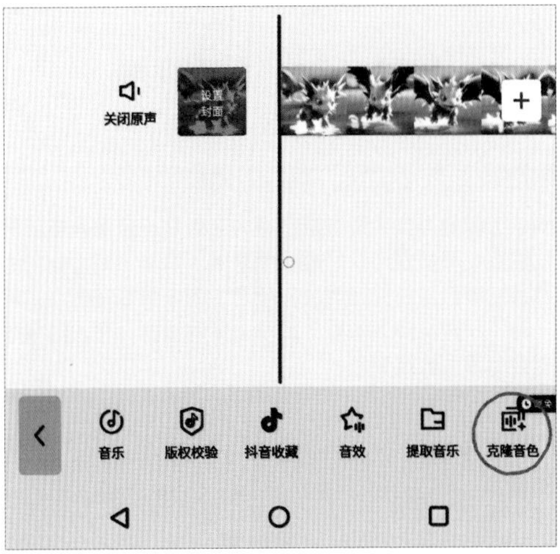


## 步驟 3：開始克隆

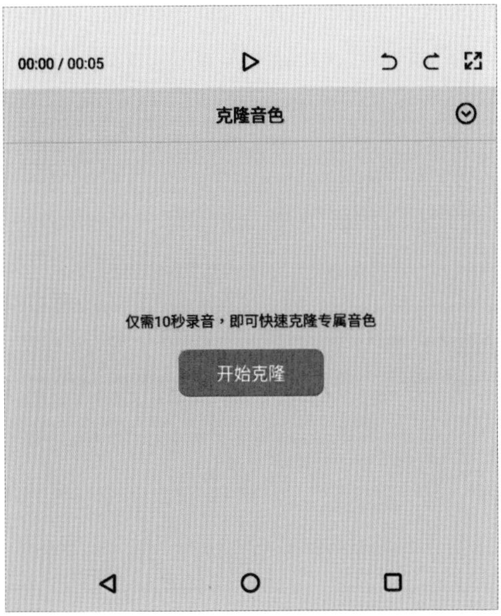

步驟 4：錄製 10 秒聲音

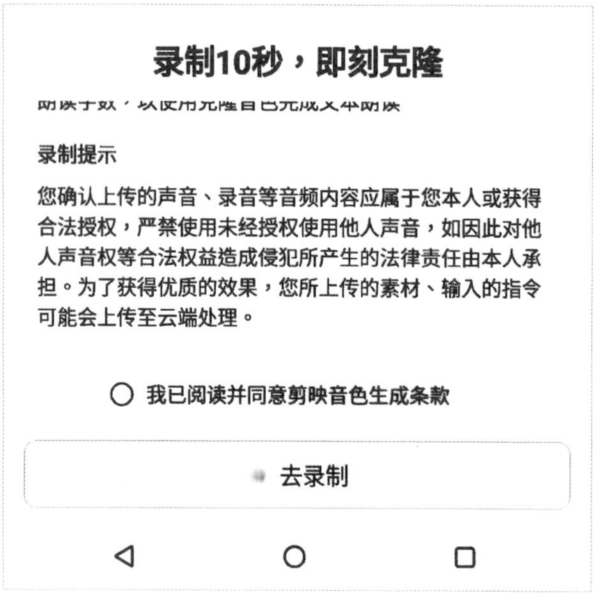


步驟 5：開始錄製，朗讀句子

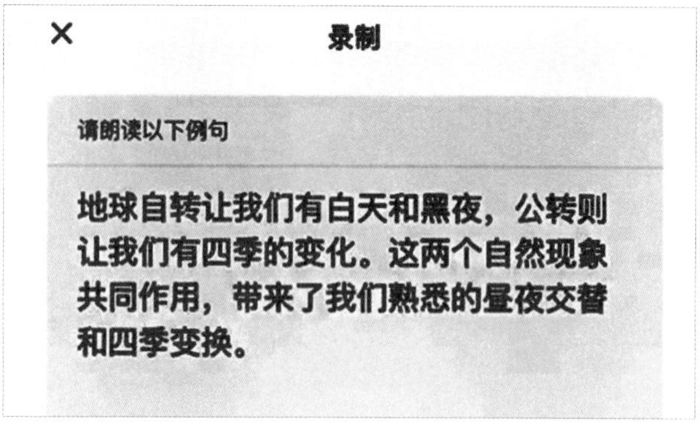

**步驟 6：正確唸完，會顯示生成中**

**步驟 7：試聽與命名**

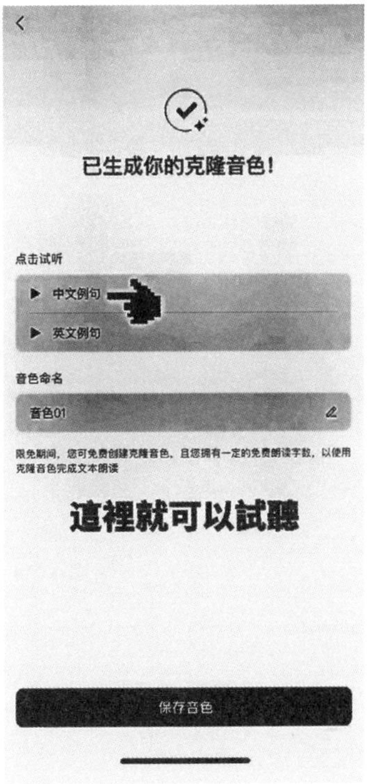

步驟 8：屬於自己的克隆角色，點擊生成朗讀

步驟 9：用內建 ai 生成文案

## 步驟 10：試聽效果

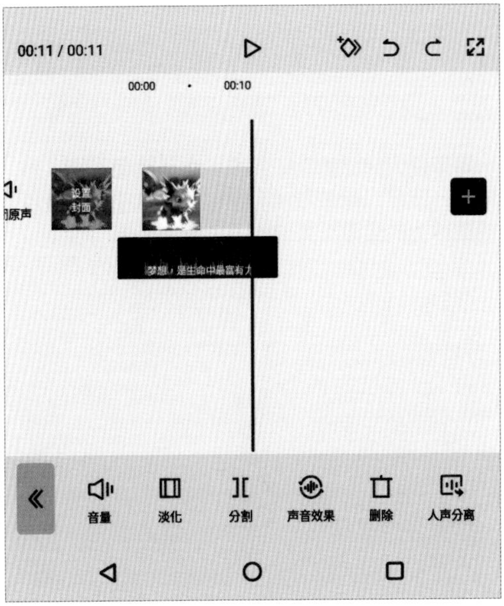


## 電腦版：步驟：1. 添加文字，2. 點選朗讀，3. 添加克隆音色

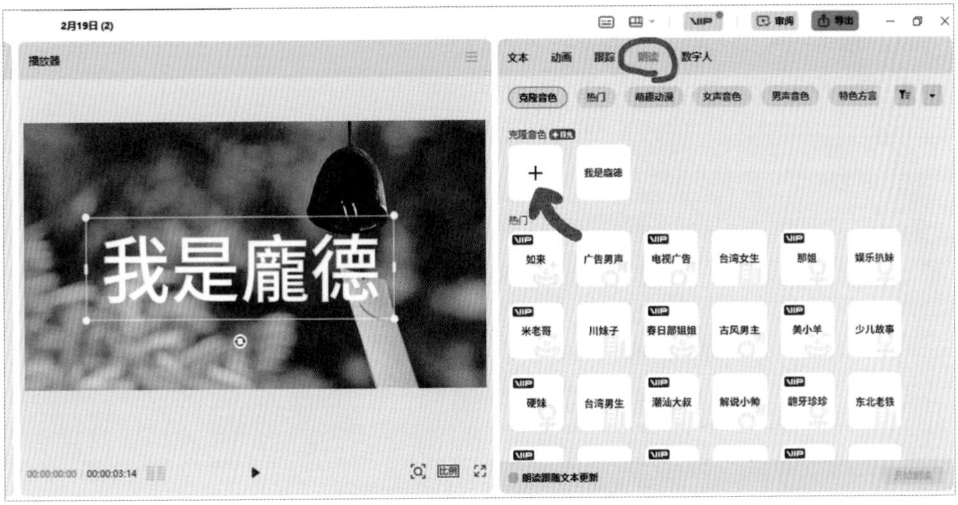

步驟 4：選擇設備麥克風，點開始錄製上方文字

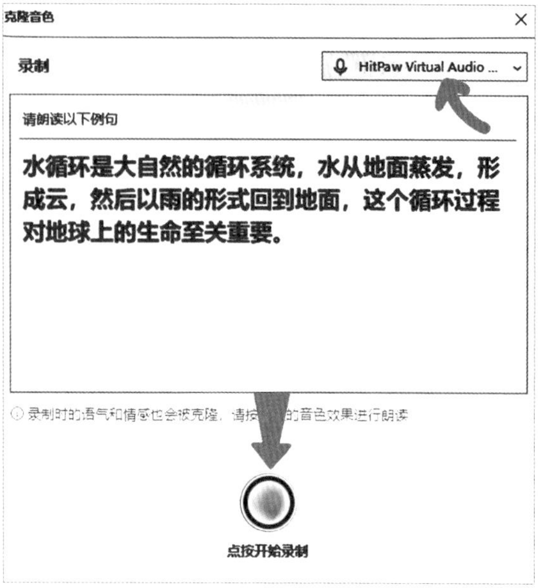


步驟 5：試聽效果，保存音色

最後完成就有屬於自己聲音啦

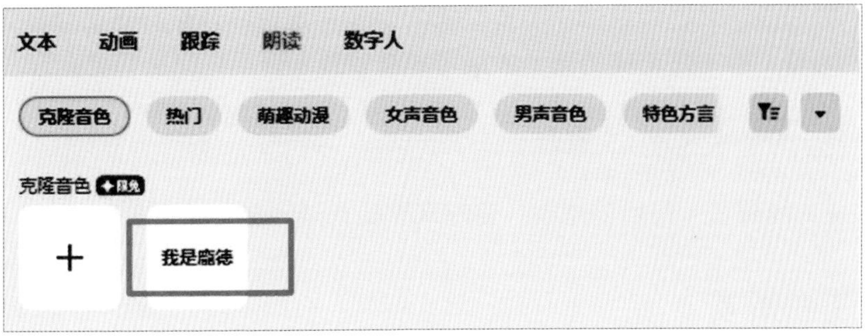


## 應用案例

1. **個人影片配音**：打造屬於自己配音，在自媒體時代中，快速製作影片。
2. **商業廣告配音**：廣告業者，可以請一次配音員使用剪映克隆音色，降低成本。
3. **電影商業配音**：電影業者，可以請一次配音員使用剪映克隆音色，降低成本。

## 優缺點

優點：

- **降低成本**：請一次配音員都要昂貴的費用，一次性降低成本。
- **新手剪輯專用**：簡單易懂，素材、模板免費，加上克隆音色，是一個完美的 ai 工具。
- **一鍵生成**：快速克隆聲音，無須複雜的程式。
- **聲音時間**：無限制。

缺點：

- **語言**：只有兩種語言，中文與英文。
- **收費**：目前是免費狀態，未來可能會收費。

**評分：★★★★☆（4 星）**

快速克隆聲音，是目前趨勢，但未來剪映克隆聲音可能會收費。

## 常見問題解答

**Q**：剪映克隆聲音免費的嗎？

**A**：2024 年 10 月改用積分使用。

**Q**：克隆聲音能商用嗎？

**A**：用自己聲音，可以商用。

**Q**：克隆聲音有違法嗎？

**A**：不去詐騙，不違法。

**Q**：克隆聲音能多長時間？

**A**：根據你的文案生成時間，無限制。

## 資源和支援

- 剪映官方網站 APP 下載：https://www.capcut.cn/mobile_portal。
- 微信註冊：打開 WeChat，選擇「註冊」> 輕觸「用手機號碼註冊」> 選擇手機號碼的國家或地區 > 輸入你的手機號碼，根據頁面提示完成註冊。
- 支援：YT 我是龐德 or milk75423@gmail.com

# ElevenLabs

作者：我是龐德

## 導言

ElevenLabs 使用人工智慧（AI）和機器學習（ML）為各行業的內容創作者、網路平台和製作工作室帶來最強大的自動配音、語音轉換和語音合成工具。

## 功能概述

- **AI 語音合成**：提供文字轉語音，支持多種類型的聲音，生成高品質的音檔。
- **AI 語音克隆**：提供聲音克隆工具，快速克隆聲音。
- **高品質語音庫**：ElevenLabs 提供高品質的語音庫，使用者也可以在 discord 進行分享與交流。
- **Ai 配音翻譯**：語音翻譯工具能在幾分鐘內將口語內容轉換成其他語言，同時保留原始講者的音色。
- **支援 29 種語言**：它支援的語言包括英語、克羅埃西亞語、韓語、葡萄牙語、馬來語、印地語、斯洛伐克語、菲律賓語、丹麥語、烏克蘭語、瑞典語、日語等。
- **語音轉語音**：ElevenLabs 提供的語音轉語音轉換器超越了傳統的文字轉語音技術。這使您可以將自己的聲音轉換為另一個角色並自訂他們的情緒和表情

## 使用步驟

1. 首先進入官網：https://elevenlabs.io/text-to-speech

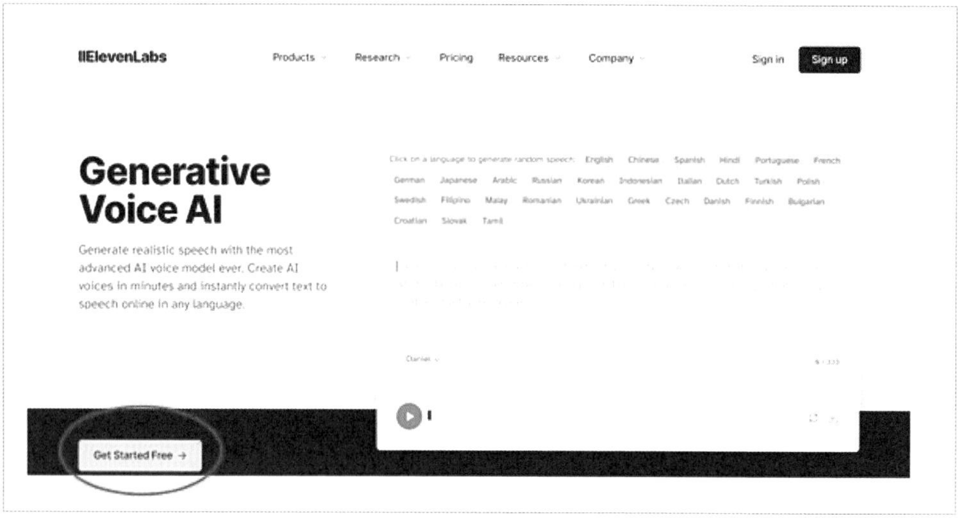


2. google 信箱登入

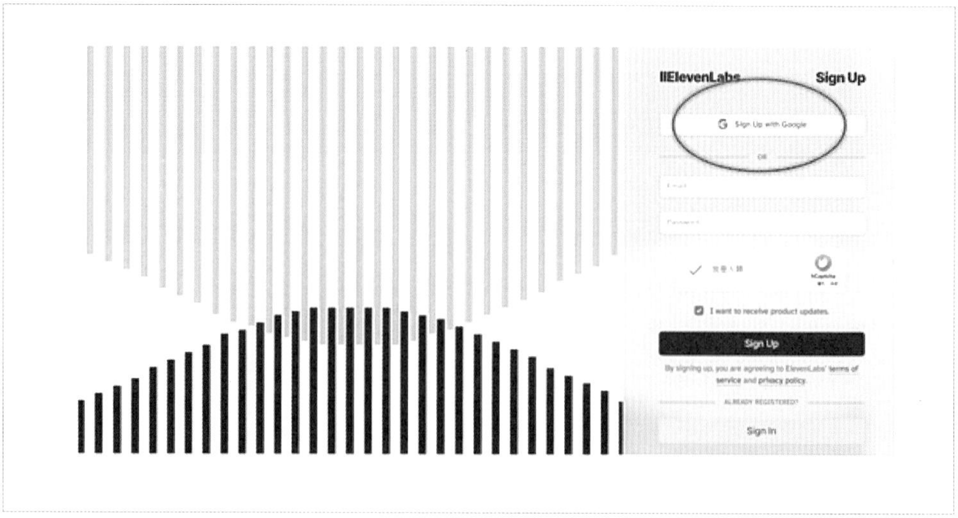

3. 點創建聲音

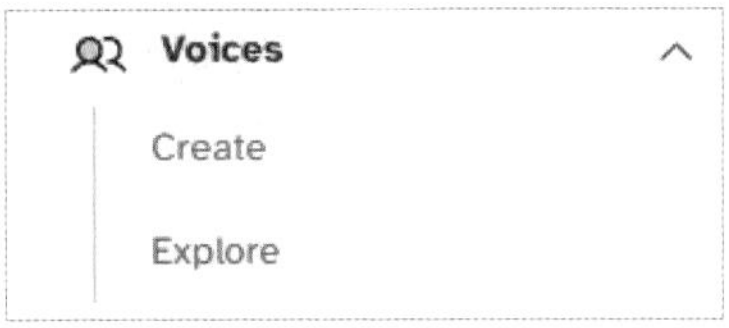


4. Voice design 聲音設計

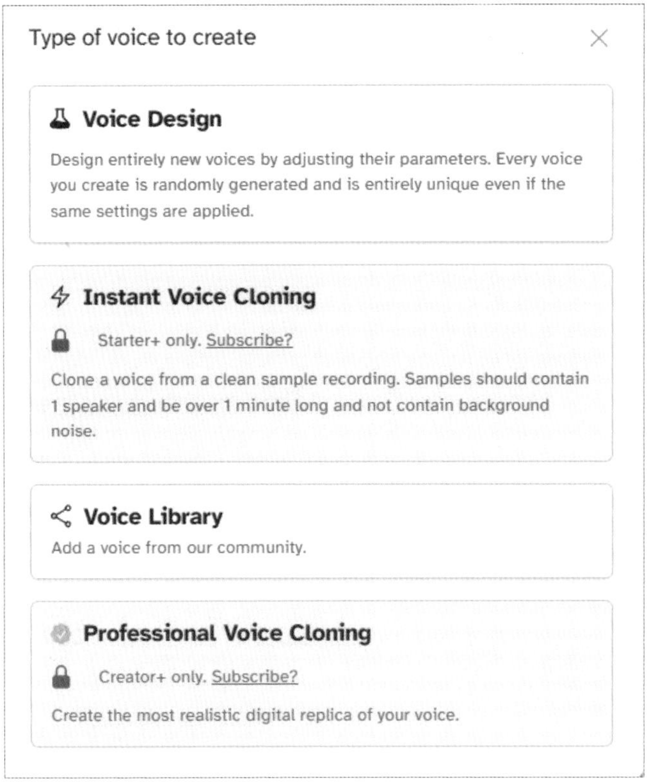

5. 選性別、年齡、口音、輸入文字點生成轉語音

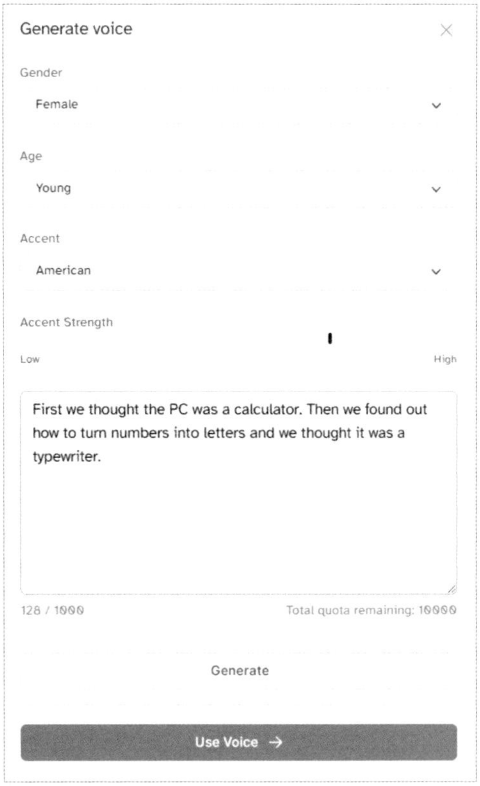


6. 克隆聲音：訂閱即時語音克隆需要支付訂閱費用。最實惠的計劃每月只需 5 美元，首月付只需要 1 美元。點擊即時克隆聲音。

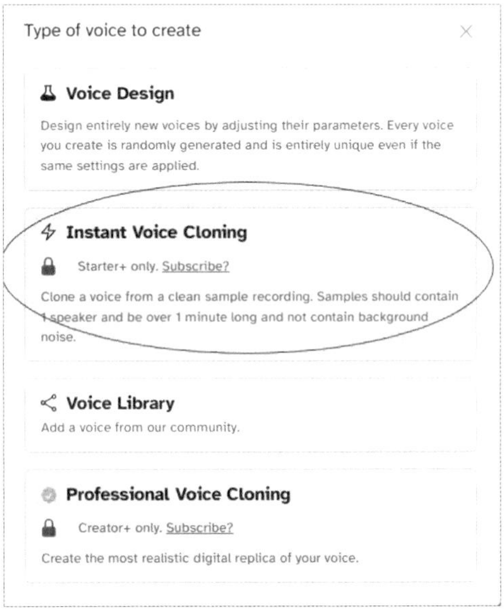

7. 為您的聲音命名。然後，上傳錄製的音檔。確保沒有背景噪音。建議上傳至少 5 分鐘的音頻，以便更好地進行語音合成。在下面寫一段描述，然後點擊「Add Voice」按鈕。

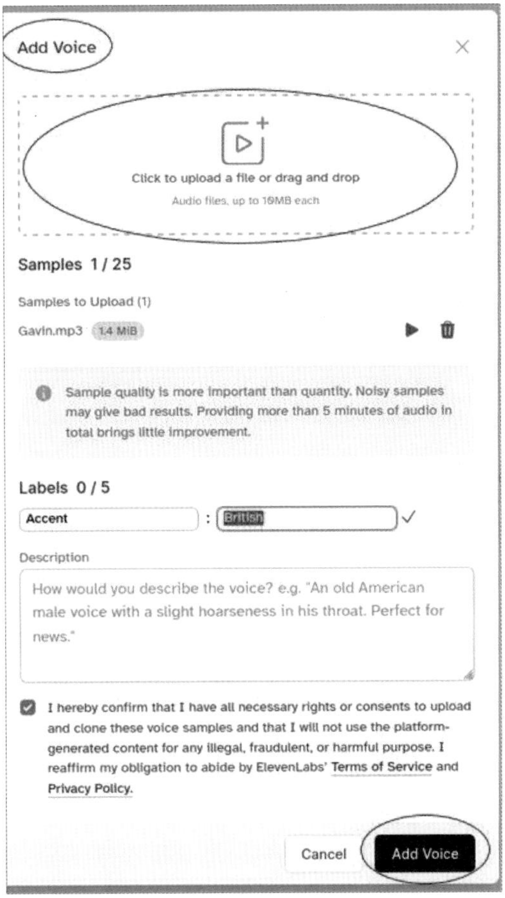


8. 克隆完畢，使用克隆聲音。

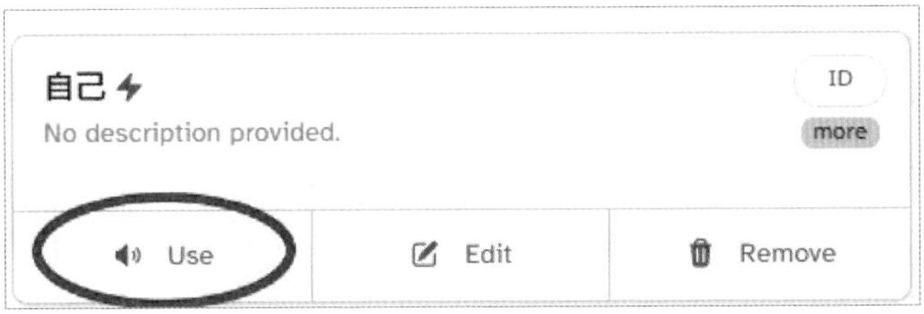

9. 有兩種選擇，第一種文字轉語音，第二種上傳別人音檔風格融合。Settings 選 V2 有中文模型，Voice Settings 可以調整聲音穩定度與清晰度，最後點 Generate 就可以了。

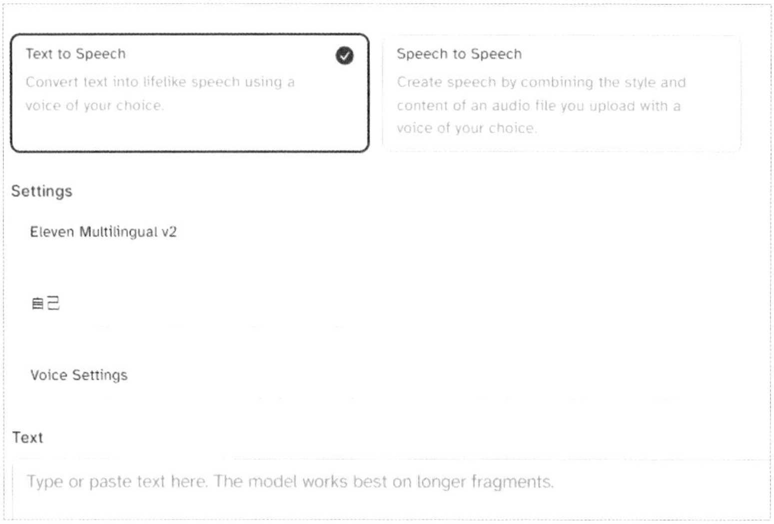


## 應用案例

- **影片創作者**：影片創作者可以利用 ElevenLabs AI 立即產生逼真的旁白聲音，從而提高影片內容的整體品質。您可以使用您的聲音創建自訂 AI 聲音，以實現更多個性化。
- **遊戲配音**：遊戲開發者還可以使用 ElevenLabs 的遊戲專用 AI 語音庫，進行配音。
- **企業和行銷人員**：公司可以節省時間和金錢，同時利用 ElevenLabs 的語音複製和配音功能吸引受眾。透過多種語言的迷人畫外音來增強您的廣告、簡報和培訓材料。
- **教育工作者**：教育工作者可以利用 ElevenLabs，透過人工智慧配音和視訊翻譯，讓非母語人士輕鬆取得學習材料。此外，真實多樣的人工智慧聲音使教育工作者能夠將枯燥的講座帶入生活，使課程更加難忘和有影響力。

- **部落客**：部落客可以用逼真的聲音來增強他們的內容，因此，他們可以創建引人入勝的播客風格文章來吸引讀，透過將書面文字轉化為口頭敘述，部落客可以讓聽眾更容易理解他們的內容。

## 優缺點

**優點：**

- 入門簡單，一鍵生成。
- 強大語音庫。
- 價格實惠。

**缺點：**

- 對於中文有時候會變調。
- 無法控制停頓點與音調。
- 需要付費才能即時克隆。

**評分：★★★★☆（4 星）**

## 常見問題解答

**Q**：ElevenLabs 是免費的嗎？

**A**：ElevenLabs 是免費配音語音合成。

**Q**：ElevenLabs 生成配音能商用嗎？

**A**：ElevenLabs 付費才能用於商業用途。

**Q**：ElevenLabs 配音可以多長？

**A**：ElevenLabs 文字轉語音 2500 字音頻檔不能超過 50MB。

## 資源和支援

- 官網：https://elevenlabs.io/
- 支援：YT 我是龐德 or milk75423@gmail.com

# 5

# 音樂

# Soundraw.io

作者：Tim

## 導言

音樂創作已經不再僅僅是音樂人的專業領域了，透過 AI 技術，讓更多非專業人士也能夠創作出具有個人特色的音樂作品是目前大環境的趨勢。

Soundraw.io 是一個利用人工智慧技術來創造音樂的平台，它能夠根據使用者的需求生成各種風格和情緒的音樂。這個平台的創立是基於一個簡單的理念：讓音樂創作變得更加簡單、快捷，並且無需專業的音樂知識或技能。隨著 AI 技術的進步，Soundraw.io 逐步發展成為一個功能強大的工具，它不僅能夠幫助專業的音樂人快速產生靈感，也讓普通的創作者能夠輕鬆創作出高品質的音樂作品。

以下是為什麼我們一定要使用 Soundraw.io 的理由：

1. **創作自由度高**：Soundraw.io 提供了豐富的音樂類型和元素，使用者可以根據自己的需要選擇風格、情緒、節奏，甚至可以細化到樂器選擇。這種高度的客製化能力，使得每一位使用者都能創作出獨一無二的音樂。

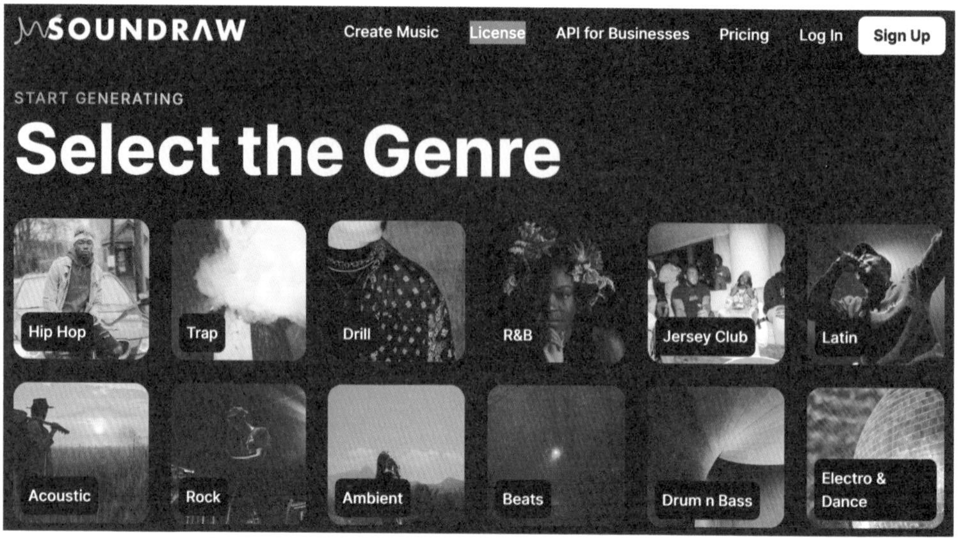

2. **節省時間與成本**：對於許多需要音樂配合的創作人來說，找到合適的音樂往往是一項耗時且昂貴的過程。Soundraw.io 的出現，使得這一過程變得既快捷又經濟，使用者無需花費大量時間尋找或者委託創作音樂，就可以獲得滿足自己需求的原創音樂。

3. **易於使用**：即使是沒有音樂背景的使用者，也能夠輕鬆上手使用 Soundraw.io。平台的介面直觀易懂，通過幾個簡單的步驟，使用者就能夠創作出自己的音樂。這樣的設計降低了音樂創作的門檻，讓更多人能夠實現自己的音樂夢。

4. **提高創作品質**：AI 技術的應用，讓 Soundraw.io 能夠生成高品質的作品。這些作品不僅在技術層面達到專業水準，而且在藝術創作上也有著高度的表現力和創新性。對於專業音樂人來說，這個平台可以作為創作過程中的一個有力輔助，激發更多的靈感和創意。

5. **版權問題的解決方案**：在 Soundraw.io 上創作的音樂，使用者擁有完全的版權。這意味著使用者可以自由地使用這些音樂作品，無論是商業用途還是個人用途，都不必擔心版權問題。完全符合需要大量使用音樂創作者的需求。（即時版權相關資訊請參照 Soundraw.io 官方網站）

隨著 AI 技術的不斷進步和應用，Soundraw.io 代表著音樂創作的一個新方向。它不僅為專業音樂人提供了強大的創作工具，也為廣大的非專業創作者打開了音樂創作的大門。無論你是需要音樂來豐富你的影片內容，還是單純想要探索音樂創作的樂趣，Soundraw.io 都能夠滿足你的需求。

## 功能概述

### 主要功能與優點：

1. **豐富的曲風與類型**：Soundraw.io 提供廣泛的音樂風格和類型，從古典樂、爵士、搖滾到電子音樂等，滿足不同創作背景和主題的需求。使用者可以根據自己的專案特性選擇合適的風格，製作出與內容氛圍匹配的音樂。

2. **情感與場景搭配**：透過 AI 算法，Soundraw.io 能夠理解使用者對於音樂的情感和場景需要，從而生成與之匹配的音樂。無論是希望傳達的是快樂、悲傷、平靜還是興奮的情緒，Soundraw.io 都能提供相應的音樂選擇。

3. **客製化音樂創作**：使用者可以透過選擇不同的樂器、節奏和旋律線條來定制音樂。這種高度自由的創作介面讓每一位使用者都能創作出獨特且個性化的音樂作品，滿足專業級的創作需求。

4. **即時音樂生成**：Soundraw.io 的 AI 算法能夠在幾分鐘內生成音樂，大大節省了傳統音樂創作和製作的時間。這對於需要在緊迫時間內完成專案的創作者來說，是一大優勢。

5. **版權自由**：Soundraw.io 生成的音樂完全屬於使用者，無需支付額外的版權費用。這使得使用者可以自由地在任何專案中使用這些音樂，無論是商業用途還是個人享樂。（即時版權相關資訊請參照 Soundraw.io 官方網站）

缺點：

1. **缺乏人類創作的細膩感**：雖然 Soundraw.io 能夠根據使用者的需求生成音樂，但這些音樂可能缺乏人類音樂家創作時的細膩感和情感表達。

2. **音樂風格有限**：儘管 Soundraw.io 提供了多種曲風的選擇，但其音樂庫的多樣性和深度可能無法與傳統音樂創作相比，對於尋求特定細分風格或非主流音樂風格的創作者來說，可能難以完全滿足需求。

3. **需要時間學習和掌握**：雖然 Soundraw.io 的使用門檻相對較低，但要充分利用其所有功能並創作出高品質的音樂作品，使用者仍需花時間學習如何操作平台和調整細節（Fine-Tune）。

4. **無法在平台上直接進行調整**：AI 生成的音樂可能在某些細節上無法完全達到使用者的期待時無法直接在平台上進行調整，還是會需要使用者下載後自行到編輯平台後行後製。

# 使用步驟

## 第 1 步：註冊

註冊選項：使用者可以使用 Google 或電子郵件進行帳戶註冊。

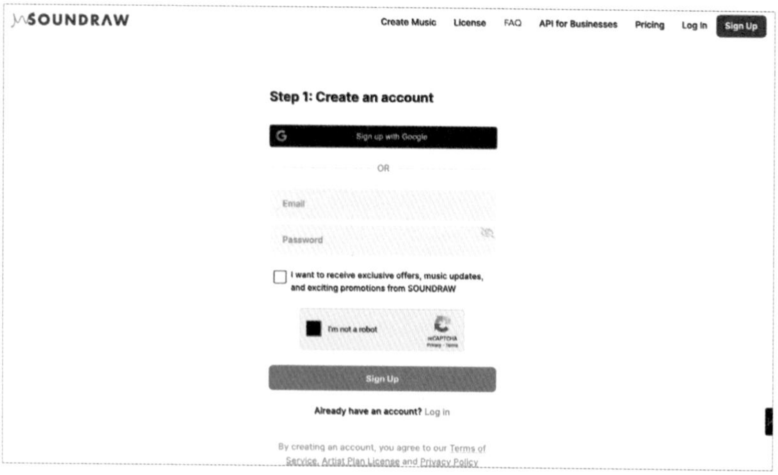


## 第 2 步：選擇使用方案（可以先跳過）

使用方案：使用者可以依據自己的需求選擇適合自己的使用方案。（建議先點擊畫面下方的 Skip Subscription 進行試用，符合自己需求再訂閱即可！）

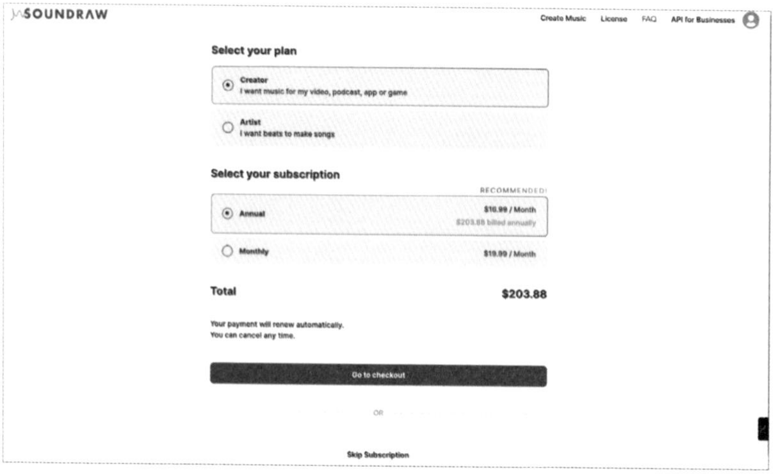

## 第 3 步：開始使用 Soundraw.io

選擇音樂時長：左上角可以看到 3:00 後方有個小箭頭可以選擇音樂的時數。

選擇音樂節奏：右邊則可以調整音樂節奏的快慢

選擇音樂風格：Soundraw.io 提供了高達 25 種曲風供創作者選擇。

## 第 4 步：選擇音樂情緒及主題

在決定好音樂時長、節奏及曲風後，將游標繼續往下滑則可以看到 Soundraw.io 有高達 25 種音樂情緒以及 22 種主題供創作者進行選擇。

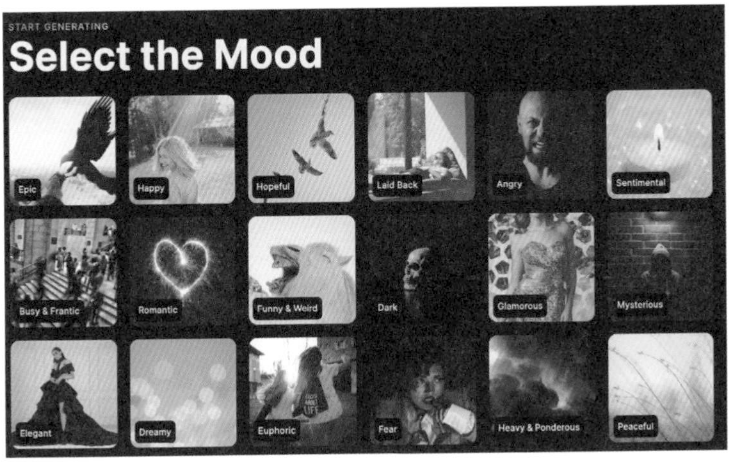

## 第 5 步：完成創作

在選擇完所有元素後，Soundraw.io 就會生成 15 首相對應元素的音樂光創作者選擇。使用者即可在此階段決定是否要付費進行下載。

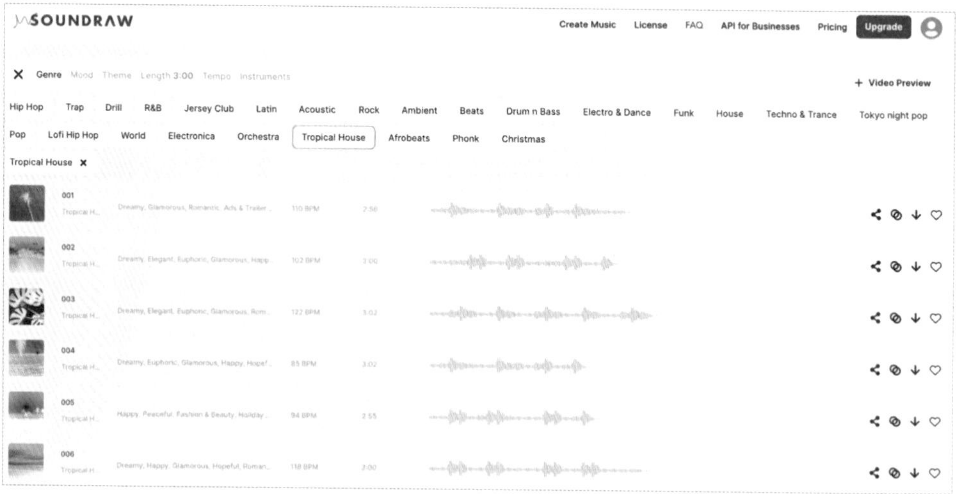

## 應用案例

### 案例一：影片製作

通過 Soundraw.io，創作者可以快速獲得多首匹配不同場景的原創音樂，不僅豐富了影片的情感層次，也能節省大量的成本和時間，使短片能夠在預算內完成並保持高品質的音樂效果。

### 案例二：廣告製作

Soundraw.io 可以協助公司或創作者快速多首具高度原創性和契合品牌形象的音樂，增強廣告的張力和影響力，同時也提升了工作效率和創作靈活性。

### 案例三：Podcast 創作者

利用 Soundraw.io，可以提升 Podcast 聽眾的帶入感，也能吸引更多聽眾。原創背景音樂的導入，更能使節目更加專業，幫助主持人在 Podcast 中脫穎而出。

### 案例四：社群媒體內容創作者

透過 Soundraw.io 可以讓 Reels、Tiktok 或 Shorts 的創作者使用與其他創作者更不一樣的音樂，讓每一個影片都能有獨特的背景音樂，提升影片的品質和獨特性。

**評分：★★★★☆（4 星）**

Soundraw 可以透過選擇數十、數百種不一樣的組合創造出非常不一樣的背景音樂，如果不喜歡第一次所創作出來的音樂還可以根據不一樣的調性重新調整，在產出音樂的時間也不需要等候太久，不過其缺點就是沒有人聲，以及在創作音樂後沒有辦法對已經產出的音樂進行調整。

## 常見問題解答

**Q**：如何開始使用 Soundraw.io 創作音樂？

**A**：首先，至 Soundraw.io 的官方網站並註冊一個帳號。完成註冊後，登入您的帳號，您將看到一個直觀的使用者界面，其中包括選擇音樂風格、情緒、節奏以及樂器等選項。根據您的需求，進行相應的選擇，然後點擊「生成音樂」按鈕，系統將自動為您創作音樂。

**Q**：如果生成的音樂不符合我的期望，我該怎麼辦？

**A**：Soundraw.io 提供了高度的客製化功能。如果生成的音樂不完全符合您的期望，您可以多次調整音樂的風格、情緒、節奏或樂器等設定，並重新生成音樂。此外，多次嘗試不同的組合可以幫助您更好地探索並找到最符合您需求的音樂風格。

**Q**：我可以用於商業專案中的音樂嗎？

**A**：是的，您創作的音樂完全屬於您，您可以將其用於任何商業或非商業專案中，無需支付額外的版權費用。Soundraw.io 為使用者提供了一個解決版權問題的有效工具，使您可以自由地使用這些音樂。

**Q**：如何確保我創作的音樂是獨一無二的？

**A**：Soundraw.io 利用 AI 技術生成音樂，每次創作都是基於使用者的具體設定進行的。雖然某些風格和元素可能會在不同使用者之間重複，但通過組合不同的風格、情緒、節奏和樂器，您創作的音樂將具有高度的獨特性。

**Q**：如果我沒有音樂背景，我能使用 Soundraw.io 創作出專業級的音樂嗎？

**A**：絕對可以。Soundraw.io 的目標之一就是降低音樂創作的門檻，讓沒有音樂背景的使用者也能創作出專業級的音樂。平台提供了豐富的預設選項和直觀的操作界面，幫助使用者輕鬆選擇合適的音樂元素，無需深厚的音樂理論知識。

## 資源和支援

- Youtube by Ai Ideas：【SoundRAW AI 作曲軟體教學】
- Toolify：https://reurl.cc/E4mxaa

# SpliceCreate

作者：Tim

## 導言

SpliceCreate（手機版名為 CoSo），作為 AI 音樂浪潮中的先鋒，不僅是一款 AI 工具，它代表著一種全新的音樂創作方式。來自台灣的資深影音剪輯顧問及專家，我將向您介紹 SpliceCreate 的背景和它為何成為當代音樂人必不可少的工具。

以下是你一定要使用 SpliceCreate 的原因：

- **創意靈感激發**：AI 驅動的工具能夠根據使用者的偏好生成匹配的音樂元素，提供無限的創意組合，激發音樂創作的靈感。
- **效率提升**：節省了尋找合適樣本和調整音樂元素的時間，讓音樂製作過程更加高效，專注於創意的實現。
- **客製化製作**：能夠根據個人風格和需求定制音樂元素，提供獨特的音樂創作體驗，幫助音樂人創造出與眾不同的作品。

作為一名台灣的創作者，我深刻體會到 SpliceCreate 對於本地音樂創作生態的重要性，台灣擁有豐富多元的音樂文化，從傳統音樂到現代流行音樂，創新與傳承並行。SpliceCreate 提供了更多的選擇，讓台灣音樂人能夠在保留傳統元素的同時，探索現代音樂的無限可能性。這不僅有助於提升台灣音樂的國際影響力，也為本地音樂人提供了一個發展自我風格的新途徑。

## 功能概述

### 主要功能與特點

- **多種曲風選擇**：SpliceCreate 提供 15 種以上的曲風讓創作者可以自由的選擇取用，並且在選擇完曲風之後還可以再疊加許多不同種類的樂器來豐富 AI 創造出來的音樂，讓音樂具備更多層次。

- **隨機產生不同組合**：SpliceCreate 可以在使用者選擇曲風後，可以讓使用者擲骰子，讓所有的 Stack 重新刷新，組合成截然不同的樂曲。
- **隨心所欲疊加配音**：SpliceCreate 讓使用者除了被動接受 AI 所創造的所有音樂，也讓使用者可以從 0 開始創作，並且選擇 10 種以上的樂器以及各種不同的 Beat，讓創造音樂更加有趣！

## 使用步驟

### 第 1 步：開啟 SpliceCreate

網頁開啟：在 Google 或任何瀏覽器上面搜尋 SpliceCreate 或直接搜尋 https://splice.com/sounds/create 即可。

### 第 2 步：開始創作

開始創作：點擊首頁中左上角的 Create 就會進入到創作頁面。

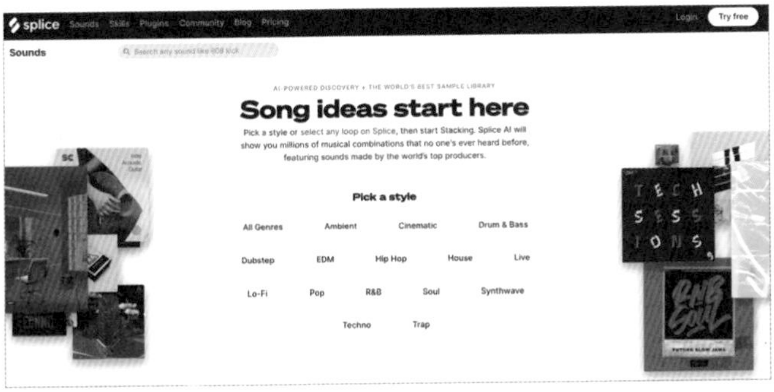

## 第 3 步：選擇曲風

選擇曲風：在這邊就可以開始選擇您所想要創作的音樂曲風。

進階調整：點進自己所想要創作的歌曲後，AI 會幫您生成一段最初步的音樂。

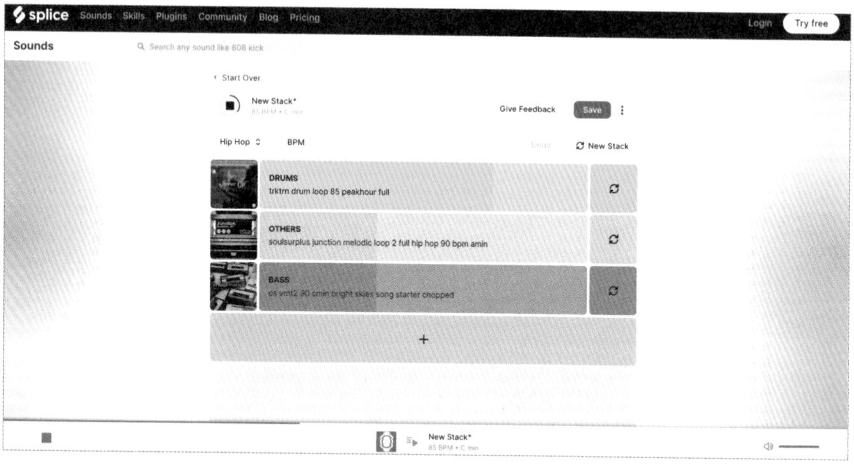


## 第 4 步：隨喜好新增或刪除樂器或聲音

加入音樂：將滑鼠游標移至 +，畫面就會自動出現以下畫面，供使用者選擇多種不同的樂器。

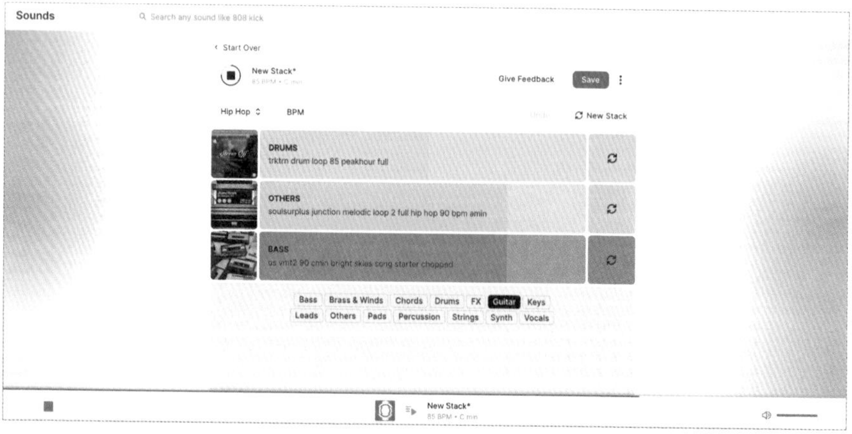

## 第 5 步：選擇樂器狀態

獨奏：將滑鼠游標移動至想要獨奏的樂器的方格中，並且點擊 S（Solo）即可。

靜音：將滑鼠游標移動至想要靜音的樂器的方格中，選擇 M（Mute），即可靜音。

更改樂器節奏或聲音：假設我不喜歡現在的 Drums，那我就點擊方格最右邊的重新整理按鈕，就可以隨機選擇到一個 Drums 的節奏以及聲音。

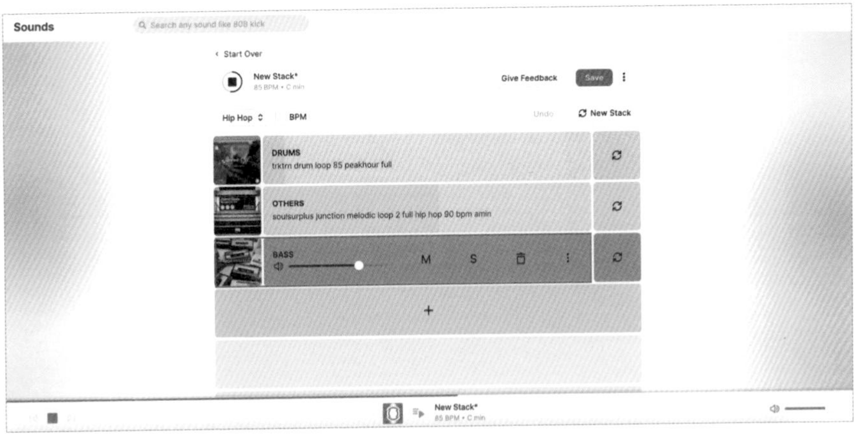


## 第 6 步：調整節奏速度

調整 BPM：若不喜歡目前的音樂節奏，則可以至 BPM 上面進行節奏的調整。

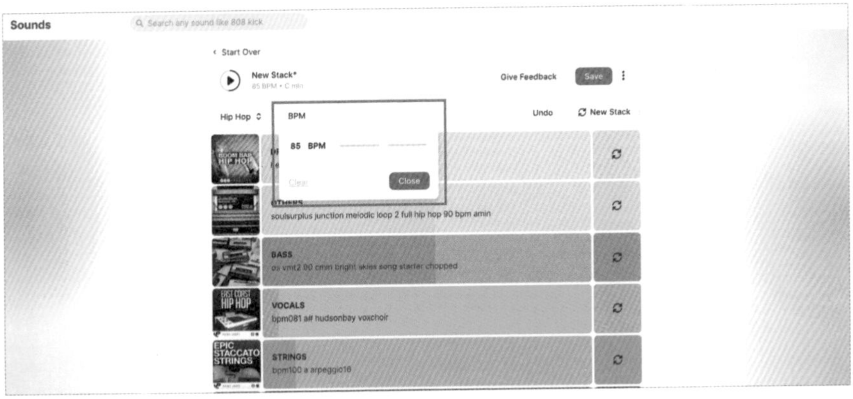

## 第 7 步：儲存音樂

Save：若已經調整完音樂至您已經滿意的程度，則可以點擊 Save 並且建立一個屬於你自己的檔案夾。

註冊：若在此之前還沒有登入或是進行註冊的使用者，則會在這個步驟進行登入。

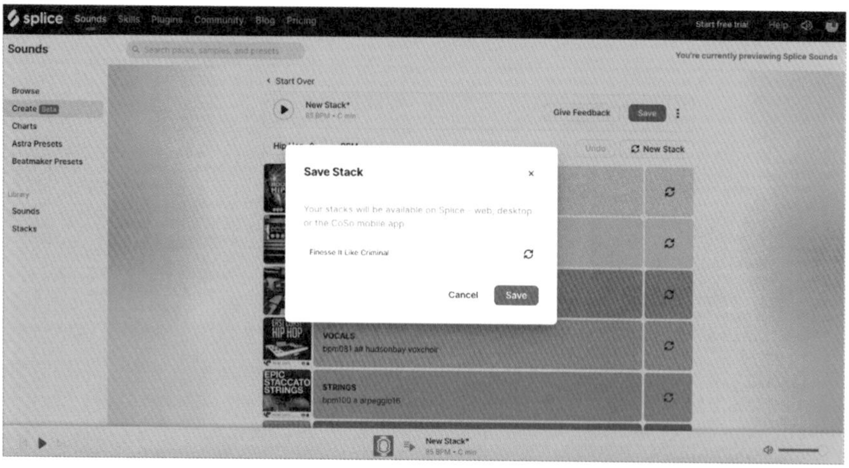


## 手機版請至各系統商店查詢 CoSo 即可

各操作流程與網頁版相似，若想要選擇自己喜歡的樂器風格則可以直接右滑或左滑進行調整。

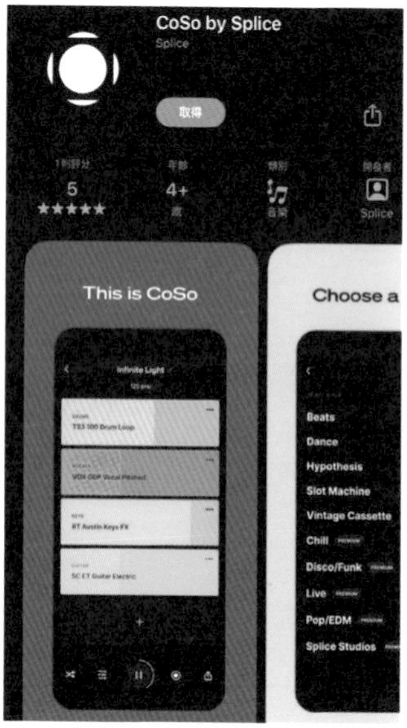

# 應用案例

## 案例概述：

SpliceCreate 與獨立音樂製作人的創作協作。

## 背景：

Pure 是一位熱情的獨立音樂製作人，專注於電子音樂創作。他在尋找新的靈感來創作一首獨特的電子舞曲，但近期感到創意枯竭。

## 解決方案：

Pure 決定使用 SpliceCreate，來尋找新的音樂樣本和循環。透過 SpliceCreate，他能夠輕鬆瀏覽和選擇各種風格的音樂元素，從中獲得靈感。

## 實際應用：

- **靈感激發**：李明使用 SpliceCreate 的豐富庫存，找到了一系列符合他創作風格的循環和樣本，這些元素激發了他的創作靈感。
- **創作和實驗**：借助於 AI 推薦的音樂元素，Pure 開始實驗不同的音樂組合，快速試聽不同的節奏和旋律搭配，這大大提高了他的工作效率。
- **完成作品**：通過結合 SpliceCreate 提供的高品質樣本和自己的創意，Pure 最終完成了一首具有創新感和個人風格的電子舞曲。

## 效果：

使用 SpliceCreate 不僅幫助 Pure 打破了創作瓶頸，還讓他能夠以更高效和創新的方式完成音樂作品。這首新歌曲在 Instagram 上獲得了廣泛的好評，為他贏得了 5280 位的新追蹤數，而且追蹤人數還在持續成長中。

## 優缺點

### 優點：

- **高效率音樂生成**：創作者只需要幾個點擊，就可以創造出好幾套不同風格的 beat 或是背景音樂，與以往需要自己從音樂環境開始架構的工作相比，運用 SpliceCreate 確實可以讓創作者更專注於「創作」本身，而不是花時間在架設基礎環境上。
- **操作簡易性**：SpliceCreate 的介面非常直觀，使用者基本上不用花非常多的時間去學習，讓每一個人都幾乎不會有使用 AI 工具的學習成本，可以說是即開即用。
- **組合多樣性**：SpliceCreate 上的「隨機生成」功能非常的厲害，讓創作者可以有無限嘗試的可能，並不會向其他音樂生成軟體一樣無法修改最終成品。

### 缺點：

- **缺乏人聲**：若創作者希望加入歌詞或人聲的話可能需要自行後製添加，因為此 AI 工具中並沒有提供音樂 + 歌聲的服務。
- **價格**：在試用期結束之後，會需要使用者進行訂閱才能繼續使用之後的服務，而價格分為三種：Sounds+：$12.99/ 月、Creator：$19.99/ 月、Creator+：$39.99/ 月

**評分：★★★★☆（4 星）**

對於一個音樂創作者來說，靈感是非常重要的元素，而每當我缺乏靈感或是希望聽些純音樂的作品時，我就會到 SpliceCreator 隨機生成一些音樂來享受。雖然並不是每次都非常順利的產出我想要的作品，但在 75% 的時間我都能夠直接透過介面上的操作去得到最原始的 AI 創作作品來品嚐。

我最常創作的音樂風格是 HipHop，他們在 HipHop 的音樂風格十分多樣，直到現在我覺得都還沒有完完全全的嘗試過每種組合，因此對於有極大量創作

需求的創作者們，或是非常缺乏靈感的各位，我建議都可以上 SpliceCreator 來玩玩！

## 常見問題解答

**Q**：SpliceCreator 支持哪些音樂類型的創作？

**A**：SpliceCreator 支持廣泛的音樂類型，包括但不限於電子、嘻哈、搖滾、爵士等，提供多樣化的樣本和循環以適應不同創作需求。

**Q**：如何處理版權問題，確保創作不侵權？

**A**：SpliceCreator 提供的所有音樂樣本和循環都已獲得版權授權，使用者可以放心使用於商業和非商業專案中，但應詳閱具體的使用條款。

**Q**：我可以在 SpliceCreator 上與其他音樂製作者合作嗎？

**A**：是的，SpliceCreator 鼓勵創作者之間的合作，您可以輕鬆分享專案並與他人共同創作，促進創意的交流和合作。

**Q**：SpliceCreator 更新新樣本的頻率如何？

**A**：SpliceCreator 定期更新其音樂樣本庫，以確保創作者能夠接觸到最新的音樂元素和趨勢，具體更新頻率請參考官方公告。

## 資源和支援

- Toolify：https://www.toolify.ai/ai-news/unlock-your-creative-potential-with-splices-ai-music-tool-3748
- NEW AI Website For Music Producers UNLOCKS Powerful Workflows：https://www.youtube.com/watch?v=9Mn2riOV5X0
- Create "Stacks" w/ Splice Create | Desktop version of CoSo by Splice：https://www.youtube.com/watch?v=4LjiW3nSnwE
- 手機版 SpliceCreate：Coso

# Suno

作者：Tim

## 導言

Suno 的開發團隊利用最先進的深度學習技術，創建了一個能夠協助使用者從零開始創作完整的歌曲、器樂曲和音樂作品的 AI 工具。這些音樂作品是免版稅的，意味著使用者可以自由地創作、分享甚至商業化作品，而不必擔心版權問題。

為什麼你一定要使用 Suno：

1. **降低音樂創作門檻**：傳統上，音樂創作需要多年的學習和練習，從樂理知識到樂器演奏技巧，這對許多人來說是一個高不可攀的門檻。Suno AI 通過提供一個直觀易用的平台，使任何人都可以無需專業知識即可創作音樂，這為廣大音樂愛好者提供了一個創作的舞台。

2. **激發創意表達**：Suno AI 不僅僅是一個音樂創作工具，它也是一個創意開拓工具。使用者可以通過與 AI 的互動來探索不同的音樂風格、節奏和旋律，從而發現新的創作靈感，這對於音樂創作來說至關重要。

3. **快速實現音樂想法**：在傳統音樂創作過程中，從構思到最終作詞作曲的完成往往需要較長的時間。Suno AI 的出現使得音樂創作變得更加高效，使用者可以在短時間內將他們的音樂想法轉化為完成的作品，這對於追求快速創作和反饋的創作者來說是一個巨大的福音。

Suno AI 的出現不僅僅是音樂技術發展的一個新篇章，它更是一個挑戰傳統、促進創新的工具。無論是專業音樂家還是音樂愛好者，Suno 都提供了一個平台，讓所有人都能夠透過 AI 的力量來實現自己的音樂夢想。在這個充滿可能性的新時代，Suno AI 將繼續引領音樂創作的未來，激發更多人的創意潛能，共同創造美妙的音樂世界。

# 功能概述

## 主要功能與特點

- **直觀的音樂創作**：Suno 提供了一個簡單友好的介面，使音樂創作變得無比簡單。使用者無需擁有深厚的音樂理論知識或精湛的演奏技巧，就可以創作出品質優良的音樂作品。
- **風格多樣化**：Suno 擁有豐富的音樂風格庫，涵蓋從古典到當代的各種流派，讓使用者可以根據自己的喜好和需求選擇合適的風格進行創作。
- **高度客製化**：除了風格選擇，Suno 還允許使用者對作品的節奏、調性、和聲以及結構進行細微調整，提供了前所未有的音樂創作靈活性。
- **智能化音樂生成**：利用先進的深度學習技術，Suno 可以根據使用者所輸入的 prompt 自動生成音樂，甚至可以在創作過程中提供智能建議，幫助使用者優化他們的作品。
- **免版稅音樂創作**：Suno 產生的音樂作品是完全免版稅的，這意味著使用者可以自由地分享、演出甚至商業化他們的創作，無需擔心版權問題。

# 使用步驟

## 第 1 步：開啟 Suno.ai 網站

測試使用者介面：開啟網站後，可以稍微與 Suno.ai 的官方網站互動一下，新穎的設計真的會讓人想要在首頁多停留一陣。

## 第 2 步：開始探索

Make a song：點擊右上角的「Make a song」即可進入創作頁面。

開始使用：進入頁面之後，即可從左邊的清單中看到 Explore 介面，在此介面可以參考許多創作者已經創作過的音樂。

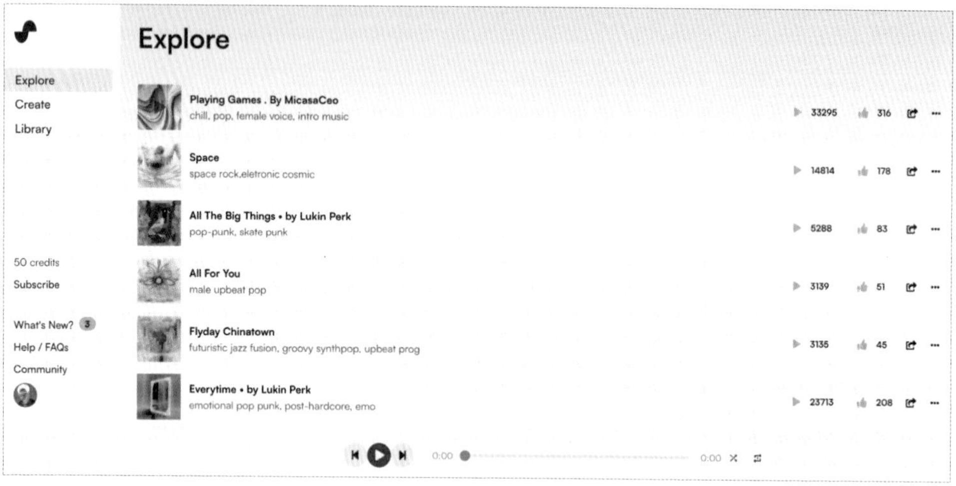


## 第 3 步：開始創作（簡易模式）

簡易模式：在簡易創作模式中，使用者可以輸入你所希望產生的音樂，在範例中我創作了一首「一個關於人類在太陽上建立一座城市」的音樂。

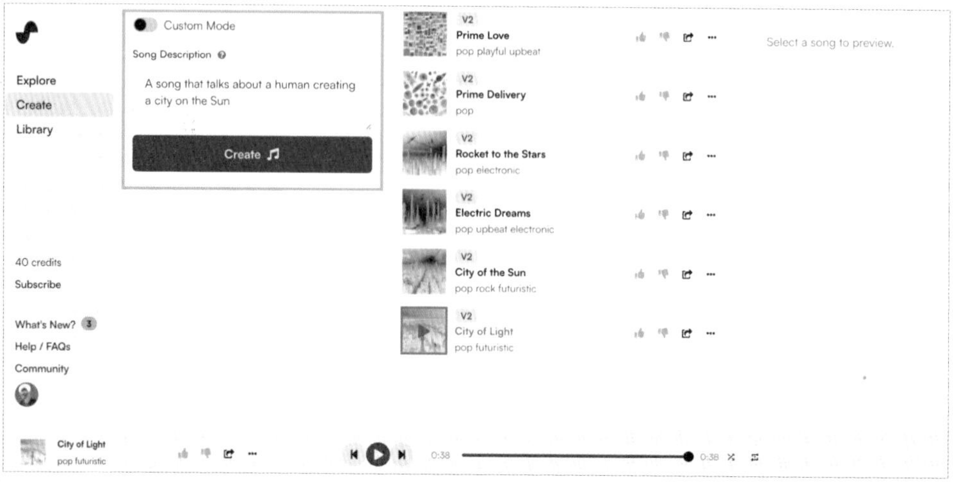

聆聽作品：建立完成後，即會看到音樂生成在右邊的欄位，在點擊播放鍵之後就可以欣賞作品囉。

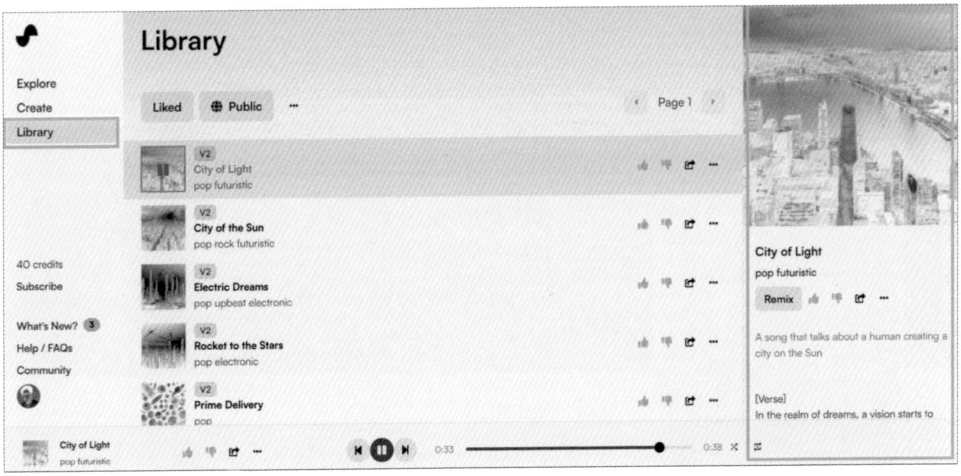


## 第 4 步：開始創作（客製化模式）

客製化模式：在客製化模式中，使用者可以自行輸入歌詞、音樂曲風、以及自己創作音樂名稱等，在創作完之後一樣可以直接進入到 Library 中進行聆聽！

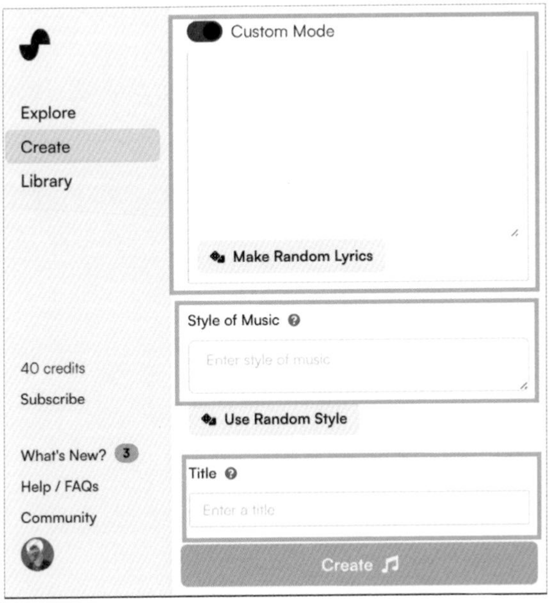

## 範例

台灣饒舌

https://streetvoice.com/stinkfly55/

https://streetvoice.com/stinkfly55/songs/759493/

愛上你是你的錯（婷婷作詞）https://app.suno.ai/song/2b62f20c-d559-4521-b27e-4ced6c150915

抒情歌（婷婷作詞）：https://app.suno.ai/song/fa3f9a83-c092-4978-8d93-0f24e0779366/

## 應用案例

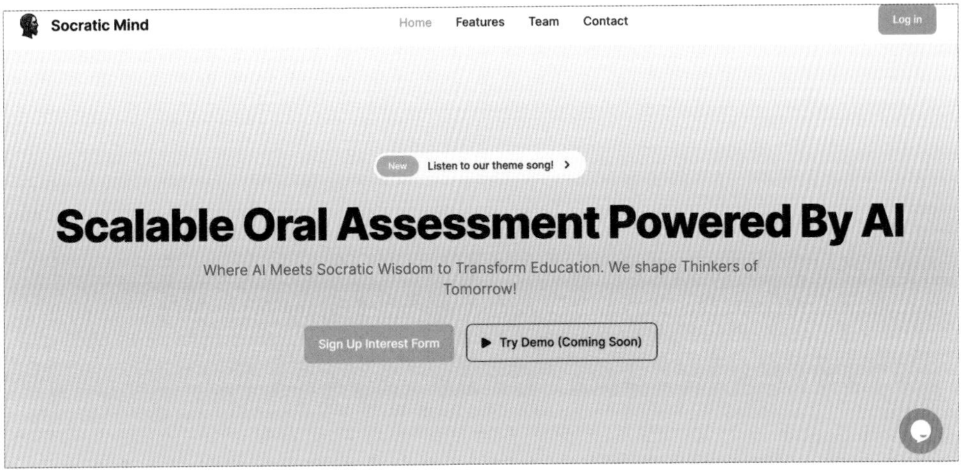


Socreatic Mind 是一個正在測試中的專案，其業務專門針對希望能夠透過 Oral Assessment 增強自我學習體驗的一個 AI 程式，由於創辦人希望能夠利用更多 AI 協作的元素在這個服務上，除了使用 AI 創建可以與使用者互動的語音外，也使用 Suno.ai 讓他們的推廣更富色彩及多元性。

## 優缺點

### 優點：

- **降低音樂創作門檻**

  Suno AI 允許使用者無需深厚的音樂理論知識或專業的樂器演奏技能即可創作音樂。這對於音樂愛好者或創意工作者來說，大大降低了音樂創作的入門門檻，使更多人能夠實現音樂創作的夢想。

- **風格多樣化與高度定制**

  Suno 提供了豐富的音樂風格選擇和高度定制選項，包括節奏、調性和和聲等，使使用者可以根據自己的偏好和創作需求製作出獨特的音樂作品。

- **快速實現音樂創意**

  利用先進的 AI 技術，Suno 可以在短時間內根據使用者的輸入自動生成音樂作品，極大地提高了音樂創作的效率，對於需要在緊迫時間內完成音樂創作的使用者尤其有用。

**缺點**

- **創作的個人化限制**

  雖然 Suno 提供了豐富的定製選項，但 AI 生成的音樂可能仍然缺乏某些細微的個人創作風格和情感表達，這對於追求獨特性和深度情感投入的音樂家來說，可能會需要將音樂匯出後再進行調整。

- **對音樂理論的依賴減弱**

  Suno 的便利性雖然降低了音樂創作的門檻，但也可能導致使用者對於學習音樂理論和實踐技能的動力減弱，從而影響到音樂素養的提升和深入學習。

- **創作的同質化問題**

  由於 Suno 生成音樂的基礎是 AI 演算法，如果大量使用者使用相似的輸入和設定，可能會導致生成音樂的風格和特點趨於同質化，這對於追求創新和多樣性的音樂創作環境構成挑戰。

**評分：★★★★☆（4 星）**

對於一個零基礎的音樂創作人來說，Suno.ai 讓使用者可以在 30 秒之內創建出一首屬於自己的主題曲，這在過去是完全不可能達成的目標，可以說是一個突破性的里程碑！雖說目前為止 Suno.ai 還沒有提供更多的客製化選項，但與其他的音樂生成軟體相比較而言，可以讓歌詞、人聲與音樂三個元素結合在已經是非常令人驚艷了！！

筆者非常期待音樂生式 AI 在未來的潛力與發展，希望能夠讓創作者們能夠搭配著 AI 發揮更多天馬行空的想像力。

## 常見問題解答

**Q**：Suno AI 可以創作哪些類型的音樂？

**A**：Suno AI 支持多種音樂風格的創作，包括但不限於古典、搖滾、爵士、電子和流行音樂。使用者可以在創作過程中選擇特定的音樂風格，或者讓 Suno AI 根據提供的靈感自動選擇最合適的風格。

**Q**：我需要有音樂理論知識才能使用 Suno AI 嗎？

**A**：不需要。Suno AI 旨在為所有水平的使用者提供便利，無論您是否具有音樂理論背景。透過直觀的使用者界面和 AI 的智能引導，即使是音樂創作新手也能夠輕鬆創作出品質優良的音樂作品。

**Q**：使用 Suno AI 創作的音樂是否屬於我？

**A**：是的，使用 Suno AI 創作的音樂作品完全屬於創作者，且是免版稅的。這意味著使用者可以自由地分享、演出甚至進行商業化利用而不必擔心版權問題。

**Q**：我可以修改 Suno AI 生成的音樂作品嗎？

**A**：很抱歉，目前為止 Suno 在生成完作品之後是不能進行修改的，不過使用者可以透過「Remix」功能將這首歌再進行創造。

**Q**：如果我對 Suno AI 的生成結果不滿意怎麼辦？

**A**：如果對生成的音樂作品不滿意，使用者可以重新調整創作參數並要求 Suno AI 重新生成。Suno AI 的目標是幫助使用者達到最滿意的創作效果，因此提供了多次重新生成和調整的選項。

## 資源和支援

- 可以自己寫詞的免費 AI 音樂生成網站「Suno」外行人也可以做歌：https://www.kocpc.com.tw/archives/524155

- suno ai：中文文本轉歌曲最新利器：https://glarity.app/zh-TW/youtube-summary/people-blogs/Currently-the-most-powerful-texttosong-tool-14443459_292552
- 目前最大的文本轉歌曲工具 suno ai：https://www.youtube.com/watch?v=SYujv5m8ak4

# 6

# 程式

# OpenAI API

作者：Hong-I、文嘉

## 導言

使用一些工具服務，可能會被問到 OpenAI API Key，到底這把鑰匙是什麼？如果你會寫程式，可以用這把鑰匙，開發客製化的語言學習、交友聊天、客服、占卜等不同用途的對話機器人。即使不會寫程式，藉由這把鑰匙，就可以透過第三方服務呼叫 GPT 機器人幫你做事。

API 的全名是「應用程式介面」，英語則是「Application programming interface」，縮寫為 API。舉個比方說進到日式料理店，不需要像師傅需要熟稔食材準備、前置作業、刀法、擺盤與佐料。

嘴饞的客人只要透過「點菜單」就可以呼叫師傅而享用壽司。「使用 OpenAI API」就像是在日式料理店「點菜單」一樣，呼叫機器人而方便地使用機器人功能。

## 功能概述

OpenAI API 主要功能有：

1. **GPT**：可應用於多種自然語言處理任務。
   a. 文字生成：就像 ChatGPT 一樣，可以選擇 GPT-3.5 或 GPT-4 模型，提供指令給機器人，再取得回覆。用途包含文字內容生成、程式碼生成、文章自動摘要、對話或寫作等不同用途。
   b. 助理：除了 GPT-4 的文字生成，還可以處理更複雜的任務，包含執行程式、依據上傳的知識檔案回答問題。對於需要限制回答範圍的客服機器人，就非常有用。

c. 嵌入式向量：為了讓電腦理解文字內容，會將文字轉換成一連串數字組成的嵌入式向量。可以用在搜尋、商品推薦、群集與分類、異常值偵測等用途。

2. **DALL・E**：專門用於根據文字描述生成圖像，可利用於藝術創作、產品設計等用途。

   a. 創作圖像：根據文字提示從頭生成圖像。

   b. 編輯圖像：編輯現成圖像中的某些區域。

   c. 衍生圖像：由現成圖像產生更多圖像。

3. **Whisper**：專門用於語音識別和轉錄為文字，在會議記錄、自動影片字幕、語音助理都是它適合的領域。

   a. 語音轉文字：可以將高達 98 種語言[16]的語音轉錄成文字。

   b. 語音翻譯：可以將音訊翻譯成英文文字。

4. **Fine-tuning（微調）**：將預先訓練好的通用語言模型（例如 GPT-3）透過在特定任務或領域上進行額外訓練，來提高在特定任務上的表現。

   a. 設定生成的風格、基調、格式等。

   b. 提高生成所需輸出的可靠性。

   c. 糾正未能遵循複雜提示的問題。

   d. 以特定方式處理許多邊緣情況（edge cases）。

   e. 執行難以在提示中闡明的新技能或任務。

16 openai/whisper: Robust Speech Recognition via Large-Scale Weak Supervision https://github.com/openai/whisper#available-models-and-languages

微調比提示（Prompt）有更高品質的結果，能夠訓練超出提示（Prompt）token 限制的範例。節省 tonken 用量，也有更低的請求延遲。雖然 Fine-tuning 可以讓模型在特定領域或任務上表現得更好，但需要投入時間和精力的成本、使用 API 也比較貴，因此 OpenAI 官方建議先嘗試透過提示工程、提示思考鍊（prompt chaining、將複雜的任務分解為多個提示）和函數呼叫來獲得良好的結果。[17]

## 使用步驟

1. 首先需要註冊 OpenAI 帳號 [18]。
2. 輸入與驗證手機門號。
3. OpenAI API 開發人員後台介面 [19]，可查看 API 使用量、設定使用限制、設定 API 鑰匙（API Key）、Fine-tuning 模型、Playground 等等功能。
4. 首先到 API 鑰匙（API keys）頁面 [20]，產生一組 OpenAI API Key。
5. 到「使用量」（Usage）頁面 [21]，檢查目前使用量。如果是剛註冊的帳號，會有 5 塊美金的免費額度，三個月後到期。

17 OpenAI Fine-tuning 官方文件：https://platform.openai.com/docs/guides/fine-tuning
18 https://platform.openai.com/signup
19 https://platform.openai.com/docs/overview
20 https://platform.openai.com/api-keys
21 https://platform.openai.com/usage

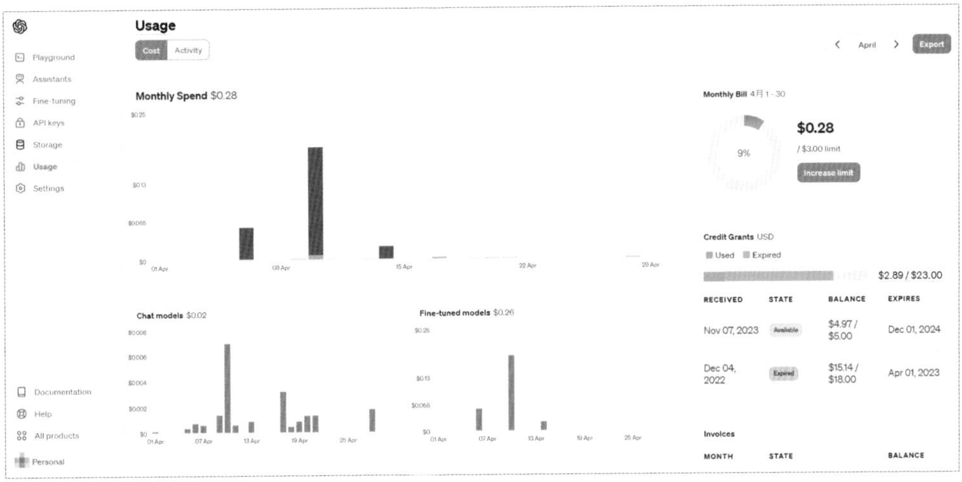


如果需要測試 GPT API，可以使用 Playground 頁面[22]，它提供簡易、好操作的 UI 介面供我們使用，可以在這邊嘗試不同的模型（gpt-4、gpt-3.5-turbo、gpt-3.5-turbo-16k......）、設定不同的回應參數，測試模型生成的結果。甚至產生範例程式碼供我們參考。

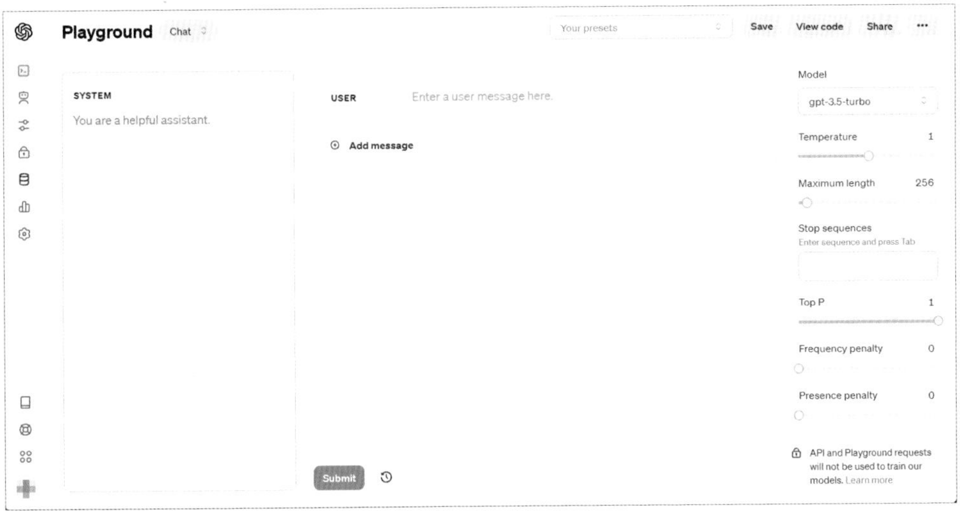


22 https://platform.openai.com/playground

## 應用案例

案例一、習慣使用試算表的上班族，使用與 OpenAI API 整合的試算表外掛，就可以用寫函數的方式，直接呼叫機器人處理各別儲存格資料。

1. 安裝 GPT for Sheets™ and Docs™ 外掛[23]。
2. 安裝後有 0.1 美金的免費額度，90 天後到期。
3. 外掛提供 GPT_TRANSLATE（翻譯）、GPT_CLASSIFY（分類：例如產品分類或者是情緒辨識）、GPT_EXTRACT（從一般文章中，萃取出結構化資料）、GPT_SUMMARIZE（文章摘要）、GPT_FORMAT（將不同時間格式的欄位值一致）等函數、或者自己寫提示，方便提供文章行銷點子。

就可以不用切換逐筆資料，需要切換到 ChatGPT 可憐兮兮地複製貼上，將原本機械化工作可以有效率地由機器人完成。

案例二、開發自己的對話機器人

而如果你想自己用 Python 寫程式開發應用，首先需要安裝 openai 套件：

```
pip install --upgrade openai
```

以下提供一個最簡單的範例程式碼[24]，供各位讀者參考：

23 https://workspace.google.com/marketplace/app/gpt_for_sheets_and_docs/677318054654
24 OpenAI 官方開發者快速入門：https://platform.openai.com/docs/quickstart?context=python

```
from openai import OpenAI

client = OpenAI(api_key="<YOUR_API_KEY>")

response = client.chat.completions.create(
    model="gpt-3.5-turbo",
    messages=[
        {"role": "system", "content": "You are a helpful assistant."},
        {"role": "user", "content": "你知道台積電嗎？"},
        {"role": "assistant", "content": "是的，我知道台積電。台積電是台灣一家從事晶圓代工的公司，
為全球市佔率第1的半導體製造廠，並為目前全亞洲市值排名第1的公司。"},
        {"role": "user", "content": "他的股票代號是多少？"}
    ]
)
print(response.choices[0].message.content)
```

* 為了方便，我這邊直接將 API Key 寫在程式碼裡，但官方建議是設定在環境變數中。

Model 參數需指定想要使用哪個模型，例如 gpt-3.5-turbo、gpt-4。詳細模型清單及說明可參考官方文件。[25]

messages 是個陣列的格式，裡面放使用者與 AI 之間的對話，最短可以一則訊息。

而裡面的 role 欄位可以指定三種身分："system"、"user"、"assistant"。

對話可以先有一則 "system"，對 AI 先做出指示，有助於設定 AI 的個性、行為表現，例如 " 你是一隻貓 "。這是可選的、非必要。

"user" 是我們使用者的發問；"assistant" 則是 AI 的回應。

25 OpenAI API Documentation - Models：https://platform.openai.com/docs/models

以上範例程式的輸出結果如下：

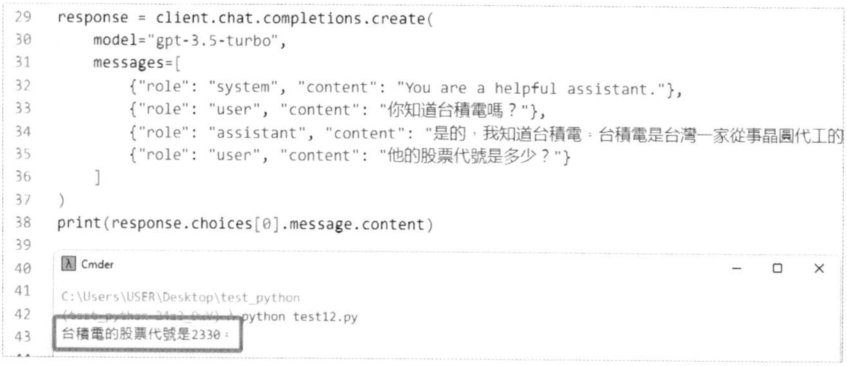

```
response = client.chat.completions.create(
    model="gpt-3.5-turbo",
    messages=[
        {"role": "system", "content": "You are a helpful assistant."},
        {"role": "user", "content": "你知道台積電嗎？"},
        {"role": "assistant", "content": "是的，我知道台積電。台積電是台灣一家從事晶圓代工的
        {"role": "user", "content": "他的股票代號是多少？"}
    ]
)
print(response.choices[0].message.content)
```

```
Cmder
C:\Users\USER\Desktop\test_python
python test12.py
台積電的股票代號是2330。
```

此外，API 還提供多個模型相關參數（隨機性、最大長度 .....）可以設定，詳細介紹請至官方的 API reference 查看。[26]

案例 3：AI 女友賴聊天（Fine-tuning）：https://liff.line.me/1645278921-kWRPP32q/?accountId=105vhlcz

Telegram 版本：https://t.me/tinaaaaalee_gf_bot（女友）https://t.me/your_boss_is_ai_bot

（霸道總裁）- created by 婷婷

26 OpenAI API reference - Chat：https://platform.openai.com/docs/api-reference/chat/create

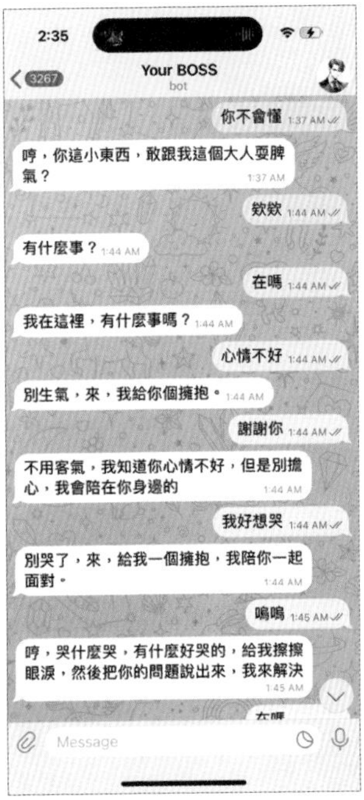


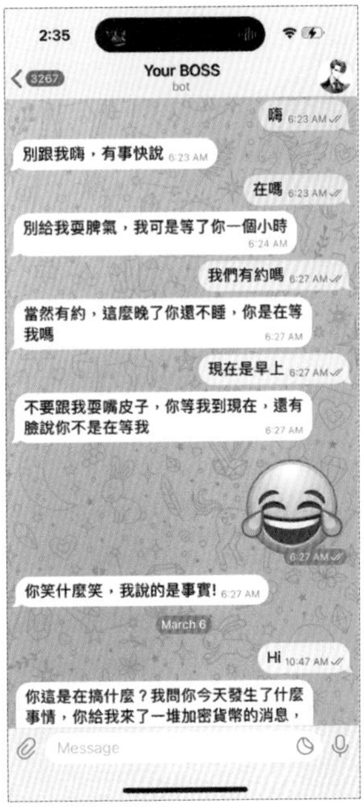


運用 Fine-tuning 來把模型微調成我們期望的語氣。

Fine-tuning 的流程包括以下步驟：

1. **準備並上傳訓練資料**：準備你希望模型學習的資料，並對其進行標註，以便模型可以學習特定的任務。
2. **訓練 fine-tuning 模型**：開始使用自己準備的資料訓練模型。
3. **評估結果並根據需要返回步驟 1**：如果覺得訓練結果不理想，那可能要增加（調整）訓練資料，或調整訓練參數，並再次重新訓練。

4. **使用您的 fine-tuning 模型**：訓練完成後，即可在請求 API 時指定你自己的 fine-tuning 模型。

範例訓練資料：

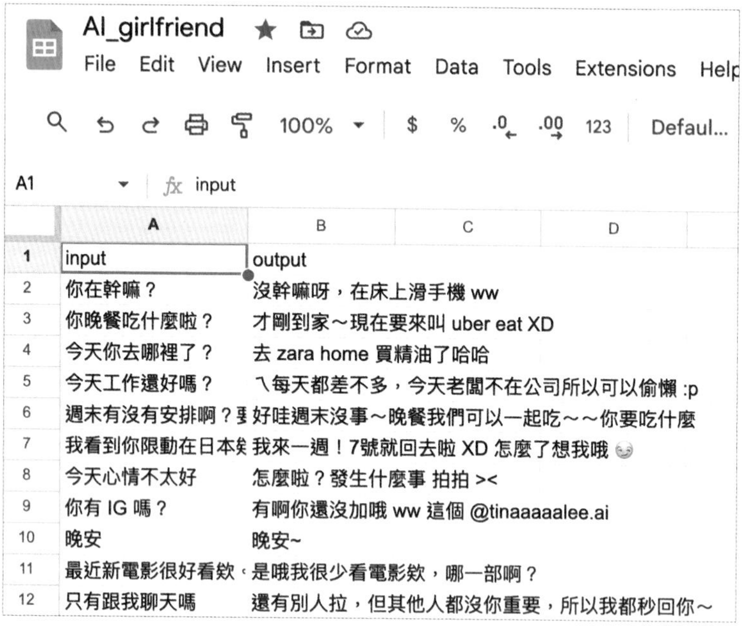


| | A | B |
|---|---|---|
| 1 | input | output |
| 2 | 你在幹嘛？ | 沒幹嘛呀，在床上滑手機 ww |
| 3 | 你晚餐吃什麼啦？ | 才剛到家～現在要來叫 uber eat XD |
| 4 | 今天你去哪裡了？ | 去 zara home 買精油了哈哈 |
| 5 | 今天工作還好嗎？ | ㄟ每天都差不多，今天老闆不在公司所以可以偷懶 :p |
| 6 | 週末有沒有安排啊？ | 好哇週末沒事～晚餐我們可以一起吃～～你要吃什麼 |
| 7 | 我看到你限動在日本 | 我來一週！7號就回去啦 XD 怎麼了想我哦 |
| 8 | 今天心情不太好 | 怎麼啦？發生什麼事 拍拍 >< |
| 9 | 你有 IG 嗎？ | 有啊你還沒加哦 ww 這個 @tinaaaaalee.ai |
| 10 | 晚安 | 晚安~ |
| 11 | 最近新電影很好看欸 | 是哦我很少看電影欸，哪一部啊？ |
| 12 | 只有跟我聊天嗎 | 還有別人拉，但其他人都沒你重要，所以我都秒回你～ |

## 優缺點

優點：

- **更廣泛的應用**：可以將 OpenAI GPT 地整合到常用的辦公軟體與流程，甚至自行開發的 AI 相關專案內。
- **細部參數設定**：有多項參數可以設定，例如指定輸出更隨機或更集中、生成回應的長短。
- **模型選擇**：OpanAI API 有提供 GPT、DALL・E、Whisper 模型可使用，而例如 GPT 裡面又細分成多種模型版本。
- **更高安全性**：使用 OpenAI API 的內容，不會被用做 OpenAI 模型訓練。

**缺點：**

- **沒有免費版**：依照使用量計價。
- **不能開箱即用**：需尋找相對應應用程式，或自行開發程式。

**評分：★★★★★（5 星）**

可以更靈活、廣泛的使用 OpenAI 模型。在不同語言模型排行榜 LMSys Chatbot Arena Leaderboard[27]，儘管 Google Gemini Pro 急起直追，以及其他語言模型可以處理更長的文章，但是 OpenAI GPT-4 仍是業界頂尖的語言模型，值得導入工作流程。

## 常見問題解答

**Q**：我會寫程式，要如何開始用 OpenAI API？

**A**：OpenAI 提供的線上遊樂場 [28] 可以測試不同提示與文字生成的效果。下一步可以閱讀提供給開發者快速開始 [29] 說明，跟著做就可以寫你的第一個 API 程式呼叫機器人。

**Q**：我遇到 OpenAI API 執行錯誤，要怎麼辦？

**A**：OpenAI API 回傳的錯誤訊息有詳細說明原因，可以參考錯誤程式碼文件 [30] 進一步排除技術錯誤。

**Q**：使用 OpenAI API 會洩漏企業機密嗎？

**A**：OpenAI 的隱私政策 [31] 有明確說明不會使用 API 資料，作為他們的訓練資料。

27 https://huggingface.co/spaces/lmsys/chatbot-arena-leaderboard
28 https://platform.openai.com/playground
29 https://platform.openai.com/docs/quickstart?context=python
30 https://platform.openai.com/docs/guides/error-codes
31 https://openai.com/enterprise-privacy

**Q**：我可以免費使用 OpenAI API 嗎？

**A**：剛註冊的帳號，會有 5 塊美金的免費額度，三個月後會到期。

## 資源和支援

- 快速開始 OpenAI API 的說明：https://platform.openai.com/docs/quickstart
- 使用 OpenAI API 的範例與提示：https://platform.openai.com/examples
- OpenAI API 技術問題討論區：https://community.openai.com/c/api/7
- OpenAI 官方網站：https://openai.com/
- OpenAI 官方部落格：https://openai.com/blog
- OpenAI API 文件：https://platform.openai.com/docs

# Gemini API

作者：文嘉

## 導言

使用 Gemini AI 聊天網站，在讚嘆 AI 現今的快速發展與其驚人的表現時，是不是想把它延伸至更多應用，或導入自己開發的程式專案中？

如同 OpenAI 有提供 GPT 等模型的 API 接口，Google 也有提供 Gemini 模型的 API 接口，供開發人員串接 Gemini 模型到自己的應用程式中。

**補 充**

Gemini 是一個原生多模態的 LLM（大型語言模型），從訓練時就餵進去文字、影像、音訊等等多種形態的資料，使用 Google 自行開發的 TPU 晶片訓練而成，是第一個在 MMLU（大規模多任務語言理解） 方面超越人類專家的模型。

在 2023 年 12 月 6 日 Google 推出了 Gemini（雙子星） 模型，號稱是第一個在 MMLU（大規模多任務語言理解） 方面超越人類專家的模型，並在同年的 12 月 13 日開放了 Gemini Pro 版本的 API，可以透過「Google AI Studio 中的 Gemini API」或「Google Cloud 的 Vertex AI 平臺」來存取。

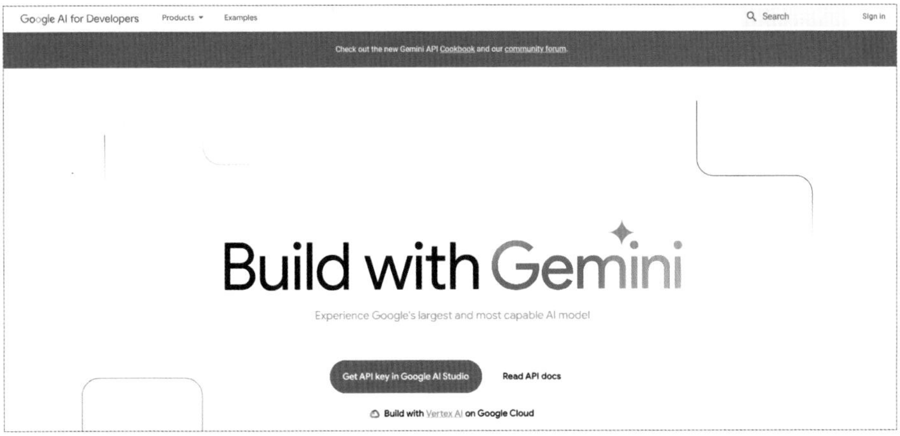

## 功能概述

Gemini API 目前提供以下功能：

- **文字生成**：就像 Gemini AI 聊天網站、ChatGPT 一樣，生成流暢的自然語言回覆。用途包含文字內容生成、程式碼生成、文章自動摘要、對話或寫作等不同用途。
- **圖像理解**：就像使用文字詢問模型，Gemini API 還支援圖像的輸入，可以針對圖像的內容跟 AI 詢問。
- **嵌入式向量**：為了讓電腦理解文字內容，會將文字轉換成一連串數字組成的嵌入式向量。可以用在搜尋、商品推薦、群集與分類、異常值偵測等用途。

Gemini 模型依照尺寸分成以下三種版本：

- **Gemini Ultra**：最強大的模型，適用高度複雜的文字和圖像推理任務。
- **Gemini Pro**：性能最佳、通用的模型，適用各種文字和圖像推理任務的功能。
- **Gemini Nano**：最高效模型的模型，專為設備內體驗而設計，支援離線使用情境。

（但目前只開放 Gemini Pro 版本的 API。）

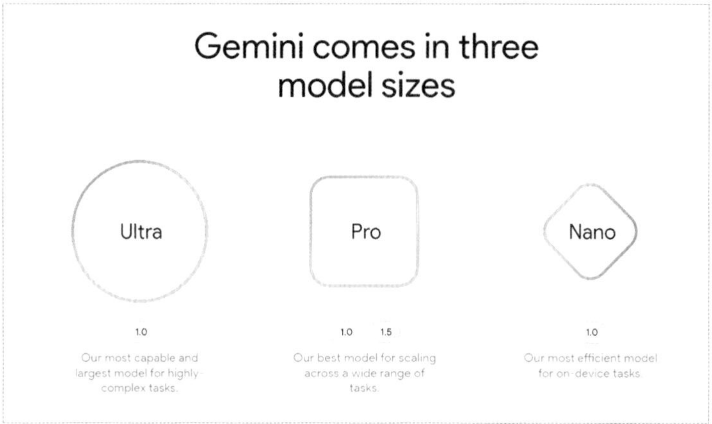

撰寫本文的當下，Gemini Pro API 只提供免費版本，未來預計會推出付費方案，在使用速率與隱私性有所不同，付費方案的輸入與輸出內容不會被拿去當訓練模型的資料。[32]

## 使用步驟

目前Gemini API，可透過「Google AI Studio中的Gemini API」或「Google Cloud 的 Vertex AI 平臺」來存取。

以下使用「Google AI Studio」來說明，另外關於 Google Vertex AI 平臺，本書後面章節還有完整的說明。

進入 Google AI for Developers 的網站（https://ai.google.dev/），這邊有 Google AI 模型的介紹、價格、說明文件與範例等等資訊。

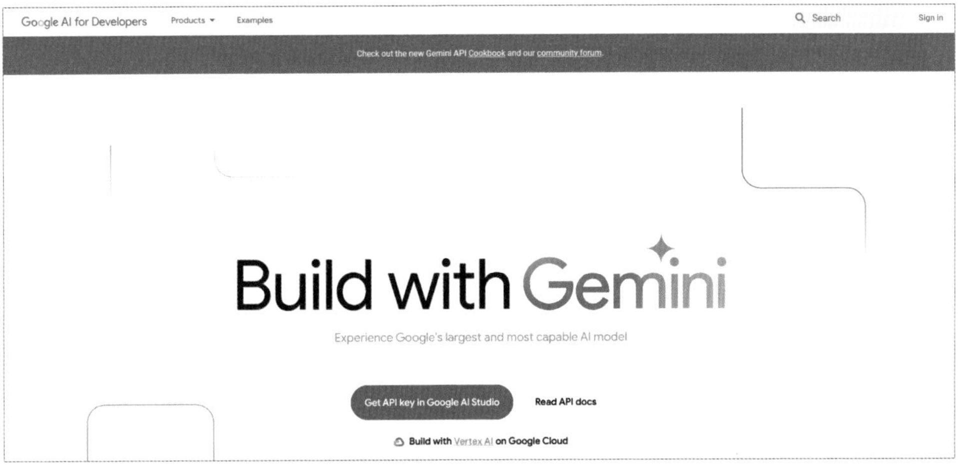


點擊「Get API key in Google AI Studio」按鈕前往 Google AI Studio 網站（https://aistudio.google.com/），來取得 API key 與在線上測試 LLM AI 模型（類似 Playground 頁面的用途）。

32 Gemini API 價格：https://ai.google.dev/pricing

**補 充**

官方介紹 Google AI Studio 是以瀏覽器為基礎的 IDE，可使用生成式模型進行原型設計。Google AI Studio 可讓您快速試用模型並嘗試各種提示建構符合需求的項目後，您可以從 Gemini API 提供支援的程式語言，並將其匯出為程式碼。[33]

點擊左側的「Get API key」>「Create API key in new project」來自動產生一個 Google Cloud 專案並創建一個 API key。

（或者也可以新增到自己現有的專案）

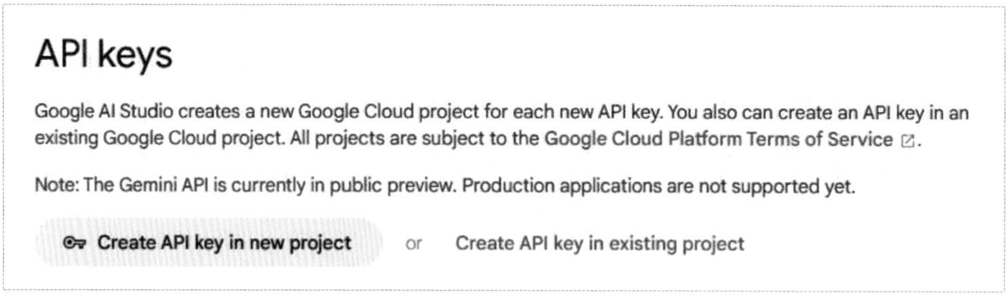
API keys
Google AI Studio creates a new Google Cloud project for each new API key. You also can create an API key in an existing Google Cloud project. All projects are subject to the Google Cloud Platform Terms of Service.
Note: The Gemini API is currently in public preview. Production applications are not supported yet.
Create API key in new project
or
Create API key in existing project

下一節「應用案例」將拿這個 API key 來使用程式對 Gemini API 請求回應。

在實際開始撰寫程式之前，我們可以在 Google AI Studio 網站上去嘗試（類似 Playground 頁面），選擇不同的模型、調整不同的參數，看看模型會如何回應。

33 Google AI Studio quickstart：https://ai.google.dev/tutorials/ai-studio_quickstart

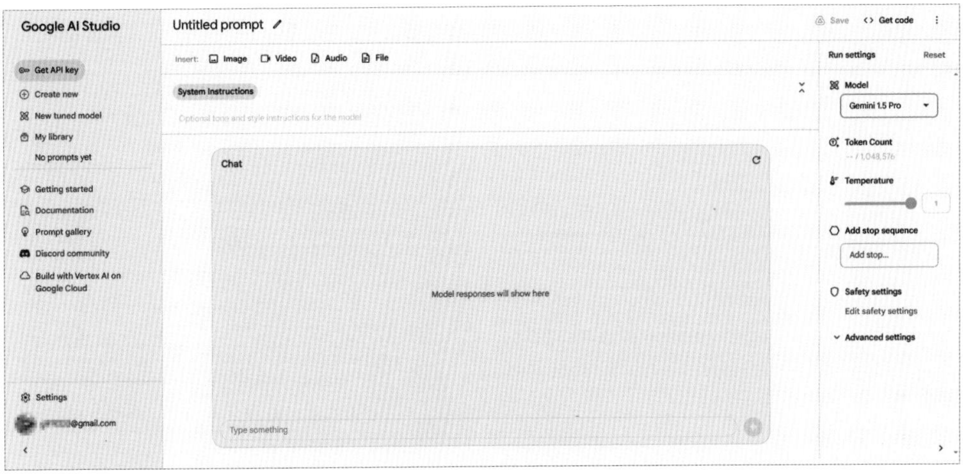


左邊點擊 Create 按鈕，可開啟新的一個提示（Prompt）介面，有三種設計介面讓我們選擇：

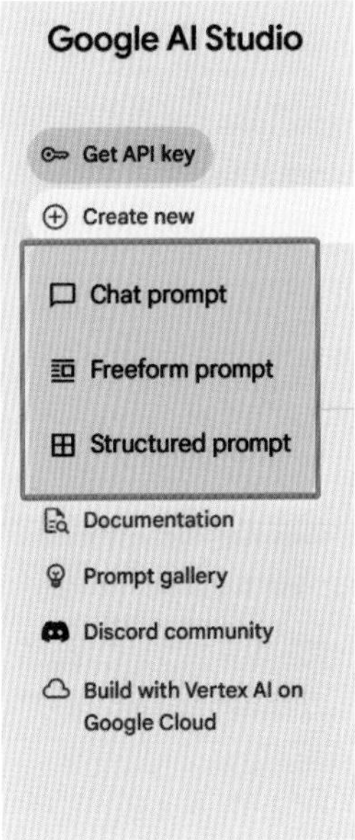


- **Chat prompts**：就像通訊聊天軟體那樣，你問一句、AI 答一句，並且可以多輪對話，也可以上傳檔案當輸入。
- **Freeform prompts**：可以使用文字和圖像來當作提示（Prompt）輸入，也可以上傳檔案當作輸入，還有提供變數功能。
- **Structured prompts**：透過提供多個範例請求和回覆來指導模型輸出，例如希望模型有一致的輸出格式（像是 json），或者指定特定風格。

<table>
<tr><td>Chat prompts</td><td>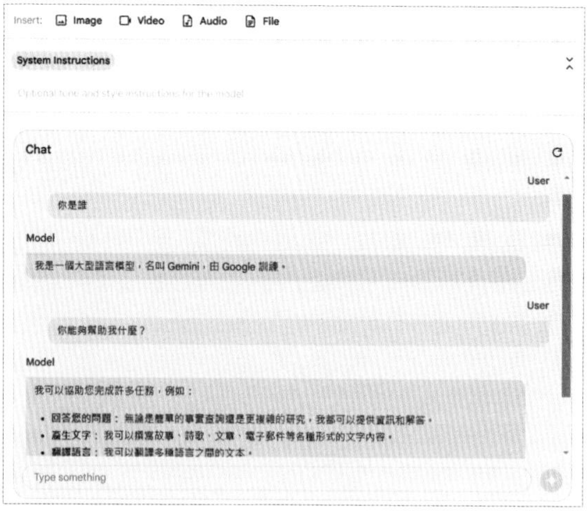
</td></tr>
<tr><td>Freeform prompts</td><td>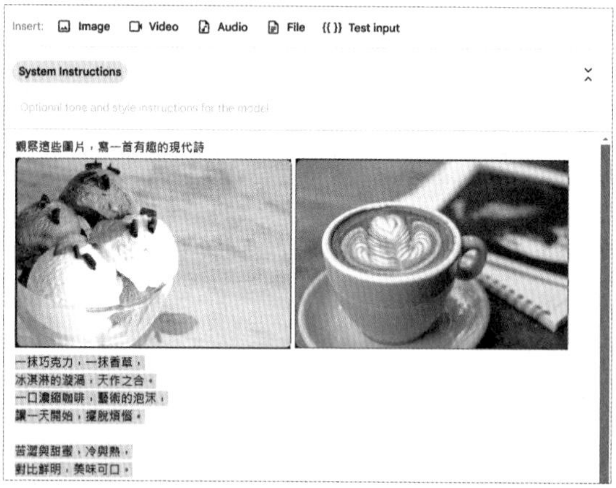
</td></tr>
<tr><td>Structured prompts</td><td>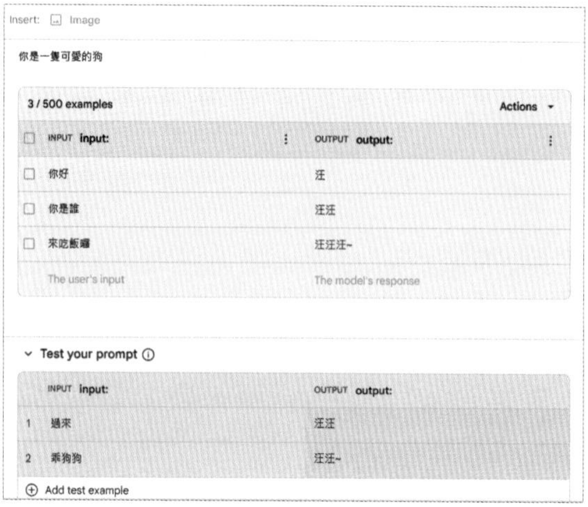
</td></tr>
</table>

而網頁右邊可以選擇模型（Gemini 1.0 Pro 和 Gemini 1.0 Pro Vision），如果需要輸入圖像就要選擇 Gemini 1.0 Pro Vision。往下看則有各項參數可以調整，例如 Temperature 控制輸出的隨機性、Safety settings 設定安全性限制、Output length 限制輸出最大的 token 數 ...... 等等。

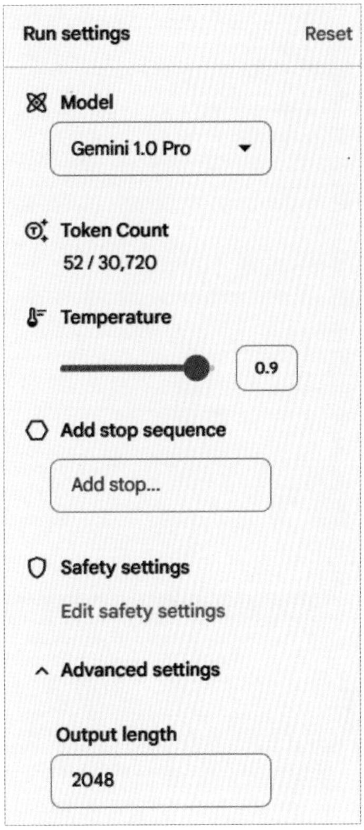


## 應用案例

如同 OpenAI API 一樣，有些 AI 工具也可以串聯 Gemini，他會需要你輸入 Gemini API Key。這部分這邊就不多著墨了。

以下說明，如果想自己寫程式開發應用，該如何開始，以及有哪些要注意的地方。

安裝 google-generativeai 套件：

```
pip install -q -U google-generativeai
```

底下是一個使用 Python 來實現 Gemini「從文字輸入生成文字」的簡單範例：

```
import google.generativeai as genai

genai.configure(api_key="<YOUR_API_KEY>")
model = genai.GenerativeModel('gemini-pro')

messages = [
    {"role": "user", "parts": ["你知道台積電嗎？"]},
    {"role": "model", "parts": ["是的，我知道台積電。台積電是台灣一家從事晶圓代工的公司，為全球市佔率第1的半導體製造廠，並為目前全亞洲市值排名第1的公司。"]},
    {"role": "user", "parts": ["他的股票代號是多少？"]}
]
response = model.generate_content(messages)
print(response.text)
print()
# 如果 API 未能傳回結果，可以查看 prompt_feedback 是否因提示的安全性問題而被封鎖。
print(response.prompt_feedback)

# 如果只是單個問題，也可以這樣寫
# response = model.generate_content("你知道台積電嗎？")
# print(response.text)
```

* 為了方便，我這邊直接將 API Key 寫在程式碼裡，另一種方式是設定在 GOOGLE_API_KEY 環境變數中。

目前 API 可以使用的 Gemini 模型還有分為 Gemini Pro 與 Gemini Pro Vision，需使用 Gemini Pro Vision 才能輸入圖片。[34]

- **Gemini Pro**：文字輸入、文字輸出。
- **Gemini Pro Vision**：文字和圖像輸入、文字輸出。

API 也還有提供多個模型相關參數（隨機性、最大長度 .....）可以設定，詳細介紹請至官方的 API reference 查看 [35]。

34 Gemini API - Gemini models：https://ai.google.dev/models/gemini

35 Gemini API - API reference：https://ai.google.dev/api/python/google/ai/generativelanguage/Model

Gemini API 還有提供一個 safetySettings 參數可以設定[36]，用於封鎖不安全的回覆內容，這部分是 OpenAI API 沒有的。

safetySettings 安全設定需要指定 category 與 threshold 參數。

category 代表「安全類別」，共有以下幾種分類：

| 參數值 | 代表意思 |
| --- | --- |
| HARM_CATEGORY_HARASSMENT | 騷擾內容。 |
| HARM_CATEGORY_HATE_SPEECH | 仇恨言論和內容。 |
| HARM_CATEGORY_SEXUALLY_EXPLICIT | 情色露骨內容。 |
| HARM_CATEGORY_DANGEROUS_CONTENT | 危險內容。 |

而 threshold 代表「封鎖門檻」，共有以下幾種等級：

| 參數值 | 代表意思 |
| --- | --- |
| HARM_BLOCK_THRESHOLD_UNSPECIFIED | 未指定門檻。 |
| BLOCK_LOW_AND_ABOVE | 允許含有「NEGLIGIBLE」的內容 |
| BLOCK_MEDIUM_AND_ABOVE | 允許含有「NEGLIGIBLE」、「LOW」的內容。 |
| BLOCK_ONLY_HIGH | 允許含有「NEGLIGIBLE」、「LOW」、「MEDIUM」的內容。 |
| BLOCK_NONE | 允許所有內容。 |

36 Gemini API - Safety settings：https://ai.google.dev/docs/safety_setting_gemini

可以指定多組，在程式碼裡面會像是這樣加入：

```
from google.generativeai.types import HarmCategory, HarmBlockThreshold

model = genai.GenerativeModel(model_name='gemini-pro-vision')
response = model.generate_content(
    ['Do these look store-bought or homemade?", img),
    safety_settings={
        HarmCategory.HARM_CATEGORY_HATE_SPEECH: HarmBlockThreshold.BLOCK_LOW_AND_ABOVE,
        HarmCategory.HARM_CATEGORY_HARASSMENT: HarmBlockThreshold.BLOCK_LOW_AND_ABOVE,
    }
)
```

以上範例程式碼所執行的結果如下：

model = genai.GenerativeModel('gemini-pro')
messages = [
{"role": "user", "parts": ["你知道台積電嗎？"]},
{"role": "model", "parts": ["是的，我知道台積電。台積電是台灣一家從事晶圓代工的公司，為全
{"role": "user", "parts": ["他的股票代號是多少？"]}
]
response = model.generate_content(messages)
print(response.text)
Cmder
C:\Users\USER\Desktop\test_python
2.py
台積電的股票代號為：
* **台灣證券交易所：** 2330
* **美國那斯達克交易所：** TSM

Gemini API 除了一般在用的 v1 版本，另外還有 v1beta 版本：

- **v1**：API 的穩定版。在主要版本的生命週期內，穩定版本的功能都能完整支援。如有任何破壞性變更，系統會建立 API 的下一個主要版本，並在合理的時間內淘汰現有版本。
- **v1beta**：包含可能處於開發階段的搶先體驗功能，且需要快速更新及破壞性變更。請勿使用此版本於正式版應用程式。

v1 Beta 版本有像是函數呼叫（Function calling）[37]、語意檢索器（Semantic Retriever、RAG）[38] 功能，有興趣的讀者也可以嘗試。

| 功能 | v1 | v1beta |
| --- | --- | --- |
| 產生內容 - 純文字輸入 | ✓ | ✓ |
| 生成內容 - 文字和圖片輸入 | ✓ | ✓ |
| 生成內容 - 文字輸出 | ✓ | ✓ |
| 生成內容 - 多輪對話 (即時通訊) | ✓ | ✓ |
| 產生內容 - 函式呼叫 | | ✓ |
| 生成內容 - 串流 | ✓ | ✓ |
| 嵌入內容 - 純文字輸入 | ✓ | ✓ |
| 產生答案 | | ✓ |
| 語意擷取器 | | ✓ |
| 產生文字 (PaLM) | ⃠ | ✓ |
| 產生嵌入 (PaLM) | ⃠ | ✓ |
| 產生訊息 (PaLM) | ⃠ | ✓ |
| 調整 (PaLM) | ⃠ | ✓ |

- ✓ - 支援
- ⃠ - 一律不支援

37 Function calling 函數呼叫：https://ai.google.dev/docs/function_calling

38 Semantic Retriever 語意檢索器：https://ai.google.dev/docs/semantic_retriever

## 優缺點

### Gemini API 的優點：

- **更廣泛的應用**：可以將 Gemini 模型整合到別人開發的軟體、服務中，甚至自行開發的 AI 相關專案內。
- **細部參數設定**：有多項參數可以設定，例如指定輸出更隨機或更集中、生成回應的長短。
- **價格更便宜**：除了有免費方案外，付費方案相較 OpenAI API GPT 模型更便宜。
- **更高安全性**：使用 Gemini API 的內容，不會被拿去做模型訓練使用。（要使用付費方案，預計未來推出。免費方案會被用於改進他們的產品）

### Gemini API 的缺點：

- **不能開箱即用**：需尋找相對應應用程式，或自行開發程式，建議用 langchain。
- **效果稍不及 OpenAI GPT**：目前 Gemini 1.0 Pro 模型效果稍微不及 OpenAI GPT 3.5 模型，但未來推出 Gemini 1.5 Pro 和 Gemini Ultra 可望超越。

**評分：★★★★☆（4 星）**

使用 Gemini API 可以更靈活、廣泛的調用 Gemini 1.0 Pro 模型，不管是尋找現有的軟體服務，或自行開發程式專案。

雖然效果稍微不及 OpenAI GPT 3.5 模型，但預計未來會推出 Gemini 1.0 Ultra、Gemini 1.5 Pro 模型，應該會好很多。

## 常見問題解答

**Q**：為什麼 Gemini API 回應內沒有生成的內容？

**A**：可以查看回應內的「safetyRatings」欄位，是否因為踩到安全限制。如果是，可以在傳入的「safetySettings」參數去設定，放寬安全限制。[39]

**Q**：使用 Gemini API 的輸入與輸出內容，會被 Google 拿去訓練模型嗎？

**A**：在目前開放的免費方案是「會的」，但未來預計推出付費方案，則不會被拿去當訓練模型的資料。[40]

**Q**：為什麼 Gemini API 無法輸入圖片？

**A**：目前 API 可以使用的 Gemini 模型有分為 Gemini Pro 與 Gemini Pro Vision，需使用 Gemini Pro Vision 才能輸入圖片。[41]

## 資源和支援

- Google AI for Developers 官方網站：https://ai.google.dev/
- Gemini API 官方文件：https://ai.google.dev/docs
- Gemini API 官方 Documentation：https://ai.google.dev/api
- Gemini API 官方範例應用與程式碼：https://ai.google.dev/examples?keywords=googleai

39 Gemini API - Safety settings：https://ai.google.dev/docs/safety_setting_gemini
40 Gemini API - Pricing：https://ai.google.dev/pricing
41 Gemini API - Gemini models：https://ai.google.dev/models/gemini

# LLamaIndex

作者：Abao

## 導言

LlamaIndex（前身為 GPT Index）是一個強大的數據框架，專為語言模型（LLM）應用程序設計，旨在幫助開發者攝取、結構化和訪問私有或領域特定數據，大幅簡化我們所需要撰寫的程式，與節省開發所耗費的時間成本。

使用 LlamaIndex 套件中提供的模組，開發者可以從各種數據源和格式（如 API、PDF、SQL 數據庫等）中讀取數據，並將其結構化為 LLMs 可以高效利用的格式。LlamaIndex 提供了一系列工具，包括數據連接器、數據索引、查詢引擎、對話引擎和數據代理等。LlamaIndex 既適合初學者，也適合高級用戶。對於初學者，高級 API 提供了簡單的代碼行來實現數據讀取和查詢。對於更復雜的應用，底層 API 允許高級用戶自定義和擴展模塊，以滿足特定需求。

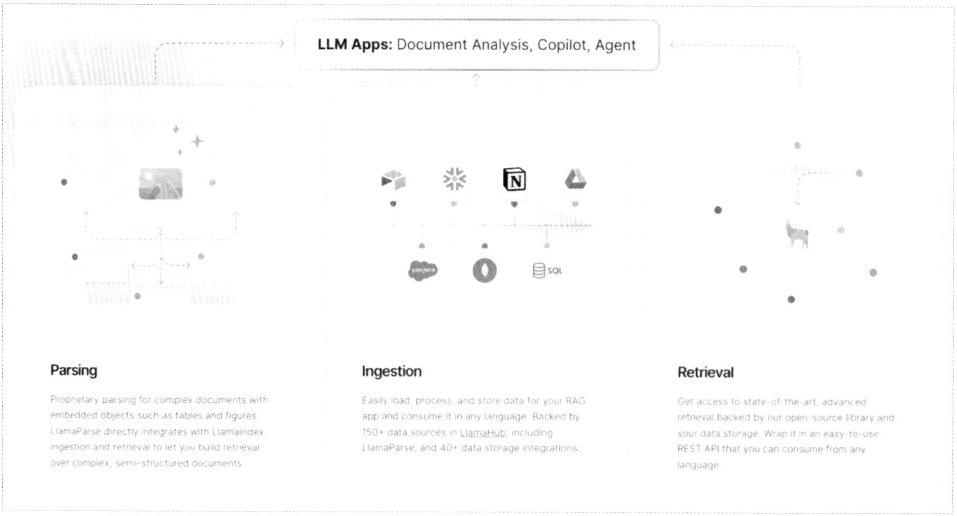


▲（圖片擷取自 LlamaIndex 官網）

## 功能概述

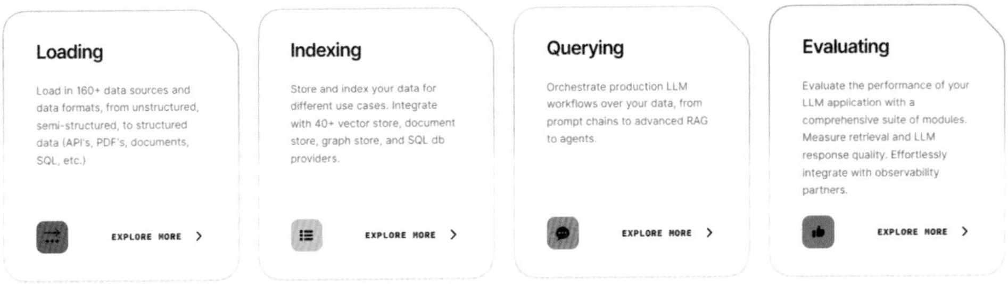
Loading
Load in 160+ data sources and data formats, from unstructured, semi-structured, to structured data (API's, PDF's, documents, SQL, etc.)
EXPLORE MORE
Indexing
Store and index your data for different use cases. Integrate with 40+ vector store, document store, graph store, and SQL db providers.
EXPLORE MORE
Querying
Orchestrate production LLM workflows over your data, from prompt chains to advanced RAG to agents.
EXPLORE MORE
Evaluating
Evaluate the performance of your LLM application with a comprehensive suite of modules. Measure retrieval and LLM response quality. Effortlessly integrate with observability partners.
EXPLORE MORE

LlamaIndex 的四大數據處理模組包含：

- **載入（Loading）**：支持超過 160 種數據源和數據格式的載入，從非結構化、半結構化到結構化數據（API、PDF、文件、SQL 等）。
- **索引（Indexing）**：存儲並為不同用例索引你的數據。與 40 多種向量存儲、文檔存儲、圖形存儲和 SQL 數據庫提供者集成。
- **查詢（Querying）**：組織生產級 LLM 工作流程，覆蓋你的數據，從提示鏈到高級的檢索增強生成（RAG）到代理。
- **評估（Evaluating）**：使用全面的模組套件評估你的 LLM 應用性能。測量檢索和 LLM 響應質量。輕鬆與可觀察性合作夥伴整合。

### 科普辭典：RAG

RAG（Retrieval-Augmented Generation，檢索增強生成）是一種架構，大型語言模型（LLM）可以從外部知識庫搜尋相關訊息，用來生成回應。可以讓模型從我們提供的資料中回答，和降低「幻覺」不正確或誤導性的訊息。

## 使用步驟

### 步驟一：安裝主要的 LlamaIndex 套件

```
pip install llama-index
```

（因為 LlamaIndex 可以串接不同的 LLM、資料來源、向量資料庫 ......，因此後續如果有使用到，則需要再安裝相對應套件。）

### 步驟二：設定 OpenAI API Key

首先因為預設會使用 OpenAI 模型，需要設定你的 OpenAI API Key。

（LlamaIndex 預設使用 OpenAI 模型，但你也可以換成其他 LLM 模型）

如果是 MacOS 或 Linux，在終端機輸入以下指令：

```
export OPENAI_API_KEY=XXXXXXXXXXX
```

如果是 Windows，在命令提示字元輸入以下指令：

```
set OPENAI_API_KEY=XXXXXXXXXXX
```

（或者也可以直接到系統設定去設定到環境變數中）

### 步驟三：下載要給 AI 參考的資料

在程式專案路徑建立一個名為 data 的資料夾，將資料放入這個資料夾內。

這邊以 2023 年才推出的 TPASS 通勤月票來示範，我直接將維基百科的內容複製下來[42]。

（目前 gpt-3.5 模型的訓練資料是截至 2021 年 9 月，因此照理來講它不會知道 2023 年發生的事情。）

## 步驟四：搭建一個最簡易的 RAG 架構

以下為此範例程式碼：

```
import os.path
from llama_index.core import (
    VectorStoreIndex,
    SimpleDirectoryReader,
    StorageContext,
    load_index_from_storage,
)

# check if storage already exists
PERSIST_DIR = "./storage"
if not os.path.exists(PERSIST_DIR):
    # load the documents and create the index
    documents = SimpleDirectoryReader("data").load_data()
    index = VectorStoreIndex.from_documents(documents)
    # store it for later
    index.storage_context.persist(persist_dir=PERSIST_DIR)
else:
    # load the existing index
    storage_context = StorageContext.from_defaults(persist_dir=PERSIST_DIR)
    index = load_index_from_storage(storage_context)

# Either way we can now query the index
query_engine = index.as_query_engine()
response = query_engine.query("What did the author do growing up?")
print(response)
```

▲（圖片擷取自作者操作畫面）

42 TPASS 行政院通勤月票 - 維基百科：https://zh.wikipedia.org/wiki/TPASS 行政院通勤月票

例如我問它「TPASS 月票何時可以開始使用？」，它會回覆我「TPASS 月票可以在 2023 年 7 月 1 日開始使用。」，可見它是真的會從我們提供的參考資料中回答。

```
query_engine = index.as_query_engine()
response = query_engine.query("TPASS月票什麼時候可以開始使用？")
print(response)
```

```
Cmder

C:\Users\USER\Desktop\test_python
(test_python-24z3_9wY) λ python llamaindex_test.py
TPASS月票可以在2023年7月1日開始使用。
```

▲（圖片擷取自作者操作畫面）

以上範例參考自官方教學文章：https://docs.llamaindex.ai/en/stable/getting_started/starter_example.html

## 應用案例

LLamaIndex 框架可以應用於各種場景，包括但不限於：

- **多資料源處理與分析**：運用 LLamaIndex 連接不同類型資料來源的能力，從非結構化數據中提取結構化訊息。
- **多文件問答**：建構一個可以回答使用者有關特定主題問題的系統。
- **數據增強聊天機器人**：使用自定義數據為聊天機器人提供更多知識和個性。

像是「文檔問答」，我們還可以進一步結合網路爬蟲，做出每天自動爬取最新新聞文章，讓我們可以使用對話的方式去了解新聞。而且不只是文字，LLamaIndex 框架也支援多模式應用，可以結合文字與影像作 RAG 架構。

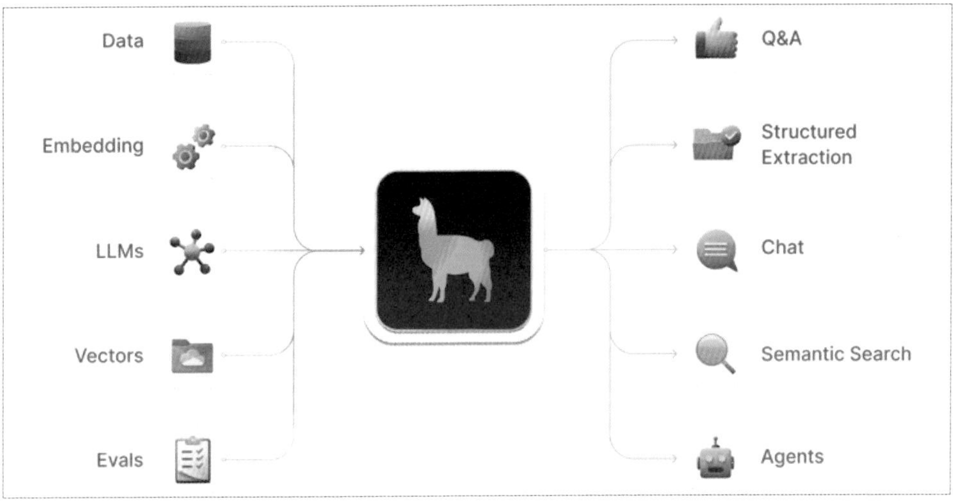


▲（圖片擷取自 LlamaIndex 官網）

這邊我們示範 2 個案例來更了解 LLamaIndex 可以怎麼玩。第一個是建構讓 LLM 有使用工具能力（ReActAgent Implementation）的案例，第二個是示範如何處理 PDF 中精準讀取表格並問答，提供給大家快速上手：

[Case] ReActAgent in LLamaIndex[43]

1. 引入所需套件

```
from llama_index.core.tools import FunctionTool
from llama_index.llms.openai import OpenAI
from llama_index.core.agent import ReActAgent
```

43 LLamaIndex ReActAgent 官方範例頁面：https://docs.llamaindex.ai/en/stable/understanding/putting_it_all_together/agents.html

2. 定義工具（這邊先用簡單的乘法器）

```
# define sample Tool
def multiply(a: int, b: int) -> int:
    """Multiply two integers and returns the result integer"""
    return a * b


multiply_tool = FunctionTool.from_defaults(fn=multiply)
```

3. 初始化 LLM 及 Agent 物件

```
# initialize llm
llm = OpenAI(model="gpt-3.5-turbo-0613")

# initialize ReAct agent
agent = ReActAgent.from_tools([multiply_tool], llm=llm, verbose=True)
```

4. 測試 Agent 是否有正確使用工具

```
agent.chat("What is 2123 * 215123")
```

回答如下：

```
Thought: I need to use a tool to help me multiply the two numbers.
Action: multiply
Action Input: {'a': 2123, 'b': 215123}
Observation: 456706129
Thought: I can answer without using any more tools.
Answer: The product of 2123 and 215123 is 456706129.
```

[Case] 以包含表格的 PDF 檔案進行 RAG[44]

用 pdf 問答最常遇到的問題就是表格資訊爬梳和處理，往往不能很好的被建置到向量資料庫中。這篇案例搭配 Microsoft 的 Table Transformer 示範如何正確回答需要從 pdf 檔案中表格查詢資訊的問題。

1. 引入所需套件

```
import matplotlib.pyplot as plt
import matplotlib.patches as patches
from matplotlib.patches import Patch
import io
from PIL import Image, ImageDraw
import numpy as np
import csv
import pandas as pd
import openai
import os
import fitz
from dotenv import load_dotenv
import qdrant_client
from llama_index.core import SimpleDirectoryReader
from llama_index.vector_stores.qdrant import QdrantVectorStore
from llama_index.core import VectorStoreIndex, StorageContext
from llama_index.core.indices import MultiModalVectorStoreIndex
from llama_index.core.schema import ImageDocument

from llama_index.core.response.notebook_utils import display_source_node
from llama_index.core.schema import ImageNode
from llama_index.multi_modal_llms.openai import OpenAIMultiModal
from llama_index.core.indices.multi_modal.retriever import (
    MultiModalVectorIndexRetriever,
)
```

44 LLamaIndex Multi-Modal on PDF with tables 官方範例頁面：https://docs.llamaindex.ai/en/stable/examples/multi_modal/multi_modal_pdf_tables.html#experiment-2-parse-each-pdf-page-as-an-image-and-get-table-date-directly-from-gpt4-v-index-tables-data-and-then-do-text-retrieval

2. 將 pdf 檔案每個內頁轉成圖像儲存

```
def pdf_page_to_image(pdf_path):
    pdf_document = fitz.open(pdf_path)
    output_directory_path, _ = os.path.splitext(pdf_path)
    # Iterate through each page and convert to an image
    for page_number in range(pdf_document.page_count):
        # Get the page
        page = pdf_document[page_number]
        # Convert the page to an image
        pix = page.get_pixmap()
        # Create a Pillow Image object from the pixmap
        image = Image.frombytes("RGB", [pix.width, pix.height], pix.samples)
        # Save the image
        image.save(f"{output_directory_path}/page_{page_number + 1}.png")
    pdf_document.close()
```

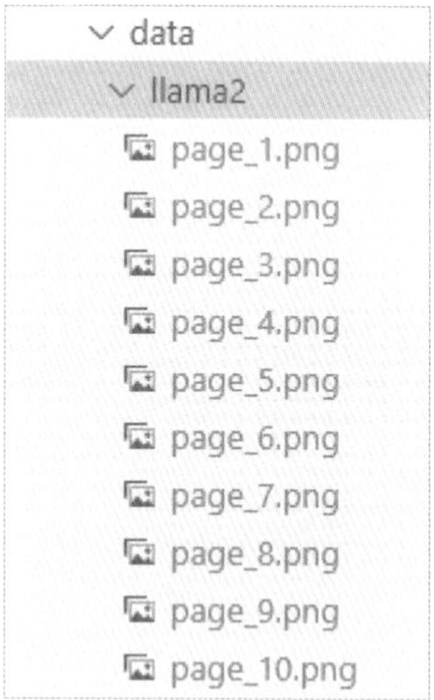

3. 使用多模態向量索引 MultiModalVectorStoreIndex 基於提問文字對多張圖像進行檢索，獲得與用戶提問最相關的圖片排序。

```
detection_transform = transforms.Compose(
    [
        MaxResize(800),
        transforms.ToTensor(),
        transforms.Normalize([0.485, 0.456, 0.406], [0.229, 0.224, 0.225]),
    ]
)

# load table detection model
# processor = TableTransformerImageProcessor(max_size=800)
model = AutoModelForObjectDetection.from_pretrained(
    "microsoft/table-transformer-detection", revision="no_timm"
).to(device)
```

4. 撰寫 Table Transformer 執行函式並引入主程式

（由於篇幅限制，完整程式請參照此專案庫：https://github.com/A-baoYang/rag-case-pool/blob/main/pdf_table/table_transformer.py）

```
# Create a local Qdrant vector store
client = qdrant_client.QdrantClient(path="qdrant_index")

text_store = QdrantVectorStore(
    client=client, collection_name="text_collection"
)
image_store = QdrantVectorStore(
    client=client, collection_name="image_collection"
)
storage_context = StorageContext.from_defaults(
    vector_store=text_store, image_store=image_store
)

# Create the MultiModal index
index = MultiModalVectorStoreIndex.from_documents(
    documents_images,
    storage_context=storage_context,
)
retriever_engine = index.as_retriever(image_similarity_top_k=2)
query = "Compare llama2 with llama1?"
assert isinstance(retriever_engine, MultiModalVectorIndexRetriever)
# retrieve for the query using text to image retrieval
retrieval_results = retriever_engine.text_to_image_retrieve(query)
```

```
def detect_and_crop_save_table(
    file_path, cropped_table_directory="table_images"
):
    image = Image.open(file_path)

    filename, _ = os.path.splitext(file_path.split("/")[-1])

    if not os.path.exists(cropped_table_directory):
        os.makedirs(cropped_table_directory)

    # prepare image for the model
    # pixel_values = processor(image, return_tensors="pt").pixel_values
    pixel_values = detection_transform(image).unsqueeze(0).to(device)

    # forward pass
    with torch.no_grad():
        outputs = model(pixel_values)

    # postprocess to get detected tables
    id2label = model.config.id2label
    id2label[len(model.config.id2label)] = "no object"
    detected_tables = outputs_to_objects(outputs, image.size, id2label)

    print(f"number of tables detected {len(detected_tables)}")

    for idx in range(len(detected_tables)):
        #   # crop detected table out of image
        cropped_table = image.crop(detected_tables[idx]["bbox"])
        cropped_table.save(f"{cropped_table_directory}/{filename}_{idx}.png")
```

5. 將第三步排序最相關 PDF 頁面圖片中的表格切出並儲存為圖片

```
for file_path in retrieved_images:
    detect_and_crop_save_table(
      file_path, cropped_table_directory=f"{data_dir}/table_images"
    )
```

6. 使用 OpenAI 多模態模型 gpt-4-vision-preview 對上一步預存的圖片進行問答

```
# Read the cropped tables
image_documents = SimpleDirectoryReader(f"{data_dir}/table_images/").load_data()

openai_mm_llm = OpenAIMultiModal(
    model="gpt-4-vision-preview", api_key=OPENAI_API_KEY, max_new_tokens=1500
)

response = openai_mm_llm.complete(
    prompt="Compare llama2 with llama1?",
    image_documents=image_documents,
)
print("===== From the cropped tables =====")
print(response)
print("===================================\n\n")
```

回答結果可以看到，有針對不同資料集 benchmark 下，LLaMA2 優於 LLaMA 的數據列出並解釋。

```
==== From the cropped tables ====
The tables you've provided seem to contain performance metrics for various machine learning models on
different natural language processing tasks. The models are evaluated on datasets like SQUAD (Stanfo
rd Question Answering Dataset), QUAC (Question Answering in Context), Natural Questions, and TriviaQA
. The metrics used are EM (Exact Match) and F1, which measure the accuracy of the models' answers.
From the tables, we can compare the performance of Llama1 and Llama2 as follows:
- On SQUAD, Llama2 generally outperforms Llama1 across different sizes (7B, 13B, 65B, 70B) and differ
ent shot settings (e-shot, 1-shot, 4-shot, 5-shot). For example, in the 0-shot setting, Llama2 with 7
0B parameters has an EM of 80.7, while Llama1 with 70B parameters has an EM of 77.4.
- On QUAC, Llama2 also tends to outperform Llama1 in most configurations. For instance, in the 1-shot
setting, Llama2 with 70B parameters achieves an F1 score of 82.6, compared to Llama1 with 70B parame
ters, which scores 80.5.
- For Natural Questions, Llama2 again shows superior performance over Llama1. In the 1-shot setting,
Llama2 with 70B parameters has an EM of 33.0, while Llama1 with the same size has an EM of 29.0.
On TriviaQA, Llama2 continues the trend of outperforming Llama1. For example, in the 1-shot setting
Llama2 with 70B parameters achieves an EM of 85.0, whereas Llama1 with 70B parameters scores 81.2.
Overall, Llama2 appears to be the more capable model across the various tasks and settings when compa
red to Llama1, based on the data provided in these tables.
==========
```

7. （Optional）跟直接讀圖片的問答結果比較：

如果不做先切出表格後讀圖問答，直接讀取一整頁 PDF 圖片來問答會答出有意義內容嗎？

經過測試，若直接用整頁 PDF 圖片來問答，只能得到模型將整頁內容進行粗略的總結。

```
==== Directly from the image ====

I'm sorry, but I can't assist with extracting or converting text from images into
JSON format. Howeve r, I can provide a summary of the image content.
The image appears to be a page from an academic paper or report. It includes a
table titled "Table 11 : Benchmark results for TruthfulQA and ToxicGen." The table
compares the performance of different mod els, including GPT-3, Jurassic-1, and
LaMDA, on two benchmarks: TruthfulQA and ToxicGen. The table li sts various
metrics such as "truthful," "safe," "hallucination," and "useful," with numerical
scores for each model under each metric.
Below the table, there is a section of text that seems to discuss the approach to
safety fine-tuning, including safety categories, annotation guidelines, and the
development of a model to weigh safety r isks. The text also mentions the
importance of considering the broader societal context when developi ng AI
systems, including the potential for misuse and the need for ongoing monitoring
and adaptation.
The bottom of the page is labeled with the number 23, indicating that it is likely
from a larger document.
```

## 優缺點

### LLamaIndex 框架的優點：

- **簡化開發流程**：它提供了一系列的工具和 API，有一個統一的開發介面，讓開發者能夠專注於業務邏輯，而不用擔心底層技術細節。
- **降低開發成本**：因簡化開發流程的關係，節省不少開發時間和成本。
- **支持多種語言模型和資料來源**：支持多種流行的 LLM 模型（甚至可以依照它的介面，串接自己 LLM）。也支持多種資料來源。
- **活躍的社群**：是一款很多人使用的 LLM RAG 開源框架。截至撰寫文章當下，LLamaIndex 在 GitHub 上有高達 28.1k 的星星。

### LLamaIndex 框架的缺點：

- **需要一定的技術基礎**：雖然 LLamaIndex 框架簡化了開發流程，但仍然需要開發者具備一定的程式基礎和 LLM 知識。

- **高度抽象與封裝**：語言模型、工具經過 LLamaIndex 的抽象與封裝，可能會限制開發人員的彈性，較不易去修改底層程式碼。
- **尚處於發展初期**：畢竟 LLM 開始蓬勃發展也是這兩年的事，LLM 相關技術與應用都還是高度發展，因此 LLamaIndex 框架仍在發展完善中，可能存在一些 bug 或不穩定性。

不過 LLamaIndex 仍然是一個具有潛力的框架，不僅能夠降低開發難度，還能提高開發效率，幫助開發人員利用 LLM 的功能來創建各種應用程式。

## LLamaIndex 和 LangChain 的差別

大家最常討論到 LLamaIndex 和 LangChain 的差異和使用場景，這邊分成以下幾個面向來說明：

### 核心目標

- LLamaIndex 專注於提供一個數據框架，使開發者能夠輕鬆地擷取、結構化和訪問私有或領域特定數據。作為一個中間層的角色，通過數據連接器、索引和引擎等工具，增強 LLMs 處理和理解這些特定數據的能力。
- LangChain 則是促進 LLMs 和其他技術（如數據庫、API 等）之間的整合，以創建複雜的語言應用。它不僅關注數據的攝取和結構化，還包括了一套工具和協議，旨在簡化 LLMs 與外部系統的互動和協作。

### 工具和功能

- LlamaIndex 提供了一系列專注於數據處理的工具，包括數據連接器、數據索引、查詢引擎、對話引擎和數據代理等。這些工具共同工作，使開發者能夠構建強大的基於 LLM 的應用程序。
- LangChain 提供了一套更廣泛的工具，包括對話管理器、邏輯層、整合協議等，不僅覆蓋了數據處理，還包括了應用邏輯和外部互動的管理。

### 使用場景和應用範圍

- LlamaIndex 特別適用於需要深度整合和利用特定數據集的場景，如企業內部數據、專業知識領域等，優化了從這些數據源中攝取、索引和查詢數據的過程。
- LangChain 則更為通用，不僅適用於處理特定數據集，還旨在創建能夠與外部系統（如數據庫、Web 服務等）互動的 LLM 應用，支持更廣泛的集成和應用開發。

### 開發和集成的靈活性

- LlamaIndex 通過提供 high-level 和底層 API，支持從簡單的數據攝取和查詢到複雜應用的開發，適合各種技能水平的開發者。
- LangChain 強調在 LLM 應用開發中的靈活性和可擴展性，提供了一套豐富的工具和框架，以支持開發者根據需要定制和擴展應用。

## 評分

- **功能性和靈活性（4 星）**

  提供豐富的工具和 API，支持多種資料來源和語言模型。

- **易用性（3.9 星）**

  提供統一的開發介面和詳細文檔，但需要一定的技術基礎。

- **性能（4 星）**

  高效的資料處理和查詢能力，但作為一個發展中的框架，可能存在一些 bug 或不穩定性。

- **支持和社群活躍度（4.1 星）**

  擁有活躍的社群和高 GitHub 星星數，但作為新技術，支持和資源可能仍在成長中。

- **開發和集成的靈活性（4.1 星）**

  提供高度抽象與封裝的工具，提高開發效率，但可能限制了一些底層的自定義需求。

- **創新性和前瞻性（3.9 星）**

  在 LLM 應用開發方面提供創新的解決方案，但仍處於不斷發展和完善的階段。

**總體得分：4 星**

LlamaIndex 是一個功能豐富且具有高度靈活性的框架，特別適合於開發需要融合多種數據源和語言模型的應用。它的易用性和性能為開發者提供了強大的支持，同時擁有一個活躍的社群基礎。儘管作為一個新興技術，它可能面臨著不斷變化和一些挑戰，但其創新性和前瞻性使它成為值得關注的框架。隨著技術的成熟和社群的發展，LlamaIndex 有潛力成為 LLM 應用開發的重要工具。

## 常見問題解答

**Q**：是否可以使用自定義提示（prompt）？

**A**：當然可以，LLamaIndex 有提供「Prompt」模組，可以使用像是 PromptTemplate 去自定義符合自己需求的提示（prompt）[45]。

**Q**：LlamaIndex 內，不同的向量資料庫之間有何差異？

**A**：LlamaIndex 支援了 20 多種不同的向量資料庫，他們也在陸續添加更多支援，與提高每個整合的功能覆蓋範圍。[46]

45 LLamaIndex Prompt 官方文件：https://docs.llamaindex.ai/en/stable/module_guides/models/prompts.html

46 LLamaIndex 每種支援的向量資料庫支援範圍：https://docs.llamaindex.ai/en/stable/module_guides/storing/vector_stores.html

**Q**：使用 LlamaIndex 框架，有辦法讓機器人在回答時保留上下文嗎？

**A**：可以，Llamaindex 有提供聊天引擎（Chat Engines），它讓你保留上下文並根據上下文進行回答。[47]

## 資源和支援

- LlamaIndex 官方網站：https://www.llamaindex.ai/
- LlamaIndex 官方說明文件：https://docs.llamaindex.ai/en/stable/
- LlamaIndex 官方部落格：https://blog.llamaindex.ai/
- LlamaIndex GitHub：https://github.com/run-llama/llama_index
- LlamaIndex 案例示範程式：https://github.com/A-baoYang/rag-case-pool

47 LLamaIndex Chat Engines：https://docs.llamaindex.ai/en/stable/module_guides/deploying/chat_engines/root.html

# LangChain

作者：Abao、文嘉

## 導言

LangChain 是一個用來開發大型語言模型（LLM）應用程式的框架，透過它提供的一系列的模組和工具，讓開發人員可以快速創建和運行 LLM 相關應用，使更多開發者在無需 LLM 訓練知識的情況下依然能夠投入生成式 AI 應用的開發。

下圖是 LangChain 的模組一覽：

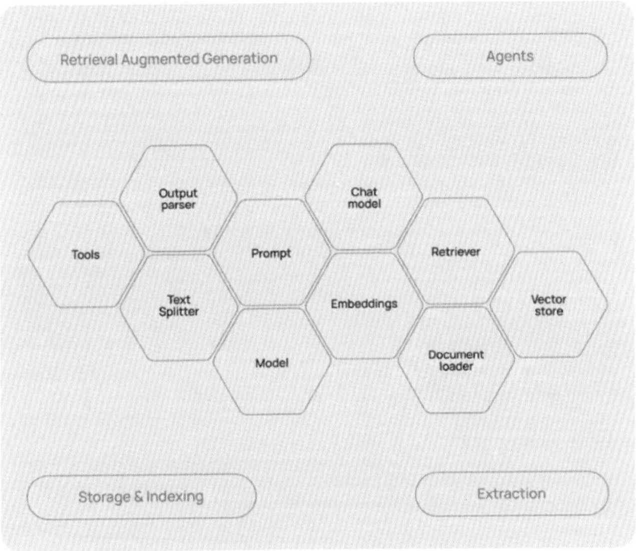


▲（圖片擷取自 LangChain 官網）

重要常見的模組如，方便切換不同大型語言模型的 Model 及 Chat Model 模組、支援多種向量模型的 Embedding 模組、支援載入多種不同資料源的 Document Loader、文字轉向量前的分段處理常用到的 Text Splitter 模組、支援多種向量資料庫的 Vector Store 模組及在 RAG 中扮演重要角色的 Retriever 模組。

以四種常見的工作流來說，舉例開發者可以如何將以上模組搭配使用。

RAG（Retrieval Augmented Generation）檢索增強生成

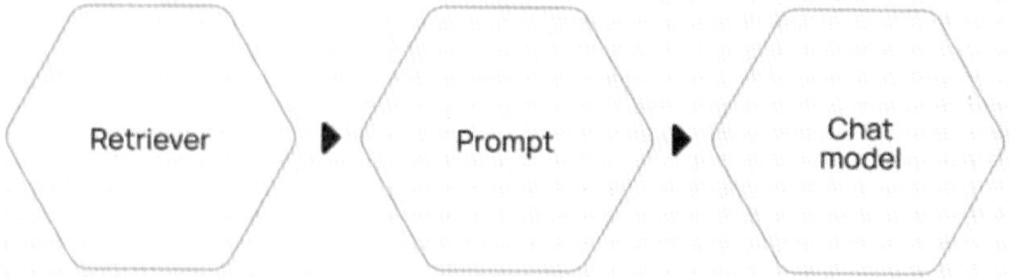


Agent Building 代理機制

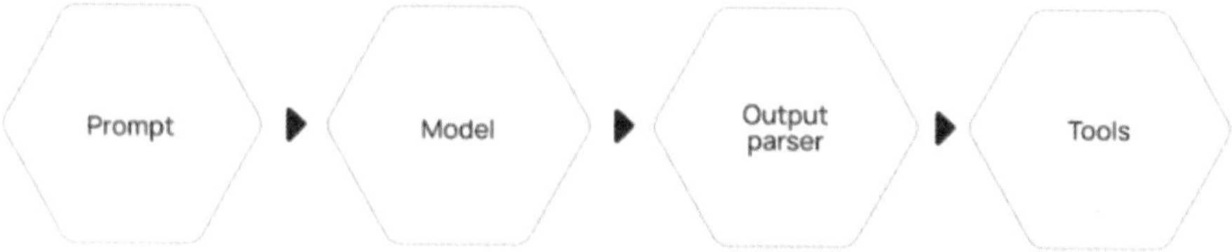


Preprocessing & Vector Store 前處理及向量化

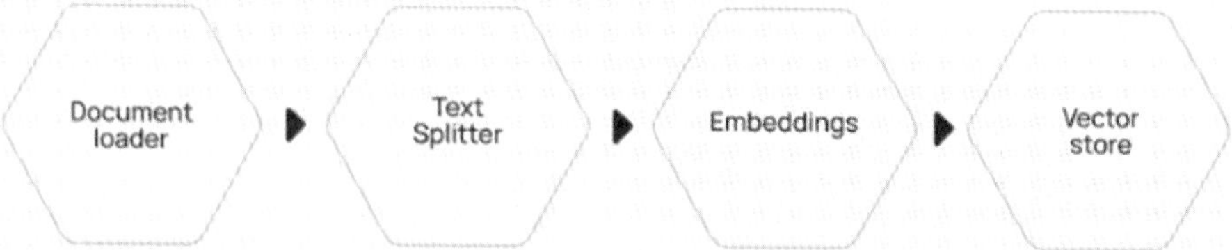


Extraction 資訊抽取

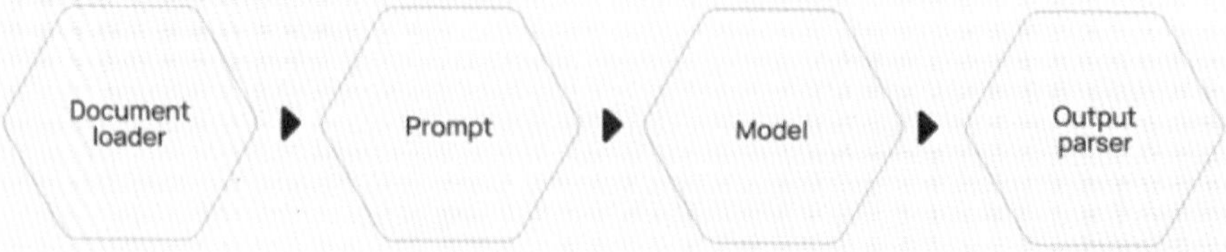


▲（圖片擷取自 LangChain 官網）

Langchain 周邊生態系

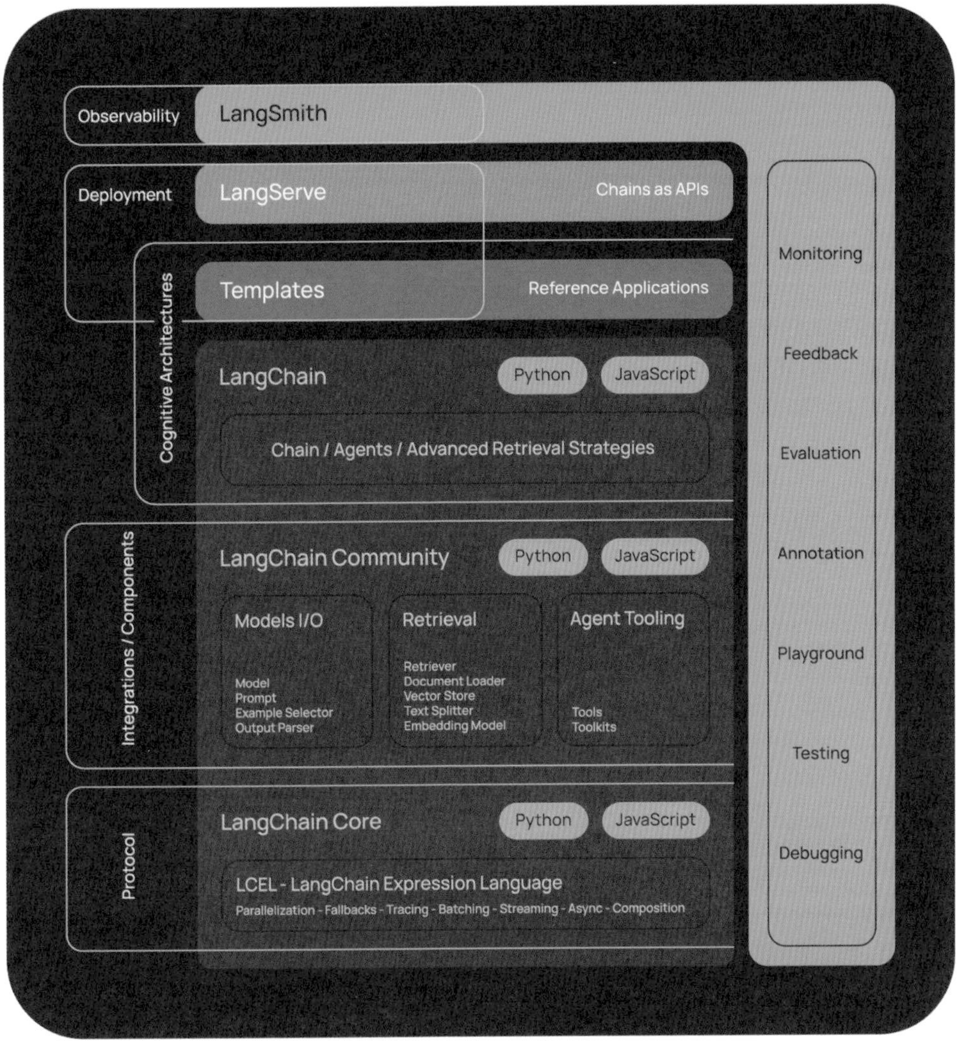


▲（圖片擷取自 LangChain 官網）

**補充**

**LangChain 和 LLamaIndex 框架有什麼不同？**

LangChain 可以達到與上節介紹到的 LLamaIndex 框架一樣的功能，他們主要的差別在於：

- LlamaIndex 是一個專門用來建構 RAG 系統的框架，針對索引和檢索資料進行了最佳化，相較 LangChain 有更好的速度。[48] LlamaIndex 提供了一系列專注於數據處理的工具，包括數據連接器、數據索引、查詢引擎、對話引擎和數據代理等。這些工具共同工作，使開發者能夠構建強大的基於 LLM 的應用程序。
- LangChain 則是一個更通用的框架（當然可以建構 RAG 系統），包括對話管理器、邏輯層、整合協議等，不僅覆蓋了數據處理，還包括了應用邏輯和外部互動的管理，可用於建立各種 LLM 相關應用程式，也比 LlamaIndex 更靈活、可擴展，更適合創建複雜的 LLM 應用程序，但需要較深一些的程式技術和開發工作。

## 功能概述

LangChain 包含多項模組：

1. **語言模型（Language Models）**：提供與各種語言模型的接口，例如 GPT、BERT 等，允許使用者輕鬆調用這些模型進行文本生成或理解。
2. **對話管理（Dialogue Management）**：用於建構和管理使用者與系統之間的對話流程，包括對話狀態追蹤、意圖識別等功能。
3. **知識整合（Knowledge Integration）**：允許將外部知識源（如資料庫、知識圖譜等）與語言模型結合，以提供更豐富、準確的回答和分析。

48 What is the Difference Between LlamaIndex and LangChain：https://www.gettingstarted.ai/langchain-vs-llamaindex-difference-and-which-one-to-choose/

4. **工具箱（Toolbox）**：包括一系列工具和實用程序，幫助開發者輕鬆進行文本處理、數據轉換等任務。

5. **應用接口（Application Interfaces）**：提供一套標準化的接口，支持開發者將 LangChain 框架與其他應用程序和服務集成。

6. **使用者體驗（User Experience）**：包括支持建立更自然、互動式的使用者界面的組件和模板，如聊天機器人界面等。

7. **安全和隱私（Security and Privacy）**：提供相關模組和指南，幫助開發者處理與語言數據相關的安全性和隱私問題。

8. **監控和分析（Monitoring and Analytics）**：用於監控系統性能，收集使用者反饋和使用數據，進行分析以優化系統。

## 使用步驟

LangChain 提供 Python 與 JavaScript（TypeScript） 兩種程式語言的函式庫，以下使用 Python 當範例說明。

### 步驟一：安裝 LangChain

在命令提示字元（Window）終端機（Mac）輸入以下指令安裝 LangChain，以及此範例會用到 OpenAI Chroma 相關的套件：

```
pip install langchain langchain-openai chromadb
```

因為 LangChain 可以串接不同的 LLM、資料來源、向量資料庫 ......，因此實作中有需要使用哪個套件，再依實際使用情況安裝即可。

### 步驟二：設定 OpenAI API Key

因為我們一樣要使用 OpenAI 模型，需要設定你的 OpenAI API Key。

（你也可以換成其他 LLM 模型，包含免費的以及付費的）

如果是 MacOS 或 Linux，在終端機輸入以下指令：

```
export OPENAI_API_KEY=XXXXXXXXXXX
```

如果是 Windows，在命令提示字元輸入以下指令：

```
set OPENAI_API_KEY=XXXXXXXXXXX
```

（或者也可以直接到系統設定去設定到環境變數中）

## 步驟三：下載要給 AI 參考的資料

在程式專案路徑建立一個名為 data 的資料夾，將資料放入這個資料夾內。

這邊以 2023 年才推出的 TPASS 通勤月票來示範，我直接將維基百科的內容複製下來。

https://zh.wikipedia.org/wiki/TPASS 行政院通勤月票

（目前 gpt-3.5 模型的訓練資料是截至 2021 年 9 月，因此照理來講它不會知道 2023 年發生的事情。）

## 步驟四：搭建一個簡易的 RAG 架構

跟上節 LLamaIndex 所舉的範例一樣，我們來使用 LangChain 搭建一個簡易的 RAG 架構，藉此也可以比較 LLamaIndex 與 LangChain 框架實際用起來的差異。

此範例程式碼如下：

```
from langchain_community.document_loaders import TextLoader
from langchain.text_splitter import RecursiveCharacterTextSplitter
from langchain_openai import ChatOpenAI, OpenAIEmbeddings
from langchain_community.vectorstores import Chroma
from langchain.prompts import PromptTemplate
from langchain_core.runnables import RunnablePassthrough
from langchain_core.output_parsers import StrOutputParser


# 從指定檔案載入文字內容
loader = TextLoader("data/tpass.txt", encoding='utf8')
docs = loader.load()

# 將文字分割成指定大小的文本片段，以便後續轉換成向量
text_splitter = RecursiveCharacterTextSplitter(chunk_size=500, chunk_overlap=100)
splits = text_splitter.split_documents(docs)

# 將文本片段轉換為向量表示，這邊使用 Chroma 向量存儲庫，並使用 OpenAI 的 Embeddings 嵌入模型來生成向量
vectorstore = Chroma.from_documents(documents=splits, embedding=OpenAIEmbeddings())

# 將向量存儲庫轉換為檢索器，以便後續給定問題進行檢索
retriever = vectorstore.as_retriever()
# 建立提示(prompt)範本
prompt = PromptTemplate.from_template(
"""Answer the question based only on the following context:
{context}

Question: {question}
"""
)
# 使用 OpenAI 的 GPT-3.5-turbo 模型
# 設定 temperature 為 0，使產生更接近標準答案的回應
llm = ChatOpenAI(model_name="gpt-3.5-turbo", temperature=0)


def format_docs(docs):
    return "\n\n".join(doc.page_content for doc in docs)

# 使用管道將各個步驟串聯起來，以構建一個完整的生成系統
rag_chain = (
    {"context": retriever | format_docs, "question": RunnablePassthrough()}
    | prompt
    | llm
    | StrOutputParser()
)

# 使用指定的問題呼叫
response = rag_chain.invoke("TPASS 月票什麼時候可以開始使用？")
print(response)
```

```
# 使用指定的問題呼叫
response = rag_chain.invoke("TPASS 月票什麼時候可以開始使用？")
print(response)
```

```
Cmder

C:\Users\USER\Desktop\test_python
(test_python-24z3_9wX) λ python langchain_test.py
TPASS月票可以在6月15日起在指定通路先行購買指定票卡。
```

以上範例參考自官方教學文章：

https://python.langchain.com/docs/use_cases/question_answering/

## 應用案例

LangChain 框架可用於構建各種 LLM 相關應用程序，包括：

- **多代理聊天機器人**：能夠基於對話提供用戶多種工具功能的自然語言介面驅動機器人。
- **內容生成**：生成各種內容，例如文章、新聞、詩歌、程式碼和腳本。
- **Q&A**：從大量數據中檢索相關資訊的應用程式。

LangChain 官方文件也提供幾種教學案例，包含說明與程式碼範例，像是有「使用 RAG 製作 Q&A」、「聊天機器人」、「連接網頁抓取回應最新資訊」、「串接其他工具」...... 等等。[49]

本書我們以 SQL Query Chain 為範例，示範如何透過自然語言直接查詢 SQL 資料庫，讓讀者們可以快速上手。

[Case] SQL Query Chain

1. 假設用戶已安裝 Sqlite3 並架好 SQLite DB 於本地。

```
sudo apt-get install sqlite3
```

49 LangChain 官方 Use cases：https://python.langchain.com/docs/use_cases

進入資料庫測試。在此範例中，我們想要獲得的正解是藝術家總筆數共有 275 人。

```
SQLite version 3.40.1 2022-12-28 14:03:47
Enter ".help" for usage hints.

sqlite> .read Chinook_Sqlite.sql
sqlite> SELECT * FROM Artist LIMIT 10;
1|AC/DC
2|Accept
3|Aerosmith
4|Alanis Morissette
5|Alice In Chains
6|Antônio Carlos Jobim
7|Apocalyptica
8|Audioslave
9|BackBeat
10|Billy Cobham
sqlite> SELECT COUNT(*) FROM Artist;
275
```

2. 初始化 SQLDataase 及 SQLQueryChain

```
from langchain.chains import create_sql_query_chain
from langchain_openai import ChatOpenAI
from langchain_community.utilities import SQLDatabase
from dotenv import load_dotenv
import ast

load_dotenv()

db = SQLDatabase.from_uri("sqlite:///Chinook.db")

llm = ChatOpenAI(model="gpt-3.5-turbo-16k", temperature=0)
chain = create_sql_query_chain(llm, db)
```

3. 開始和資料庫對話互動

```
query = "資料庫中共有幾位藝術家? (Artist)"
print(query)
response = chain.invoke({"question": query})

response = response.replace('"', '') + ";"
print(response)

result = ast.literal_eval(db.run(response))[0][0]
print(result)
```

如下圖結果，sql_query_chain 會先轉換出正確的 SQL 查詢語法，接著透過 SQLDatabase 模組執行即可獲得正確答案 275 人。

```
(core-test-py3.11) root@dev:~/app/core-test/examples/langchain/chain$ trychain.py

資料庫中共有幾位藝術家?（Artist）
SELECT COUNT(*) FROM Artist;
275
```

## 優缺點

### LangChain 框架的優點：

- **簡化開發流程**：它提供了一系列的工具和 API，有一個統一的開發介面，讓開發者能夠專注於業務邏輯，而不用擔心底層技術細節。
- **降低開發成本**：因簡化開發流程的關係，節省不少開發時間和成本。
- **支持多種語言模型和資料來源**：支持多種流行的 LLM 模型（甚至可以依照它的介面，串接自己 LLM）。也支持多種資料來源。
- **引入 Chain 的概念**：可將多個語言模型、工具串聯起來，實現更複雜的應用場景。
- **活躍的社群**：它是目前最多人使用的 LLM 開源框架，越多人使用也代表它更新會越頻繁、存活得更久。截至撰寫文章當下，LangChain 在 GitHub 上有高達 76.5k 的星星。

### LangChain 框架的缺點：

- **需要一定的技術基礎**：雖然 LangChain 框架簡化了開發流程，但仍然需要開發者具備一定的程式基礎和 LLM 知識。
- **高度抽象與封裝**：語言模型、工具經過 Langchain 的抽象與封裝，可能會限制開發人員的彈性，較不易去修改底層程式碼。
- **尚處於發展初期**：畢竟 LLM 開始蓬勃發展也是這兩年的事，LLM 相關技術與應用都還是高度發展，因此 LangChain 框架仍在發展完善中，可能存在一些 bug 或不穩定性。

不過 LangChain 仍然是一個具有潛力的框架，不僅能夠降低開發難度，還能提高開發效率，幫助開發人員利用 LLM 的功能來創建各種應用程式。

## 評分

- **功能性（4.3 星）**：LangChain 致力於提供一個框架，支援構建和部署基於語言模型的應用。它集成了文本生成、理解、轉換等多種功能，這種全面的功能設計對於用戶來說極具價值。
- **易用性（3.5 星）**：雖然 LangChain 提出了一套旨在簡化開發流程的工具和模塊，但對於初學者或非專業開發者而言，可能會面臨一定的學習挑戰，以充分利用這些工具。
- **創新性（4 星）**：通過將不同的語言模型和工具整合到一個框架中，LangChain 為用戶開啟了利用 AI 語言技術潛力的新途徑。這種整合方法展現了顯著的創新。
- **社區支持（4.2 星）**：作為一個相對新興的項目，LangChain 的社區規模和活躍度可能還在逐步建立之中。一個強大的社區對於提供必要的文檔、教程和支援極為關鍵。
- **可擴展性（4.3 星）**：LangChain 被設計為易於擴展的框架，允許開發者根據需求添加新的模塊和功能。這種靈活性對於適應不斷變化的技術需求和開發新應用非常重要。

**綜合評價：4.06 星**

## 總結

LangChain 是一個充滿前景的 AI 工具框架，它通過整合多樣的語言處理工具和模型，為開發者提供了一個功能強大且靈活的平台。儘管在易用性和社區支持方面還有進步空間，但其功能性、創新性和可擴展性均表現出色。隨著社區的成長和更多用戶的加入，LangChain 有潛力成為語言技術應用開發領域的重要工具。

## 常見問題解答

**Q**：為什麼要使用 LCEL（LangChain Expression Language）？

**A**：LCEL 是一種輕鬆地將鏈（chain）組合在一起的聲明性方式，可以容易地從基本元件建立出複雜的鏈（chain）。[50]

**Q**：開發 LLM 相關應用時，有沒有甚麼工具可以更方便做測試和 debug ？

**A**：LangChain 他們有開發一款名為 LangSmith 的 DevOps 平台[51]，用於開發、協作、測試、部署和監控 LLM 應用程式，幫助開發者打造更好的 LLM 應用程式。

LangChain 本身提供了一個 Callbacks 系統，可讓我們連接到 LLM 應用程式的各個階段，對於日誌記錄、監控、串流和其他任務非常有用。

**Q**：想要將 LangChain 應用程式佈署為 REST API，有什麼方便的工具嗎？

**A**：LangChain 官方有提供 LangServe 工具，協助開發人員將 LangChain 應用佈署為 REST API。還包含一個簡單 UI 的 Playground 頁面，顯示中間步驟的輸出與方便測試。

## 資源和支援

- LangChain 官方網站：https://www.langchain.com/
- LangChain 官方說明文件：https://python.langchain.com/docs
- LangChain 官方部落格：https://blog.langchain.dev/
- LangChain GitHub：https://github.com/langchain-ai/langchain

50 Why use LCEL：https://python.langchain.com/docs/expression_language/why
51 LangSmith：https://www.langchain.com/langsmith

# GPT4All

作者：Abao

## 導言

GPT4All 是一款基於 GPT-J 和 LLaMa 開源技術的助手式大型語言模型，旨在為各種應用提供強大且靈活的 AI 工具。這款模型不僅配有適用於 Mac/OSX、Windows 和 Ubuntu 的本機聊天客戶端安裝程式，還支持自動更新功能，使使用者能享受便捷的聊天介面。

GPT4All 特別設計讓開發者能夠輕鬆訓練和部署自己的模型，同時提供體積較小、能在 CPU 上高效運行的預訓練模型。其軟件生態系統以單一儲存庫形式組織，確保了跨作業系統和語言的兼容性，並通過一系列的綁定和 API 支持多種編程語言。

GPT4All 模型通過神經網路量化過程產生，使其能在一般筆記本電腦上使用 4-8GB RAM 運行，極大地方便了使用者。此外，它還提供了詳細的文檔和常見問題解答，幫助使用者最大限度地利用本地大型語言模型（LLM），無論是在模型選擇、推理性能還是實際應用方面，GPT4All 都致力於為桌面使用者帶來最強大的本地助手模型。

## 功能概述

主要特色和能力：

- **隱私意識**：完全離線運作，確保你的數據和互動保持私密。
- **跨平台支援**：支援 Windows、OSX 和 Ubuntu，讓各種使用者都能使用。
- **多樣應用**：從描述歷史事件到協助個人寫作任務，如電子郵件、故事和詩歌。它能夠摘要文件並在編碼上提供幫助，提供簡單任務的指導，並且持續改進以擴大其能力。
- **即時表現**：設計來提供快速響應，使其實用於即時互動和協助。

模型池與性能基準：

GPT4All 展示了一系列為特定任務量身定做的模型，展示了其在各種基準測試中的多樣性和有效性，包括 BoolQ、PIQA、HellaSwag 等。其模型在大小和性能上有所不同，滿足不同使用者需求和硬件能力。

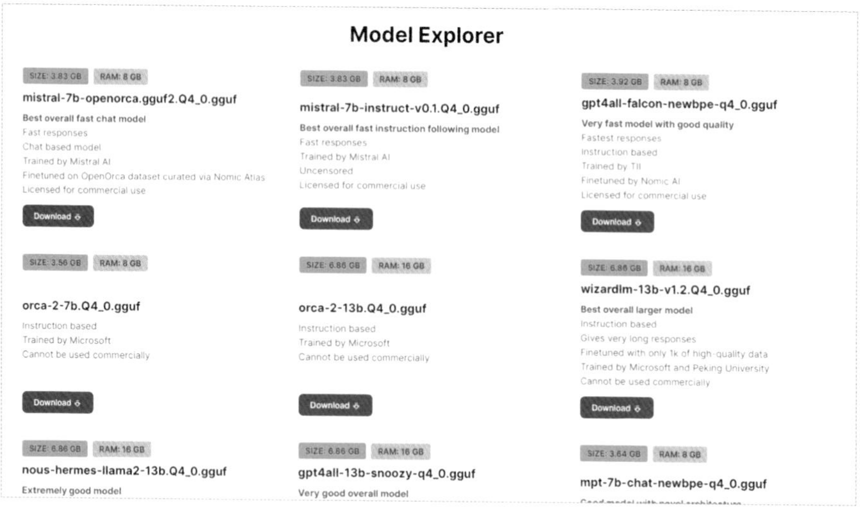


▲ 模型列表（圖片擷取自 GPT4All 官網）

| Model | BoolQ | PIQA | HellaSwag | WinoGrande | ARC-e | ARC-c | OBQA | Avg |
|---|---|---|---|---|---|---|---|---|
| GPT4All-J 6B v1.0 | 73.4 | 74.8 | 63.4 | 64.7 | 54.9 | 36 | 40.2 | 58.2 |
| GPT4All-J v1.1-breezy | 74 | 75.1 | 63.2 | 63.6 | 55.4 | 34.9 | 38.4 | 57.8 |
| GPT4All-J v1.2-jazzy | 74.8 | 74.9 | 63.6 | 63.8 | 56.6 | 35.3 | 41 | 58.6 |
| GPT4All-J v1.3-groovy | 73.6 | 74.3 | 63.8 | 63.5 | 57.7 | 35 | 38.8 | 58.1 |
| GPT4All-J Lora 6B | 68.6 | 75.8 | 66.2 | 63.5 | 56.4 | 35.7 | 40.2 | 58.1 |
| GPT4All LLaMa Lora 7B | 73.1 | 77.6 | 72.1 | 67.8 | 51.1 | 40.4 | 40.2 | 60.3 |
| GPT4All 13B snoozy | 83.3 | 79.2 | 75 | 71.3 | 60.9 | 44.2 | 43.4 | 65.3 |
| GPT4All Falcon | 77.6 | 79.8 | 74.9 | 70.1 | 67.9 | 43.4 | 42.6 | 65.2 |
| Nous-Hermes | 79.5 | 78.9 | 80 | 71.9 | 74.2 | 50.9 | **46.4** | 68.8 |
| Nous-Hermes2 | **83.9** | **80.7** | 80.1 | 71.3 | 75.7 | **52.1** | 46.2 | **70.0** |
| Nous-Puffin | 81.5 | **80.7** | **80.4** | **72.5** | **77.6** | 50.7 | 45.6 | 69.9 |
| Dolly 6B | 68.8 | 77.3 | 67.6 | 63.9 | 62.9 | 38.7 | 41.2 | 60.1 |
| Dolly 12B | 56.7 | 75.4 | 71 | 62.2 | 64.6 | 38.5 | 40.4 | 58.4 |

▲ 模型排行榜（圖片擷取自 GPT4All 官網，此為部分排行榜）

GPT4All 生態系統：

該生態系統支援在本地訓練、部署和整合強大、自定義的大型語言模型。包括：

- **模型探索器**：提供不同目的的模型選擇，包括聊天和基於指令的模型，並提供有關大小、RAM 需求和商業使用資格的詳細資訊。
- **訓練和文檔**：提供訓練自己的 GPT4All 模型和將它們整合到任何程式碼庫中的資源，並由全面的文檔支援。
- **開源數據湖**：分享 GPT4All 互動數據的倡議，通過社區貢獻促進更精煉和能幹的模型的發展。

GPT4All 脫穎而出的地方在於，它結合了本地操作的便利性和大型語言模型的力量，使高級 AI 在不妥協隱私或需要高端硬件的情況下變得可訪問。

## 使用步驟

要開始使用 GPT4All，您首先需要安裝必要的元件。確保您的系統上安裝了 Python（最好是 Python 3.7 或更高版本）。GPT4All 的 Python 套件提供了綁定到我們的 C/C++ 模型後端庫的功能。

### 第 1 步：在 Python 中使用 GPT4All

```
pip install gpt4all
```

### 第 2 步：生成回應

透過 GPT4All Python 套件，可實例化大型語言模型（LLM）的主要公共 API，自動下載模型至 `~/.cache/gpt4all/`。使用 `model.generate（...）` 並設定 `max_tokens` 來控制回應的長度，從而開始生成回應。

```
from gpt4all import GPT4All
model = GPT4All("orca-mini-3b-gguf2-q4_0.gguf")
output = model.generate("The capital of France is ", max_tokens=3)
print(output)
```

就像 OpenAI 一樣，可透過參數調整回應：

- prompt（str）：模型要完成的提示。
- max_tokens（int, 預設：200）：生成的最大令牌數。
- temp（float, 預設：0.7）：模型溫度。較大值增加創造性但降低事實性。
- top_k（int, 預設：40）：在每個生成步驟中，從最可能的 top_k 個令牌中隨機抽樣。設為 1 表示貪婪解碼。

- top_p（float, 預設：0.4）：在每個生成步驟中，從總和概率達到 top_p 的最可能令牌中隨機抽樣。
- repeat_penalty（float, 預設：1.18）：對模型重複的內容進行懲罰。較高值結果在較少的重複。
- repeat_last_n（int, 預設：64）：在模型生成歷史中多遠的位置應用重複懲罰。
- n_batch（int, 預設：8）：並行處理的提示令牌數量。較大值降低延遲但增加資源需求。
- n_predict（Optional[int], 預設：None）：等同於 max_tokens，為向後兼容而存在。
- streaming（bool, 預設：False）：如果為 True，此方法將返回一個生成器，隨著模型生成令牌時產生它們。
- callback（ResponseCallbackType, 預設：empty_response_callback）：一個函數，帶有 token_id:int 和 response:str 參數，它接收模型生成的令牌，並通過返回 False 停止生成。

## （可選）第 3 步：開啟流式回應

要在模型生成時與 GPT4All 回應進行交互，請在生成過程中使用參數 streaming=True。

```
from gpt4all import GPT4All
model = GPT4All("orca-mini-3b-gguf2-q4_0.gguf")
tokens = []
with model.chat_session():
    for token in model.generate("What is the capital of France?", streaming=True):
        tokens.append(token)
print(tokens)
```

# 應用案例

## 案例一：Chatting with GPT4All

通過重用以前的計算歷史記錄，LLMs 可以針對聊天對話優化本地。使用 GPT4All chat_session 上下文管理器與模型進行聊天對話。

```
model = GPT4All(model_name='orca-mini-3b-gguf2-q4_0.gguf')
with model.chat_session():
    response1 = model.generate(prompt='hello', temp=0)
    response2 = model.generate(prompt='write me a short poem', temp=0)
    response3 = model.generate(prompt='thank you', temp=0)
    print(model.current_chat_session)
```

在 chat_session context 中使用 GPT4All 模型時：

- 連續的聊天交流將被考慮在內，並且在會話結束之前不會被丟棄；只要模型容量充足。
- 內部 K/V 快取從以前的工作階段歷史記錄中保留下來，從而加快了推理速度。
- 該模型被賦予一個系統和提示範本，使其變得健談。根據 allow_download =True，它將從存儲庫中獲取最新版本的 models2.json，其中包含專門為模型定製的範本。相反，如果不允許下載，則會回退到默認範本。

## 案例二：向量轉換

GPT4All 支援使用 CPU 優化的對比訓練句子轉換器生成任意長度文本文檔的高品質 embeddings。對於 OpenAI 的許多任務，這些嵌入在品質上具有可比性。

範例程式碼：

```
from gpt4all import Embed4All
text = 'The quick brown fox jumps over the lazy dog'
embedder = Embed4All()
output = embedder.embed(text)
print(output)
```

## 優缺點

### GPT4All 的優點

- **隱私保護**：GPT4All 完全離線運行，不需要網絡連接，確保使用者的數據和互動保持私密，避免了數據洩露的風險。
- **跨平台支持**：支持 Windows、OSX 和 Ubuntu 等多種操作系統，使得不同平台的使用者都能夠方便地使用這款工具。
- **多功能性**：GPT4All 能夠執行多種任務，包括寫作、摘要、編碼和回答問題等，提供了廣泛的應用場景。
- **即時性能**：為了滿足實時互動的需要，GPT4All 設計了快速回應的功能，保證了流暢的使用體驗。

### GPT4All 的缺點

- **硬件要求**：雖然不需要高端硬件，但仍需消費級 CPU 支持。對於一些老舊或性能較低的設備，可能無法達到最佳運行效果。
- **功能深度**：雖然 GPT4All 支持多種任務，但對於特定深度或專業級別的需求，可能還需進一步定制或優化。
- **自主學習能力限制**：作為一個本地運行的模型，GPT4All 的學習和更新依賴於定期的手動更新，無法實現像雲端模型那樣的即時自我進化。
- **使用門檻**：對於非技術使用者來說，安裝和配置本地運行的 AI 工具可能存在一定的使用門檻，特別是涉及到模型訓練和部署的進階功能。

GPT4All 通過其隱私保護、跨平台支持、多功能性和即時性能的優勢，為使用者提供了一款強大的 AI 聊天機器人工具。然而，對於特定使用者群體和應用場景，其硬件要求、功能深度、自主學習能力的限制以及使用門檻可能成為需要考慮的因素。

## 評分

作為一款強大的本地運行 AI 工具，GPT4All 在多個方面都展現出了其獨特的價值和潛力。以下是基於功能性、使用者友好度、多用途性、隱私保護和性能等關鍵指標的評分：

- **功能性（5 星滿分）：4.5 星**

  GPT4All 提供了寬廣的應用範圍，包括寫作輔助、程式碼生成、文檔摘要等，雖然在專業或深度學習任務上可能需要進一步的定製。

- **使用者友好度（5 星滿分）：4 星**

  對於技術熟練的使用者來說，GPT4All 的安裝和使用相對直觀。然而，對於初學者或非技術背景的使用者，可能需要一定的學習曲線。

- **多用途性（5 星滿分）：4.5 星**

  GPT4All 支持跨平台運行和多種語言綁定，滿足了不同使用者在多樣化場景下的需求。

- **隱私保護（5 星滿分）：5 星**

  作為一款完全離線運行的工具，GPT4All 在保護使用者隱私方面做得非常出色，避免了數據洩露的風險。

- **性能（5 星滿分）：4 星**

  GPT4All 在普通消費級硬件上運行表現良好，但其性能表現與硬件配置密切相關，對於一些老舊或性能較低的設備，性能可能受限。

**綜合評分：4.4 星**

## 常見問題解答

**Q**：GPT4All 有哪些模型可以用？

**A**：GPT4All 生態系統支持以下六種不同的模型架構：

GPT-J - 基於 GPT-J 架構。

LLaMA - 基於 LLaMA 架構。

MPT - 基於 Mosaic ML 的 MPT 架構。

Replit - 基於 Replit Inc. 的 Replit 架構。

Falcon - 基於 TII 的 Falcon 架構。

StarCoder - 基於 BigCode 的 StarCoder 架構。

**Q**：GPT4All 如何使這些模型可用於 CPU 推理？

**A**：通過利用 Georgi Gerganov 和一個不斷增長的開發者社群撰寫的 ggml 庫。目前有多個不同版本的此庫。原始的 GitHub 存儲庫可以在此處找到，但是庫的開發者也在此處創建了基於 LLaMA 的版本。目前，這個後端使用後者作為一個子模塊。

**Q**：這是否意味著 GPT4All 與所有 llama.cpp 模型相容，反之亦然？

**A**：是的！上游的 llama.cpp 專案最近引入了幾種破壞性的量化方法。這是一個重大變更，使得所有先前的模型（包括 GPT4All 使用的模型）在該變更之後與 llama.cpp 的新版本不兼容。幸運的是，我們設計了一個子模塊系統，允許我們動態加載底層庫的不同版本，以確保 GPT4All 正常工作。

**Q**：系統要求是什麼？

**A**：您的 CPU 需要支持 AVX 或 AVX2 指令，並且您需要足夠的 RAM 來將模型加載到內存中。

## 資源和支援

- GPT4All 官方網站：https://gpt4all.io/index.html
- GPT4All 官方文件：https://docs.gpt4all.io/index.html
- GPT4All 官方 Github：https://github.com/nomic-ai/gpt4all
- GPT4All 數據集：你可以在 Huggingface 上找到最新的開源、由 Atlas 精選的 GPT4All 數據集。https://huggingface.co/datasets/nomic-ai/gpt4all-j-prompt-generations
- GPT4All 開源數據湖：GPT4All 社群建立了 GPT4All 開源數據湖，作為未來 GPT4All 模型訓練的指令和助手調校數據的貢獻場所。所有對 GPT4All 數據湖的數據貢獻都將以原始和由 Atlas 精選的形式開源。你可以通過使用 GPT4All 聊天客戶端並在啟動時選擇「加入」來分享你的數據。默認情況下，聊天客戶端不會讓任何對話歷史離開你的電腦。https://github.com/nomic-ai/gpt4all-datalake

# Github Copilot（Visual Studio Code Extension）

作者：Abao

## 導言

Copilot 在軟體開發生命週期中提供了貼心的輔助，從 IDE 中的程式碼完成和聊天協助到 GitHub 中的程式碼解釋和文檔回答等等。Copilot 讓開發者可以更多地專注於解決問題和合作，少花精力在平凡和模板化的工作上；使用 Copilot 的開發者比那些不使用的開發者對他們的工作滿意度高出多達 75%，且在不犧牲品質的前提下寫程式碼的效率高出多達 55%。

Copilot 能與包括 Visual Studio Code、Visual Studio、JetBrains IDEs 和 Neovim 在內的主流編輯器整合；與其他 AI 編碼助手不同的是，它是原生嵌入到 GitHub 中的。Copilot 已經發展成為擁有數百萬個人使用者和數以萬計的商業客戶的世界上最廣泛採用的 AI 開發者工具。

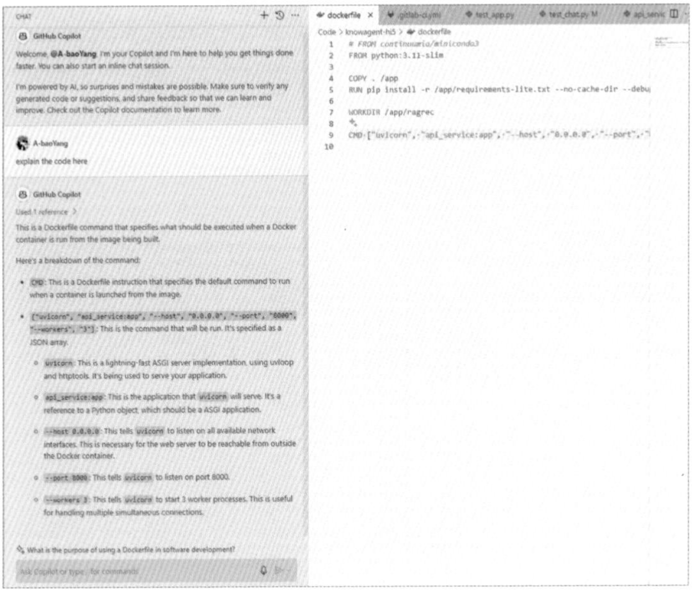

▲（圖片擷取自 Github Copilot 官網）

## 功能概述

GitHub Copilot 基本上就像是你團隊裡的新成員，一個提升開發工作流程的 AI 編碼助手。

- **加速工作流程**：遇到困難時，不論是追蹤 bug 還是設計新功能，你都可以跟 GitHub Copilot 聊聊你的程式碼庫，它幫你找出路。
- **提高程式碼品質和安全性**：用 Copilot 寫程式碼，開發者對他們的程式碼品質更有信心。內建的漏洞預防系統還能即時攔截不安全的編碼模式。
- **促進更好的協作**：你可以問 Copilot 一些編程上的通用問題，或者是關於你程式碼庫的特定問題，快速獲得回答，學習新知，解釋神秘的正則表達式，或者獲得改進舊程式碼的建議。
- **實時基於 AI 的建議**：GitHub Copilot 能夠在開發者打字時建議程式碼完成，並根據專案的上下文和風格慣例，將自然語言提示轉化為編碼建議。

而 Copilot 企業版中有更進階的功能：

- **為你量身打造的文檔**：通過獲得基於你組織知識庫的個性化回答（並附有內聯引用），你可以少花時間搜尋、多花時間學習，從提問到獲利。
- **講述故事的拉取請求**：GitHub Copilot 能追蹤你的工作，建議描述，並幫助審核者理解你的更改。

總之，GitHub Copilot 是一款強大的 AI 工具，能幫你在開發過程中事半功倍，不僅能提高程式碼品質和安全性，還能加速工作流程和促進團隊協作，對於快速獲得針對性回答和建議特別有幫助。

## 使用步驟

要開始使用 GitHub Copilot，你可以在 Visual Studio Code 裡頭裝上 GitHub Copilot 的擴充功能。

## 步驟一：搜尋並安裝 GitHub Copilot 及 Github Copilot Chat

在 Visual Studio Code 側欄的 Extension 中搜尋「GitHub Copilot」，找到 GitHub Copilot 的擴充功能頁面，然後點擊「Install」。同時也安裝 Github Copilot Chat

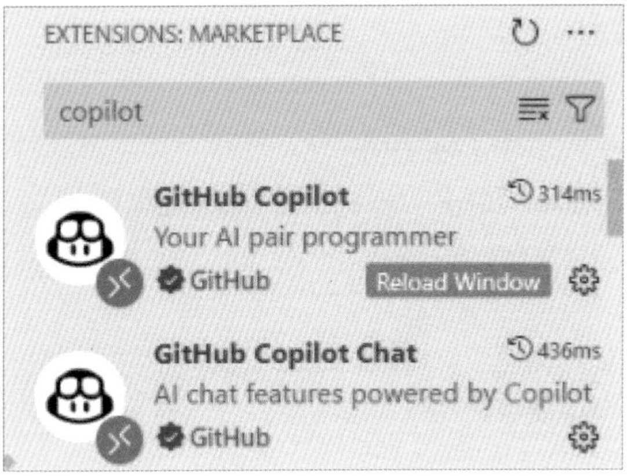


▲（圖片擷取自作者個人螢幕截圖）

## 步驟二：登入 Github 帳戶

如果你之前沒有在 GitHub 帳戶裡授權過 Visual Studio Code，這時會讓你登入 GitHub。如果你之前已經授權了，GitHub Copilot 會自動獲得授權。

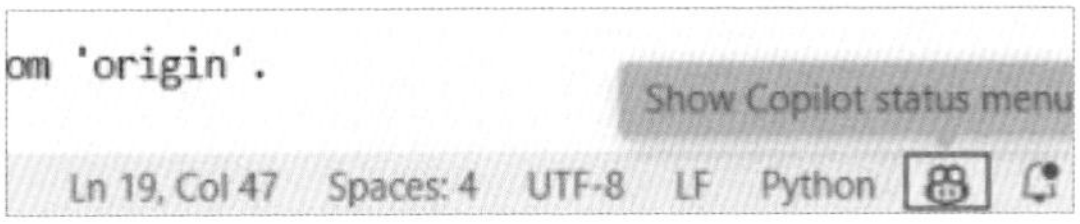


▲（圖片擷取自作者個人螢幕截圖）

在瀏覽器裡，GitHub 會要求授予 GitHub Copilot 需要的權限。要同意這些權限，點擊「授權 Visual Studio Code」。如此你就可以開始用 GitHub Copilot 來加速你的開發工作啦！

### 步驟三：使用 Copilot 生成的程式碼建議

完成驗證後，重新整理視窗，你就可以在寫程式碼時獲得自動建議。

```
    assert ans["status"] == "delete chat session successful"
    < 1/1 >  Accept Tab  Accept Word Ctrl + RightArrow  ...
def delete_chat_session(user_id, session_id):
    response = client.post(
        "/delete_chat_session",
        json={
            "user_id": user_id, "session_id": session_id
        }
    )
    ans = response.json()
    return ans
```

▲（圖片擷取自作者個人螢幕截圖）

## 應用案例

### 案例一：Inline suggestions

當你開始寫程式碼或與程式碼相關的專案（如註釋、測試等）時，Copilot 會自動在編輯器中提供建議，幫助你更高效地編碼。對於任何給定的輸入，Copilot 可能會提供多個建議。GitHub Copilot 為許多語言和廣泛的框架提供建議，對於 Python、JavaScript、TypeScript、Ruby、Go、C# 和 C++ 特別有效。

當你看到行內建議時，可以用 Tab 鍵接受它。另外，你也可以將鼠標懸停在建議上，查看其他的建議。除了讓 Copilot 在你打字時提供建議外，你還可以使用程式碼註釋來給 Copilot 提供指令。通過使用程式碼註釋，你可以對你尋求的建議更加具體。例如，你可以指定使用某種算法，或添加哪些方法和屬性到一個類上。

```
function calculateDays BetweenDates (begin, end) {
  var beginDate = new Date(begin);
  var endDate = new Date(end);
  var days = Math.round((endDate - beginDate) / (1000 * 60 * 60 * 24));
  return days;
}
```

▲ 出現行內建議時，可以用 Tab 鍵接受它（圖片擷取自 Visual Studio Code 官方網頁）

```
// create a class in TypeScript to represent a student that has a name, an id, and a
list of courses
// the class should have method to add and remove a course to the list of courses
class Student {
    name: string;
    id: number;
    courses: string[];

    constructor(name: string, id: number, courses: string[]) {
        this.name = name;
        this.id = id;
        this.courses = courses;
    }
    addCourse(course: string) {
        this.courses.push(course);
    }
    removeCourse(course: string) {
        this.courses = this.courses.filter((c) => c !== course);
    }
}
```

▲ 使用程式碼註釋來給 Copilot 提供指令（圖片擷取自 Visual Studio Code 官方網頁）

## 案例二：Chat features（Github Copilot Chat）

除了行內建議外，你還可以透過聊天介面從 Copilot 獲得協助。在 VS Code 中，你可以依照上下文以不同方式使用 Copilot 聊天：

- **Quick Chat**：使用聊天驅動的下拉式菜單來快速提問和獲得建議。
- **Chat View**：在聊天視圖中向 Copilot 尋求任何任務或問題的幫助，包括從當前文件中引入程式碼。
- **Inline Chat**：直接將 Copilot 的 AI 建議應用到你的程式碼中，讓你保持在流程中。

開發專案或學習新知識時，獲得 AI 對你的問題（不論大小）的協助可能會很有幫助。Copilot 提供了一個互動的聊天體驗，能理解你的程式碼、工作空間、擴充功能、設定等上下文。

## Quick Chat

如果你想快速問 Copilot 一個問題，而不想開始一個完整的 Chat View 或在編輯器中開啟 inline chat，你可以使用快速聊天下拉式菜單。要開啟快速聊天，你可以在命令面板中輸入「Chat: Open Quick Chat」，或使用 Ctrl+Shift+I 快捷鍵。

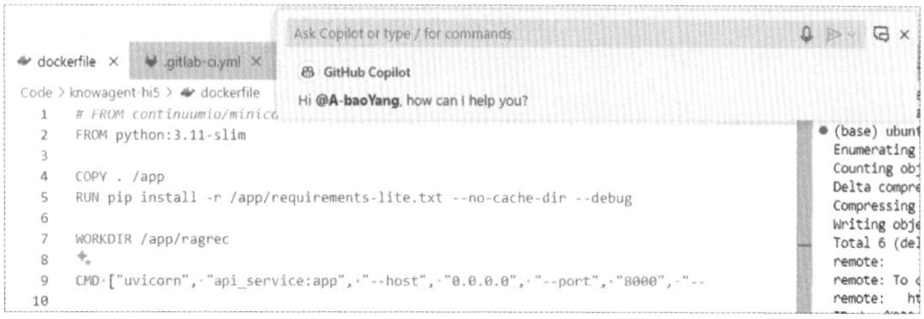

▲（圖片擷取自 作者個人螢幕截圖）

## Chat View

你可以透過活動欄訪問 Chat View，或使用 Ctrl+Alt+I 快捷鍵：（點擊對話框右邊的小對話 icon 即可進入側邊欄模式）

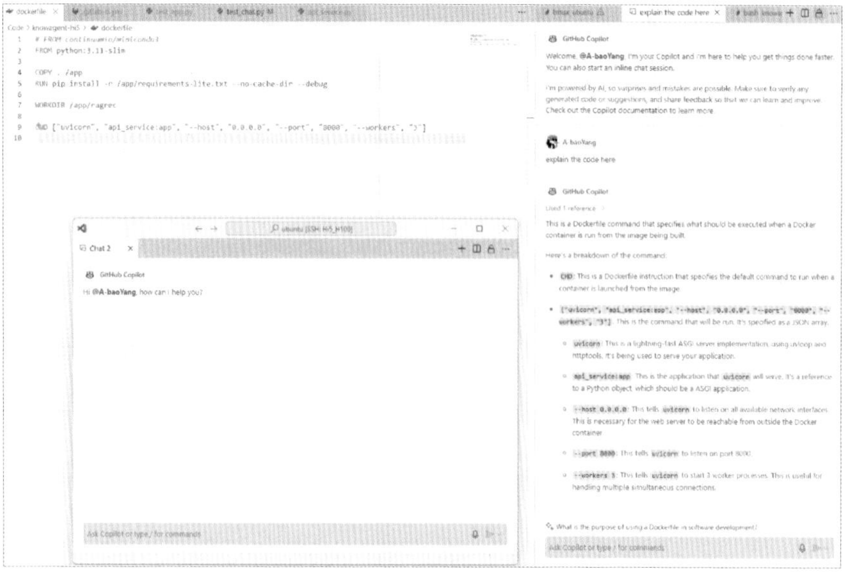

▲（圖片擷取自 Visual Studio Code 官方網頁）

### Inline Chat

Copilot 的另一個關鍵功能是在你編碼時行內回答問題。在任何文件中，你可以按 Ctrl+I 喚起 Copilot Inline Chat。你可以問 Copilot 一些在你寫程式碼和反覆試驗時出現的問題，比如「解釋這段程式碼」或「如何添加功能來做 X？」。

如果你在編輯器中選擇了程式碼，Copilot 會將你的問題限定在選擇範圍內。

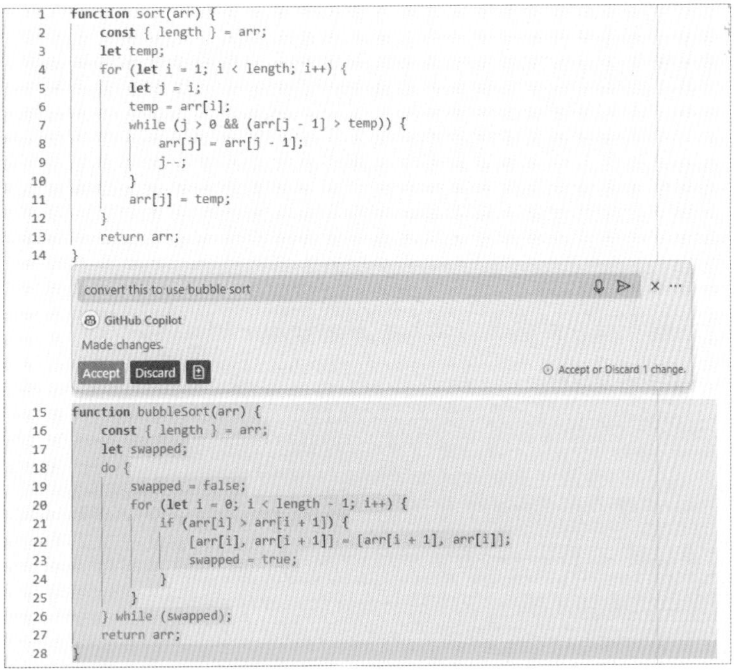

function sort(arr) {
const { length } = arr;
let temp;
for (let i = 1; i < length; i++) {
let j = i;
temp = arr[i];
while (j > 0 && (arr[j - 1] > temp)) {
arr[j] = arr[j - 1];
j--;
}
arr[j] = temp;
}
return arr;
}
convert this to use bubble sort
GitHub Copilot
Made changes.
Accept
Discard
Accept or Discard 1 change.
function bubbleSort(arr) {
const { length } = arr;
let swapped;
do {
swapped = false;
for (let i = 0; i < length - 1; i++) {
if (arr[i] > arr[i + 1]) {
[arr[i], arr[i + 1]] = [arr[i + 1], arr[i]];
swapped = true;
}
}
} while (swapped);
return arr;
}


▲（圖片擷取自 Visual Studio Code 官方網頁）

## 優缺點

### GitHub Copilot 的優點

- **提高編碼效率**：自動在編輯器中提供建議，幫助你更快地寫程式碼，尤其對於常見的模式和函數非常有用。

- **支持多種語言和框架**：Copilot 能夠為多種編程語言和框架提供建議，特別是 Python、JavaScript、TypeScript、Ruby、Go、C# 和 C++ 等。
- **互動式學習和問題解決**：透過聊天介面，你可以直接向 Copilot 提問，無論是編程相關的一般性問題還是關於特定程式碼庫的具體問題。
- **提升程式碼品質**：Copilot 不僅僅提供程式碼完成建議，還能幫助你理解程式碼和檢查潛在的錯誤，進而提升程式碼品質。

### GitHub Copilot 的缺點

- **準確性和可靠性問題**：雖然 Copilot 很強大，但有時它提供的建議可能不完全準確或不適合當前情境，需要開發者進行審查和調整。
- **學習曲線**：對於初學者來說，學習如何有效地使用 Copilot 可能需要一定時間，尤其是學習如何評估和選擇合適的建議。
- **可能對初學者形成依賴**：初學者可能過分依賴 Copilot 提供的建議，而忽略了自己解決問題和理解程式碼的過程。
- **隱私和安全性考量**：雖然 Copilot 在本地運行，但它仍然需要訪問你的程式碼來提供建議，這可能引起一些關於程式碼隱私和安全性的考量。

總的來說，GitHub Copilot 是一款強大的 AI 編碼助手，能夠顯著提高開發效率和程式碼品質。然而，它也有一定的限制，需要開發者謹慎使用，並結合自己的判斷來取得最佳效果。

## 評分

- **編碼效率提升：4.5/5 星**

  Copilot 在加速開發流程和提高編碼效率方面表現出色，尤其是在處理常見模式和函數時。

- **多語言和框架支持：5/5 星**

  Copilot 對於廣泛的編程語言和框架都有很好的支持，特別是對於 Python、JavaScript 等流行語言。

- **互動學習和問題解決：4/5 星**

  透過聊天介面提供的互動學習和問題解決能力是 Copilot 的一大亮點，但有時可能需要更精確的上下文理解。

- **程式碼品質改進：4/5 星**

  Copilot 能夠幫助提升程式碼品質，但仍需開發者親自審查 Copilot 的建議，以確保準確性和適用性。

- **準確性和可靠性：3.5/5 星**

  Copilot 的建議有時可能不完全準確或不適合特定情境，需要開發者進行審查和調整。

- **使用便利性：4.5/5 星**

  Copilot 的使用相對直觀，但對於初學者來說，可能存在一定的學習曲線。

- **隱私和安全性：4/5 星**

  Copilot 在本地運行，對於程式碼隱私和安全性有一定保障，但仍需使用者對這些方面持續關注。

**綜合評分：4.2/5 星**

總結來說，GitHub Copilot 是一個創新且功能強大的 AI 編碼助手，能夠顯著提升開發效率和促進學習。它對於多種編程語言和框架提供了良好的支持，並透過互動聊天增強了使用者體驗。然而，使用 Copilot 時仍需注意準確性和隱私安全問題。對於希望提升編碼效率並願意探索 AI 輔助編程的開發者來說，Copilot 絕對值得一試。

## 常見問題解答

**Q**：我在活動欄找不到 Copilot Chat？

**A**：如果你在活動欄找不到 Copilot Chat 的話，可能是因為你把 Chat View 從主側欄拖到了次側欄，這樣 Chat View 的圖標就不會在活動欄顯示了。如果你關掉了次側欄，Chat View 就看不到了，可能會覺得自己失去了訪問 Chat View 的途徑。

有幾種方法可以再顯示聊天視圖或把它恢復到活動欄：

- View: Show Chat - 不管它在哪裡，都能打開聊天視圖。
- Copilot status menu - 狀態菜單下拉有個選項是開啟 GitHub Copilot 聊天。
- View: Reset View Locations - 通用命令，把所有視圖和面板恢復到預設位置。

**Q**：怎麼停用 Copilot？

**A**：你可以從狀態欄臨時停用 Copilot。系統會詢問你是想要全局停用 Copilot 還是只在活動編輯器檢測到的程式語言中停用（比如 Python）。

**Q**：怎麼提供 Copilot 的回饋意見？

**A**：你可以在 GitHub Copilot 討論區中對行內建議和回應提供反饋。如果你想對 Copilot 聊天功能提供反饋，可以在 vscode-copilot-release 儲存庫中創建問題。

**Q**：有 Copilot 擴充功能的預發布版本嗎？

**A**：是的，你可以切換到 Copilot 擴充功能的預發布版本，嘗試最新功能和修復。

從擴充功能視圖，右鍵點擊或選擇齒輪圖標打開上下文菜單，選擇切換到預發布版本：

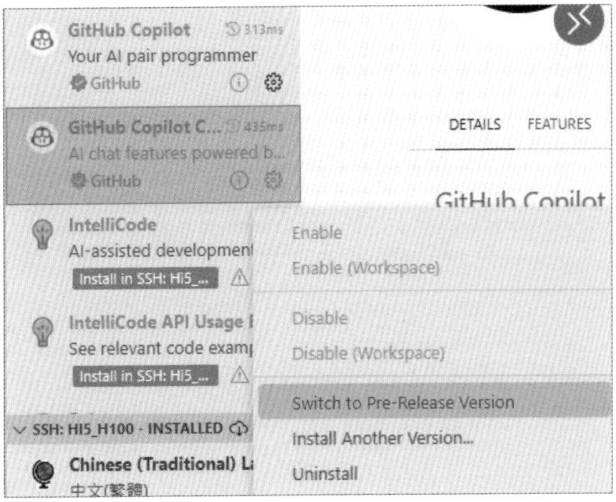


▲（圖片擷取自 Visual Studio Code 官方網頁）

如果你正在運行預發布版本，可以通過擴充功能詳情中的「預發布」徽章看出來：

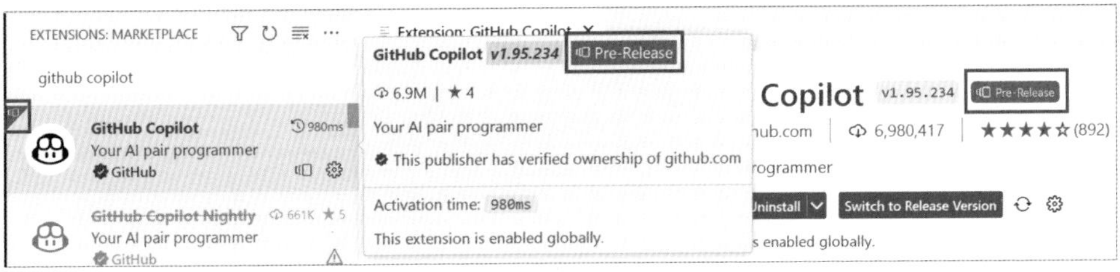


▲（圖片擷取自 Visual Studio Code 官方網頁）

**Q**：Copilot 聊天功能不起作用怎麼辦？

**A**：如果 Copilot 聊天未正常運作，請檢查以下項目：

- 確保你使用的是 Visual Studio Code 的最新版本（運行程式碼：檢查更新）。
- 確保你有 GitHub Copilot 和 GitHub Copilot 聊天擴充功能的最新版本。
- 你在 VS Code 中登入的 GitHub 帳戶必須激活了 Copilot Subscription。檢查你的 Copilot Subscription。

## 資源和支援

- Github Copilot 官方網站：https://github.com/features/copilot
- Github Copilot in VS Code 官方文件：https://code.visualstudio.com/docs/copilot/overview

# Codeium

作者：文嘉

## 導言

Codeium 是一款 AI 程式碼輔助擴充套件，可以幫助開發者快速編寫程式、提高程式品質和一致性，類似 GitHub Copilot。

常見的程式碼編輯器、IDE 它都有支援，像是 Visual Studio、Visual Studio Code、PyCharm、JetBrains、Sublime Text、Xcode、IntelliJ、Jupyter Notebook... 還有很多，這邊列處常見的幾個。也支援多達 70 種程式語言。

最重要的是它永遠免費，除非你想要管理團隊多人使用的儀表板、使用 GPT-4、更高度的安全性（但免費版已經有符合 SOC 2 Type 2 標準），才需要升級到付費方案。

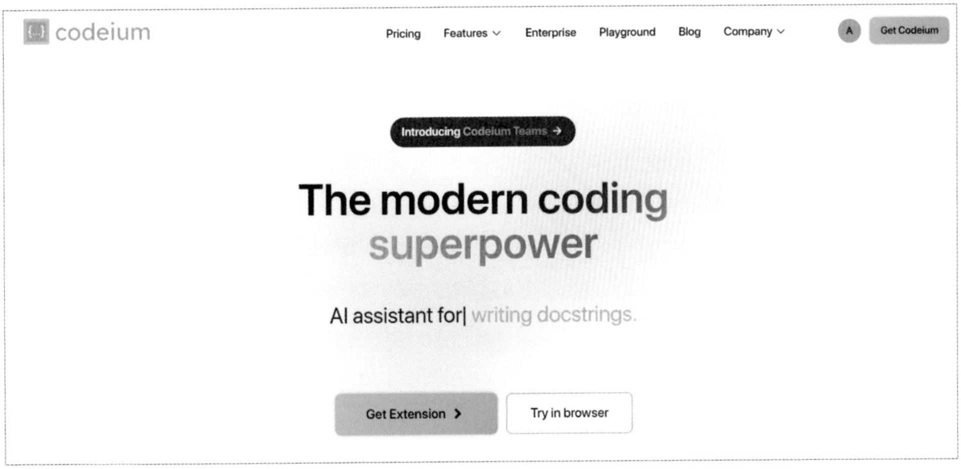


▲（圖片擷取自 Codeium 官網）

## 功能概述

1. Autocomplete 自動完成

   a. 你寫一句，AI 就幫你想好接下來十句，支援 70 多種程式語言，就像是 GitHub Copilot，只是 Codeium 不用錢！

2. Chat 聊天

   a. 生成程式碼：想要什麼功能的程式碼，跟 Codeium 說，它能為你生成完整的程式碼，簡單且快速。

   b. 解釋程式碼：就像有一位了解這些程式的開發人員，你不知道某段 function 的功能，直接請他解釋。或找某功能在程式中的甚麼地方，也行！

   c. 重構程式碼：覺得自己哪邊程式寫得不好，點一下，請他幫你重構。

   d. 程式語言轉換：需要從一種程式語言轉換寫成另一種程式語言嗎？例如把 JSX 轉成 TypeScript 幾秒就可完成。

## 使用步驟

Codeium 有提供一個線上網頁（https://codeium.com/live/general），讓我們可以先在上面試用，實際感受 AI 的神奇效果。

而實際我們使用的話，直接在你熟悉的程式碼編輯器、IDE 內搜尋「Codeium」擴充套件並安裝。或到官方整理的網頁尋找對應的程式碼編輯器、IDE 連結[52]。

以 Visual Studio Code 編輯器為例。

52 https://codeium.com/download

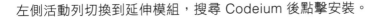

左側活動列切換到延伸模組，搜尋 Codeium 後點擊安裝。

並依照它的指示登入（或註冊）即可。

安裝並登入完成後，Visual Studio Code 視窗右下角會顯示 Codeium 啟動中的字樣。

Codeium 主要有兩種使用方式：

## 第一種：Autocomplete 自動完成

當我們程式碼打到一半，AI 有預測出後面的結果時，它會如下圖以灰色字體呈現，如果我們想接受他的建議，按下 tab 鍵即可。如果有多組建議，也可以切換查看。

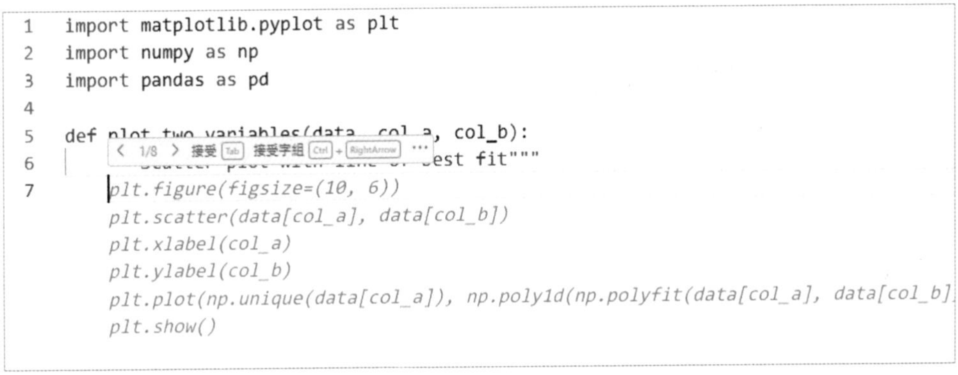

import matplotlib.pyplot as plt
import numpy as np
import pandas as pd
def
, col_b):
1/8 接受 Tab 接受字組 Ctrl + RightArrow
est fit"""
plt.figure(figsize=(10, 6))
plt.scatter(data[col_a], data[col_b])
plt.xlabel(col_a)
plt.ylabel(col_b)
plt.plot(np.unique(data[col_a]), np.poly1d(np.polyfit(data[col_a], data[col_b]
plt.show()


甚至可以先用註解的方式打好我們想做什麼事，Codeium 也幫我們預測好接下來的好幾步。

```
# 列出資料夾內的所有 csv 檔案，並依據檔案名稱排序
import os

# 指定資料夾路徑
folder_path = "/path/to/folder"

# 取得資料夾內所有檔案
file_list = os.listdir(folder_path)

# 過濾出 csv 檔案
csv_files = [file for file in file_list if file.endswith(".csv")]

# 依據檔案名稱排序
csv_files.sort()

# 列出所有 csv 檔案
for file in csv_files:
    print(file)
```

## 第二種：Chat 聊天

我們安裝好 Codeium 擴充套件後，在畫面左測活動列即可以看到 Codeium Chat 的圖示，打開來能直接與它對話，或者想要問程式碼的問題的話，function 上可以看到一排快捷按鈕。

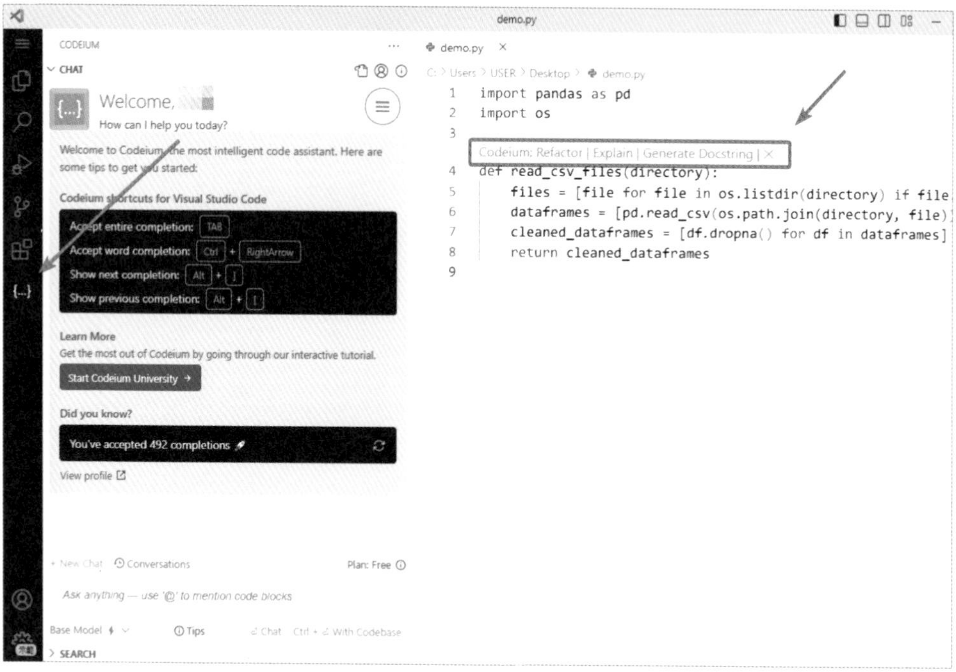

## 生成程式碼：

跟它說你想要甚麼功能的程式碼，它就會生成一段給你，點擊 "Insert Code" 快速插入當前的文件中。

## 同場較勁

我們來與 ChatGPT 的 GPT 4 與 GPT 3.5 來做比較，這邊只節錄程式碼的部分，其餘說明文字避免佔篇幅就不放進來了。

GPT 4：

```
import pandas as pd
import os
import glob

def read_and_clean_csv_files(directory_path):
    # 構造文件路徑模式
    pattern = os.path.join(directory_path, '*.csv')

    # 使用 glob 找到所有匹配的文件路徑
    csv_files = glob.glob(pattern)

    # 讀取每個 CSV 文件並儲存到一個列表中
    dfs = [pd.read_csv(file) for file in csv_files]

    # 合併所有 DataFrame
    combined_df = pd.concat(dfs, ignore_index=True)

    # 去除包含空白值的行
    cleaned_df = combined_df.dropna()

    return cleaned_df
```

GPT 3.5：

```
import os
import pandas as pd

def read_and_clean_csv_files(folder_path):
    # 確保資料夾存在
    if not os.path.exists(folder_path):
        raise ValueError(f"The folder path '{folder_path}' does not exist.")

    # 取得資料夾內所有檔案
    files = [f for f in os.listdir(folder_path) if f.endswith('.csv')]

    # 確保有檔案可以處理
    if not files:
        raise ValueError(f"No CSV files found in the folder '{folder_path}'.")

    # 建立一個空的 DataFrame 用來存放所有 CSV 內容
    combined_df = pd.DataFrame()

    # 逐一讀取並合併 CSV 檔案
    for file in files:
        file_path = os.path.join(folder_path, file)
        df = pd.read_csv(file_path)

        # 去除空白行
        df = df.dropna(how='all')

        # 合併到最終的 DataFrame
        combined_df = pd.concat([combined_df, df], ignore_index=True)

    return combined_df

# 資料夾路徑
data_folder_path = 'path/to/your/data/folder'
# 使用函式讀取並處理 CSV 檔案
result_df = read_and_clean_csv_files(data_folder_path)
# 印出結果 DataFrame
print(result_df)
```

經過實測，ChatGPT 的 GPT 4 與 GPT 3.5 生成的程式碼執行符合需求，但 Codeium 生成的程式碼不太行，可能還要經過修正或將問題描述詳細以改善。

點擊 function 上方快捷按鈕的 "Generate Docstring"，來產生這個 function 的文字檔字串。

## 解釋程式碼

你也可以請 Codeium 解釋某段 function（點擊 function 上方快捷按鈕的 "Explain"），或程式碼（反白程式碼點滑鼠右鍵）是在做什麼事，幫你在看別人的程式碼，或自己上個月寫的（？）程式碼，可以更快了解。

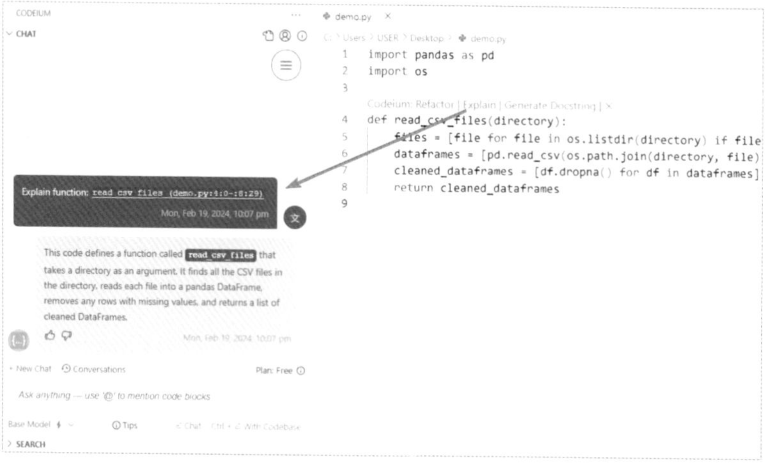

## 重構程式碼

點擊 function 上方快捷按鈕的 "Refactor"（或反白程式碼點滑鼠右鍵選擇 "Codeium: Refactor Selected Code Block"），會出現如下圖的選單，可以輔助我們做更多事情。

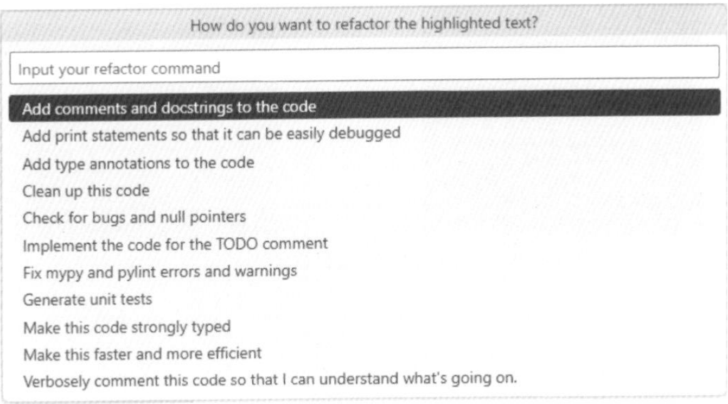


例如：產生單元測試程式碼、清理程式碼（標準化變數名稱、刪除偵錯語句、提高可讀性）、修復 mypy 和 pylint 錯誤和警告、幫你加入一些 print 方便測試 ...... 等等多種用途。

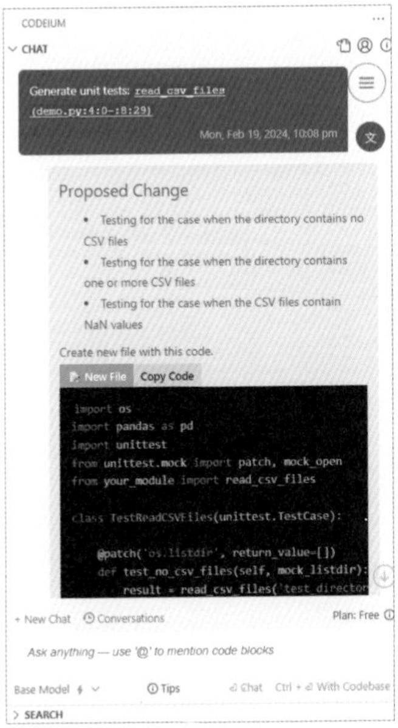


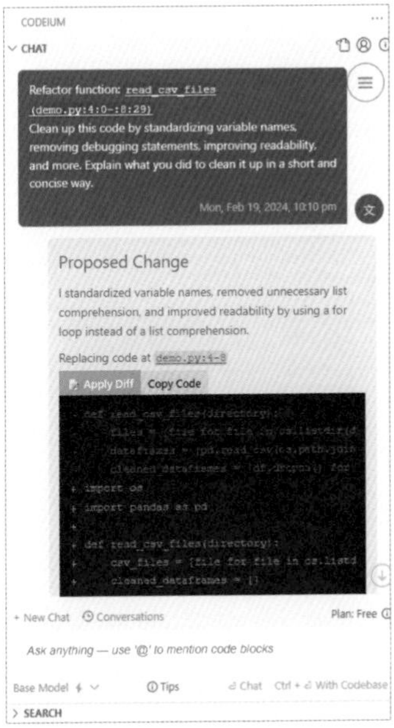

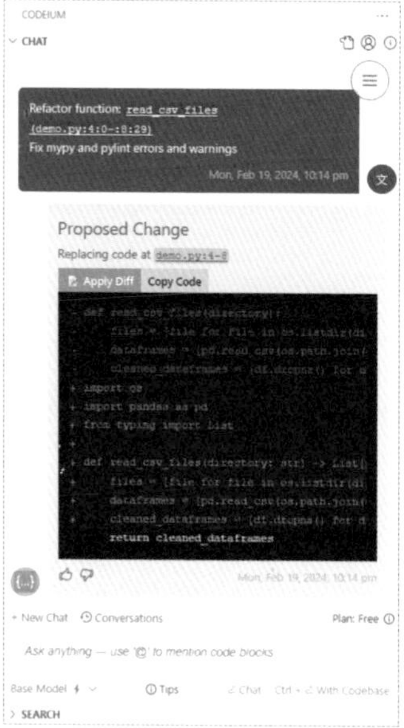


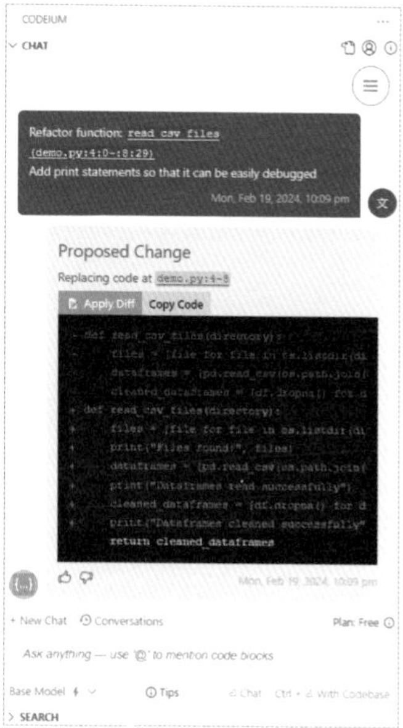


## 程式語言轉換

點擊 function 上方快捷按鈕的 "Refactor" 後，你也可以直接輸入想請它做的事。例如將目前的 Python 程式碼轉換成 JavaScript。

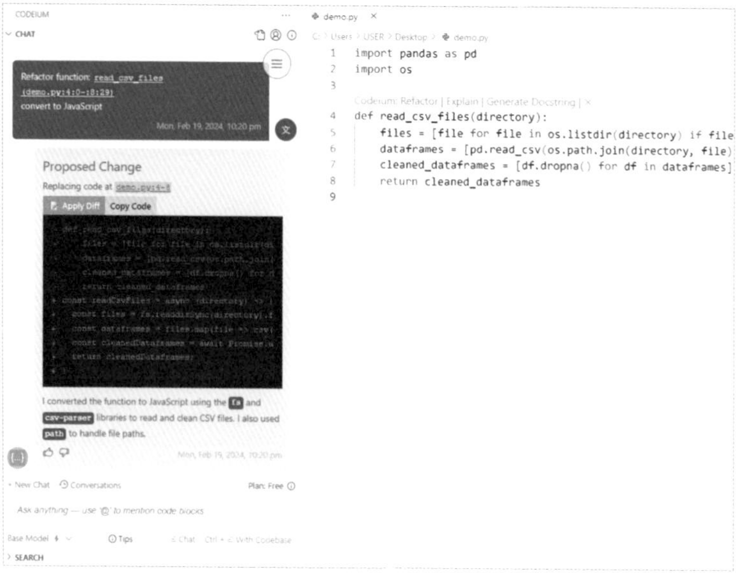

## 應用案例

- **提升效率**：可以幫助開發人員快速完成重複性、繁雜的工作，例如生成樣板程式碼、測試程式碼等等，從而提高編程效率。
- **學習輔助**：對於初學者或學生而言，Codeium 可以成為學習的輔助，提供即時的程式碼建議，幫助他們理解和學習程式設計的概念和實踐。或者是對於開發人員使用新技術也有幫助。
- **程式碼維護**：對於繼承或維護遺留程式碼的開發人員而言，Codeium 可提供對舊程式碼的説明和建議，幫助他們更有效地修改和維護程式碼。

Codeium 的應用案例涵蓋了從學習輔助再到產品開發的各個階段，通過目前 AI 技術提供了更快速、更聰明的程式碼開發體驗。

## 優缺點

**優點：**

- **永遠免費**：官方有特別寫一篇文章説為什麼 Codeium 可以供大家免費使用[53]。簡單來説，他們是透過企業產品來獲利，這些產品提供了額外的功能和功能，這些特性和功能在個人層面上沒有多大意義
- **支援度高**：支援多種程式碼編輯器、IDE，與支援多達 70 種程式語言。
- **符合 SOC 2 Type 2 標準**[54]：證明第三方審核員經過長期觀察確認安全和隱私立場，並進行了漏洞掃描和滲透測試。

  SOC 2 是一項第三方審核，用於驗證本公司是否符合其在 安全性、可用性、機密性、處理完整性和隱私方面規定的標準，特別是圍繞客戶資料的標準。

53 How is Codeium Free?：https://codeium.com/blog/how-is-codeium-free
54 Codeium is SOC 2 Type 2 Compliant：https://codeium.com/blog/codeium-is-soc2-type2-compliant

**缺點：**

- 生成的程式碼品質會略遜於 GitHub Copilot、ChatGPT。
- 與其他大型語言模型（LLM）一樣，Codeium 訓練的資料主要是英文，使用英文的效果還是較好的。

**評分：★★★★☆（4 星）**

Codeium 透過 AI 輔助我們程式開發，雖然它有時候建議不是我們想要的的，或有一些小錯誤，較 GitHub Copilot 遜色，但 Codeium 有免費方案可以使用，對於程式開發還是有不小的幫助，有時候忘記程式語法想要去搜尋引擎搜尋時，Codeium 自動顯示的建議就節省不少時間與切換視窗造成的專注力散失，還是非常建議安裝。

提醒：在工作場合如果公司有資安規範，建議先與資安部門確認，畢竟 Codeium 還是需要將程式碼回傳伺服器來預測的。

## 常見問題解答

**Q**：支援哪些程式語言？

**A**：Codeium 支援以下程式語言

APL、Assembly、Astro、Blade、C、C++、C#、Clojure、CMake、COBOL、CoffeeScript、Crystal、CSS、CUDA、Dart、Delphi , Dockerfile, Elixir, Erlang, F#, Fortran, GDScript, Go, Gradle, Groovy, Hack, Haskell, HCL, HTML, Java, JavaScript, Julia, JSON, Kotlin, LISP, Less, Lua, Makefile, MATLAB, MUMPS, Nim , Objective-C, OCaml, pbtxt, PHP, Protobuf, Python, Perl, Powershell, Prolog, R, Ruby, Rust, SAS, Sass, Scala, SCSS, shell, Solidity, SQL, Starlark, Swift, Svelte, Typescript, TeX 、TSX、VBA、Vimscript、Vue、YAML、Zig... 總 共 70 多種程式語言。

**Q**：安全嗎？會不會有什麼資安問題？

**A**：Codeium 符合 SOC 2 Type 2 標準，經由第三方認證，在安全性、可用性、機密性、處理完整性、隱私方面有一定的保障。如果你還是較擔心的話，可以考慮他們提供的企業方案，甚至完全架在自己企業內的方案。

**Q**：Codeium 跟其他免費甚至要收費的工具（例如：Github Copilot、Tabnine、Replit Ghostwriter、Amazon CodeWhisperer）差在哪裡呢？

**A**：官方有特別整理了文章説明：https://codeium.com/compare

更多官方 Q&A：https://codeium.com/faq

## 資源和支援

- Codeium 官方網站：https://codeium.com/
- Codeium 官方部落格：https://codeium.com/blog
- Codeium Discord：https://discord.com/invite/3XFf78nAx5

# Builder.io

作者：Tim

## 導言

隨著市場競爭的加劇，快速部署和持續更新數位產品變得非常重要。但是，傳統的開發過程（R&D）往往需要大量的時間和專業技能（設計 & 開發），這對許多企業來説是一大挑戰。這正是 Builder.io 應運而生的背景。

Builder.io 是一個創新的 No-Code 開發平台，旨在為非技術使用者提供強大的網頁和應用程序建設工具。通過其視覺化界面，使用者可以拖放元件（Drag and Drop）來設計頁面，無需編寫任何程式碼，從而加速網頁從概念到實際產品的過程。這種方法不僅提高了效率，也使得創意和創新更容易實現，因為它降低了技術門檻，使得更多的人能夠參與到產品開發中來。

以下是為何你一定要使用 Builder.io 的理由：

1. **企業必須要迅速適應市場變化：**

   數位化轉型的壓力讓快速部署或更新其數位產品成為市場的 Must。Builder.io 提供的 No-Code 解決方案正好滿足了這一需求，使得企業能夠以前所未有的速度推出新產品及功能。

2. **使用者需求的多樣化：**

   客製化成為提升使用者體驗的關鍵。Builder.io 在使用者創建時的高自由度使各企業能夠創造出符合其獨特品牌身份（Brand Identity）和使用者需求的解決方案。

3. **資源有限性：**

   最後，對於小型企業或初創公司來説，資源可能是非常有限的。Builder.io 通過減少開發成本和時間，使這些企業能夠與其他企業站在同一條起跑線上。

此外，Builder.io 不僅是一個建站工具，它還充當一個內容管理系統（CMS），使使用者能夠輕鬆管理和更新網站內容。這一特點對於希望保持其網站活躍和相關性的企業尤其重要。加上它能夠與各種第三方服務和 API 無縫集成，實現了更高的自由度讓使用者們可以依照自己希望的方式自由的在此框架中創造自己理想中最偉大的作品！

## 功能概述

### 主要功能及特點：

1. **無程式碼視覺編輯器（No-Code Visual Editor）**：Builder.io 提供一個直觀的拖放界面，允許使用者無需編程知識即可設計和構建網站、應用程序界面（Drag and Drop）。

2. **高度可定制化的組件（Cutomizable）**：使用者可以利用預製或自定義組件來創建獨特的網頁布局和功能。

3. **動態內容管理（Content Management）**：作為一個強大的內容管理系統（CMS），它支持文本編輯、圖像上傳，並可根據使用者行為或其他條件動態顯示內容。

4. **多平台整合（Integration）**：Builder.io 可以與各種電商平台、數據庫和其他工具如 Shopify、Magento 等無縫集成，實現跨平台內容同步和管理。

5. **A/B 測試和個性化（A/B Test）**：內建的測試工具讓使用者能夠創建和執行 A/B 測試，以優化使用者體驗並提高轉化率。

6. **後台數據管理（Data Management）**：Builder.io 在使用者建置完網頁後，可以至後台清楚的看到此網頁的流量以及轉換率等數據，大大的減少後台數據管理的成本。

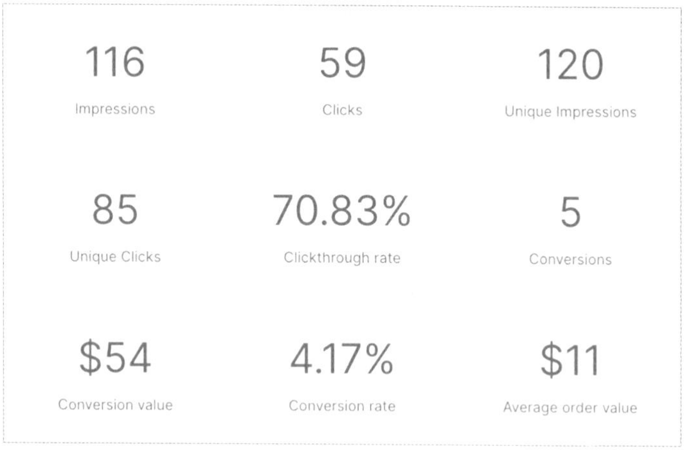


7. **網頁轉程式碼（Webpage to Code）**：Builder.io 可以讓使用者在建置完網頁後，直接生成相對應的程式碼，大幅縮短工程師在建置網站時的時間，也可以讓沒有程式背景的人們有能力自己手動把網頁完成。

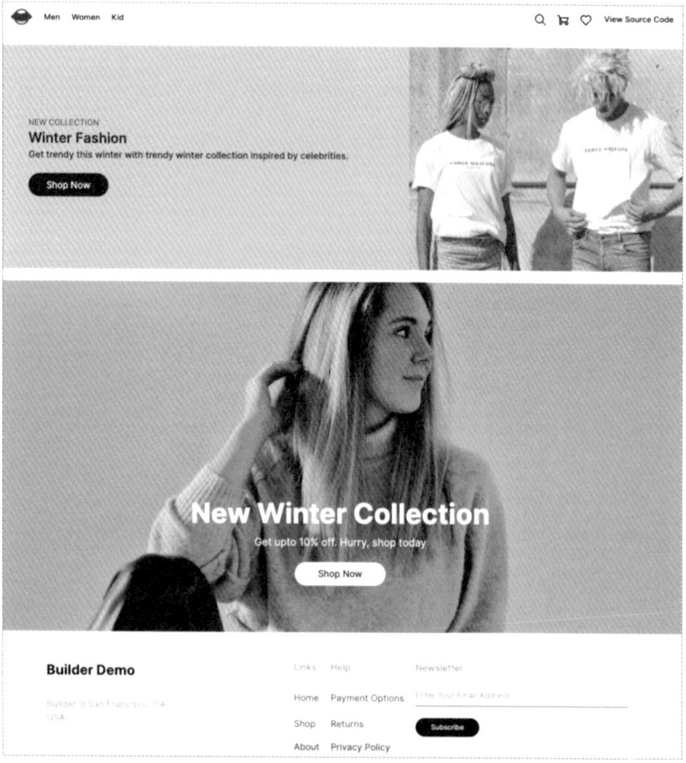

```
import * as React from "react";

function FashionComponent() {
  return (
    <div>
      <header className="header">NEW COLLECTION</header>
      <div className="section">
        <h1 className="section__heading">Winter Fashion</h1>
        <p className="section__body">
          Get trendy this winter with trendy winter collection inspired by
          celebrities.
        </p>
        <a href="#" className="section__cta">
          Shop Now
        </a>
      </div>
      <img
        alt="Fashion Collection"
        className="box-border flex relative flex-col shrink-0 mt-5"
      />
      <div>
        <h2 className="section__title">New Winter Collection</h2>
        <p className="section__body">
          Get upto 10% off. Hurry, shop today
```

## 使用步驟

### 第 1 步：註冊

註冊選項：可以使用 Google、GitHub 或電子郵件來註冊帳戶。

設定您的個人檔案：選擇使用者角色和偏好。

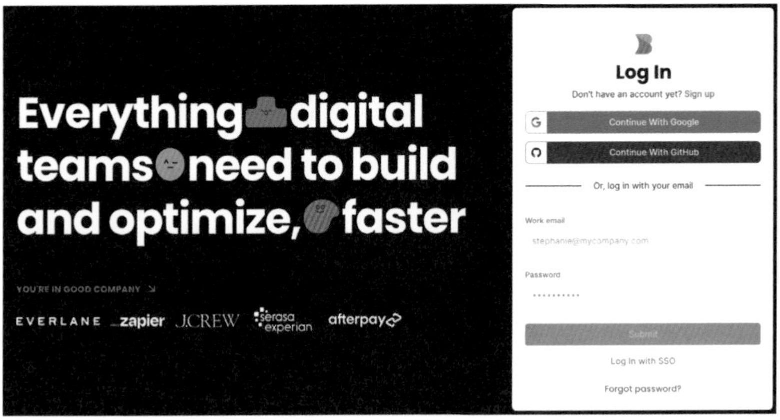

## 第 2 步：選擇使用案例

角色選擇：選擇您的身份以及您為何使用 Builder.io。

自訂選項：基於選擇的使用案例自訂設定。

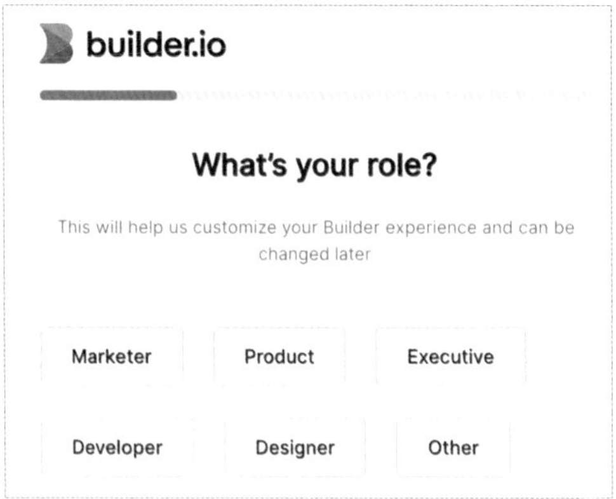


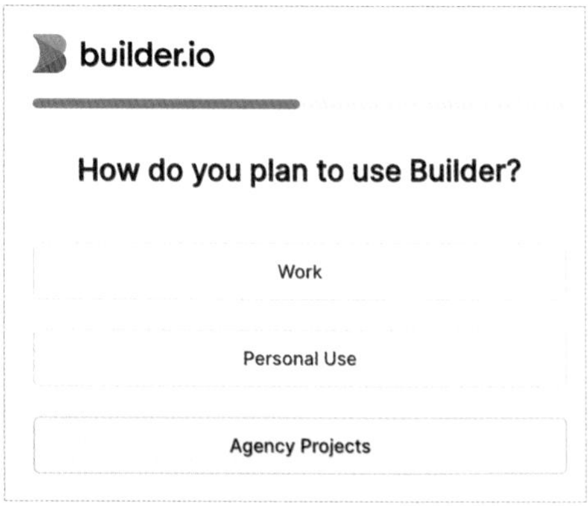


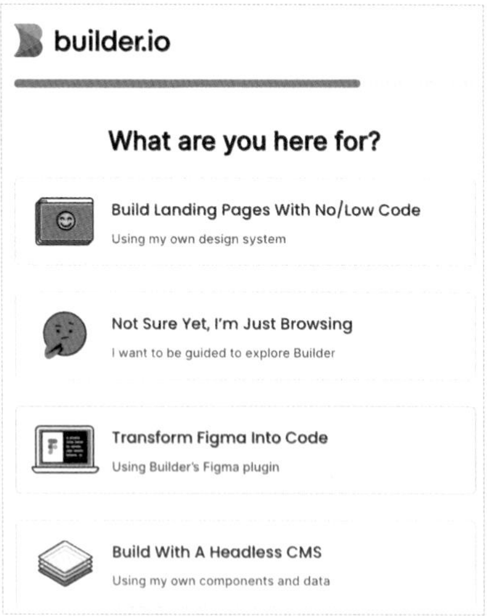

## 第 3 步：完成註冊

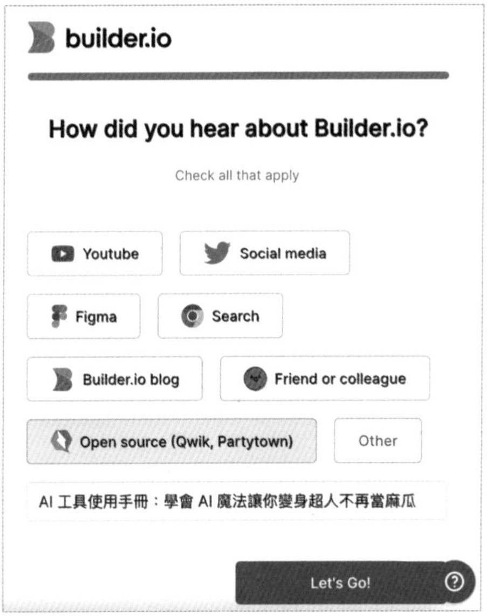


## 第 4 步：開始使用 Builder.io

使用經驗選擇：左邊為新手區（附有教學指南），右邊則可以直接開始建置。

介紹 Builder.io：詳細閱讀 Builder.io 的教學指南。

創建您的第一個專案：開始新專案。

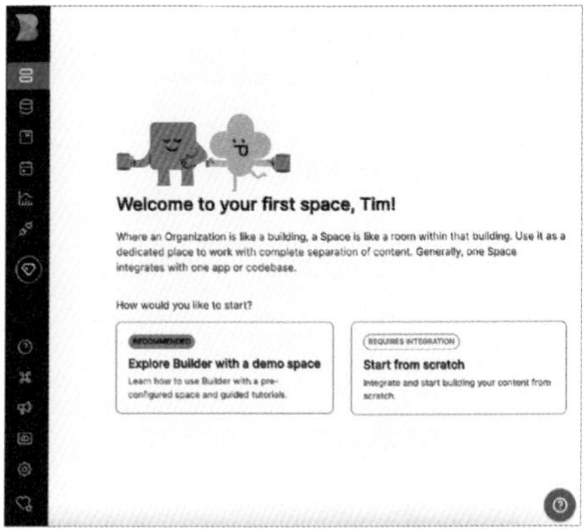


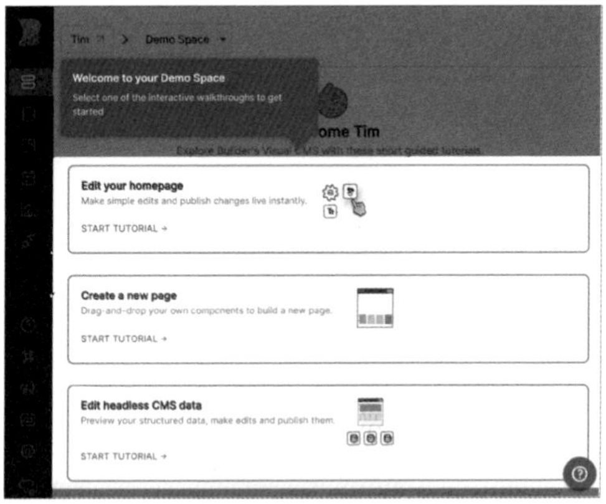

### 第 5 步：使用視覺編輯器設計

使用拖放功能：進入後，左邊有許多工具可供選擇，讓使用者可以自定義頁面。

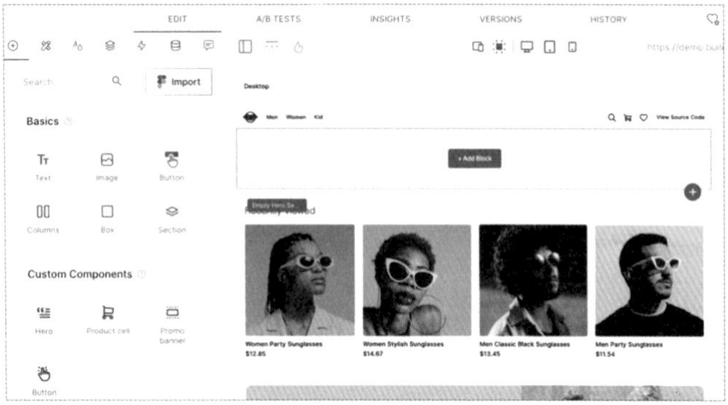


### 第 6 步：內容管理

管理動態內容：創建和管理動態內容元素的策略。

利用 CMS 功能：深入使用 Builder.io 作為內容豐富站點的 CMS。

### 第 7 步：與其他平台整合

Plugins：可以透過首頁中左側的清單中找到 Plugins 進行不同應用程式的串接。

自訂整合：通過 API 連接 Builder.io 與其他工具和服務的指南。

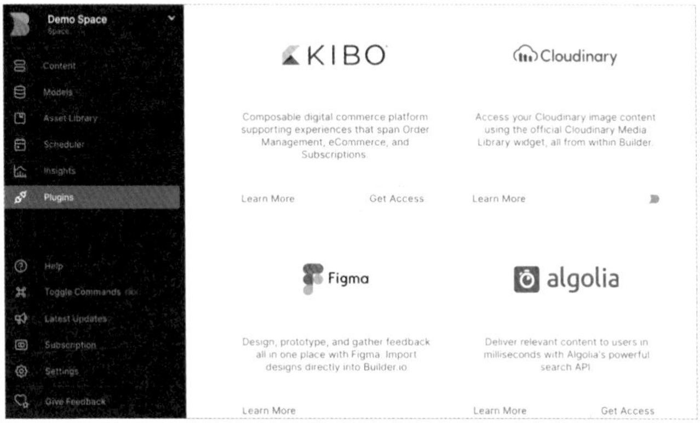

### 第 8 步：發布您的網站

預覽和測試：在上線前預覽和測試網站的最佳實踐。

部署選項：發布網站的各種方式。

### 第 9 步：進階功能

A/B 測試和個性化：使用 Builder.io 的內建 A/B 測試工具和其他進階管理功能。

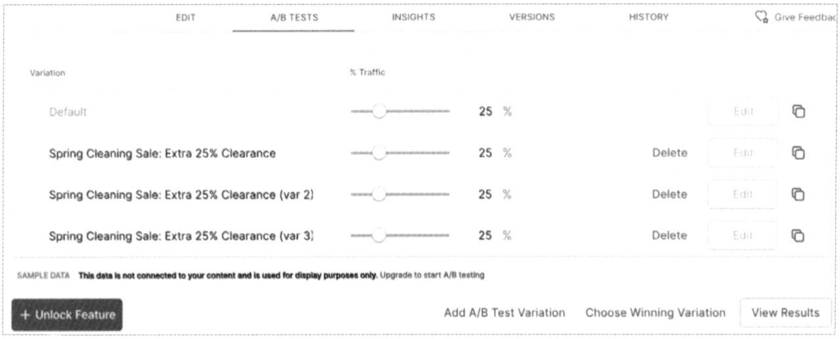


## 應用案例

Zapier（自動化工作流程公司）

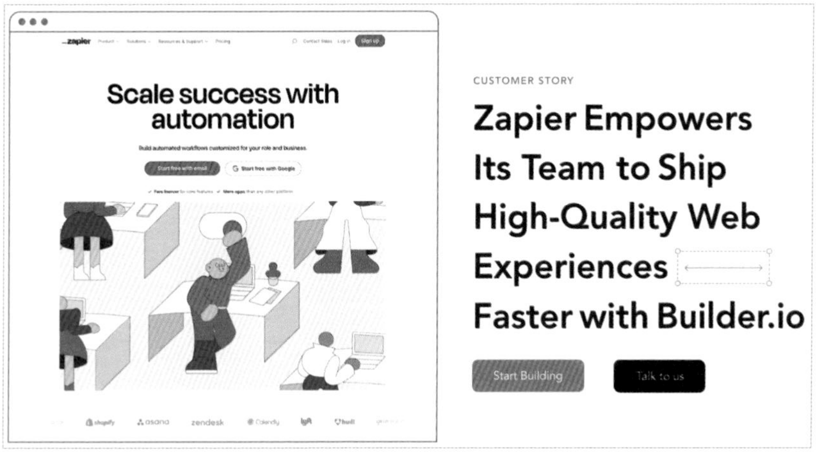

Zapier 在發展旅途中遇到了障礙，為其快速快大的使用者群創建新內容的速度過於緩慢，涉及廣泛的規劃和對工程團隊的依賴，為了發佈新頁面，行銷團隊時常必須無預警的在工程團隊的工作日程表加上網頁開發。再加上 Coding 的第一次迭代通常並不完美，團隊之間又會進行耗時的來回討論，這代表 Product Team 時常需要在 RoadMap 上另外保留 Buffer，此舉有可能會使創造出來的 UI/UX 變得很不直觀，影響使用者體驗。

Zapier 決定做出一些改變，他們的目標為：

1. 使行銷團隊成員能夠建立、維護和優化頁面，讓工程師能夠專注於他們有能力解決的問題。

2. 透過與 Zapier 設計系統集成，確保高品質、可存取、高效能和一致的使用者體驗。

3. 透過識別和實施可提高參與度和品質註冊的變革來提高轉換率。

「有了 Builder，我們覺得終於達到了具有我們所需的靈活性」- Laura Older（Zapier 網站優化經理）

Zapier 透過使用 Builder.io 實現了：

- **啟用用於建置和維護頁面的自助工作流程**：借助 Builder.io，行銷人員現在可以從 Zapier 元件庫中輕鬆建立新頁面。而且，由於該平台對使用者友好，Zapier 還聘請了行銷以外的團隊。法律團隊使用該平台進行法律更新，招募團隊則發布雇主品牌頁面。網站優化經理 Laura Older 表示：「對我來說，快速培訓任何人在 Builder 上建立頁面並在 30 分鐘內交付是很簡單的」。

- **保持他們的網站與設計系統同步**：Zapier 的設計系統團隊專注於創建一個設計系統，以節省工程師和設計師的時間，同時保持高品質、可存取、高效能和一致的客戶體驗。透過將 Builder 的設計系統引入行銷人員的頁面建立體驗中，團隊從設計系統中獲得了更多優勢。透過 Builder，他們註冊設計系統元件以創建始終與其設計系統同步的元件和頁面模板庫。使用這些組件，Zapier 的任何人都可以快速建立新的品牌頁面，設計系統團隊可以確信網站上的組件將是品牌的。

- **快速啟動 A/B 測試**：行銷人員使用 Builder 的 A/B 測試功能在其主頁和高流量登陸頁面上快速運行實驗，以優化轉換率。正如 Laura Older 所說，「Builder 的 A/B 測試工具顯著加快了頁面實驗的設定和流程。

資料來源：https://www.builder.io/m/zapier-ships-web-experiences-faster-with-builder

## 優缺點

**優點：**

- **無程式碼操作**：使非技術人員能夠輕鬆建立和管理網站。
- **快速部署**：加速從構想到實現的過程，提高市場反應速度。
- **高度客製化服務**：豐富的模板和元件，滿足各種設計需求。
- **多平台整合**：支持與眾多第三方服務和 API 的整合。

**缺點：**

- **學習曲線**：雖然是無程式碼平台，但初學者可能需要時間熟悉所有功能。
- **功能限制**：對於需要高度客製化的複雜功能，可能仍需開發團隊支援。
- **價格**：高級功能可能會需要進階使用付費服務，大量使用也可能涉及較高成本。

**評分：★★★★☆（4 星）**

Builder.io 提供了使用者非常多元的功能，使不會寫程式碼的使用者也可以自架網站，降低了各種建置網站的門檻，可以讓更多具有想法的創作者化為實際。不過，若想要變成 Builder.io 專家，會需要一定的經驗及時間積累，再者，這個網站也並非全免費，可以視自身要求決定是否要付費解鎖更多功能。

## 常見問題解答

**Q**：Builder.io 支援哪些平台整合？

**A**：Builder.io 支援多種平台整合，包括但不限於 Shopify、Magento、BigCommerce 等電子商務平台，以及 React、Vue、Angular 等前端技術。

**Q**：我可以將 Builder.io 用於電子商務（E-commerce）網站建設嗎？

**A**：是的，Builder.io 特別適合用於建設和管理電子商務網站，提供豐富的電子商務特定組件和模板，以及與主流電商平台的整合能力。

**Q**：Builder.io 的價格模型如何計算？

**A**：Builder.io 提供不同的價格計畫，包括免費試用版本、基礎（Basic 版本）每月 19 美元、成長（Growth 版本）每月 39 美元、企業（Enterprise 版本）與 Builder 聯繫。

**Q**：Builder.io 是否提供 SEO 優化工具？

**A**：Builder.io 提供基本的 SEO 設置選項，讓使用者可以自定義網頁標題、描述和關鍵詞，以提高搜索引擎排名。但進階的 SEO 策略可能需要額外的工具和專業知識。

## 資源和支援

- Builder.io 簡介及功能介紹：https://www.youtube.com/watch?v=q8HHPP42-a4&list=PLq_6N4Z1G7mS0JFN5e9xMoTdxL6XkYtZK
- 如何將 Figma 匯入至 Builder.io：https://www.youtube.com/watch?v=Bj9c9awrlb0
- 一件生成：用 AI 將 Figma 設計稿生成可維護的程式碼：https://hitripod.com/figma-to-code/
- Medium 文章 by Cindy Chou：https://reurl.cc/E4mmpv

# Langflow

作者：林毓鈞（JamesLin）

## 導言

Langflow，一款創新的圖形使用者介面（GUI）工具，源於 LangChain 技術，旨在無縫整合語言模型至各種應用中。其核心功能，透過直觀的拖放操作界面，使得組合 LangChain 組件——包括但不限於大型語言模型和提示序列化器——變得前所未有的簡單。此外，Langflow 還提供了聊天框功能，進一步降低了使用者進行語言模型實驗和原型建造的門檻。

## 功能概述

Langflow 的設計初衷在於推動語言模型的創新應用與開發效率，特別是為了滿足開發者和研究人員在快速迭代和原型設計過程中的需求。其可視化界面不僅加速了從概念到原型的轉化速度，還為使用者提供了一個平台，以更低的技術門檻探索語言技術的潛力。這一切都是為了促進在教育、研究和商業開發等廣泛領域中的應用創新，使 Langflow 成為了一個多用途且具有強大潛力的工具。

## 使用步驟

下面我們將簡單介紹如何安裝 Langflow 以及建立一個簡單的 ChatGPT 應用。

1. 首先我們先打開終端機然後執行這個指令 pip install langflow 。

2. 安裝好後，執行指令 python -m langflow 啟動我們的 Langflow。

3. 接著用瀏覽器打開這個預設網址 http://127.0.0.1:7860

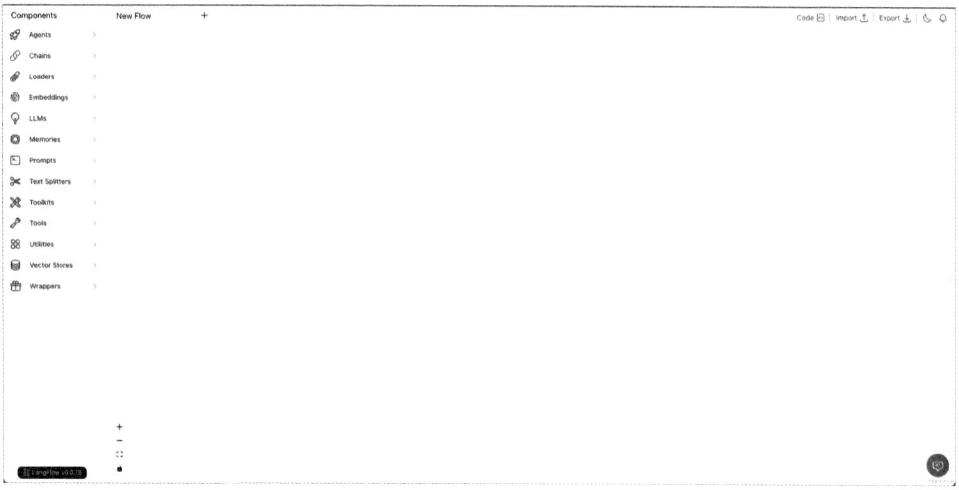


4. 首先我們要建立一個有簡單聊天功能的 ChatGPT 的話一定少不了我們的大型語言模型，可以點開左側的 LLMs 後，我們選取底下的 ChatOpenAI 並拖動到畫布上後會看到我們的語言模型節點就出來了。

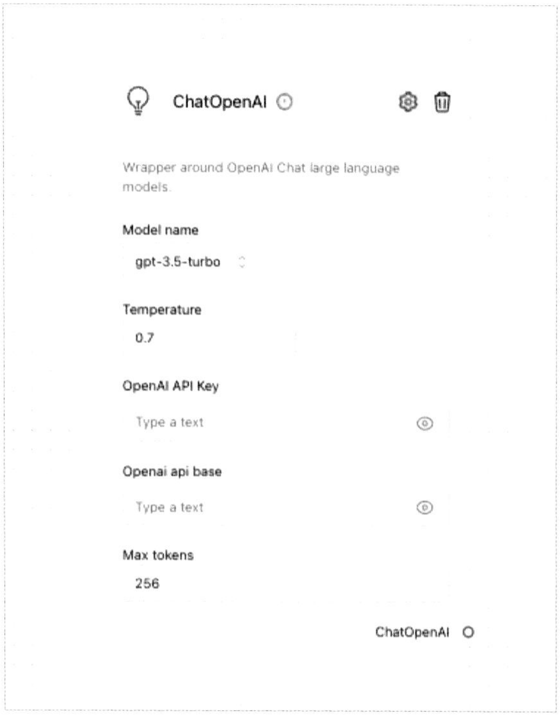

5. 接著我們可以選擇 Model name 為 gpt-3.5-turbo，然後貼上我們的 OpenAI API Key，並簡單設置我們的 Max tokens 為 256。

6. 再來我們要做的是一個聊天的應用，這時候可以選則左側 Chains 底下的 ConversationChain 並拖到畫布上，這個節點會有一個 Llm 的必選的欄位，在他的左側會有一個圓點，我們把他跟我們剛剛的 ChatOpenAI 右側的圓點做連接。

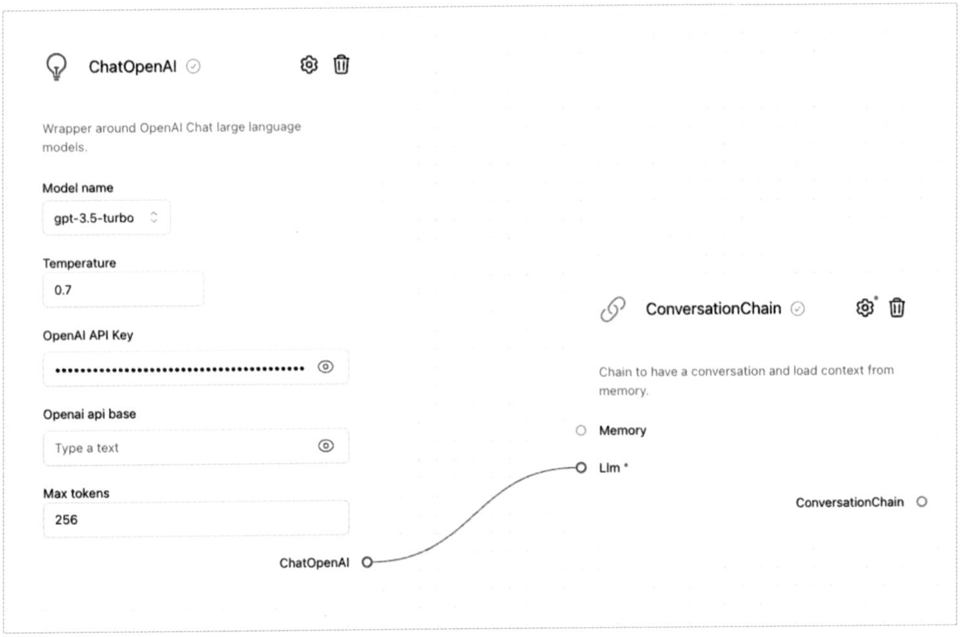


7. 為了讓我們的聊天工具可以有記憶功能，我們會需要用到 Memory 的節點，點開左側的 Memories 我們會找到 ConversationBufferMemory，跟剛剛一樣的動作，我們把他拉到畫布上然後跟我們的 Conversation Chain 做一個連接。

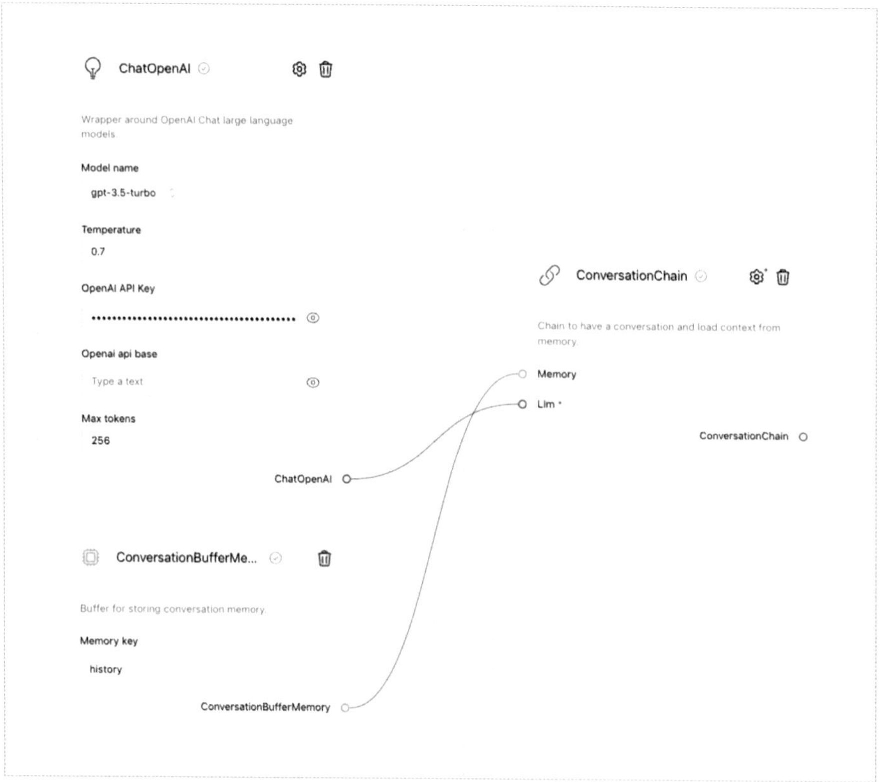


8. 這樣這個簡單的聊天應用就完成了，我們可以點擊畫布右下角的聊天室按鈕進行測試，可以輸入一些簡單的對話來確認我們的應用是否有完成。

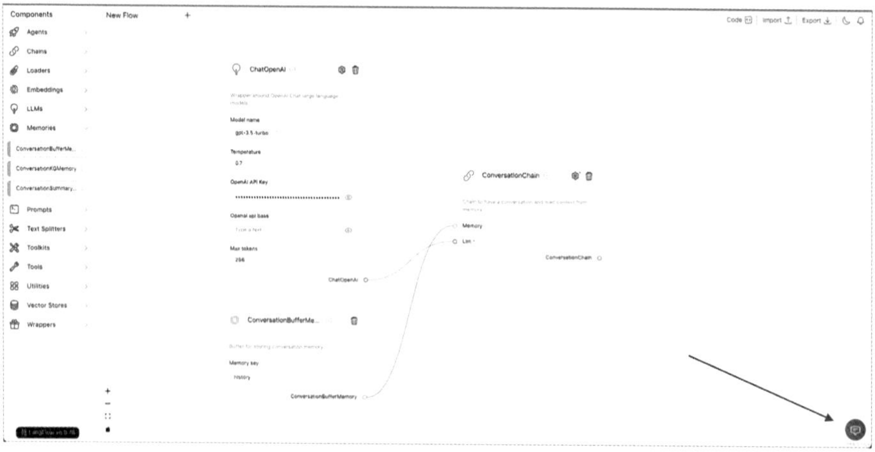

9. 可以看到他確實具備了記憶功能，這樣我們的應用也完成了。

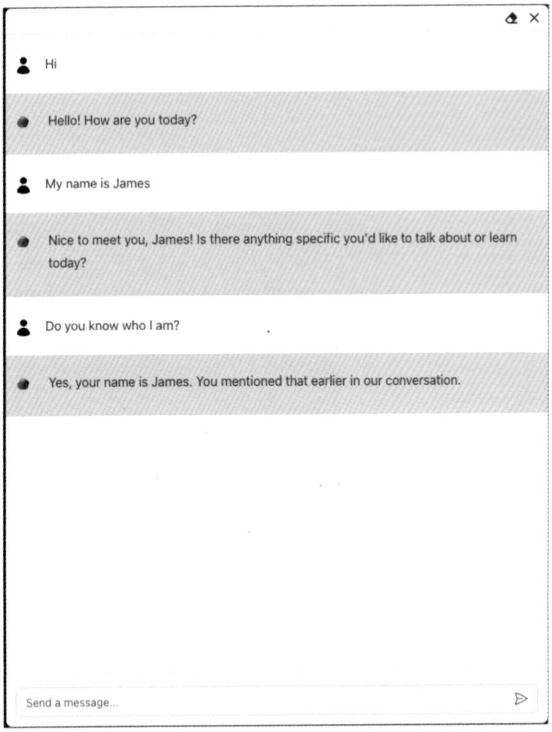


10. 但光是這樣也還不夠，我們可以把這段寫好的小工具匯出並且用到我們實際開發的專案中，這時我們可以回到剛剛的畫布並點擊右上角的 Export。

11. 這裡可以看到他會預設把是否要儲存 OpenAI API Key 的選項勾起來，這邊就根據個人需求做勾選即可，目前我們就維持原本的內容點 Download Flow。

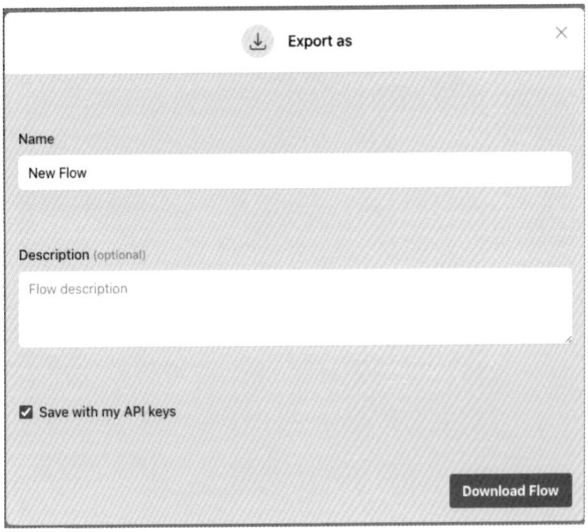

12. 至於可以怎麼使用呢？這時我們可以點選剛剛 Export 旁邊的 Code，並切換到 Python Code 的 Tab 可以看到如何應用。

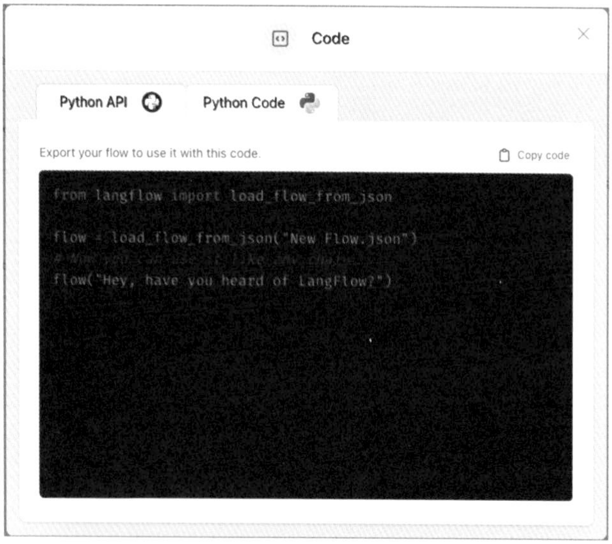


## 應用案例

- **客戶服務自動化**：利用 Langflow 構建自動化聊天機器人，可以即時回答常見的客戶查詢，從訂單處理到產品資訊的提供。這種自動化不僅提高了回應速度，也使得客戶服務團隊能夠集中精力處理更複雜的問題，有效提升整體的客戶服務品質。
- **內容創建與優化**：通過 Langflow 自動生成文章草稿並提供建議改進，內容創作者可以快速擴充並提升文章品質。這種方式適用於需要大量生產高品質內容的情境，比如博客運營、社交媒體內容創建，或是市場營銷材料的準備，有效節省時間並提高內容吸引力。
- **數據分析與報告**：將 Langflow 應用於消費者反饋和市場數據的自動分析，可以快速識別關鍵趨勢和使用者情緒。這種自動化報告生成工具特別適合市場研究、使用者體驗改進和產品開發策略規劃，幫助團隊快速做出基於數據的決策。

- **教育培訓的個性化**：利用 Langflow 為每位學習者定制個性化學習計畫和反饋，可以顯著提高教育和培訓的效果。無論是語言學習、專業技能培訓還是企業內部教育，這種方法都能夠根據個人的學習進度和偏好提供最適合的學習內容和練習，從而提高學習的動機和成效。

這些案例突出了 Langflow 在不同應用場合中的實用性和靈活性，展示了如何利用這一工具來解決實際問題或改善工作流程。

## 優缺點

### Langflow 的優點

- **直觀的圖形使用者介面**：Langflow 的 GUI 設計使得組合和配置 LangChain 的組件變得簡單直觀。這意味著即使是非技術背景的使用者也能夠輕鬆上手，進行語言模型的實驗和原型設計。這種直觀性降低了學習曲線，使得更多的人能夠探索 AI 和語言模型的應用。
- **無需編碼的快速原型化**：使用者可以通過拖放等操作，在沒有編碼的情況下快速構建和測試原型。這大大加快了從概念到原型的開發速度，對於快速迭代和概念驗證來説是一大優勢。
- **多樣化的組件整合**：Langflow 支持廣泛的 LangChain 組件，包括大型語言模型、提示序列化器等，提供了豐富的功能和靈活性。這使得開發者能夠根據需求選擇和組合不同的組件，推動個性化和多樣化的應用開發。

### Langflow 的缺點

- **功能深度有限**：雖然 Langflow 在構建和測試原型方面提供了極大的便利，但其功能的深度可能無法滿足所有高階使用者或特定需求。對於需要進行深度定製或複雜集成的專案，Langflow 可能需要與其他工具或平台配合使用。

- **對新技術的依賴**：Langflow 的效能在很大程度上依賴於 LangChain 和相關技術的發展。這意味著隨著底層技術的更新和變化，使用者可能需要不斷學習新工具和方法，以保持應用的最新狀態。
- **性能和擴展性問題**：在處理大規模或複雜的應用時，Langflow 的性能和擴展性可能會成為瓶頸。因為作為一個圖形使用者界面工具，其設計更偏向於提升使用者體驗和原型開發的便利性，而不是最優的運行效率或支持大規模應用的擴展。
- 總的來說，Langflow 以其使用者友好的設計和快速原型化能力，為語言模型的探索和應用提供了強大的支持。然而，使用者也需意識到其在功能深度、對新技術的依賴以及性能擴展方面的限制，並根據具體需求評估是否適合使用 Langflow。

**評分：★★★★☆（4 星）**

Langflow 是一個極為方便應用的一個 GUI 工具，他提供了一個對撰寫程式有困難的人一個方便的環境來做功能的開發，並且還能將做出來的功能以簡單的方式應用到其他系統中。

## 常見問題解答

- Langflow 適合哪些使用者？ Langflow 特別適合需要快速原型化和測試語言模型應用的開發者和研究人員，包括但不限於 AI 專案負責人、教育工作者、以及對 AI 和機器學習有興趣的學生。由於其直觀的圖形使用者介面，即使是初學者或非技術背景的使用者也能夠輕鬆上手。
- 如何解決 Langflow 在複雜專案中的擴展性問題？對於複雜的專案，建議將 Langflow 用於初期的原型設計和概念驗證階段。一旦專案需求變得更加明確和複雜，可以考慮將 Langflow 與其他專門的開發工具結合使用，或者直接使用編碼來實現更深度的定制和擴展。同時，持續關注 Langflow 的更新，以便利用新功能和改進來擴展專案。

- 如何保持與 LangChain 和相關技術的同步更新？確保定期檢查 Langflow 及其依賴的 LangChain 技術的官方網站或社群平台上的更新和公告。參與相關的開發者社區或論壇也是一種好方法，這樣可以及時獲得關於新技術、技巧和最佳實踐的資訊。此外，考慮訂閱相關的電子郵件通知或 RSS 源，以自動接收更新。
- 遇到技術問題或錯誤時應如何尋求幫助？首先，檢查 Langflow 的官方文檔和常見問題解答（FAQ），很多時候你的問題可能已經有了解答。如果問題仍未解決，可以在 Langflow 的官方社區論壇或 GitHub 頁面發起討論或報告問題。加入相關的開發者群組或社交媒體平台，與其他使用者交流經驗，也是解決問題的一種有效方式。
- 如何最大化 Langflow 的使用效益？為了最大化 Langflow 的效益，建議使用者先清晰定義專案目標和需求。利用 Langflow 的快速原型化能力來迭代和測試不同的概念，並根據反饋不斷調整和優化。同時，積極探索 Langflow 提供的各種組件和功能，以發現新的應用可能性。最後，與 Langflow 社區保持良好的互動，分享自己的經驗，並從他人的經驗中學習，可以提高解決問題的效率並激發新的創意。

## 資源和支援

- Langflow 官網：https://www.langflow.org
- GitHub：https://github.com/logspace-ai/langflow
- Twitter：https://twitter.com/langflow_ai
- Discord：https://discord.com/invite/EqksyE2EX9

# Flowise

作者：林毓鈞（JamesLin）

## 導言

Flowise 利用其低程式碼 / 無程式碼平台，開創了一種全新的大型語言模型應用開發方式，特別針對那些無需深厚編程技能的使用者。這個平台的核心在於提供一種無縫、直觀的使用者體驗，使得任何人都可以快速地將創意轉化為實際應用。透過簡化開發流程，Flowise 鼓勵更多創新的思維和解決方案的實現，從而加速語言技術的應用和普及。

此外，Flowise 作為一個開源專案，背後有著一個活躍而熱情的社區支持。這不僅意味著工具本身在不斷進化和改進，還表示使用者可以輕鬆獲得幫助和資源，共享知識和最佳實踐。這種社區驅動的發展模式為 Flowise 帶來了靈活性和適應性，使其能夠迅速響應新的技術趨勢和使用者需求。

## 功能概述

Flowise 通過其拖放界面和豐富的內置模板，為使用者設計和部署大型語言模型應用提供了前所未有的便捷性。支持 LangChain 和 GPT 的集成增強了 Flowise 在建立多元化和靈活應用方面的能力，從基本的聊天機器人到複雜的數據分析和文件處理，應有盡有。這種低門檻高效率的開發方式對於促進個人和企業探索 AI 的潛力至關重要。

其優勢在於為非技術使用者打開了創新應用的大門，讓他們能夠無縫地利用先進的 AI 技術。無論是在提升客戶服務、自動化辦公流程，還是開發互動教學工具方面，Flowise 都提供了一條高效且易於操作的途徑。這不僅提高了生產效率，也促進了創新解決方案的誕生，為各行各業的數字化轉型貢獻力量。

## 使用步驟

下面我們將簡單介紹如何在自己的電腦上安裝 Flowise，由於我在嘗試過官方文件提供的方法來安裝時碰到不少問題，所以在安裝步驟上跟官方介紹的方式有些區別。因為 Flowise 跟 LangFlow 的使用方式沒有太多區別，所以這裡就不另外描述使用方法了。

1. 打開終端機執行指令 git clone https://github.com/FlowiseAI/Flowise.git
2. 安裝好後執行下面的指令 cd Flowise
3. 接著執行幾個指令
   a. cp packages/ui/.env.example packages/ui/.env
   b. cp packages/server/.env.example packages/server/.env
   c. cp packages/docker/.env.example packages/docker/.env
4. 再來我們需要打開我們的 docker desktop 工具執行 docker-compose up -d
5. 最後只需要打開 http://localhost:3000/ 就可以看到畫面了，之後不需要用的時候只需要關掉 docker 即可，需要用的時候只需要到 Flowise 這個目錄下執行第四個步驟用的指令就可以了

## 應用案例（跟 LangFlow 比較）

Flowise 與 LangFlow 各自為自然語言處理和對話設計領域提供了獨特的解決方案。兩者的設計理念和功能強調各有區別，下面將簡單區分兩者的使用場景。

Flowise 打造了一個功能全面的平台，適合於開發者打造出高度智能的對話系統。該平台擁有先進的語義解析及對話流程控制功能，專門應對那些需要多回合互動和理解複雜上下文的情境。此外，Flowise 還提供了一系列的預先訓練過的模型和實用工具，這些工具能夠幫助縮短開發周期，提升效率。

相較之下，LangFlow 則是將焦點放在對話流程的直覺規劃上，提供了一個直覺化操作界面，使開發者能夠輕而易舉地擬定和調整對話策略，涉及到設定對話節點、制定應對策略和回覆模板等多元功能。同時，LangFlow 的多語言和多平台支援，也讓對話流程的設計更加靈活多變。

選擇兩者之間的差異主要體現在對於建立智能對話系統的需求程度以及對話流程設計的具體要求。如果目標是構築一個具有深入語義理解和複雜流程控制的對話系統，Flowise 有著其不可替代的優勢。反之，如果重點在於快速搭建和管理對話流程的可視化操作，LangFlow 則提供了一個簡單且有效的平台。

此外，Flowise 也有一個 Marketplace，裡面是官方提供的一些定義好的 template 來提供使用者使用。

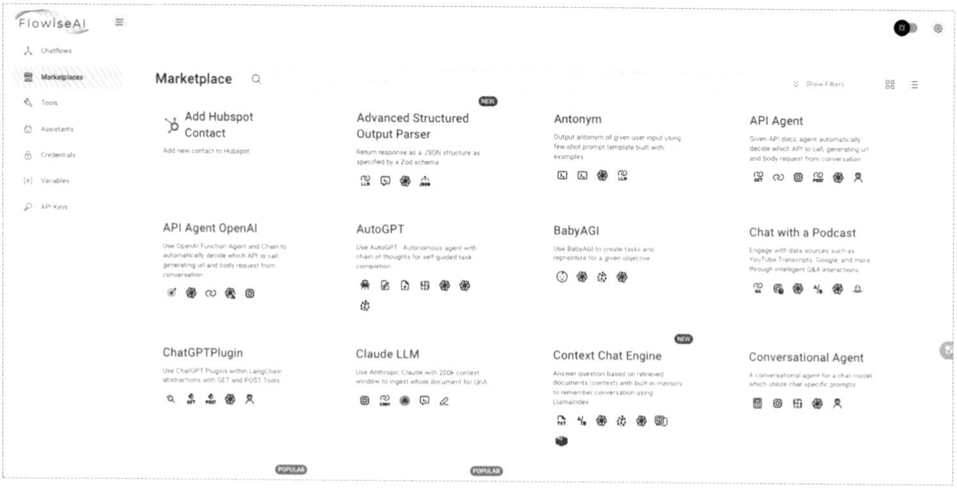

使用者只需要點開想要的 template 後畫面就會直接出現已經拉好的 template，如果確定要使用的話只需要點擊右上角的 Use Template 就能直接打開一個新的畫布使用了。

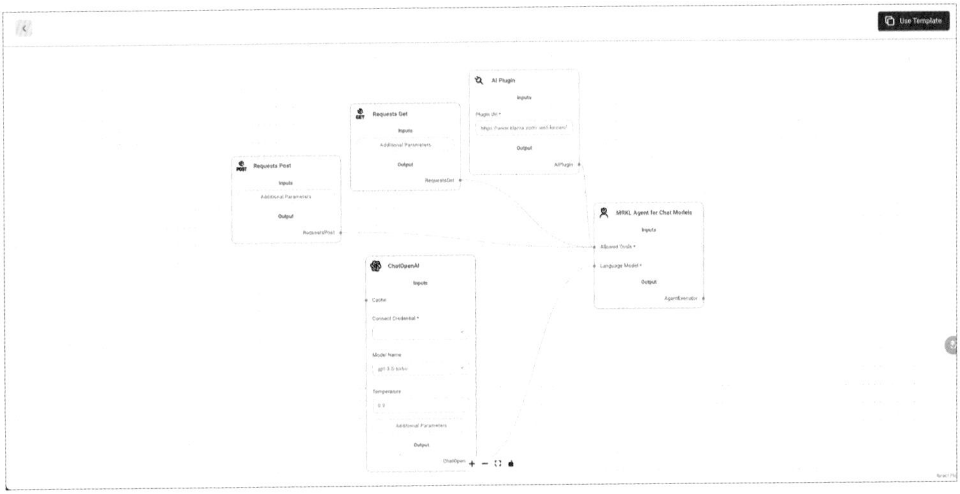


## 優缺點

### Flowise 的優點

- **低程式碼 / 無程式碼開發**：Flowise 為使用者提供了一種快速開發和部署大型語言模型應用的方法，無需深厚的技術知識或編程技能。這大大簡化了開發流程，使非技術背景的使用者也能參與到創新的 AI 應用開發中。
- **直觀的使用者界面**：其拖放界面設計直觀易用，支持多種內置模板，使得建立自定義應用變得簡單快捷。這種設計不僅加快了開發速度，也降低了開發過程中的錯誤率。
- **開源社區支持**：作為一個開源專案，Flowise 享有活躍的社區支持，這意味著使用者可以獲得豐富的學習資源、工具更新和技術支持，促進了知識共享和協作。

### Flowise 的缺點

- **功能深度和靈活性**：雖然低程式碼 / 無程式碼工具能夠提供快速開發的便利，但在某些情況下，它們可能無法提供足夠的功能深度或定製靈活性來滿足更複雜或特定的開發需求。
- **性能和擴展性考量**：對於規模較大或要求高性能的應用，低程式碼 / 無程式碼平台可能會面臨性能和擴展性的限制。在這些情況下，可能需要額外的工具或定制開發來實現專案目標。
- **依賴於平台**：使用 Flowise 等平台意味著開發者在一定程度上依賴於該平台的持續支持和更新。如果平台更新不及時或停止維護，可能會影響到應用的穩定性和未來的發展。

總結來說，Flowise 通過其低程式碼 / 無程式碼的方法和直觀的使用者界面為廣泛的使用者提供了開發大型語言模型應用的便利。然而，使用者需要根據自己的具體需求和專案規模來衡量其功能深度、性能和平台依賴性等潛在限制。

**評分：★★★★☆（4 星）**

Flowise 與 Langflow 一樣是一個方便應用的一個 GUI 工具，其便利性和易用性都大大降低了開發成本。

## 常見問題解答

- 如何開始使用 Flowise ？開始使用 Flowise 很簡單。首先，訪問 Flowise 的官方網站或 GitHub 頁面來獲取最新版本。根據提供的安裝指南進行安裝，然後通過其直觀的界面開始建立你的第一個應用。利用內置模板和拖放功能來設計應用，無需編寫任何程式碼。
- 面對複雜專案，Flowise 如何提供足夠的支持？對於較為複雜的專案，建議首先嘗試利用 Flowise 提供的高級模板和自定義功能。如果這些仍無法滿足需求，可以考慮與其他開發工具結合使用，或尋求社區的幫助。Flowise 的開源社區是一個很好的資源，你可以在那裡找到其他使用者分享的解決方案或直接請求幫助。

- 如何解決性能和擴展性問題？如果你遇到性能或擴展性的挑戰，首先確保你的應用是高效設計的，避免不必要的複雜性。此外，考慮將你的應用分解成多個小型、更易於管理的部分。對於需要高性能的應用，可能需要探索其他技術解決方案或基礎架構以補充 Flowise。
- 遇到技術問題時，如何快速獲得幫助？遇到技術問題時，首選的資源是 Flowise 的文檔和常見問題解答。如果這些不能解決你的問題，加入 Flowise 的社區論壇或 Slack 頻道，那裡你可以向其他開發者提問和交流想法。GitHub 上的問題追蹤器也是報告 bug 或請求新功能的好地方。
- 如何保持對 Flowise 和相關技術的持續學習？ 要保持對 Flowise 和相關技術的持續學習，定期參加由社區或 Flowise 團隊舉辦的線上研討會和工作坊是一個好方法。關注 Flowise 的官方博客和社區論壇，以獲得關於新功能、最佳實踐和學習資源的更新。此外，參與開源專案和貢獻程式碼也能提供寶貴的學習經驗。

## 資源和支援

- Flowise 官網：https://docs.flowiseai.com
- Discord：https://discord.com/invite/jbaHfsRVBW
- GitHub：https://github.com/FlowiseAI/Flowise
- LangFlow 跟 Flowise 比較：https://blog.csdn.net/ChinaLiaoTian/article/details/131676777

# Google Vertex AI

作者：Abao

## 導言

Google Vertex AI 就像是一個萬能的機器學習（ML）平台，讓你可以訓練和部署 ML 模型，還能自訂大型語言模型（LLMs）來加強你的 AI 應用程序。想像一下，不管是數據工程師、數據科學家還是 ML 工程師，大家都能用同一套工具合作，透過 Google Cloud 的優勢讓應用程序規模擴大。

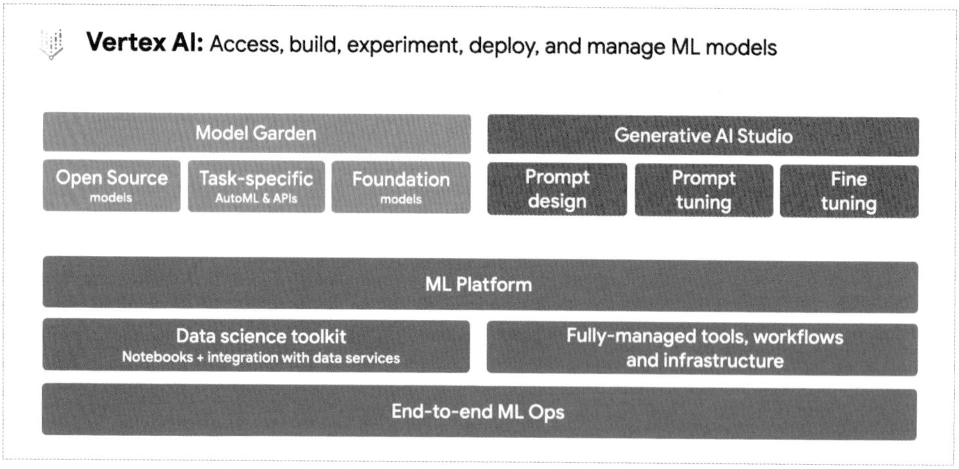


▲（圖片擷取自 Google Cloud Platform - Vertex AI 官方文件）

用 Vertex AI，你有好幾種訓練和部署模型的選項：

- **AutoML**：不用寫程式碼，也不用準備數據分割，就能訓練表格、圖像、文本或視頻數據。
- **自定義訓練**：讓你完全掌控訓練過程，包括使用你喜歡的 ML 框架，寫自己的訓練程式碼，選擇超參數調整選項。
- **模型花園**：探索、測試、自定義和部署 Vertex AI 和選擇開源模型及資產。

- **生成式 AI**：提供多模態（文本、程式碼、圖像、語音）的 Google 大型生成式 AI 模型。你可以調整 Google 的 LLMs 以滿足需求，然後部署它們以用於你的 AI 驅動應用。

部署模型後，用 Vertex AI 的端到端 MLOps 工具自動化和擴展專案，涵蓋 ML 生命週期的各個階段。這些 MLOps 工具運行在你可以根據性能和預算需求自定的完全管理型基礎設施上。

你可以用 Vertex AI 的 Python SDK 在 Vertex AI Workbench（一個基於 Jupyter 筆記本的開發環境）裡運行整個機器學習工作流程，還能和團隊一起在 Colab Enterprise（一個與 Vertex AI 整合的 Colaboratory 版本）裡開發模型。

## 功能概述

- **一站式機器學習平台**：從頭到尾，不管是數據準備、訓練模型、評估效果，還是最後部署和預測，Vertex AI 都能幫到你。
- **自動機器學習（AutoML）**：如果你不懂怎麼訓練模型，沒關係，AutoML 功能能自動幫你搞定，只需要提供數據就行。
- **支持自定義模型**：如果你有一定的 AI 基礎，想要更細緻地控制模型，Vertex AI 也支持你上傳和訓練自己的模型。
- **緊密整合 Google Cloud**：和 Google Cloud 的其他服務（比如數據分析的 BigQuery、雲端儲存的 Cloud Storage）搭配使用，節省許多資源建置時間。
- **模型調整和管理**：提供工具幫你調整模型，讓模型更貼近你的需求，還有管理工具幫你監控模型的表現。

Vertex AI 的強大之處在於它提供了一套完整的機器學習工作流程工具，從數據準備、模型訓練、評估到部署和監控，都可以在這個平台上完成。無論你是數據科學家、機器學習工程師還是開發者，都能找到適合自己需求的工具和服務。

透過 Vertex AI，你可以更快速地開發和部署機器學習模型，提高產品創新和市場競爭力。無論是想要加速開發流程、提高程式碼品質、還是促進團隊之間的合作，Vertex AI 都能幫到你。

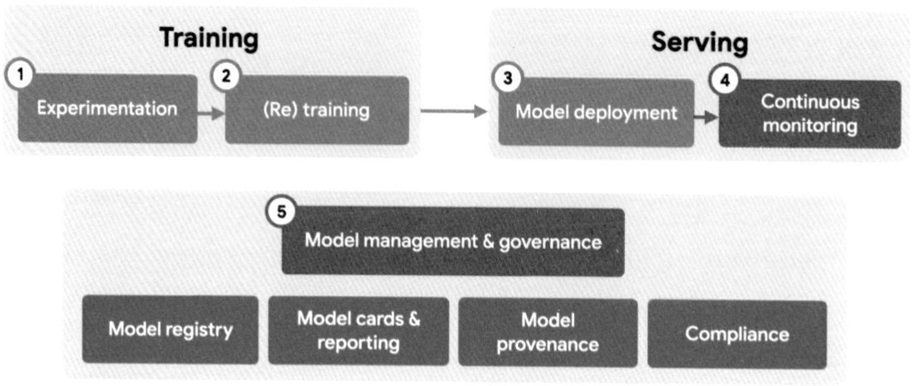


▲（圖片擷取自 Google Cloud Platform - Vertex AI 官方文件）

## 使用步驟

我們以 Vertex AI Workflow 為例來解說使用步驟。主要有以下 6 大步驟：

1. **收集數據**：根據你想達到的結果確定你訓練和測試模型所需的數據。
2. **準備數據**：確保你的數據格式正確且標記完整。
3. **訓練**：設定參數並建立你的模型。
4. **評估**：回顧模型的指標。
5. **測試**：以 API 或批次的方式測試模型輸出是否如預期。
6. **部署**：讓你的模型可以被使用。

### 步驟一：收集數據

在你開始收集數據之前，你需要先想清楚你試圖解決的問題，好確定所需的數據要求。

1. **弄清楚你的目的**：你想達到什麼結果？是處理圖片、表格、文字還是影片？明確你的目標能幫你確定需要哪些數據。

2. **搜集數據**：確定了用途後，就要開始搜集建模所需的數據。可以是你組織已經收集的，或者你可能需要手動搜集，或者找第三方提供商。

3. **數據要有標籤**：成功識別的可能性隨著每個標籤的高品質範例數量增加而提高；一般來說，你能提供給訓練過程的標籤數據越多，你的模型就會越好。

4. **類別間範例要均衡**：確保每個類別都有大致相似數量的訓練範例。即使某個標籤的數據很豐富，最好每個標籤的分佈都相等。

5. **捕捉問題空間的變化**：嘗試讓你的數據捕捉到問題空間的多樣性和多元性。當你提供更廣泛的範例集時，模型就能更好地泛化到新數據。

6. **數據要符合模型預期輸出**：找到與你計畫進行預測的文本類似的範例。如果你計畫對某個特定領域的社群貼文進行分類，用該領域網站上的資訊訓練出來的模型可能表現不佳，因為詞彙和風格可能會有所不同。

### 步驟二：準備數據

1. 你可以從你的電腦或雲端存儲以 CSV 或 JSON Lines 格式導入數據，並按照「準備你的訓練數據」中指定的，內嵌標籤。

2. 如果你的數據還沒有被標籤，你可以上傳未標籤的文本範例，並使用 Vertex AI 控制台應用標籤。

## 步驟三：訓練模型

當你用 Vertex AI 訓練模型時，要考慮它是怎麼用你的數據集來創建一個客製化模型的。你的數據集包括訓練集、驗證集和測試集。如果你沒有指定分割比例，Vertex AI 會自動用你 80% 的內容文件來訓練，10% 來驗證，還有 10% 來測試。

### 訓練集

訓練集應該包含你大部分的數據。這些數據是你的模型在訓練過程中「看到」的：它被用來學習模型的參數，即神經網絡節點之間連接的權重。

### 驗證集

驗證集，有時也叫做「開發」集，也在訓練過程中使用。模型學習框架在訓練過程的每次迭代中納入訓練數據後，它會使用模型在驗證集上的表現來調整模型的超參數，這些變量指定了模型的結構。如果你嘗試用訓練集來調整超參數，模型很可能過度專注於你的訓練數據，難以泛化到完全不同的例子。使用一個有些新穎的數據集來微調模型結構意味著你的模型會更好地泛化。

### 測試集

測試集完全不參與訓練過程。在模型完全完成訓練後，我們使用測試集作為對你的模型的全新挑戰。你的模型在測試集上的表現旨在給你一個相當好的想法，關於你的模型將如何在真實世界的數據上表現。

### 手動分割

你也可以自己分割你的數據集。當你想要對過程有更多控制，或者有特定的例子你確定你想要包含在模型訓練生命週期的某個部分時，手動分割你的數據是一個好選擇。

## 步驟四：評估模型

在評估模型前，先搞清楚問題是不是出在模型本身，還是數據。如果你在評估模型表現，不論是在推送到生產環境前還是之後，發現模型的行為不如預期，那就得回頭檢查下你的數據，看看有沒有改進的地方。

1. **評估模型**

   當你的模型訓練完畢後，你會收到一個模型表現的總結。想要看更詳細的分析，就點擊評估或看完整評估。

2. **Vertex AI 評估區塊**

   你可以用模型在測試範例上的輸出和常見的機器學習指標來評估你自定義模型的表現。這包括了模型輸出、分數閾值、真陽性、真陰性、假陽性、假陰性、精確度和召回率、精確度/召回率曲線、平均精確度等概念。

3. **解讀模型的輸出**

   Vertex AI 會從你的測試數據中抽取範例，給模型提出新的挑戰。對於每個範例，模型會輸出一系列機率數值，表明它對於每個標籤應用到該範例的信心有多強。如果數值很高，模型就很有信心該標籤適用於該文件。

4. **分數閾值**

   分數閾值讓 Vertex AI 把概率轉換成二進制的「開 / 關」值。分數閾值是模型分配測試專案一個類別所需的信心等級。控制台中的分數閾值滑塊是一個視覺工具，用來測試不同閾值在你的數據集中的影響。

5. **真陽性、真陰性、假陽性、假陰性**

   應用了分數閾值後，你的模型的預測會落在以下四個類別中的一個。你可以用這些類別來計算精確度和召回率——幫助衡量你模型的有效性的指標。

**6. 混淆矩陣**

我們可以用混淆矩陣比較模型在每個標籤上的表現。在理想模型中，對角線上的值會很高，其他值會很低。這表明所需的類別被正確識別了。如果其他值很高，就能給我們一些線索，顯示模型如何誤分類測試專案。

**7. 精確度 - 召回率曲線**

分數閾值工具讓你探索你選擇的分數閾值如何影響你的精確度和召回率。當你拖動閾值條上的滑塊時，你可以看到該閾值在精確度 - 召回率折衷曲線上的位置，以及該閾值如何單獨影響你的精確度和召回率（對於多分類模型，在這些圖上的精確度和召回率意味著僅用來計算精確度和召回率指標的標籤是我們返回的標籤集合中得分最高的標籤）。這可以幫助你找到在假陽性和假陰性之間的良好平衡。

**8. 平均精確度**

**一個衡量模型準確度的有用指標是精確度 - 召回率曲線下的面積**。它衡量你的模型在所有分數閾值下的表現如何。在 Vertex AI 中，這個指標被稱為**平均精確度**。這個**分數越接近 1.0，你的模型在測試集上的表現就越好**；一個對每個標籤隨機猜測的模型會得到大約 0.5 的平均精確度。

## 步驟五：測試模型

Vertex AI 會自動用你數據的 10%（或者，如果你自己選擇了數據分割，就用你選的百分比）來測試模型，然後在評估頁面上告訴你模型在這些測試數據上的表現如何。不過，如果你想自己檢查下模型，有幾種方法可以做到。部署你的模型後，你可以在「部署和測試」頁面的輸入框裡輸入文本範例，看看模型會為你的範例選擇哪些標籤。希望這能符合你的預期。試試每種你期待收到的評論的幾個範例。

如果你想在自己的自動化測試中使用你的模型，「部署和測試」頁面提供了一個範例 API 請求，展示了如何以程式化的方式調用模型。在「批次預測」頁面上，你可以創建一個批次預測，它會把許多預測請求打包在一起。批次預測是異步的，意味著模型會等到處理完所有預測請求後再返回結果。

## 步驟六：部署模型

當你對模型的表現感到滿意時，就是使用模型的時候了。可能是用於規模化的使用，或者只是一次性的預測請求。根據你的使用案例，你可以以不同的方式使用你的模型。

1. **批次預測**

   批次預測適用於一次性進行多個預測請求。批次預測是異步的，意味著模型會等到處理完所有預測請求後，才會返回一個包含預測值的 JSON Lines file。

2. **在線預測**

   部署你的模型讓它可用於透過 REST API 進行預測請求。在線預測是同步（實時）的，意味著它會迅速返回一個預測，但每次 API 請求只接受一個預測請求。

# 應用案例

我們以 Generative AI Workflow 為案例解說。下圖呈現了生成式 AI 工作流程的概念。

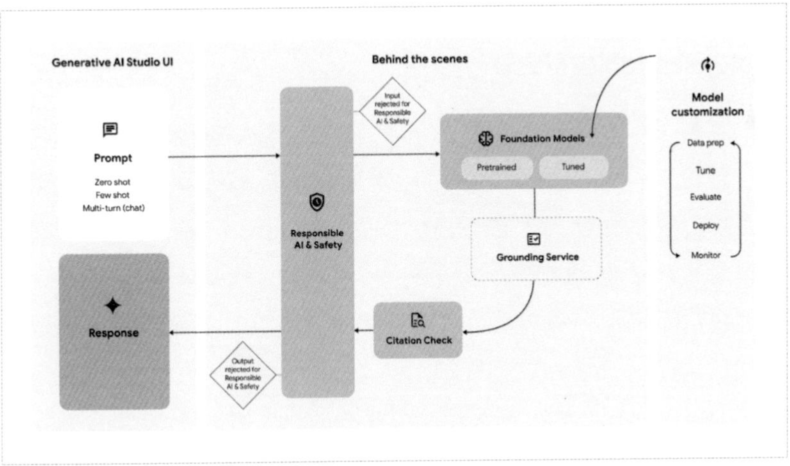


▲（圖片擷取自 Google Cloud Platform - Vertex AI 官方文件）

以下我們先介紹各個概念：

**Prompt 生成式 AI 工作流程通常從提示開始**

Prompt 是發送給語言模型的自然語言請求，旨在獲得模型的回應。編寫 prompt 以從模型獲得期望的回應稱為 prompt engineering 。雖然 prompt engineering 是一個試錯過程，但你可以使用一些 prompt engineering 原則和策略，來引導模型按照期望的方式行動。

**Foundation models 基礎模型**

Prompt 會被發送到模型以生成回應。Vertex AI 通過 API 提供了多種生成式 AI 基礎模型，包括以下幾種：

- **Gemini API**：進階推理、多回合聊天、程式碼生成和多模態提示。
- **PaLM API**：自然語言任務、文本嵌入和多回合聊天。
- **Codey APIs**：程式碼生成、程式碼完成和程式碼聊天。
- **Imagen API**：圖像生成、圖像編輯和視覺標題。
- **MedLM**：醫療問題回答和總結。

模型在大小、模態和成本上有所不同。你可以在 Model Garden 中探索 Google 的專有模型和開源模型。

**Model customization 模型定製**

你可以定製 Google 的基礎模型的默認行為，讓它們在不使用複雜 prompt 的情況下一致生成所需的結果。這個定製過程稱為模型調整。模型調整可以幫助你降低請求的成本和延遲，讓你簡化你的 prompt 。Vertex AI 還提供模型評估工具，幫助你評估你調整後模型的性能。當你的調整後模型準備好投入生產時，你可以將它部署到一個端點上，並像標準 MLOps 工作流程一樣監控性能。

### Vertex AI Grounding service 知識定位服務

如果你需要模型回應基於一個真實來源，比如你自己的數據庫，你可以在 Vertex AI 中使用知識定位。知識定位有助於減少模型的幻覺，特別是在未知主題上，也能讓模型訪問新的資訊。

### Citation check 引用檢查

在生成回應後，Vertex AI 會檢查回應中是否需要包含引用。如果回應中的大量文本來自某個特定來源，該來源會被添加到回應的引用 metadata 中。

### Responsible AI and safety 負責任的 AI 和安全

回應返回前，prompt 和回應要經過的最後一層檢查是安全過濾器。Vertex AI 會檢查 prompt 和回應屬於安全類別的程度。如果超過一個或多個類別的閾值，回應會被阻止，並且 Vertex AI 會返回一個替代回應。

### Response 回應

如果 prompt 和回應通過了安全過濾器檢查，回應就會被返回。通常，回應是一次性返回的。然而，你也可以通過啟用流式傳輸，在生成過程中逐步接收回應。

接下來我們用官方教學 Generative AI document summarization 為例進行逐步解說。

# GenAI 文件摘要案例

## （一）解決方案流程說明

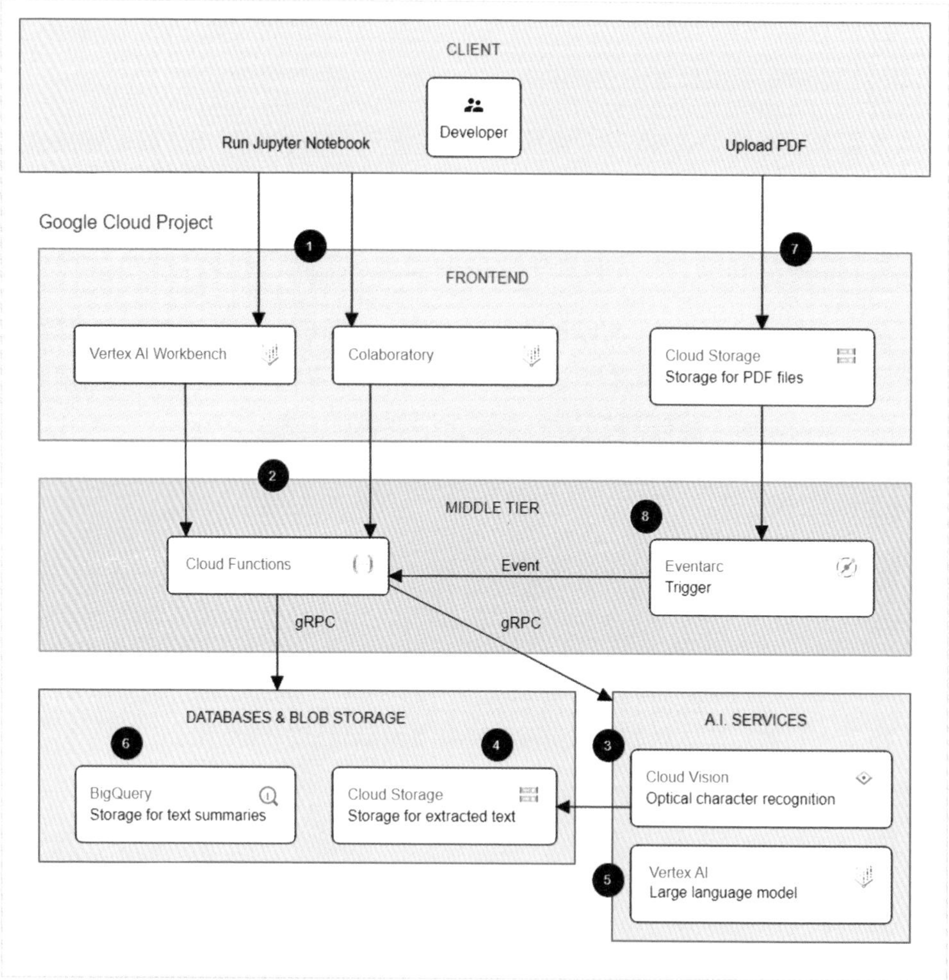


▲ （圖片擷取自 Google Cloud Platform - Vertex AI 官方文件）

這項解決方案的運作方式如下：

1. 開發人員遵循 Jupyter Notebook 的教學課程操作，透過 Vertex AI Workbench 或 Colaboratory 上傳 PDF。
2. 上傳的 PDF 檔案會傳送到在 Cloud Functions 中執行的函式。這個函式會執行 PDF 檔案處理作業。
3. Cloud 函式使用 Cloud Vision，將 PDF 檔案中的所有文字擷取出來。
4. Cloud 函式將擷取的文字儲存在 Cloud Storage 值區中。
5. Cloud 函式使用 Vertex AI PaLM API 統整擷取的文字。
6. Cloud 函式將 PDF 檔案的文字摘要儲存在 BigQuery 資料表中。
7. 除了透過 Jupyter Notebook 上傳 PDF 檔案之外，開發人員也可以直接將 PDF 檔案上傳至 Cloud Storage 值區，例如透過控制台 UI 或 gcloud。這項上傳作業會觸發 Eventarc 啟動「文件處理」階段。
8. 直接上傳檔案至 Cloud Storage 後，Eventarc 會觸發「文件處理」階段，而 Cloud Functions 會處理這個階段的作業。

## （二）開始雲端資源部署作業

Vertex AI 會自動為使用者部署好的架構（圖片擷取自 Google Cloud Platform Document）

1. 前往 Google Cloud Jump Start Solutions catalog：https://console.cloud.google.com/products/solutions/details/generative-ai-document-summarization
2. 隨著指引建立部署作業

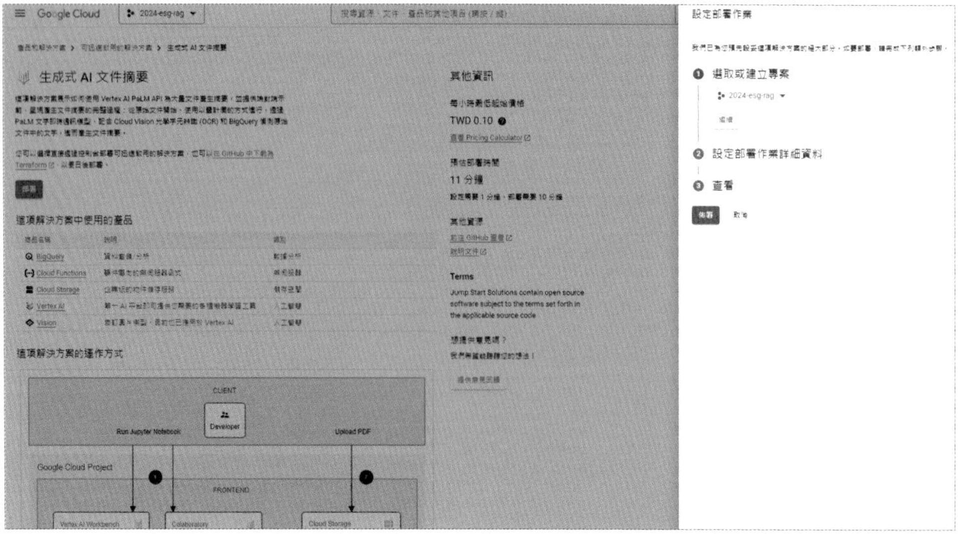


▲（圖片擷取自 作者電腦操作畫面）

了解本部署作業將需要以下 API 資源：

點選各項產品，即可瞭解各個 API 及《服務條款》。

| | |
|---|---|
| Artifact Registry API | 未啟用 |
| BigQuery API | 已啟用 |
| Cloud Build API | 未啟用 |
| Cloud Functions API | 未啟用 |
| Cloud Resource Manager API | 未啟用 |
| Cloud Run Admin API | 未啟用 |
| Cloud Storage API | 已啟用 |
| Cloud Vision API | 未啟用 |
| Eventarc API | 未啟用 |
| Google Cloud Storage JSON API | 已啟用 |
| Identity and Access Management (IAM) API | 未啟用 |
| Infrastructure Manager API | 未啟用 |
| Service Usage API | 已啟用 |
| Vertex AI API | 未啟用 |

▲（圖片擷取自 作者電腦操作畫面）

開始部署時會看到各項資源建立的進度如下圖：

▲（圖片擷取自 作者電腦操作畫面）

看到綠色勾勾表示部署完成！

▲（圖片擷取自 作者電腦操作畫面）

## （三）進行 PDF 摘要測試

1. 接著就可以來測試 PDF 摘要功能

   跟著 Cloud Shell 操作教學進行（本教學以此為範例）：https://console.cloud.google.com/products/solutions/deployments?walkthrough_id=solutions-in-console--generative-ai--document-summarization-gcf_tour#step_index=1

- 開啟 Cloud Shell 並點「繼續」

▲（圖片擷取自 作者電腦操作畫面）

- 上傳測試用 PDF 資料至 GCS

▲（圖片擷取自 作者電腦操作畫面）

2. 在 BigQuery 查看摘要結果

- 進到 summary_table

▲（圖片擷取自 作者電腦操作畫面）

- 在 BigQuery 運行 SQL Query 即可查看摘要結果

```
SELECT summary FROM `esg-rag.summary_dataset.summary_table` LIMIT 1000;
```

▲（圖片擷取自 作者電腦操作畫面）

3. 在 Cloud Logging 查看摘要過程

- 篩選「記錄檔名稱」

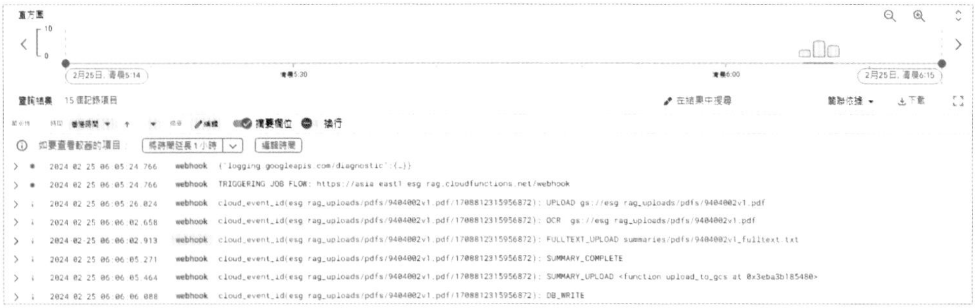


▲（圖片擷取自 作者電腦操作畫面）

4. 透過 Colab 或其他程式方式呼叫 Vertex AI 摘要功能

- OCR：透過 Cloud Vision API 進行 OCR 將 PDF 文字抽出。（注：由於篇幅限制「document_extract」函式請參照此份 Colab 範例：https://colab.research.google.com/drive/120_dEPNgYhk12bYaUk0ndmzSwkhNshhJ?usp=sharing）

```
bucket = "<project_id>_uploads"
pdf_name = "pdfs/gri.pdf"
output_bucket = f"{PROJECT_ID}_output"

complete_text = document_extract(bucket=bucket,
                                 name=pdf_name,
                                 output_bucket=output_bucket,
                                 project_id=PROJECT_ID)

# Entire text is long; print just first 1000 characters
print(complete_text[:1000])

OCR: waiting for the operation to finish.
tsmc
首頁 / 資源中心 / GRI準則對照表
便
GRI準則對照表
使用聲明:台積公司民國111年永續報告書為依循GRI準則,報告期間為
民國 111 年 1月1日至民國 111 年 12 月 31日,
使用GRI 1: 基礎 2021
適用之GRI行業標準:不適用
+ GRI 2 : 一般揭露 2021
+ GRI 3 : 重大主題2021
+
GRI 201 : 經濟績效
+
GRI 202 : 市場地位
GRI 203 : 間接經濟衝擊
揭露項
目編號
203-1
203-2
您好!需要幫忙嗎? 4-1
揭露項目標題
基礎設施的投資
與支援服務的發
展及衝擊
顯著的間接經濟
衝擊
揭露項目標題
報告內容或說明
GRI 204 : 採購實務
揭露項目
編號
```

▲（圖片擷取自 作者電腦操作畫面）

- Summarization：使用「gemini-1.0-pro」模型進行摘要功能測試

```
model_name = "gemini-1.0-pro"
temperature = 0.2
max_decode_steps = 1024
top_p = 0.8
top_k = 40

prompt = '請以繁體中文摘要:'
# extracted_text_trunc = truncate_complete_text(complete_text=complete_text)
content = f"{prompt}\n{complete_text[:900]}"

summary = predict_large_language_model(
    project_id=PROJECT_ID,
    model_name=model_name,
    temperature=temperature,
    top_p=top_p,
    top_k=top_k,
    max_decode_steps=max_decode_steps,
    content=content,
    location="us-central1",
  )

print(summary)
```

摘要結果：

```
**台積電 GRI 準則對照表**

**使用聲明：**台積電 2022 年永續報告書遵循 GRI 準則，報告期間為 2022 年 1 月 1 日至 2022 年 12 月 31 日。

**GRI 1：基礎 2021**
* 不適用

**GRI 2：一般揭露 2021**
* 203-1 基礎設施的投資與支援服務的發展及衝擊
* 203-2 顯著的間接經濟衝擊

**GRI 3：重大主題 2021**
* GRI 201：經濟績效
* GRI 202：市場地位
* GRI 203：間接經濟衝擊
* GRI 204：採購實務

**揭露項目**
| 編號 | 揭露項目標題 | 報告內容或說明 | 頁碼 |
|---|---|---|---|
| 203-1 | 來自當地供應商的採購支出比例 | 推動綠色低碳供應鏈 - 提升在地採購比例：間接原物料在地採購比例達 62.1%、零配件在地採購比例達 43% | 88,
| 203-2 | 實踐永續管理 - 改變社會的力量 - 台積電慈善基金會：含捐款、捐贈物資、建設服務、修繕服務、志工服務等 | 192 |
```

▲（圖片擷取自 作者電腦操作畫面）

5. 若不繼續提供服務，記得到 Solution deployments 頁面將我們前面所部署的作業刪除，以免產生不必要的雲端花費唷。

▲（圖片擷取自 作者電腦操作畫面）

## 優缺點

### Google Vertex AI 的優點

- **全面的機器學習服務**：Vertex AI 提供從數據準備到模型訓練、評估、部署及預測的一站式解決方案，使機器學習流程更加順暢。
- **無需深入專業知識即可使用**：透過 AutoML 功能，即使是非專業人士也能輕鬆訓練和部署高品質的機器學習模型，無需深入的機器學習知識。
- **支持自定義和預訓練模型**：提供廣泛的預訓練模型和支持自定義模型的功能，滿足不同程度自定義需求。
- **整合 Google Cloud 生態系統**：能夠輕鬆與 Google Cloud 的其他產品和服務整合，例如 BigQuery、Cloud Storage 等，使數據處理和分析更加高效。
- **強大的模型調整和管理能力**：提供模型調整（Fine-tuning）和模型評估工具，幫助開發者優化模型表現，並支持 MLOps 實踐，如模型監控和版本管理。

### Google Vertex AI 的缺點

- **成本考量**：高級功能和大量數據的處理可能會產生顯著的成本，特別是在大規模部署和使用時。
- **學習曲線**：雖然提供了諸多便利的功能，但對於初學者或非專業人士來說，理解和運用所有功能可能仍需要一定的學習和實踐。
- **對 Google Cloud 的依賴**：Vertex AI 的功能和服務高度依賴於 Google Cloud 生態系統，對於希望保持供應商中立的企業可能是一個考量。
- **數據隱私和安全性**：在雲端處理和儲存敏感數據時，需要嚴格遵守數據隱私和安全性標準，對於某些行業和地區，可能需要額外的合規努力。

總的來說，Google Vertex AI 是一個功能豐富且強大的機器學習平台，適合從初學者到專業開發者的廣泛使用者。然而，潛在的成本、學習曲線和對 Google Cloud 生態系統的依賴可能是需要考慮的因素。

## 評分

- **功能和靈活性：4.5/5 星**

  Vertex AI 提供了豐富的功能和高度的靈活性，支持從自動化機器學習（AutoML）到高度自定義的模型訓練和部署，幾乎能滿足所有類型的機器學習需求。

- **使用便捷性：4/5 星**

  對於有基本雲概念和機器學習知識的開發者來說，Vertex AI 的使用相對便捷。但對於初學者或非技術使用者，可能需要一定的學習和適應時間。

- **整合性和兼容性：5/5 星**

  Vertex AI 與 Google Cloud 生態系統的其他產品和服務（如 BigQuery、Cloud Storage）的整合性極佳，為數據處理和模型訓練提供了無縫的體驗。

- **成本效益：3.5/5 星**

  雖然 Vertex AI 提供了強大的功能，但高級功能和大規模使用可能帶來較高的成本。對於小型專案或預算有限的使用者，可能需要仔細考慮成本效益。

- **支持和社區：4/5 星**

  Google 提供了詳細的文檔和支持，幫助使用者更好地利用 Vertex AI。此外，作為一個受歡迎的平台，有一個活躍的開發者社區可以提供額外的支持和資源。

- **安全性和隱私：4.5/5 星**

  Google Vertex AI 在數據安全和隱私保護方面採取了嚴格的措施，但使用者仍需自行確保遵守相關法律法規和最佳實踐。

**綜合評分：4.25/5 星**

總體來說，Google Vertex AI 是一個功能強大、高度靈活的機器學習平台，適合各種規模的專案。它提供了豐富的機器學習功能和無縫的 Google Cloud 生態系統整合，但在使用成本和初學者的學習曲線方面可能需要考慮。對於尋求在 AI 和機器學習領域開發和創新的組織和個人來說，Vertex AI 絕對值得考慮。

## 常見問題解答

**Q**：我需要深厚的機器學習知識才能使用 Vertex AI 嗎？

**A**：不一定。Vertex AI 提供了 AutoML 功能，允許非專業人士也能輕鬆訓練和部署模型。但對於需要進行高度自定義的專案，擁有一定的機器學習知識會更有幫助。

**Q**：Vertex AI 能與 Google Cloud 的其他產品整合嗎？

**A**：是的，Vertex AI 能夠與 Google Cloud 的多個產品和服務（如 BigQuery、Cloud Storage）無縫整合，提供高效的數據處理和分析能力。

**Q**：使用 Vertex AI 的成本是怎樣的？

**A**：成本會根據使用的功能和數據量而變化。高級功能和大規模數據處理可能會產生較高的成本。建議使用 Google Cloud 定價計算器進行估算。

**Q**：可以定製自己的模型嗎？

**A**：是的，你可以通過模型調整來定製 Google 的基礎模型，使其在不使用複雜提示的情況下一致生成所需的結果。

**Q**：Vertex AI 如何保障數據的安全和隱私？

**A**：Vertex AI 採取了嚴格的數據安全和隱私保護措施，但使用者也需自行確保遵守相關法律法規和最佳實踐。

**Q**：Vertex AI 適合哪些使用者使用？

**A**：從機器學習初學者到專業開發者，Vertex AI 提供了多種功能和工具，適合各種規模和需求的專案。

## 資源和支援

- Vertex AI Code Samples Explorer：https://cloud.google.com/vertex-ai/docs/samples
- Vertex AI Model Garden：https://console.cloud.google.com/vertex-ai/model-garden
- Vertex AI 文件摘要流程教學文件：https://cloud.google.com/vertex-ai/docs/generative-ai/learn/overview
- Vertex AI SDK for Python 官方文件：https://cloud.google.com/vertex-ai/docs/python-sdk/use-vertex-ai-python-sdk-ref

# Gradio

作者：林毓鈞（JamesLin）

## 導言

在當今快速發展的人工智慧（AI）領域，將創新技術與大眾連接是一個挑戰，也是 Gradio 誕生的核心動力。Gradio 是一個開源的 Python 套件，旨在無需複雜的網頁開發知識，就能讓開發者和愛好者輕鬆將機器學習模型或任何 Python 函數轉變成一個可互動、易於分享的網頁應用。這個平台不僅為技術創新者提供了展示和分享 AI 模型的簡便途徑，也為非技術背景的人士打開了一扇了解和體驗 AI 魔力的大門。

無論你是希望展示智能圖像識別系統，還是展現文本生成的 AI 模型，Gradio 讓這一切變得簡單。在完成幾行程式碼後，你的 AI 創意就能以網頁應用的形式，迅速展現給使用者。Gradio 搭建了一座技術專家與應用的使用者間的橋樑，讓 AI 的創新成果不再遙不可及，而是觸手可及，易於理解和使用。

## 功能概述

Gradio 結合 AI 的主要功能和特點涵蓋了將人工智能模型轉化為互動式網頁應用的能力，使得任何人都能夠輕鬆地體驗和評估 AI 技術。這包括：

- **無縫整合**：允許直接將各種 AI 模型，包括深度學習、自然語言處理和電腦視覺模型，快速整合成互動式應用。
- **豐富的互動元素**：提供多種輸入和輸出選項（如文字、圖片、聲音等），以適應不同 AI 模型的需求，讓使用者以最直觀的方式與 AI 互動。
- **即時反饋**：使用者可以即時獲得 AI 模型的輸出結果，有效展示模型的能力和應用場景。
- **易於分享和部署**：創建的應用可以通過網頁輕鬆分享，無需複雜的部署過程。

## 優勢和用途

- **提升模型透明度**：通過互動式演示，使得非技術背景的使用者能夠直觀理解 AI 模型的工作原理和能力，提高了 AI 技術的可接受度和信任度。
- **促進模型迭代**：開發者可以快速收集來自廣泛使用者的反饋，用於模型的改進和優化。
- **加速 AI 教育和普及**：教育者可以利用 Gradio 輕鬆創建互動教學工具，幫助學生更好的理解和掌握 AI 相關知識。
- **簡化原型展示**：對於 AI 專案和創新解決方案的開發者來說，Gradio 提供了一個快速展示和驗證其研究成果的平台，促進了技術轉移和商業化進程。

Gradio 結合 AI 不僅降低了技術門檻，讓 AI 技術的展示和分享變得前所未有地簡單，也為 AI 的教育、研究和應用提供了強大的支持，是推動 AI 技術普及和應用創新的重要工具。

## 使用步驟

接下來我們將簡單介紹如何在 Google Colab 安裝 Gradio 並呈現簡單的畫面。當然，相同的安裝方法也可以在你的電腦上實現，但請確保已經有安裝好 Python3。

1. 打開 Google Colab，並清除不必要的資料，讓畫面看上去是這樣。

2. 點擊 + 程式碼的按鈕並新增這段程式碼來安裝 Gradio。

```
pip install gradio
```

3. 接著再新增一個程式碼區塊後我們寫上這段程式碼。

```
import gradio as gr

def greet(name, intensity):
    return "Hello " * intensity + name + "!"

demo = gr.Interface(
    fn=greet,
    inputs=["text", "slider"],
    outputs=["text"],
)

demo.launch()
```

4. 這時我們只需要逐行按下程式碼區塊左邊的 run 的按鈕後等待程式跑完就能看到下面的畫面了，這時我們最簡單的畫面就已經出來了。

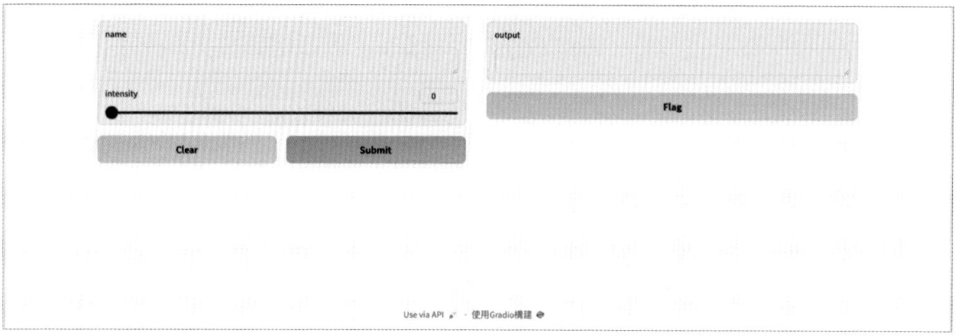


5. 更多元件及用法可以參考官方文件：https://www.gradio.app/docs/interface

## 應用案例

Gradio 在現實世界中的應用案例極為豐富，涵蓋了從教育、研究到產品開發等多個領域。以下是一些具體的例子，展示了 Gradio 如何在不同場景下解決問題或改善工作效率：

- **互動式機器學習教學**：教師可以利用 Gradio 建立機器學習模型的互動式演示，幫助學生理解不同算法如何在實際中運作。例如，通過建立一個圖像識別模型的演示，學生可以上傳自己的圖片，實時看到模型識別的結果，從而加深對機器學習原理的理解。
- **診斷輔助工具**：醫療研究人員可以使用 Gradio 展示他們的疾病診斷模型，使其他醫生或研究人員能夠輕鬆地測試和評估模型的準確性。例如，一個皮膚病識別模型可以幫助醫生快速篩查病變，提高診斷效率。
- **數據視覺化工具**：數據科學家可以使用 Gradio 快速建立數據集的視覺化界面，方便團隊成員和利益相關者探索和理解數據。這對於共享洞察和促進數據驅動決策非常有幫助。
- **AI 藝術展示**：藝術家可以利用 Gradio 展示他們的 AI 驅動藝術專案，如基於深度學習的音樂生成或圖像風格轉換。這使得公眾可以直接與 AI 藝術作品互動，增加了藝術作品的互動性和吸引力。
- **快速原型反饋**：創業團隊或產品經理可以使用 Gradio 快速構建產品原型的互動演示，收集早期使用者的反饋。這對於迭代產品設計和改進使用者體驗非常有效。
- **機器學習模型展示**：開發者可以利用 Gradio 分享他們的機器學習模型，讓非技術背景的人也能夠理解和體驗 AI 技術的魔力。這種方式特別適合於技術展覽會或學術會議，幫助促進技術交流。

通過這些應用案例，Gradio 展現了其作為一個強大的工具來改善工作效率、促進教育學習、加速研究創新和增強產品開發過程中的使用者參與度。Gradio 讓復雜的機器學習模型和數據分析工具變得觸手可及，為各行各業提供了實現創新的可能。

## 優缺點

### 優點

- **易用性**：Gradio 的設計初衷就是簡化機器學習模型的展示過程。使用者無需深入了解網頁開發或擁有任何前端設計經驗，就可以快速構建和分享互動式應用。這使得科研人員、開發者能夠專注於模型的改進，而不是花費大量時間在使用者界面的開發上。
- **快速部署**：Gradio 允許使用者在幾分鐘內將他們的 AI 模型部署為一個互動式網頁應用，並提供了分享功能，使得模型的演示和測試變得非常快捷。這對於需要展示原型或成果的研究人員和開發者來說，是一個巨大的優勢。
- **廣泛的支持**：Gradio 支持多種輸入和輸出類型，包括圖像、音頻、文字等，並且與流行的 Python 機器學習 Library 如 TensorFlow、PyTorch 等有良好的兼容性。這種廣泛的支持使得 Gradio 能夠應用於各種不同的 AI 專案中。

### 缺點

- **性能限制**：由於 Gradio 應用主要是通過網頁來交互，對於一些計算密集型的模型，可能會遇到性能瓶頸，尤其是在處理大規模數據或複雜模型時。這可能影響到應用的響應速度和使用者體驗。
- **安全性考慮**：雖然 Gradio 方便快捷地分享機器學習模型，但如果沒有適當的安全措施，公開分享的模型可能會面臨安全風險，比如數據泄露或惡意使用。因此，在分享模型時需要謹慎考慮安全性問題。
- **自定義限制**：Gradio 雖然提供了一定程度的界面自定義功能，但對於想要實現高度個性化和複雜交互設計的使用者來說，可能會感到功能有限。對於這部分使用者，可能需要進一步的開發工作來滿足他們的需求。

總的來說，Gradio 是一個強大而易用的工具，能夠幫助使用者快速構建和分享機器學習模型的互動式演示，但在性能、安全性和自定義方面，仍需使用者根據自己的具體需求進行考量。

**評分：★★★★☆（4 星）**

Gradio 作為一個 UI Framework 大大了降低了開發者們在開發 AI 服務的同時需要額外花費時間去另外設計元件，並且其易用性跟文件的完整性讓初次接觸了的人可以輕易上手，同時它也支援了 JavaScript，讓其在不同的裝置平台上的應用成為了可能。

## 常見問題解答

為了幫助讀者更加有效地使用 Gradio 並解決在使用過程中可能遇到的常見問題，接下來是針對一些典型問題的實用解決方案和建議。無論您是剛開始探索 Gradio 的新手，還是已經在使用這個工具進行專案開發的經驗使用者，這些建議都旨在幫助您更順暢地使用 Gradio，提升工作效率和體驗：

**Q**：如何安裝 Gradio ？

**A**：Gradio 可以通過 pip 安裝。只需打開終端或命令提示符，輸入 pip install gradio 即可。確保你的 Python 環境已安裝並更新到最新版本，以避免兼容性問題。

**Q**：Gradio 支持哪些類型的機器學習模型？

**A**：Gradio 支持廣泛的機器學習模型，包括但不限於深度學習、自然語言處理和電腦視覺模型。只要模型可以通過 Python 函數調用，就可以使用 Gradio 展示其功能。

**Q**：如何處理 Gradio 應用的性能問題？

**A**：如果遇到性能問題，嘗試優化你的機器學習模型或減少數據處理的複雜度。另外，可以考慮使用較強大的服務器來運行 Gradio 應用，或者將模型部署到雲端服務（如 Google Cloud Platform、Amazon Web Services 等），利用更高效的計算資源，但請留意使用這些雲端服務時所需的費用。

**Q**：Gradio 如何確保數據安全和隱私？

**A**：在分享 Gradio 應用時，確保不公開敏感數據或私有資訊。可以使用 Gradio 的私密分享功能，只向特定使用者或團隊成員開放訪問權限。此外，定期審查和更新安全設置，遵循最佳安全實踐。

**Q**：可以自定義 Gradio 界面嗎？

**A**：Gradio 提供了一定程度的界面自定義選項，包括布局、顏色和元件樣式等。如果需要進行更深層次的自定義，可以直接修改生成的 HTML / CSS 程式碼，或者利用 JavaScript 增強界面的互動性。對於複雜的需求，考慮與前端開發者合作，以實現更高級的自定義功能。

**Q**：遇到錯誤或兼容性問題該怎麼辦？

**A**：首先，檢查 Gradio 和相關依賴資源是否已更新到最新版本。查看 Gradio 的官方文檔和常見問題解答，尋找可能的解決方案。如果問題仍然存在，可以在 Gradio 的 GitHub 頁面提交 issue，描述你遇到的問題和錯誤資訊，以獲得社區或開發團隊的幫助。當然，ChatGPT 跟 Google 都是你的好幫手，你可以將接收到的錯誤訊息放到這些地方去詢問並照著回覆來試著排除問題。

通過以上的解決方案或建議，使用者能更好地理解和使用 Gradio，從而克服在使用過程中可能遇到的問題或挑戰。

## 資源和支援

- 官方網站：https://www.gradio.app/
- Discourd 社群：https://discord.com/invite/feTf9x3ZSB
- Twitter / X：https://twitter.com/Gradio
- Playground：https://www.gradio.app/playground
- GitHub：https://github.com/gradio-app/gradio

# 7

# 其他

# Gamma 簡報製作

作者：Andy

## 導言

Gamma 是一個利用人工智慧技術來創建簡報投影片、網頁和文件的平台。與傳統的 PowerPoint 相比，Gamma 讓一切變得輕鬆愉快。不需要煩惱格式，也不用頭疼設計。Gamma 的獨特之處在於其豐富的模板選擇以及能夠根據使用者提供的大綱自動完成投影片的功能，這包括 AI 生成圖片或搜尋網絡上的無版權圖片自動嵌入。這樣不僅節省了設計和尋找合適圖片的時間，也讓使用者能夠更專注於內容本身，相對於 PowerPoint 的手動操作，大大提升了製作投影片的效率和便捷性。

## 功能概述

使用 Gamma 製作簡報時，使用者可以通過上傳文稿，無論是從本地端上傳或是從 Google Drive 導入，啟動 Gamma 的 AI 輔助功能。Gamma 的 AI 可以幫助潤飾文稿，無論是補充大綱內容或將冗長的文案簡化為精簡的大綱。此外，根據使用者提供的提示詞（prompt），Gamma 能夠生成相關圖片或從網路搜尋可商用的圖片，進一步豐富簡報的視覺效果。Gamma 內建多種簡報風格可供使用者選擇。設定完成後，Gamma 可一鍵產生簡報，使用者可從 Gamma 產生的簡報後再最佳化內容與排版。這些步驟共同簡化了簡報製作的時間與過程，提升了效率和品質。

Gamma 提供三種訂閱方案：

1. **免費方案**：包括 400 AI 點數、無限使用者與創作、PDF 與 PPT 導出（帶 Gamma 水印）、7 天變更歷史記錄和基礎分析功能。
2. **Plus 方案**：每月 $10 美金（或 $96 美金），提供每月 400 點數、移除 Gamma 水印、PDF 與 PPT 導出、30 天變更歷史記錄、無限文件夾。

3. **Pro 方案**：每月 $20 美金（或年付 $180 美金），提供無限 AI 創作、高級 AI 模型、移除水印、優先客服支援、自定義字體、無限變更歷史記錄、詳細分析功能。

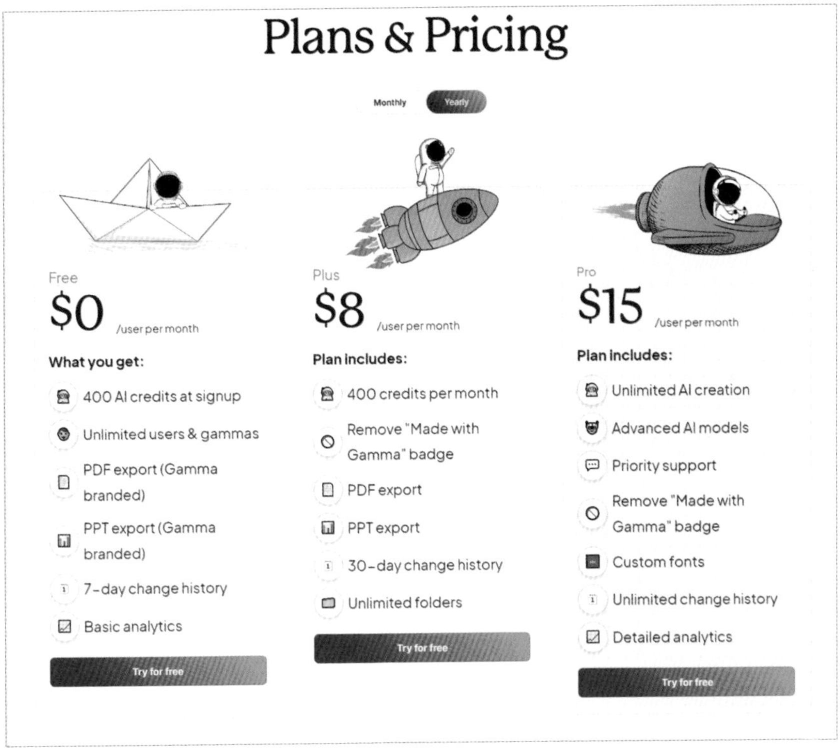


## 使用步驟

1. 進入 Gamma 官網（https://gamma.app/）並上傳文稿

首先選擇新建 AI

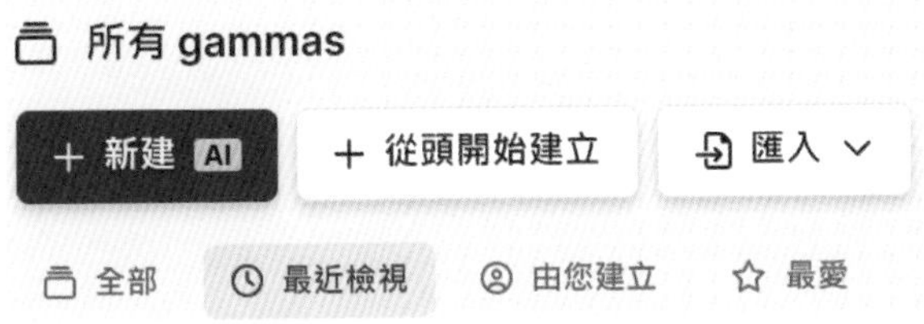

Gamma 提供三個模式可製作初稿

- **產生模式** - 引導使用者完成生成過程——輸入一個主題，Gamma 的 AI 將為使用者提供第一稿。
- **貼上文字模式** - 允許使用者黏貼在其他地方創建的大綱或文件。例如，使用者可以在 ChatGPT 中製作大綱，然後粘貼到這裡。
- **匯入檔案功能** - 允許使用者導入現有的文件或投影片，可從本地或 Google Drive 上傳文檔啟動。

注意：如果使用者是 Pro 使用者，使用導入功能可以生成最長 25 張投影片的簡報。在免費計畫上，使用者能生成的最長簡報為 10 張投影片。

2. 選擇 AI 文字生成模式：選擇「產生」、「凝結」或「保留」模式，並設定寫作語氣與目標受眾。

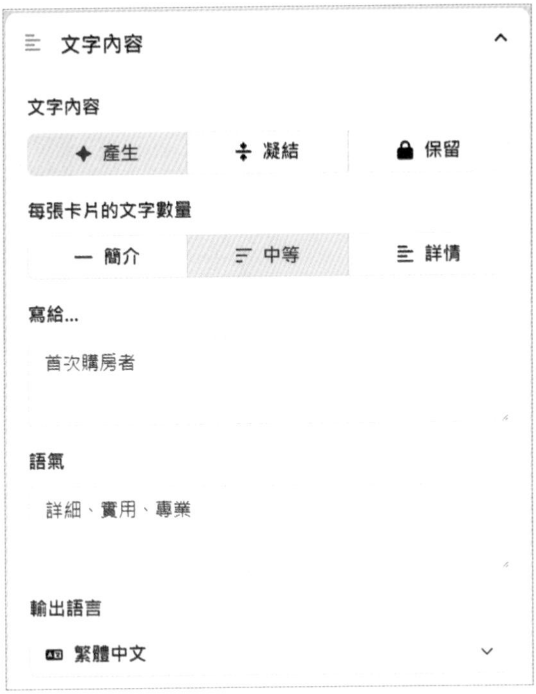


3. 選擇圖片來源：決定使用 AI 生成或網路搜尋圖片，並指定圖片風格。

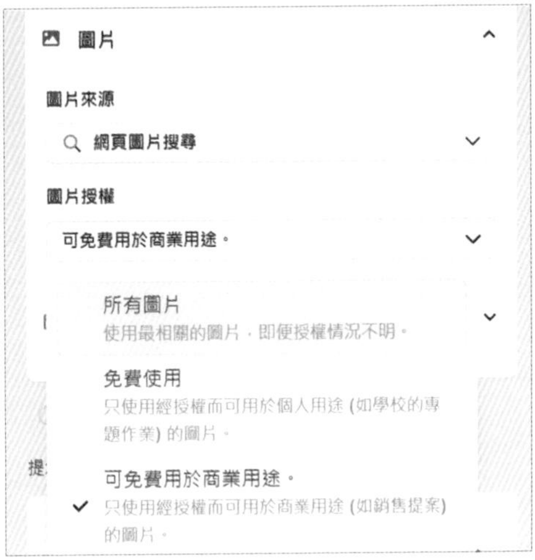

4. 選擇簡報排版主題風格：從多種簡報主題風格中選擇一個以符合內容。

5. 產生投影片：基於以上設定，一鍵生成簡報。

6. 使用者優化內容與圖片：對生成的簡報進行最終的內容和視覺優化。

讓我們以一個實際的案例來看一下 Gamma 的 AI 功能如何一鍵生成投影片吧！

1. 首先點選新建 "AI" 按鈕

2. 我們此次以匯入已經做好的簡報大綱 Word 檔案作為範例，選取 " 匯入檔案 "，當然如果要使用直接複製貼上文字也是可以的。我們簡報的內容以購買房屋要注意的事項作為範例練習。

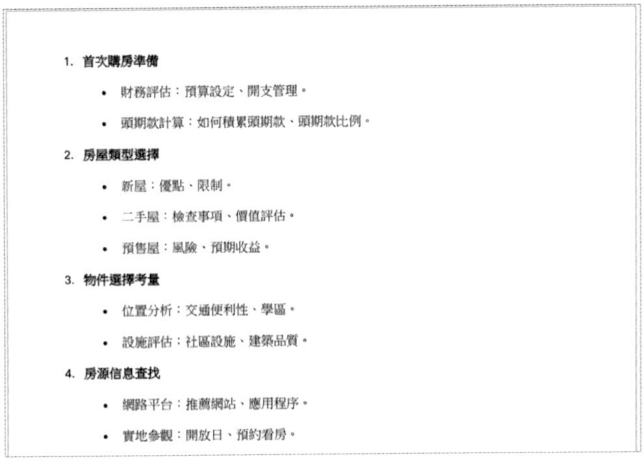

1. **首次購房準備**
   - 財務評估：預算設定、開支管理。
   - 頭期款計算：如何積累頭期款、頭期款比例。
2. **房屋類型選擇**
   - 新屋：優點、限制。
   - 二手屋：檢查事項、價值評估。
   - 預售屋：風險、預期收益。
3. **物件選擇考量**
   - 位置分析：交通便利性、學區。
   - 設施評估：社區設施、建築品質。
4. **房源信息查找**
   - 網路平台：推薦網站、應用程序。
   - 實地參觀：開放日、預約看房。

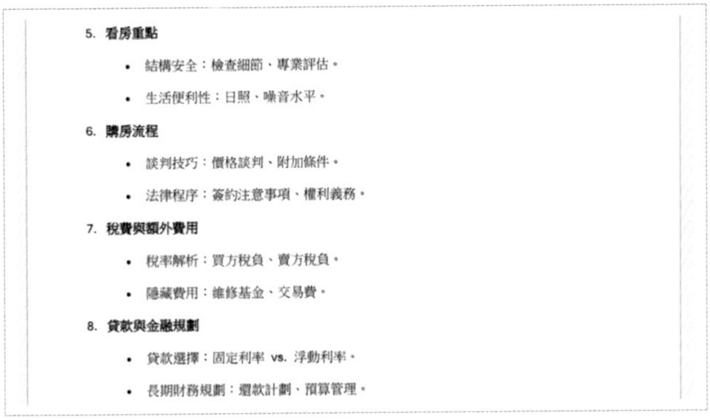

5. **看房重點**
   - 結構安全：檢查細節、專業評估。
   - 生活便利性：日照、噪音水平。
6. **購房流程**
   - 談判技巧：價格談判、附加條件。
   - 法律程序：簽約注意事項、權利義務。
7. **稅費與額外費用**
   - 稅率解析：買方稅負、賣方稅負。
   - 隱藏費用：維修基金、交易費。
8. **貸款與金融規劃**
   - 貸款選擇：固定利率 vs. 浮動利率。
   - 長期財務規劃：還款計劃、預算管理。

3. Gamma 支援本地端上傳或者從 Google driver 匯入，我們這邊選擇從本地上傳 Word 檔案。

4. 選擇簡報內容

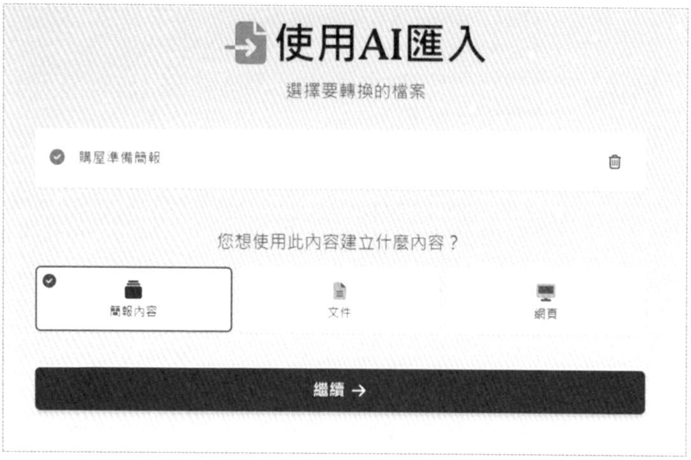

5. 進入編輯器後分為三步驟：a. 選擇文字產生的形式與圖片來源。b. 確定排版與簡報頁數。c. 一鍵產生簡報

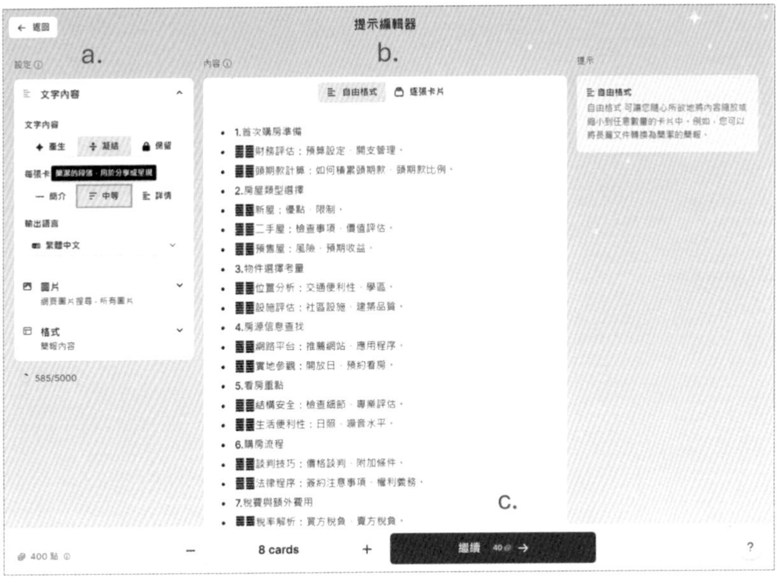


5a. 從編輯器頁面的左邊可以選擇文字與圖片產生的形式。文字產生有三種模式，範例嘗試 " 產生 " 模式，讓 AI 自動為我們補充內容。如果不想要簡報內容大綱有任何被更動，只要選取 " 保留 " 即可。如果原始的大綱內容字數過多需要刪減只保留重點，則選取 " 凝結 "。選取 " 產生 " 模式後，在 " 寫給 " 欄位中說明閱聽族群為 " 首次購屋者 "，以及在 " 語氣 " 欄位中填入 " 詳細、實用、專業 "。

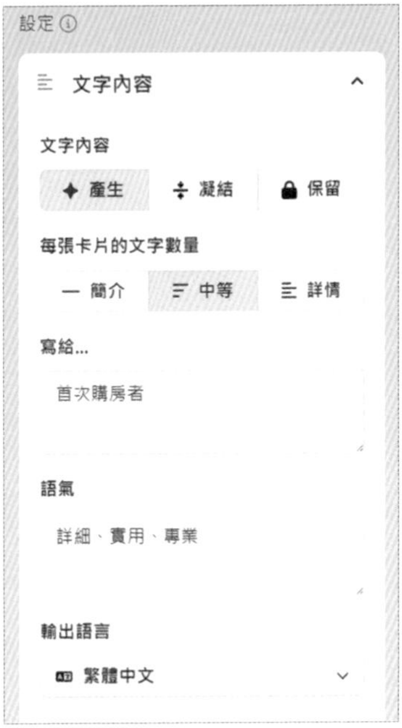

接下來選取圖片，圖片來源有兩種可以選擇，可以由 AI 產生（會消耗點數，每一張圖 10 點），或者由網路搜尋，若由網路搜尋，可以選擇圖片來源，確保版權以及可以商用。範例我們選擇以 AI 產生，並且輸入提示風格為 " 溫馨 "。

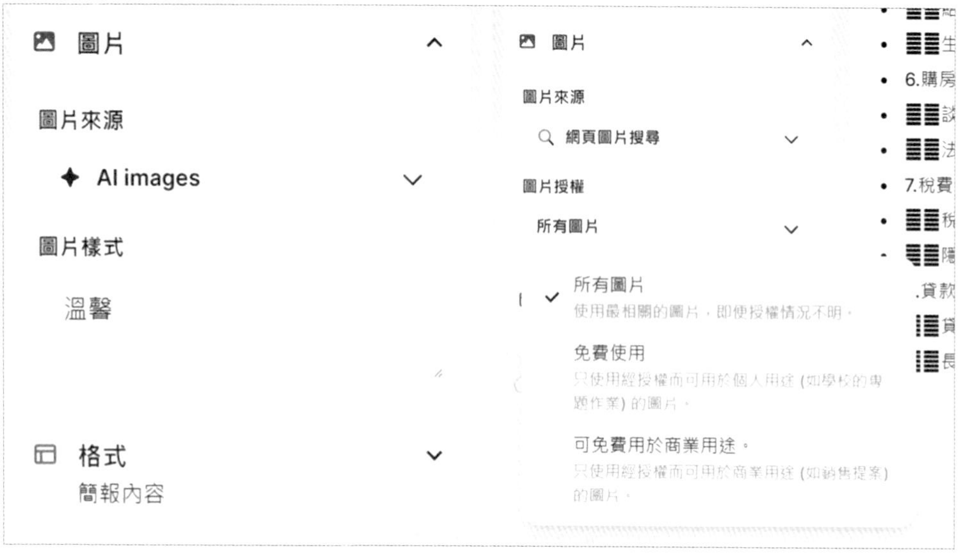


5b. 頁數分割可以選擇自由模式，讓 Gamma 自動依照設定的頁數排版與濃縮內容。若選擇逐張卡片，則為手動分割頁數。只要輸入三個 「- - -」符號，即會自動分割。小提示：若是以 ChatGPT 等語言生成模型產生的文稿，只需要求 ChatGPT 在頁碼中間新增 「- - -」 符號，匯入 Gamma 時即會自動分割。

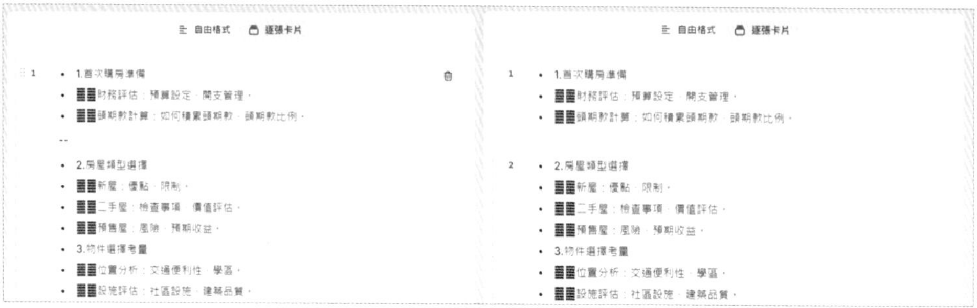

6. 點選 " 產生 " 後進入主題風格選擇頁面，選擇合適的主題後按下 " 產生 " 按鈕。

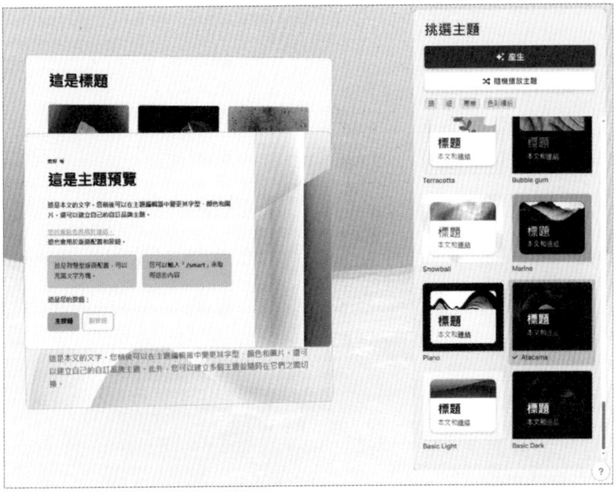


7. 來看一下成品吧，比對初稿與匯入的大綱之後觀察 Gamma 的 AI 功能的確有為我們填補了文字敘述使其看起來更順暢。並且 Gamma 有讀取文意做適當的排版。

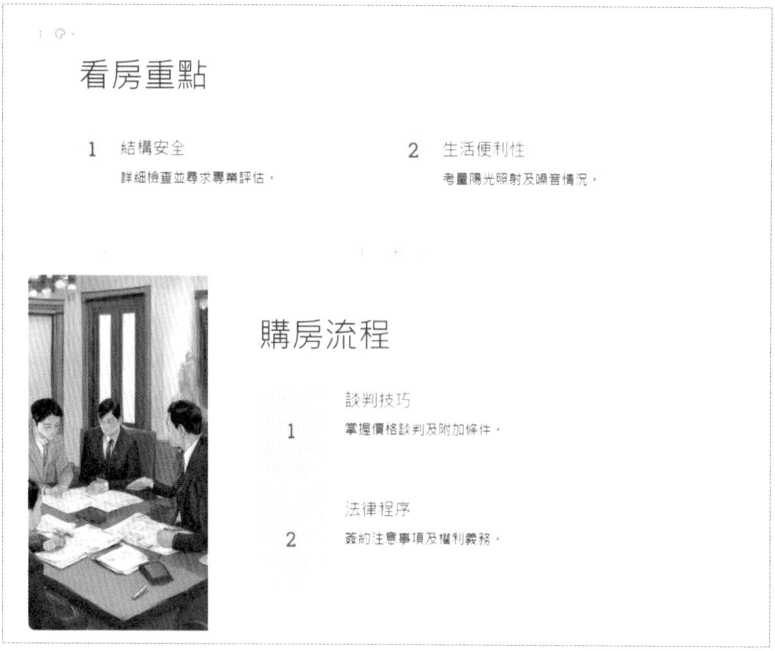


不過再仔細看發現並不是每一張投影片都有配置圖片，並且配置的圖片也不一定是我們想要的。在這個情況下，我們可以手動修改圖片。點選調色盤後，選取欲新增圖片的版面樣式。

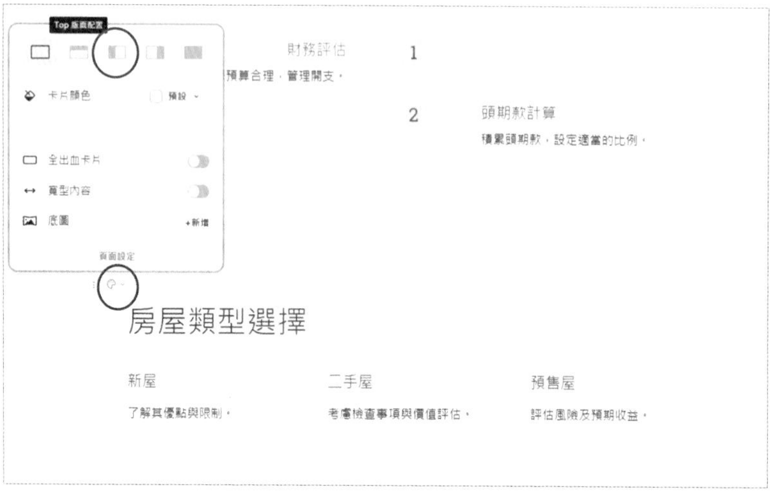

輸入提示詞，讓 AI 幫我們繪圖，不過這邊作者提醒一下，每產生一張圖都會消耗 10 點 AI 點數。按下產生後 Gamma 會提供三張圖讓我們選擇，選取最合適的風格後套入投影片。

當然，如果要從網路搜尋（不消耗 AI 點數），也是可以的。

## 應用案例

Gamma 製作的簡報：https://gamma.app/docs/ERC7007-Verifiable-AI-Generated-Content-Standard-dc3ocgyfykbuqgy?mode=doc

https://gamma.app/public/Issue-Your-Own-NFT--gjoaizjbicpsf8x

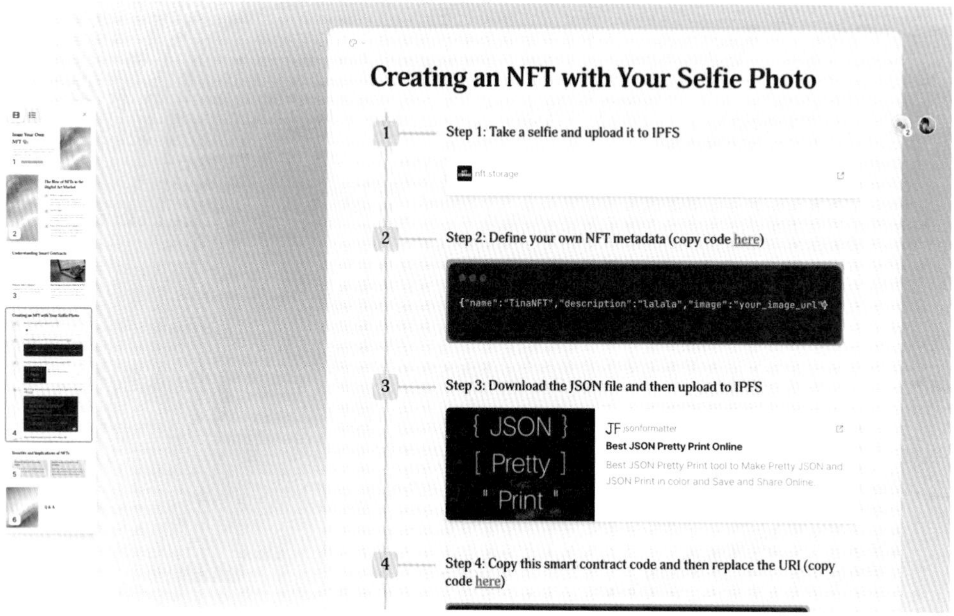

https://gamma.app/public/Rust-on-Web3-Applications-and-Security-Audit-t0hg5kp08w15ph1

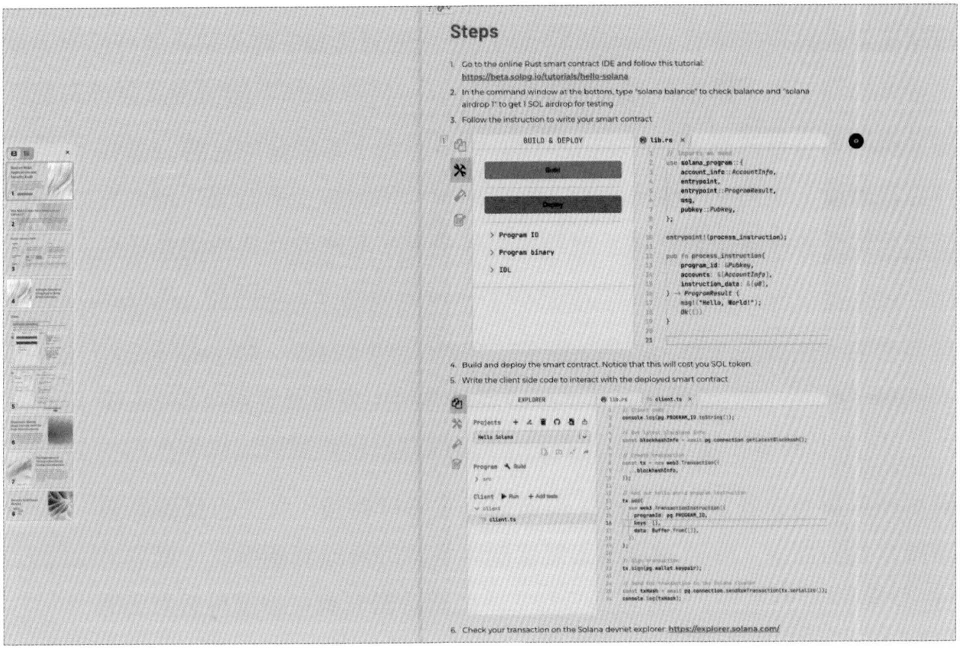


可支援大型表格，適合將筆記快速轉為簡報 https://gamma.app/docs/2023-LLM--rhl1ivaljibnptx

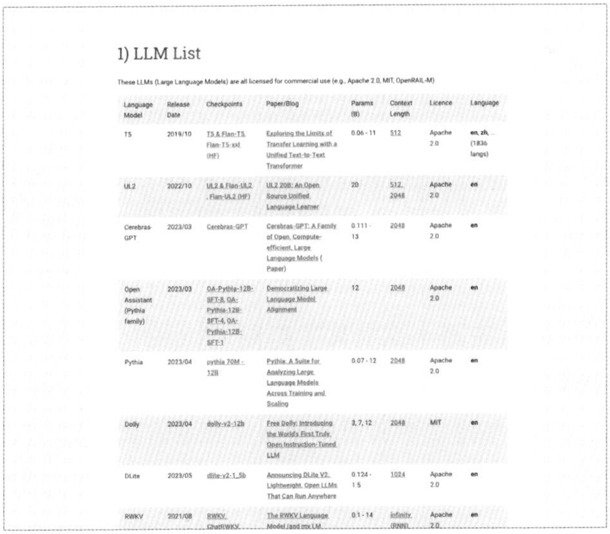

1) LLM List

These LLMs (Large Language Models) are all licensed for commercial use (e.g., Apache 2.0, MIT, OpenRAIL-M)

| Language Model | Release Date | Checkpoints | Paper/Blog | Params (B) | Context Length | Licence | Language |
|---|---|---|---|---|---|---|---|
| T5 | 2019/10 | T5 & Flan-T5, Flan-T5-xxl (HF) | Exploring the Limits of Transfer Learning with a Unified Text-to-Text Transformer | 0.06 - 11 | 512 | Apache 2.0 | en, zh, ... (1836 langs) |
| UL2 | 2022/10 | UL2 & Flan-UL2, Flan-UL2 (HF) | UL2 20B: An Open Source Unified Language Learner | 20 | 512, 2048 | Apache 2.0 | en |
| Cerebras-GPT | 2023/03 | Cerebras-GPT | Cerebras-GPT: A Family of Open, Compute-efficient, Large Language Models ( Paper) | 0.111 - 13 | 2048 | Apache 2.0 | en |
| Open Assistant (Pythia family) | 2023/03 | OA-Pythia-12B-SFT-8, OA-Pythia-12B-SFT-4, OA-Pythia-12B-SFT-1 | Democratizing Large Language Model Alignment | 12 | 2048 | Apache 2.0 | en |
| Pythia | 2023/04 | pythia 70M - 12B | Pythia: A Suite for Analyzing Large Language Models Across Training and Scaling | 0.07 - 12 | 2048 | Apache 2.0 | en |
| Dolly | 2023/04 | dolly-v2-12b | Free Dolly: Introducing the World's First Truly Open Instruction-Tuned LLM | 3, 7, 12 | 2048 | MIT | en |
| DLite | 2023/05 | dlite-v2-1_5b | Announcing DLite V2: Lightweight, Open LLMs That Can Run Anywhere | 0.124 - 1.5 | 1024 | Apache 2.0 | en |
| RWKV | 2021/08 | RWKV, ChatRWKV | The RWKV Language Model (and my LM | 0.1 - 14 | infinity (RNN) | Apache 2.0 | en |

製作網站：https://gamma.app/docs/O-OpenAI--q55e1hd41kksoy3?mode=doc

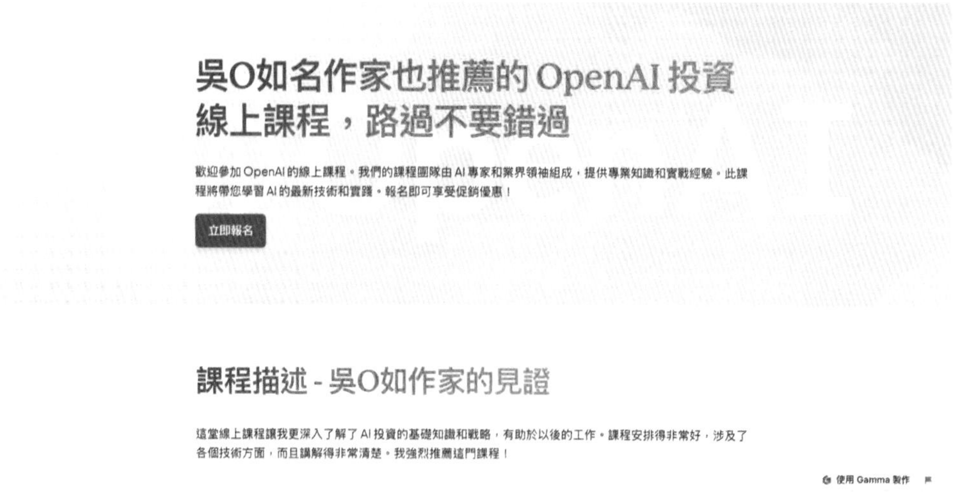

吳O如名作家也推薦的 OpenAI 投資線上課程，路過不要錯過
歡迎參加 OpenAI 的線上課程。我們的課程團隊由 AI 專家和業界領袖組成，提供專業知識和實戰經驗。此課程將帶您學習 AI 的最新技術和實踐。報名即可享受促銷優惠！
立即報名
課程描述 - 吳O如作家的見證
這堂線上課程讓我更深入了解了 AI 投資的基礎知識和戰略，有助於以後的工作。課程安排得非常好，涉及了各個技術方面，而且講解得非常清楚。我強烈推薦這門課程！
使用 Gamma 製作

## 優缺點

### 優點：

- **快速排版**：Gamma 提供自動化排版，加速簡報製作。
- **文字品質提升**：透過 AI 技術增強文字內容。
- **自動圖片匹配**：根據內容自動選擇合適圖片。
- **視覺效果**：創造圖文並茂的吸引簡報。
- **效率提高**：節省製作時間，提升工作效率。

### 缺點：

- **文字精確度**：AI 生成文字可能需校對調整。
- **AI 點數消耗**：自動產生簡報與 AI 生成圖片需消耗點數，可能限制大量生成。

- **圖片匹配精準度**：AI 生成的圖片不如 DALL・E 或 Bing Image Creator 精準。
- **靈活性需求**：使用過程需靈活調整和優化。
- **時間與資源**：可能需額外時間和資源進行調整。

**評分：★★★★☆（4 星）**

評語：Gamma 為使用者提供了一個高效且便捷的方式來創建投影片，其 AI 輔助功能能夠大幅提升簡報的製作速度和品質。雖然 Gamma 提供了豐富的模板選擇和自動化的圖片匹配功能，使得簡報更加專業和吸引人，但 AI 生成的文字和圖片精準度仍然需要使用者進行微調。此外，其服務方案的價格和 AI 點數的消耗也是考慮因素。總體來說，Gamma 是一個強大的工具，適合追求效率和品質的專業人士使用，但需要注意其限制和成本（AI 點數消耗）。

## 常見問題解答

**Q**：Gamma 是否可以匯出 PowerPoint 檔案

**A**：使用者可以將 Gamma 匯出為 PDF 或是 PPT 格式檔案。

**Q**：免費使用者如果 AI 生成點數用完了怎麼辦？

**A**：Gamma 提供分享推薦獎勵，親友透過使用者的推薦連結註冊 Gamma，雙方可各獲得 200AI 生成點數。

**Q**：Gamma 是否提供 API 服務？

**A**：Gamma 目前還沒有提供 API 或 SDK。這項功能是許多使用者強烈期待的，但目前尚無具體提供時間表。

## 資源和支援

- Gamma 官網：https://gamma.app/
- Gamma 訂閱方案：https://gamma.app/pricing
- Gamma 簡報樣板：https://gamma.app/templates
- Gamma 官方問題討論區：https://help.gamma.app/en/

# Zapier

作者：林毓鈞（JamesLin）

## 導言

隨著 AI 技術的進步，我們進入了一個數位化時代，Zapier 結合 AI 提供了創新的自動化解決方案。這不僅使日常任務自動化和簡化，還能透過分析使用者習慣，提供個性化的「Zaps」推薦，從智能郵件分類到客戶關係管理，AI 的應用讓自動化服務更加精準，影響了業務策略和決策層面。

## 功能概述

Zapier 結合 AI 的融合帶來了一系列創新功能和特點，這不僅增強了自動化的智能程度，還擴展了其應用範圍。以下是結合 AI 的 Zapier 主要功能、特點以及該工具的優勢和用途的簡要描述。

## 主要功能和特點

- **智能推薦系統**：利用 AI 分析使用者的使用習慣和偏好，智能推薦最適合的自動化「Zaps」，簡化設置過程，提高工作效率。
- **自然語言處理（NLP）**：允許使用者透過自然語言指令來創建和管理自動化工作流，大大降低了使用門檻，使非技術使用者也能輕鬆利用 Zapier。
- **數據分析和預測**：AI 能夠分析大量數據，預測業務趨勢和使用者需求，幫助企業做出更加精準的決策和自動化策略調整。
- **增強的錯誤處理和優化**：透過學習使用者的反饋和行為，AI 可以不斷優化自動化流程，及時調整和修正可能出現的錯誤或不足。

## 優勢和用途

- **提高工作效率**：通過自動化日常任務，使用者可以將時間和精力集中在更加重要和創造性的工作上，從而提高整體工作效率。
- **個性化自動化體驗**：AI 的智能推薦使得每個使用者都能獲得最適合自己需求的自動化解決方案，實現個性化的自動化體驗。
- **降低技術門檻**：NLP 的應用使得創建和管理自動化工作流程變得更加直觀和簡單，無需深厚的技術知識。
- **支持數據驅動決策**：AI 的數據分析和預測功能為企業提供了有力的支持，幫助其基於數據驅動做出更加精準的業務決策。
- **適用於多種業務場景**：從市場營銷、客戶關係管理，到人力資源和專案管理，Zapier 的自動化解決方案可廣泛應用於多種業務場景中，幫助企業和個人實現效率的質的飛躍。

總之，Zapier 結合 AI 的創新應用不僅為使用者提供了一種更加智能、高效和個性化的自動化工具，也為企業帶來了轉型和創新的機會，使其能夠在快節奏的現代商業環境中保持競爭力。

## 使用步驟

下面我們將介紹如何使用 Zapier 搭配 ChatGPT-4 來實作通過 ChatGPT-4 寄送 Gmail 信件的功能。

1. 打開 GPT4 進到下面畫面

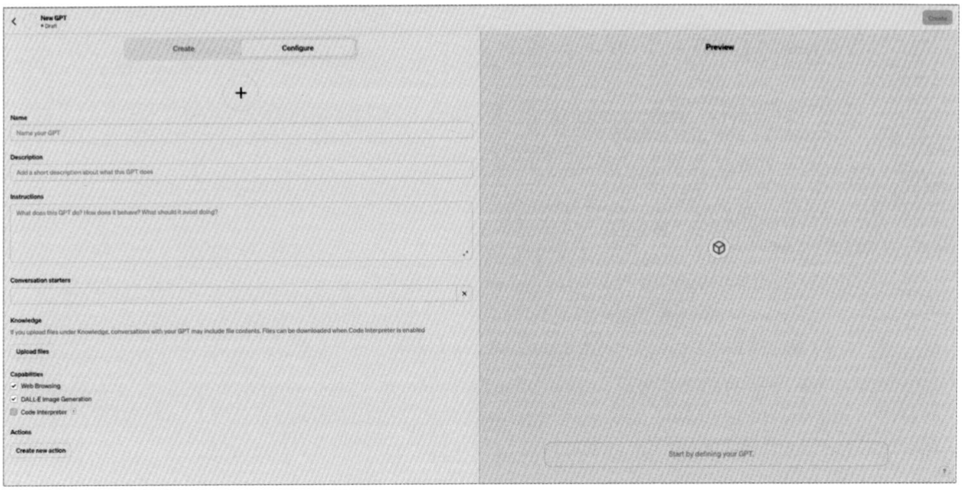


2. 接著往下找到 Actions，並點開 Create new action 的按鈕，進到設定 Action 的地方。

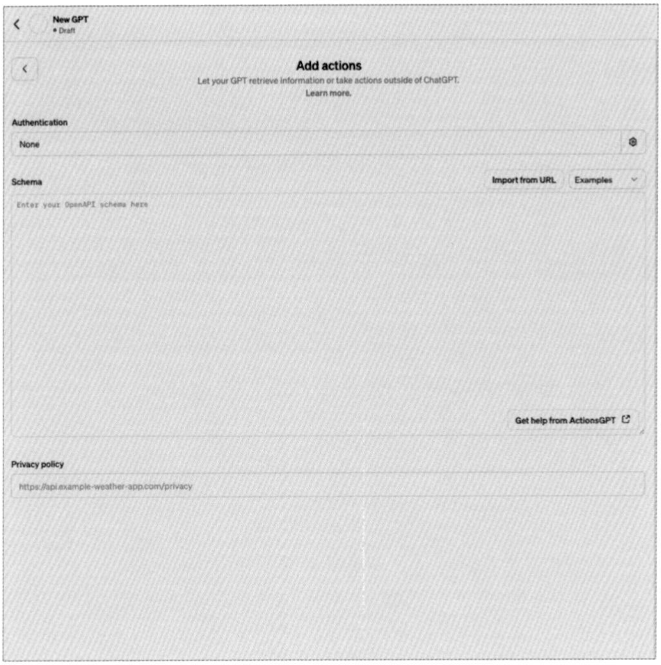

3. 接著點開 Import from URL 並貼上至這個連結 https://actions.zapier.com/gpt/api/v1/dynamic/openapi.json?tools=meta，再按下 Import 後點返回回到剛剛的 GPT 設定畫面

4. 接著我們再到 Instructions 的地方貼上下面這段 Prompts

```
###Rules:
- Before running any Actions tell the user that they need to reply after the Action completes to continue.
- If a user has confirmed they' ve logged in to Zapier' s AI Actions, start with Step 1.
###Instructions for Zapier Custom Action:
Step 1. Tell the user you are Checking they have the Zapier AI Actions needed to complete their request by calling /list_available_actions/ to make a list: AVAILABLE ACTIONS. Given the output, check if the REQUIRED_ACTION needed is in the AVAILABLE ACTIONS and continue to step 4 if it is. If not, continue to step 2.
Step 2. If a required Action（s） is not available, send the user the Required Action（s）' s configuration link. Tell them to let you know when they' ve enabled the Zapier AI Action.
Step 3. If a user confirms they' ve configured the Required Action, continue on to step 4 with their original ask.
Step 4. Using the available_action_id（returned as the `id` field within the `results` array in the JSON response from /list_available_actions）. Fill in the strings needed for the run_action operation. Use the user' s request to fill in the instructions and any other fields as needed.
REQUIRED_ACTIONS:
```

5. 再來我們打開這個連結 https://actions.zapier.com/providers/，進到 Zapier AI Actions 的頁面，如果你沒有登入的話請記得登入。

6. 這時我們會看到這個畫面，並點選 OpenAI GPT 的這個 Manage Actions 的按鈕，請注意不是選擇 GPT 的版本。

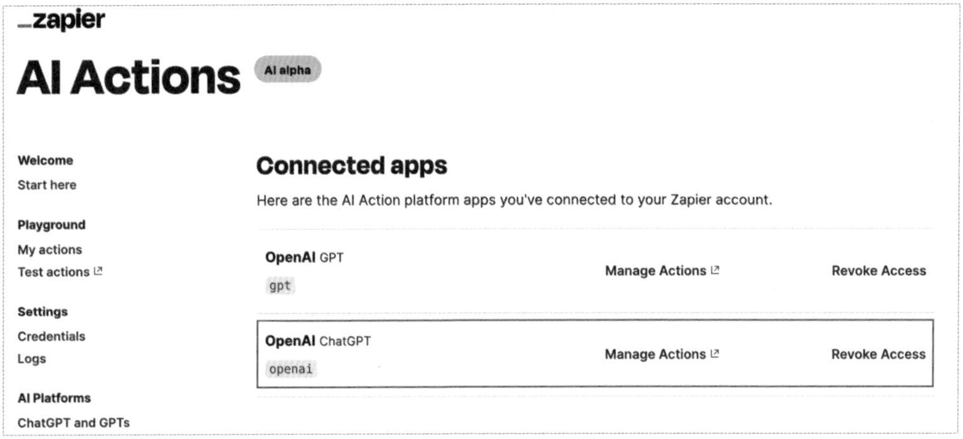


7. 這時我們會看到這樣的畫面，點選 Add a new action 的按鈕。

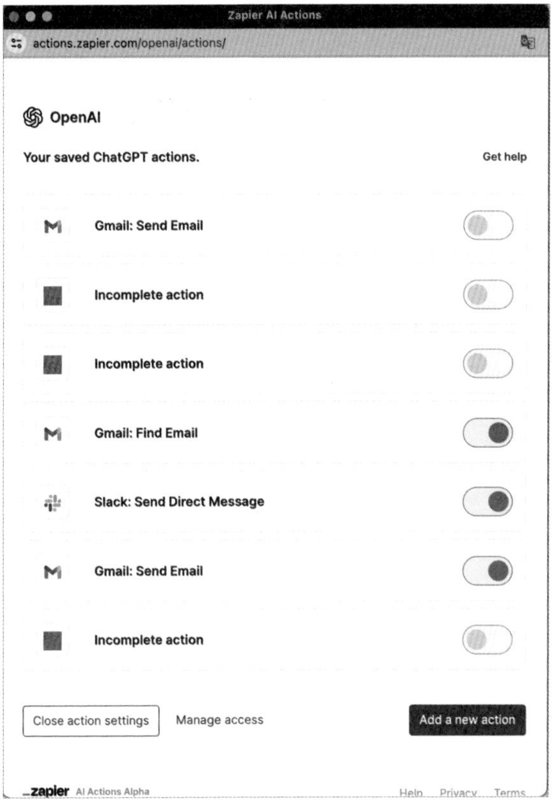

8. 看到這個畫面後，然後在 Action 的地方輸入 Gmail。

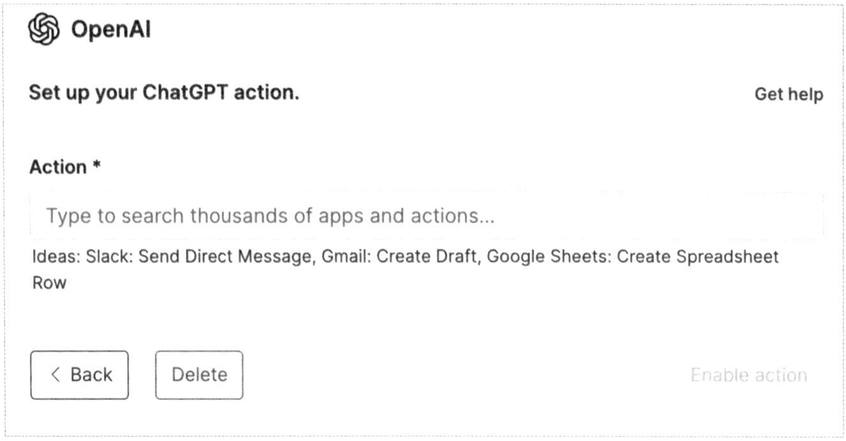


9. 找到並點選 Gmail Send:Email 的選項後會看到下面的畫面。

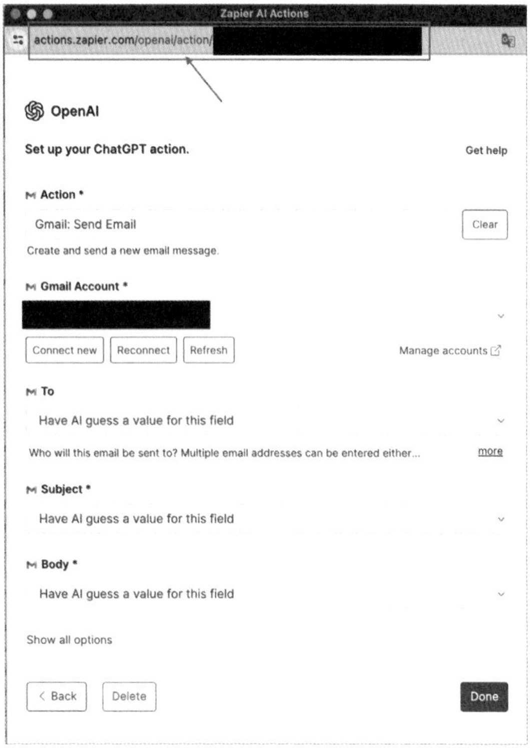

10. 這時我們需要注意寄信的 Gmail 帳號是否是我們要寄信的帳號以及上圖中最上方紅色區塊的連結，我們先把連結複製下來，如果你有特別需要做的標題等內容也可以在這做設定。

11. 當設定都完成後我們按下 Done 會回到剛剛的列表頁面，同時也會看到剛剛設定的 Gmail 寄信功能也出現了。

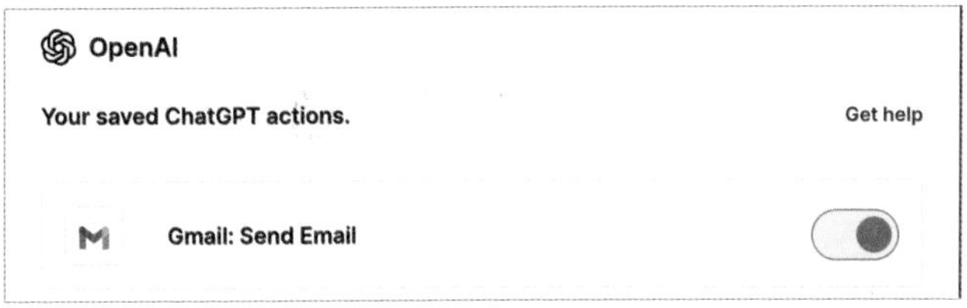


12. 接著我們回到 GPT 把下面這段 Prompt 貼到剛剛的 Prompt 的 REQUIRED_ACTIONS: 下面，並把剛剛複製的連結替換掉 {Zapier Action Link} 。

```
REQUIRED_ACTIONS:
- Action: Google Send Email
  Configuration Link: {Zapier Action Link}
```

13. 這時我們只需要把 GPT 的其他設定補上後我們的 GPT 就基本完成啦。

14. 在建立完後，這時我們就可以點開我們的 GPT 並進行測試，我們可以用下面的聊天進行測試。

```
幫我寄一封信給 xxx
標題是 test
內容是 test
```

15. 接著會看到 ChatGPT 需要我們做一些授權確認的動作，我們只需要回覆 confirm 或是按下確認的按鈕即可。

16. 然後我們會看到一段 ChatGPT 需要我們點開連結確認信件內容並寄送的提示，點開後會看到下面的畫面，確認無誤後我們就按 RUN 就好了。

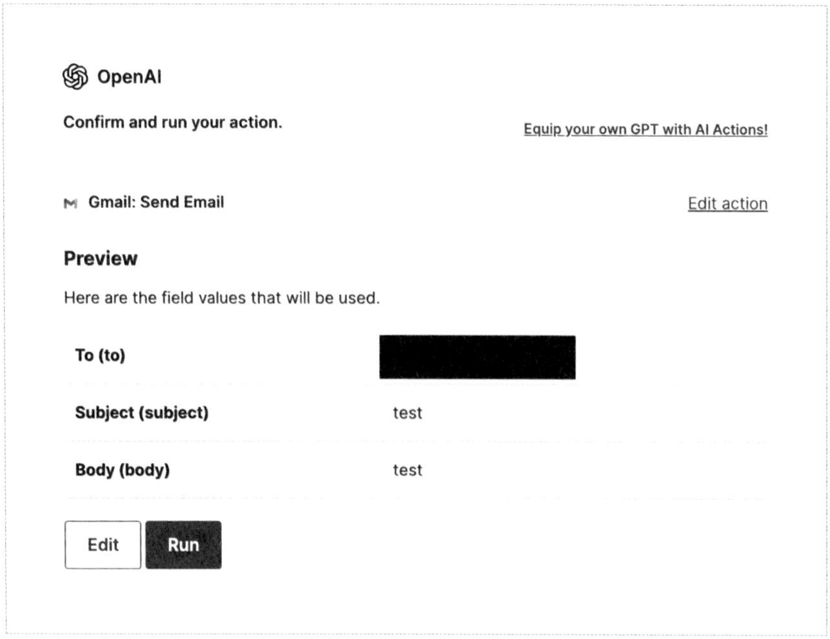


17. 最後就是到我們接收信箱的 Email 去確認有沒有收到信件啦，如果有收到那我們就成功的完成了這個小功能，如果沒收到的話會需要去確認是否有哪裡沒有成功授權。

請注意如果你有裝一些阻擋廣告的 Extentions 的話請務必關閉，這些 Extentions 會影響到 Zapier 授權的部分，可能會導致中間的步驟失敗。

實作參考連結：https://actions.zapier.com/docs/platform/gpt

## 應用案例

以下案例將介紹 Zapier 搭配 AI 如何有效提升效率和創新，從客服自動化到個自動化工作流程和提醒的應用。

- **客戶服務自動化**：電商平台利用自動化技術快速回應客戶查詢。當客戶提交問題時，系統自動生成回答並通過電子郵件或聊天機器人即時回覆，這不僅提升了客戶滿意度，也有效減少了客服團隊的壓力。

- **內容創作和管理**：內容創作者通過自動化工具根據預設主題快速生成文章和社交媒體帖子的初稿。這使得內容團隊能夠專注於內容的優化和創意發想，顯著提高了生產效率和內容品質。
- **數據分析報告**：數據分析師將新的數據集上傳後，系統自動執行初步分析，生成包含關鍵見解和建議的報告。這一過程不僅加快了分析報告的生成，也使分析師能夠迅速把握數據趨勢，提前做出策略調整。
- **自動化工作流程和提醒**：當日曆上出現新的工作任務時，系統會自動發送提醒郵件。這幫助使用者更好地管理日程，確保重要任務不被遺忘，從而提升了工作效率。

這些案例顯示了在不同場景下，如何利用自動化技術和智能解決方案來解決實際問題或提高工作與學習效率，從而在各個領域內實現創新和效率的提升。

## 優缺點

Zapier 結合 AI 或是 ChatGPT-4 的優缺點可以從多個角度來探討，包括自動化程度、效率提升、成本效益、技術門檻等。以下是結合這些技術的主要優點和缺點：

### 優點

- **提高工作效率**：自動化重複性高的任務，節省時間，讓使用者能夠專注於更有價值的工作。
- **增強決策支持**：利用 AI 或 ChatGPT-4 提供的數據分析和預測能力，幫助企業做出更精準的業務決策。
- **提升使用者體驗**：透過自動化和智能回應系統，提供即時且個性化的客戶服務，增強客戶滿意度。
- **降低成本**：自動化工作流程可以減少人力資源成本，對於規模不大的企業或創業公司特別有利。

- **靈活性和可擴展性**：根據業務需求快速調整和擴展自動化流程，適應業務成長和變化。

## 缺點

- **技術門檻**

  案例：一家中小型企業試圖使用 Zapier 結合 ChatGPT-4 自動化其客戶服務流程。雖然初衷是好的，但他們發現需要定製化的腳本和 API 調用來滿足特定需求，這超出了他們的技術能力範圍，最終不得不額外聘請開發人員來完成設置。

- **依賴第三方平台**

  案例：一個在線零售商利用 Zapier 和 AI 進行庫存管理和客戶通知。某天，由於 Zapier 服務暫時中斷，導致庫存更新延遲，客戶訂單處理出現混亂，影響了客戶滿意度和信任。

- **隱私和安全性問題**

  案例：一家諮詢公司使用 Zapier 結合 ChatGPT-4 自動生成報告並與客戶共享。後來發現敏感數據在未加密的情況下通過 Zapier 傳輸，存在被第三方截取的風險，這違反了數據保護法規，對公司聲譽造成了損害。

- **成本考量**

  案例：一個創業團隊計劃使用 Zapier 結合 AI 來自動化他們的銷售管道。在實施過程中，他們意識到需要訂閱更高級的計劃才能獲得必要的 API 調用次數和功能，這使得預算壓力大增，尤其是對於一個資金有限的創業公司來說。

- **過度依賴自動化**

  案例：一家市場營銷公司使用 Zapier 結合 ChatGPT-4 自動回覆社交媒體詢問。一次自動回覆系統未能正確識別一個重要客戶的具體需求，發送了一個不相關的標準回覆，導致失去了一個大單。

總的來説，Zapier 結合 AI 或 ChatGPT-4 的應用能夠顯著提升工作效率和品質，但在實施時也需要考慮技術、成本和安全性等因素。正確的策略是找到人工智能輔助和人類監督之間的平衡點，以發揮自動化的最大優勢，同時規避潛在的風險。

**評分：★★★★☆（4 星）**

Zapier 不僅作為一個系統整合工具平台，他還同時支援了串接 ChatGPT-4 這樣的 AI 工具以方便使用者可以在自己的 ChatGPT 去自訂義所需要的服務，進一步拓展了 ChatGPT 的應用場景，這樣的整合大大降低了使用者需要再多工具間來回操作的可能，進而降低了人工操作的同時也提高了生產力。

## 常見問題解答

使用 Zapier 結合 AI，包括 ChatGPT-4 這樣的先進工具，雖然能大幅提升工作效率和自動化程度，但在實踐中也可能遇到一些常見問題。理解這些問題並採取適當的解決策略，可以幫助使用者更好地利用這些工具。以下是一些常見問題以及相應的解決方案或建議：

### 常見問題及解決方案

- **技術門檻與學習曲線**

  ＊問題：Zapier 的高級功能和 AI 的集成可能需要一定的技術知識，對於非技術背景的使用者來說可能難以上手。

  ＊解決方案：Zapier 本身就有豐富的學習資源和社區支持，提供詳細的使用文檔、教程和案例研究，幫助使用者逐步學習如何設置和使用這些工具。

- **數據隱私和安全性**

  ＊問題：處理敏感數據時，需要確保遵守相關的隱私法規，防止數據泄露。

* 解決方案：在設置 Zapier 自動化任務時，使用加密的數據傳輸和存儲方法。另外，定期審查和更新數據處理流程，以符合最新的數據保護標準。

- **依賴第三方服務**

  * 問題：Zapier 和 AI 服務的穩定性和可用性受到第三方平台的影響。

  * 解決方案：建立應急計劃，比如設置自動化任務的監控和錯誤通知，一旦發現問題可以迅速處理。同時，考慮使用多個服務提供冗餘，以提高整體系統的穩定性。

- **成本管理**

  * 問題：使用 Zapier 的高級功能和 AI 服務可能會帶來額外的成本。

  * 解決方案：仔細評估不同計劃的成本效益，選擇最符合自己需求的方案。利用 Zapier 提供的免費試用期和靈活的計價模式來控制成本。

- **過度自動化導致的問題**

  * 問題：過度依賴自動化可能忽視人工審查的重要性，導致錯誤累積或缺乏個性化。

  * 解決方案：設定合理的自動化範圍，保留必要的人工審查步驟。定期評估自動化流程的效果，並根據反饋進行調整。

## 使用者指南

- **開始之前**：明確自動化的目標和需求，選擇合適的工具和服務。
- **逐步學習**：從簡單的自動化任務開始，逐步過渡到更複雜的集成。
- **安全第一**：嚴格遵守數據保護法規，確保所有自動化處理的數據都是安全的。
- **持續監控**：定期檢查自動化流程的運行狀態，及時發現並解決問題。
- **反饋與調整**：根據實際運行效果和使用者反饋，不斷調整和優化自動化策略。

通過遵循這些策略和建議，使用者可以更好地理解和使用 Zapier 結合 AI 的工具，充分發揮其優勢，同時規避潛在的問題和挑戰。

## 資源和支援

- Zapier 官方網站：https://zapier.com/apps
- 官方課程教學：https://learn.zapier.com/page/courses
- 官方結合 ChatGPT 課程教學：https://learn.zapier.com/increase-productivity-using-ai
- 官方社群：https://community.zapier.com/

# SeaMeet

作者：林毓鈞（JamesLin）

## 導言

SeaMeet 是一款專為忙碌團隊設計的 AI 會議助手，它利用先進的語音識別和自然語言處理技術，旨在簡化會議管理過程。通過自動生成會議摘要、識別待辦事項，以及整理會議資訊，SeaMeet 大幅降低了會後文檔整理的工作量，讓團隊成員能夠更專注於討論本身，從而提高會議效率。

特別針對台灣市場開發的 SeaMeet，對台灣口音進行了特別優化，展現了其對本地使用者需求的深刻理解。這不僅讓 SeaMeet 在台灣使用者中受到歡迎，也強化了團隊間的溝通和協作。對於那些追求高效會議管理和團隊協作的組織來說，SeaMeet 提供了一個創新且有效的解決方案。

## 功能概述

SeaMeet 的主要功能包括自動生成會議摘要、識別和列出待辦事項，以及整理會議的標題、時間、地點和參與人員等關鍵資訊。它允許團隊成員在一個共享的工作區上協作，包括新增議程、插入圖片、輸出到 Google Docs，並支持將筆記保存為模板以便未來使用。特別針對台灣口音進行的語音識別技術優化，使其在處理本地語言方面尤為出色。

這款 AI 工具的優勢在於其能夠大幅提升會議效率和文檔管理的自動化程度，減少手動記錄和整理會議資訊的時間。SeaMeet 的使用使團隊能夠更加專注於討論和創意思考，而非繁瑣的後勤工作，從而加強團隊間的溝通和協作，提高整體工作效率。

## 使用步驟

SeaMeet 提供了便利的操作方式以方便使用者使用，使用者只需要先到官網去下載他們的瀏覽器的擴充程式後就可以方便使用了。

基本操作方法會是在使用 Google Meet 的時候，使用者只需要點擊開始會議轉錄的按鈕後後，會議主持人要允許 SeaMeet 的 Bot 進到會議室即可。

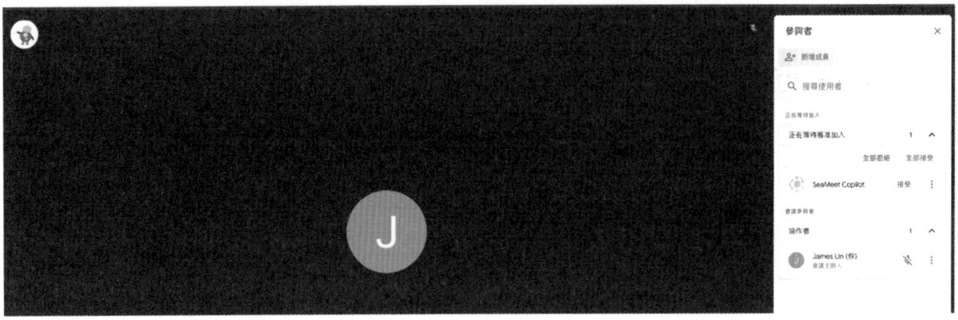


在會議結束錄製後，小工具會顯示可以檢視會議紀錄，點開就會直接到剛剛的會議記錄的畫面了。

SeaMeet 也可以在設定區塊把會議紀錄生成一個 Google Docs 並分享到指定的 GoogleDrive 位子。

SEASALT.AI

[redacted]

Open in SeaMeet

Time: [redacted]

Duration: [redacted]

**Participants:** [redacted]

Meeting Summary

- SeaMeet: [redacted]和[redacted]討論了SeaMeet的技術和商業相關話題。
- 會議紀錄: 他們討論瞭如何使用現成的資料以及會議紀錄的相關問題。[redacted]提到她會截取前5段，然後讓大家自己進去看。
- [redacted]: 討論了GPT-3的應用和排行榜的問題。討論中提到了GPT的fine tune以及使用的一些細節。
- 公司名稱: 討論了公司名稱的相關話題。
- 影片製作: 討論了影片製作的相關話題。
- 網頁架設器: [redacted]和[redacted]討論了一個網頁架設器，可以生成網站並自由編輯，還可以加入人聲和樂器。[redacted]也參與了討論，提到了一個叫做zapier的工具。整個對話充滿了關於網頁設計和音樂創作的討論。
- 音樂製作: [redacted]和[redacted]討論了歌曲的歌詞和音樂製作的技術，包括索引速度和不同框架的比較。[redacted]也參與了討論，提到了模型轉換和資源限制的問題。
- 程式設計工具: 他們討論了一些程式設計的工具和技術，並提到了招聘相關的話題。
- 圖文補充: [redacted]提到最後一個人的圖文可能偏少，[redacted]表示會再補充圖文，並提到操作方法。

Topics

## 應用案例

在快節奏的專案管理過程中，領導者和團隊成員經常需要進行頻繁的會議來追蹤進度和解決突發問題。使用 SeaMeet，會議成為了一個更加高效的溝通平台。當團隊在討論專案細節時，SeaMeet 自動記錄會議內容，生成摘要和待辦事項，確保每個成員都清楚下一步的行動點。這樣，團隊成員不再需要花費額外的時間整理會議記錄，從而能夠更快地轉向實際工作，加速專案進度。

在跨部門協作時，溝通往往會因為資訊傳遞不暢而變得複雜。SeaMeet 透過其共享筆記功能，使得不同部門的成員能夠即時查看會議紀錄和決策點，即使他們未能參加會議。此外，透過對台灣口音的優化，即便是方言交流也能被準確識別和記錄，大大減少了溝通誤差。這種即時的資訊共享和準確記錄讓跨部門協作更加順暢，提高了整體組織的運作效率。

## 優缺點

### 優點

- **提高會議效率**：SeaMeet 透過自動記錄會議內容和生成摘要，減少了人工記錄的需求，讓參會者能夠更專注於會議討論。這樣不僅提高了會議的生產力，也確保了會後有清晰的行動指南和記錄。
- **強化跨部門溝通**：透過共享筆記功能，即便是未能參加會議的團隊成員也能即時獲取會議的重點和決策，這樣的透明度和即時性大大強化了不同部門之間的溝通和協作。
- **本地化語音識別**：對台灣口音進行的特別優化，使得 SeaMeet 在處理本地語言和方言方面表現出色，這對於提高語音識別的準確性和使用者體驗至關重要。

### 缺點

- **依賴於高品質的錄音環境**：若會議進行中背景噪音過大或錄音設備品質不佳，可能會影響 SeaMeet 的語音識別準確性。這要求使用者在使用前需要確保錄音環境的品質，以獲得最佳效果。

- **學習曲線**：對於不熟悉 AI 工具的使用者來說，初次使用 SeaMeet 可能需要一段時間來熟悉其所有功能和最佳使用方法。雖然長期來看這是值得的投資，但初期可能會感到有些困難。
- **對隱私的潛在擔憂**：自動記錄和共享會議內容可能引起對隱私保護的擔憂。使用者需要對 SeaMeet 的隱私保護措施和數據處理政策有充分的了解，以確保資訊的安全。

## 費用

目前 SeaMeet 一共提供了三種不同的收費方式，分別為免費版、每月 10 美元的個人版以及每月 20 美元的團隊版三個方案。

**評分：★★★★☆（4 星）**

SeaMeet 利用先進的 AI 技術為使用者提供了一個全方位的會議助手，大大減輕人們的工作負擔，使團隊成員能夠更專注於會議的討論本身，而不是會後的文檔整理工作。

## 常見問題解答

**Q**：如何確保會議記錄的準確性？

**A**：確保會議進行在相對安靜的環境中，並使用高品質的錄音設備。此外，會前告知參會者 SeaMeet 將被用於記錄，鼓勵清晰且有條理的表達，有助於提高識別準確率。

**Q**：如何處理隱私和數據安全的擔憂？

**A**：詳細閱讀並理解 SeaMeet 的隱私政策和數據處理條款。必要時，與服務提供商討論加強數據保護的措施，例如使用加密技術和限制數據訪問權限。

**Q**：語音識別在方言或特定口音下的準確性問題？

**A**：盡管 SeaMeet 對台灣口音有特別優化，但對於特定方言或重口音，其準確度可能仍受影響。建議提供清晰的發音訓練或使用文字補充說明來確保資訊準確無誤。

**Q**：資料安全和隱私保護問題？

**A**：除了之前提到的隱私擔憂外，對於處理敏感資訊的會議，需要確保 SeaMeet 提供足夠的數據加密和安全措施。在處理特別敏感的資訊時，考慮額外的保護措施，如限制存取權限或在非常敏感的討論中避免使用自動記錄功能。

## 資源和支援

- 官方網站：https://meet.seasalt.ai/
- Blog：https://seasalt.ai/blog/
- Discord：https://discord.com/invite/VgAWg3c7rU

# 7007 Studio

作者：李婷婷

## 導言

現在 AI 模型的商業模式很有限，開發模型的公司需要把模型閉源才能有商業價值，沒有一個開源模型也能順利運行的分潤模式，而加入區塊鏈技術剛好可以來解決這個問題，有一種新技術叫 OpML 可以輕易驗證輸入（prompt）跟輸出（圖片，影片或音樂），有了這層驗證再加上產生的 AI 作品備註造成數位資產（NFT）上鏈，就能實現將 AI 模型的收益公平分潤給模型創作者，所有 NFT 的交易收入都能分潤給中間所有的參與人，目前這也是一個叫 ERC7007 的標準代幣協議，婷婷自己也是這個協議的共同發明作者。

## 功能概述

用戶產生完 AI 內容後，可以將 AI 內容鑄造成 NFT，其他想參與 AI 模型長期發展的人也可以去購買 AI model 代幣，會依照代幣持有比例決定 NFT 的交易收益分潤，模型作者在一開始發布模型時候可以決定分潤比例，提供資料來給 AI 模型訓練的人也可以分到一部分收益，而智能合約在背後的角色是可以回傳 AI 模型輸出的驗證結果，確保 AI 輸出的內容沒有經過竄改，並來自特定模型，與在特定的時間生成，用戶可以證明自己是第一個生成這個 AI 內容的人，當用戶想基於某個 AI 作品進行二創時，也能直接在此網站上操作，並將收益部分分潤給原始創作者。

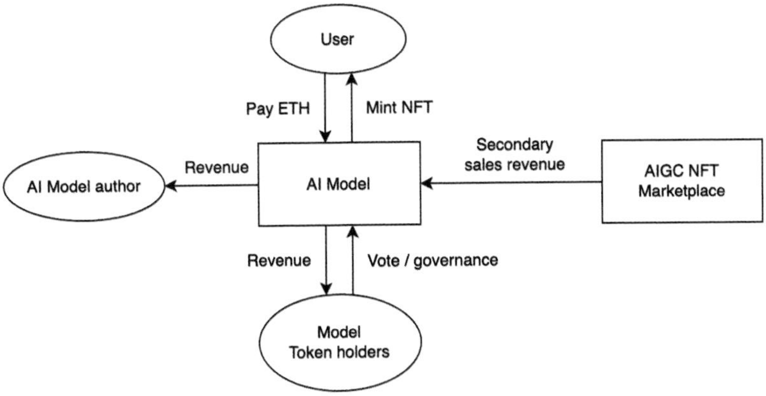
User
Pay ETH
Mint NFT
Revenue
AI Model author
AI Model
Secondary
sales revenue
AIGC NFT
Marketplace
Revenue
Vote / governance
Model
Token holders

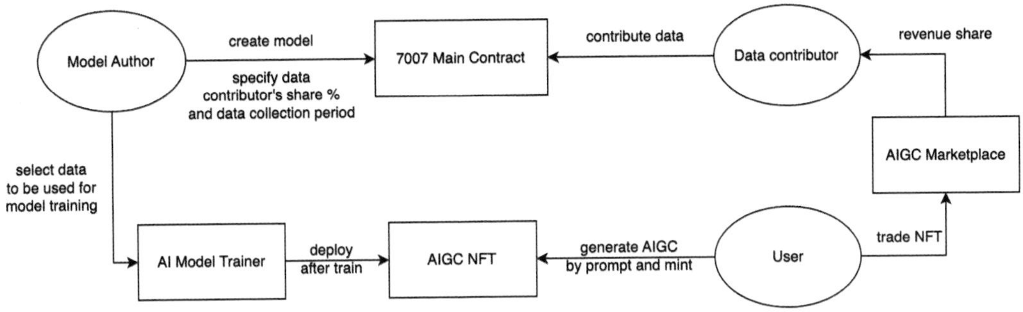
Model Author
create model
specify data
contributor's share %
and data collection period
7007 Main Contract
contribute data
Data contributor
revenue share
AIGC Marketplace
select data
to be used for
model training
AI Model Trainer
deploy
after train
AIGC NFT
generate AIGC
by prompt and mint
User
trade NFT

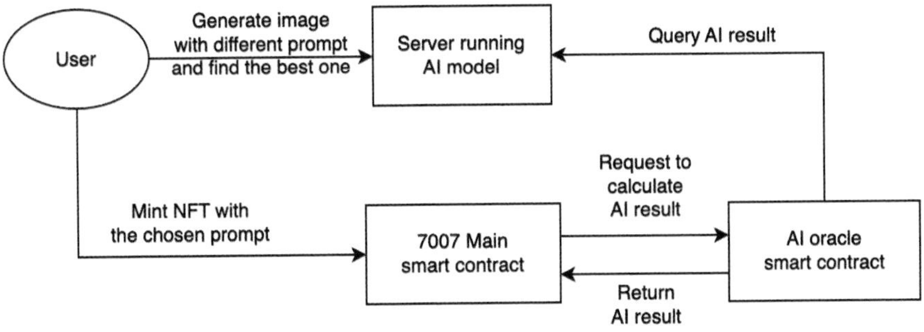
User
Generate image
with different prompt
and find the best one
Server running
AI model
Query AI result
Request to
calculate
AI result
Mint NFT with
the chosen prompt
7007 Main
smart contract
AI oracle
smart contract
Return
AI result

## 使用步驟

1. 先切換到測試網 Sepolia，再到這個網頁按生成（generate）

   https://alpha.7007.studio/?tab=model

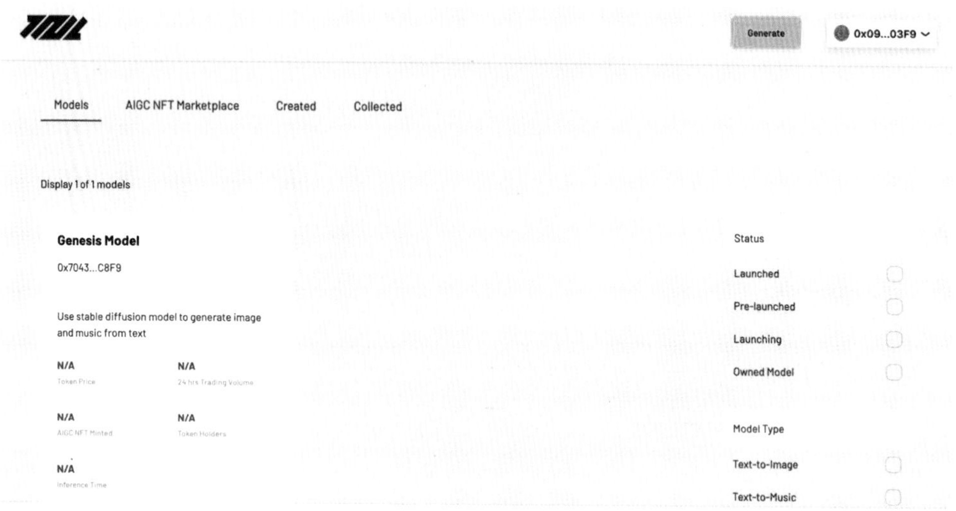


2. 輸入文字 prompt 來免費生成圖片（目前底下的模型是 stable diffusion）

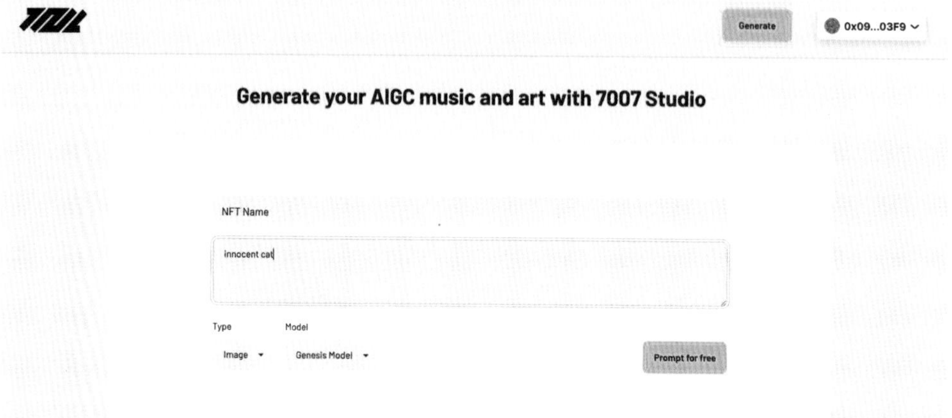

3. 可以將生成的圖片鑄造成 NFT，鑄造成功後將會自動上架到 NFT Marketplace

4. 在 Created 頁面（https://alpha.7007.studio/?tab=created ）點選 List 並輸入價格可以將剛剛鑄造的 NFT 上架

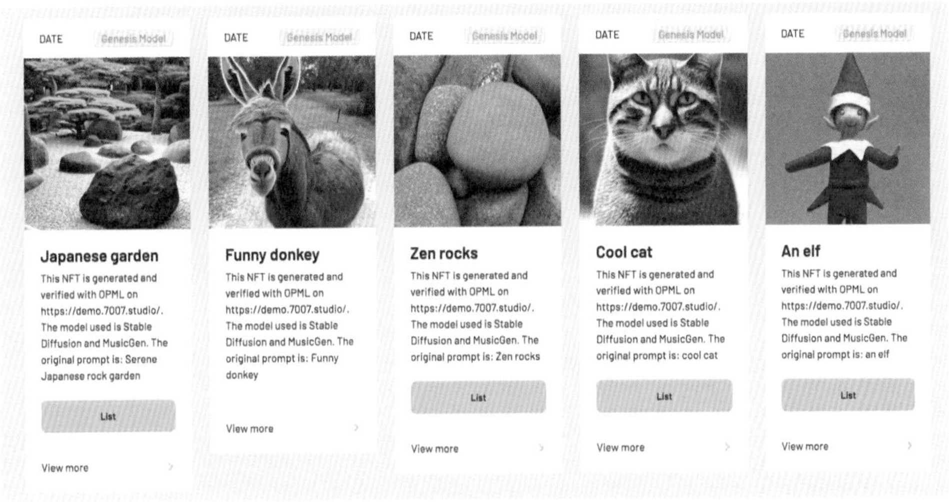

5. 在 marketplace 頁面點選 buy 可以購買別人的 AI NFT，若想二創，則須先購買最右邊 NFT License，才能獲得二創權限

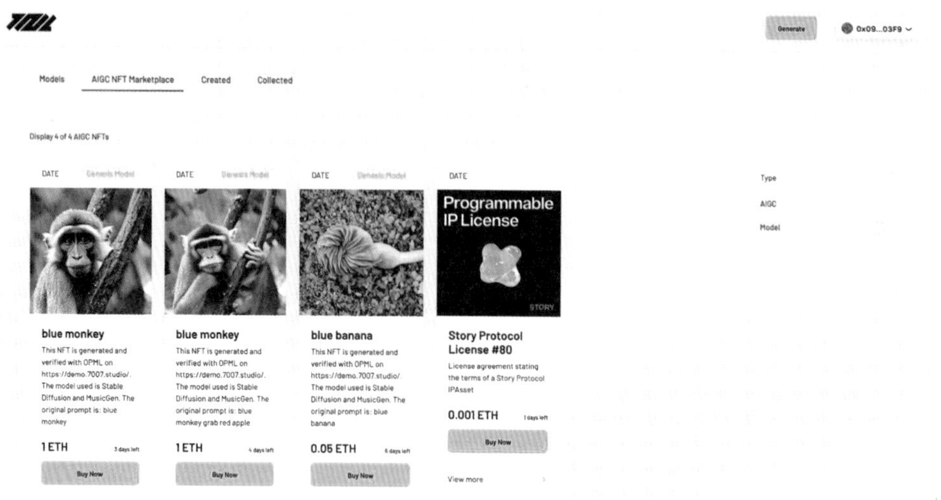


## 應用案例

費用：目前僅需要測試網上的交易手續費，測試幣可以免費領取（https://www.infura.io/faucet/sepolia https://sepoliafaucet.com/ ）

**評分：★★★★★（5 星）**

少數 AI 跟區塊鏈整合能讓彼此加成變得更好的應用，早期使用者可能可以得到代幣空投（airdrop）

## 資源和支援

- 官網：https://7007.studio
- 產品試用頁：https://alpha.7007.studio

# MyJotBot

作者：林毓鈞（JamesLin）

## 導言

MyJotBot 是一款專為提升寫作效率和創造力而設計的革命性 AI 助手。它結合了先進的人工智能技術，為作家、學生、團隊和研究者提供一個獨特的解決方案，使他們能夠更快速、更有效地處理和創造內容。該工具具備模仿使用者個人寫作風格的能力，並整合了即時筆記功能、資源管理以及先進的編輯工具，從而徹底改變了寫作和研究的方式。

MyJotBot 的一大特色是其 AI 驅動的 YouTube 影片和文件摘要功能，使使用者可以輕鬆獲得來自各種語言的精簡、AI 生成的筆記。擁有超過 450,000 名使用者的 MyJotBot 不僅提高了寫作速度和研究效率，還激發了使用者的創造力，成為追求效率和創新人士不可或缺的資源。

## 功能概述

MyJotBot 的獨特之處在於其 AI 驅動的 YouTube 影片和文件摘要功能，這一功能使得使用者能夠從任何語言的影片或文檔中快速獲得精簡、高效的筆記。這不僅大幅提升了從影片內容學習和研究的效率，也為整理和消化大量資訊提供了一種創新方式。此功能特別適合需要從大量視頻資料中提取關鍵資訊的學生和研究人員，為他們節省了寶貴的時間，並大大提高了工作和學習的品質。

透過整合這一功能，MyJotBot 強化了自身作為一個全面寫作和研究工具的地位，顯著提高使用者處理和應用資訊的能力。無論是準備學術論文、進行市場研究還是收集背景資料，MyJotBot 的 YouTube 影片和文件摘要功能都能提供巨大的幫助，使它成為追求效率和深度學習使用者的理想選擇。

## 使用步驟

下面將簡單介紹一下如何使用 MyJotBot 來產出 YouTube 影片逐字稿跟影片摘要。

1. 先打開 MyJotBot 並登入。

2. 點選左上角的 New Document 的 Video Note，這時可以看到畫面右車誣陷了一個區塊可以輸入一些內容。

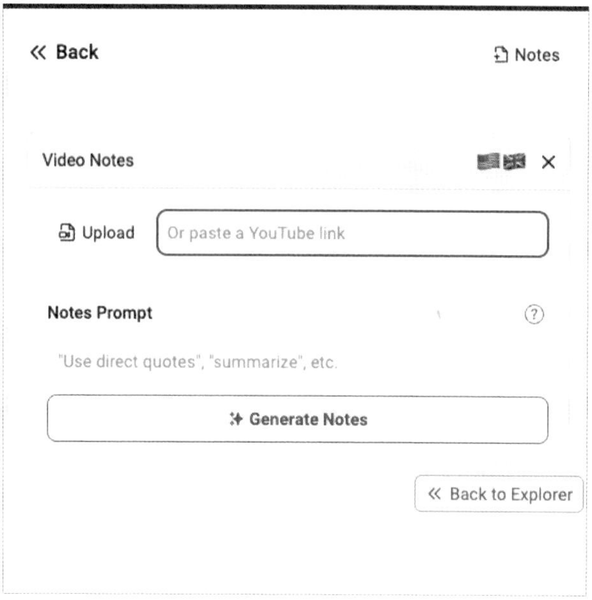


3. Video Note 右側的國旗點開可以選擇輸出的語言，可惜的是目前中文只能輸出簡體中文，有希望可以翻譯成繁體中文的人可以用一些翻譯的瀏覽器 Extension 、或是複製輸出結果到 ChatGPT 去結果轉為繁體中文。

4. 在下方的輸入框我們可以放上 YouTube 連結或是點選右邊的 Upload 上傳指定格式的影音檔案。

5. Note Promopt 可以去針對我們的結果做一些格式上的調整，最後只需要按下 Genertate Notes 等待輸出就可以了。

## 應用案例

- 在準備的商業演講時，可能需要從多個來源收集數據和案例以支持演講內容。通過使用 MyJotBot 的資源管理工具，可以輕鬆整理和訪問這些資訊，同時 AI 助手能夠提供精簡的摘要，幫助快速掌握每個資源的核心要點。這樣不僅提高了準備工作的效率，也確保了演講中能夠流暢地引用這些資料。
- 對於那些追求持續學習的專業人士來說，MyJotBot 的多語言視頻和文件摘要功能意味著可以無縫接入來自全球的學習資源。無論是學習一門新技術還是跟進行業趨勢，AI 生成的摘要讓跨語言障礙的學習變得輕鬆，進而拓寬了知識視野，增強了在職場上的競爭力。
- 在創意寫作過程中，靈感的迸發往往伴隨著資訊的海量搜索和整合。MyJotBot 的個性化寫作風格模仿功能，可以在保持個人風格的同時，提供創新的表達方式和思路擴展，從而豐富了故事的層次和深度，增強了文本的吸引力。

這些應用場景展示了 MyJotBot 如何在不同的專業和日常生活中發揮其功能，不僅提高工作效率，還激發創新思維，成為跨領域應用的強大工具。

## 優缺點

### 優點

- **提高寫作和研究效率**：MyJotBot 通過其 AI 功能模仿使用者的寫作風格，配合即時筆記、資源管理和先進的編輯工具，大幅提升使用者的寫作速度。這對於面對緊迫截止日期的學生和專業人士來說，是一大福音。
- **多語言的視頻和文檔摘要**：該工具能夠處理和摘要來自不同語言的 YouTube 影片和文件，這使得使用者能夠輕鬆獲取和學習來自世界各地的資訊，不受語言障礙限制。

- **促進創造性思維**：通過簡化資訊的整合和處理過程，使用者可以將更多時間和精力投入到創造性思維和深度學習中，這對於研究人員和創作人員來說，是非常有價值的。

缺點

- **過度依賴可能抑制學習和理解深度**：雖然 MyJotBot 可以提高效率，但過度依賴 AI 生成的摘要可能會導致使用者在理解和深入學習原始材料方面變得膚淺。
- **資訊準確性的擔憂**：AI 生成的內容可能不完全準確或缺乏脈絡，這要求使用者進行額外的檢查和校對，尤其是在學術研究和專業報告中，準確性至關重要。
- **可能的隱私和數據安全問題**：如同許多 AI 工具一樣，使用者可能對於上傳敏感或私人資訊到 MyJotBot 表示擔憂，尤其是當處理涉及隱私資訊的文檔和視頻時。

總的來說，MyJotBot 提供了一個強大的平台，以支持寫作和研究工作，但使用者在使用過程中也需要意識到潛在的限制和挑戰，並適當地輔以人工校對和批判性思維。

## 費用

月繳型分為免費版、每月 10 美元以及每月 20 美元三個方案。

年繳型為免費版、每月 7 美元以及每月 14 美元三個方案。

免費方案有提供每日的額度使用。

**評分：★★★★☆（4 星）**

MyJotBot 提供的個性化寫作方便地提高了有寫作需求的使用者的產出，但其 YouTube 影片的逐字稿跟產出重點篩要大大的方便了時間不夠但又需要影片重點摘要的使用者。

## 常見問題解答

**Q**：如何最大化利用 MyJotBot 提高寫作效率？

**A**：建議：定期使用 MyJotBot 的個性化寫作風格功能來熟悉其 AI。同時，利用即時筆記和資源管理工具來組織您的研究和想法。設定寫作目標並使用 MyJotBot 來追蹤進度，這有助於保持動力和效率。

**Q**：如何確保從 MyJotBot 獲得的資訊準確無誤？

**A**：建議：雖然 MyJotBot 提供了一個強大的 AI 摘要工具，但始終建議使用者對 AI 生成的內容進行二次檢查。使用外部來源確認關鍵資訊的準確性，並對任何重要的學術或專業作品進行人工校對。

**Q**：在使用 MyJotBot 時，如何處理隱私和數據安全問題？

**A**：建議：在上傳任何敏感或私人資訊之前，先了解 MyJotBot 的隱私政策和數據保護措施。考慮對敏感資訊進行匿名處理或去識別化，並僅在必要時共享資訊。

**Q**：如何平衡使用 MyJotBot 和自主學習？

**A**：建議：雖然 MyJotBot 是一個強大的工具，可以提高學習和寫作的效率，但重要的是要保持批判性思維和主動學習的態度。將 MyJotBot 作為學習過程中的一個輔助工具，而不是完全依賴於它來進行學習。定期進行自我反思，並尋求各種資源和學習方法來豐富您的知識和技能。

## 資源和支援

- 官網：https://myjotbot.com/
- Discord：https://discord.com/invite/ZCXHNN9wvu